状态反馈控制及卡尔曼滤波

（附 MATLAB/Simulink 教程）

STATE FEEDBACK CONTROL AND KALMAN FILTERING WITH MATLAB/SIMULINK TUTORIALS

〔澳〕王六平(Liuping Wang)
〔澳〕官若宾(Robin Ping Guan)　著

费红姿　肖友洪　刘冰鑫　译

科 学 出 版 社

北 京

图字：01-2023-0815

内 容 简 介

本书系统介绍了基于状态空间模型的状态反馈及卡尔曼滤波方法，共 8 章，由三部分组成，第一部分(第 1、2 章)，连续时间状态反馈控制；第二部分(第 3~6 章)，离散时间状态反馈控制；第三部分(第 7、8 章)，卡尔曼滤波。本书介绍了连续系统及离散系统的状态空间模型建模、状态反馈控制器、观测器、干扰抑制及参考信号跟踪的设计方法，并结合工程应用中控制系统案例以及 MATLAB/Simulink 教程，来讲解基于状态空间模型的状态反馈方法，包括汽包锅炉控制、糖厂控制、风力涡轮机传动系统控制、机械臂控制、加热炉控制等。同时，本书介绍了卡尔曼滤波器的原理及设计方法，并解决了卡尔曼滤波应用过程中的实时计算及计算精度问题。

本书旨在为本科生、研究生、工业领域的研究人员和各领域的工程师学习现代控制理论提供便利。

图书在版编目(CIP)数据

状态反馈控制及卡尔曼滤波：附 MATLAB/Simulink 教程 /(澳)王六平 (Liuping Wang)，(澳)官若宾(Robin Ping Guan)著 ；费红姿，肖友洪，刘冰鑫译. —北京：科学出版社，2024.9

书名原文：State Feedback Control and Kalman Filtering with MATLAB/ Simulink Tutorials

ISBN 978-7-03-077931-1

Ⅰ．①状… Ⅱ．①王… ②官… ③费… ④肖… ⑤刘… Ⅲ．①反馈控制②卡尔曼滤波 Ⅳ．①TP13

中国国家版本馆 CIP 数据核字(2024)第 031158 号

责任编辑：刘翠娜　王楠楠 / 责任校对：王萌萌
责任印制：吴兆东 / 封面设计：无极书装

科学出版社 出版
北京东黄城根北街 16 号
邮政编码：100717
http://www.sciencep.com
北京富资园科技发展有限公司印刷
科学出版社发行　各地新华书店经销
*
2024 年 9 月第 一 版　开本：787×1092 1/16
2025 年 1 月第二次印刷　印张：22
字数：500 000
定价：160.00 元
(如有印装质量问题，我社负责调换)

译 者 序

现代控制理论是自动控制理论的重要基础之一，特别是目前基于大数据建模，模型可以建立得越来越精细，这为基于状态空间模型的状态反馈控制提供了更广阔的空间。市面上关于现代控制理论的参考书比较多，但是，大多是从理论分析的角度讲解，本书是从工程应用的角度介绍极点配置、线性二次型调节器、观测器等应用现代控制理论的设计方法，并给出基于 MATLAB/Simulink 的应用程序。此外，一些读者对于卡尔曼滤波与观测器的关系一直不清楚，再有就是对于卡尔曼滤波器在实现过程中的计算及实时性比较关注，这些在本书中都给予了详细的分析与解释。总之，本书可为广大从事控制系统设计和研究的科研工作者、工程师、研究生及控制专业的本科生提供理论和应用方面的帮助，这是我们翻译本书的主要原因。

本书由三部分组成，第一部分为连续时间状态反馈控制；第二部分为离散时间状态反馈控制；第三部分为卡尔曼滤波。本书系统地介绍基于状态空间模型的状态反馈方法，以及如何实现干扰抑制(也称扰动抑制)及参考信号跟踪。在卡尔曼滤波部分，介绍了卡尔曼滤波器、扩展卡尔曼滤波器算法，并解决了卡尔曼滤波器中的计算问题。本书具有以下特点：

(1)详细介绍了状态空间模型建模、状态反馈控制器及观测器的设计方法。

(2)结合在工程应用中控制系统案例，来设计和讲解状态反馈的方法，包括汽包锅炉控制、糖厂控制、风力涡轮机传动系统控制、机械臂控制、加热炉控制等。

(3)结合 MATLAB/Simulink 教程，详细说明了如何进行基于状态控制模型进行状态反馈控制器和观测器设计、干扰抑制、参考信号跟踪。

(4)详细介绍了卡尔曼滤波器的原理及设计方法，并解决了卡尔曼滤波应用过程中的实时计算及计算精度问题。

(5)帮助读者学习状态反馈控制及卡尔曼滤波方法，并将它们应用到各领域的控制系统中。

本书第 1～4 章由哈尔滨工程大学费红姿教授翻译，第 5、6 章由哈尔滨工程大学肖友洪教授翻译，第 7、8 章由哈尔滨工程大学博士研究生刘冰鑫翻译，全书由费红姿教授统稿及整理。

由于译者水平有限，书中难免存在翻译不妥之处，请广大读者提出宝贵意见。

本书译者费红姿教授 2016 年作为访问学者到澳大利亚皇家墨尔本理工大学工作一年，深深地被本书作者 Liuping Wang 教授在控制领域的造诣及探求控制理论知识的执着精神所感染。在本书翻译过程中，得到 Liuping Wang 教授的大力支持，其对译稿提出了修改意见及宝贵建议，在此深表感谢！

费红姿

2024 年 3 月

前　言

介于 PID 控制和模型预测控制之间的控制方法

　　控制系统的设计通常使用两种数学模型：传递函数模型和状态空间模型。比例积分微分(PID)控制器是一种基于传递函数模型设计的控制器，由于其设计、分析和实现简单，在控制系统应用中非常受欢迎。然而，当 PID 控制器应用于高阶系统或具有交互动态的系统时，存在性能损失(轻微或严重)。模型预测控制器是基于状态空间模型设计的另一种控制器。模型预测控制器在工业应用中使用广泛，适用于动态复杂及较多输入输出变量之间相互作用的系统。模型预测控制基于实时优化技术，具有在运行约束条件下保持控制系统最优性能的优势，因此这种控制在过程控制中的效率将提高。但是，具有操作约束的在线优化技术在实施过程中将导致实时计算量增加，在工业应用中，这种复杂的控制系统也会导致维护和调试成本更高。

　　考虑到 PID 控制器和模型预测控制器这两类控制器的优缺点，我们可以从中找到一个折中方案。采用状态空间模型描述系统动态特性的公式中保留了模型预测控制的一些重要特征，避免了在线优化求解，降低了应用中控制系统的实时计算、实现和维护成本。本书是为这类控制系统设计提供的学习材料。在实际应用中，基于状态空间模型的控制系统有两个关键点具有吸引力：一是应用状态空间模型，比较容易处理高阶系统或具有交互动态的系统；二是基于状态向量的控制系统实现过程，可以方便解决控制信号限制、抗积分饱和等问题，这是非常简单、有效的实时计算过程。

王六平(Liuping Wang)

2022 年 10 月

本 书 梗 概

本书共包括三个部分：第一部分和第二部分依次讲解连续时间状态反馈控制和离散时间状态反馈控制，第三部分介绍卡尔曼滤波。卡尔曼滤波器能够对线性时变系统、非线性系统、多速率采集系统及缺失测量数据的系统进行状态评估，从而为将状态反馈控制拓展到各种复杂的应用中创造了无限可能。

第一部分：连续时间状态反馈控制

本书的一位读者约翰（John）在工业控制领域拥有几十年的工作经验，他问我们为什么不满足于应用 PID 控制。为了回答这个问题，本书从一开始就构建了一个简单的分析案例，指出 PID 控制在交互动力学系统中的局限性。介绍完这个案例后，我们继续介绍状态反馈控制的基本理论（参见第 1 章），包括极点配置、线性二次型调节器、观测器和基于状态估计的反馈控制。

干扰抑制和参考信号跟踪是反馈控制的两个主要目标。在第 2 章中，我们介绍了两种实用的多变量控制器，用于跟踪恒定参考信号和抑制低频干扰。在第 2 章中，我们将控制器应用于三个工业系统：汽包锅炉控制、糖厂控制和风力涡轮机的传动系统控制。MATLAB 教程以循序渐进的方式呈现了控制系统设计和闭环仿真技术过程。最后，通过一个实例说明了积分饱和现象和抗积分饱和机制的作用。

第二部分：离散时间状态反馈控制

连续时间控制系统是基于连续时间设计，通过对控制律的离散化在数字环境中实现的。这种系统仅限于采样速率非常高的系统。但是，许多复杂系统或者一个新的系统从一开始就缺乏连续时间模型，并可能在多速率采样环境中丢失测量数据。为此，离散时间系统的设计和分析提供了一个有效的解决方案。

本书第二部分首先介绍了离散时间系统（参见第 3 章）。这一章是为那些不熟悉离散时间系统的基本概念和分析工具的读者而准备的。

与第 1 章连续时间状态反馈控制一样，第 4 章提出了离散时间状态反馈控制的理论，包括离散时间观测器、离散时间线性二次型调节器（DLQR）和具有设定稳定度的离散时间线性二次型调节器。

在离散时间条件下，参考信号和扰动信号可用离散时间模型方便地进行描述。根据弗朗西斯（Francis）和万海姆（Wonham）于 1976 年提出的内模控制原理，在稳定的闭环控制系统中，如果将信号发生器嵌入控制系统中，就可以实现对特定信号的理想参考跟踪和干扰抑制。基于这些观察结果和内模控制原理，在第 5 章和第 6 章中，我们使用扰动模型来描述参考信号或扰动信号，并提供了离散时间控制系统设计、仿真和实现的学习资料。在设计框架中，常见的外部信号包括阶跃信号、斜坡信号或者其他复杂的信号，控制系统的设计和实现方法保持不变。这种一般化方式是非常有用的，这是因为在控制系统的设计和模拟过程中，可以使对复杂信号的参考跟踪和干扰抑制得到简化。

第 5 章介绍了扰动观测器的思想和与此相关的控制系统设计，从而通过观测器设计来补偿干扰的影响。第 6 章主要围绕参考信号跟踪和干扰抑制控制器的设计而展开。跟踪周期参考信号的重复控制系统是这两种控制系统的扩展。对于这两章，MATLAB 教程循序渐进地呈现了控制系统设计和闭环仿真技术。这些例子包括三个方面的应用：四联水箱、加热炉和具有复杂运动轨迹的机械臂。

第三部分：卡尔曼滤波

过去 60 年间，卡尔曼滤波一直是控制工程领域的基础。近几十年来，随着卡尔曼滤波被广泛应用于自主航空和地面车辆的导航和定位，以及机器人和其他现代制造业中，卡尔曼滤波的重要性显著增加。了解卡尔曼滤波，并有能力设计和实现它，对工程师而言是一种愿望，甚至是必备技能。在本书的第三部分，我们介绍卡尔曼滤波和在低成本计算设备中实现卡尔曼滤波器的相关方法。

在相关文献中，推导卡尔曼滤波器的方法有很多种。在第 7 章中，我们选择了从控制工程师的角度出发，用一种直观的方法推导卡尔曼滤波器。而且从这个角度，我们解决了状态估计中经常遇到的问题，如传感器偏差、负载扰动、多速率采样数据和缺失测量数据等。在这一章中，我们详细介绍了用于非线性系统状态估计的扩展卡尔曼滤波器。此外，给出了卡尔曼滤波器设计的 MATLAB 教程，包括多速率采样数据的卡尔曼滤波器和扩展卡尔曼滤波器。

考虑到在低成本计算设备中实现卡尔曼滤波的困难，第 8 章讨论了避免矩阵求逆的序贯卡尔曼滤波器，以及应用 UDU^{T} 分解的卡尔曼滤波器，从而提高了滤波器在实时计算中的精度。关于序贯卡尔曼滤波器和应用 UDU^{T} 分解的卡尔曼滤波器的实现，我们提供了 MATLAB 教程。

本书的主要特点

系统与控制工程是许多工程学科的基础。作为一名工程师，掌握控制系统的设计、仿真和实现技能变得日益重要。本书旨在为本科生、研究生、工业领域的研究人员和各领域的工程师学习控制理论提供便利。为此，我们将控制系统理论与各种应用相结合，并配有 MATLAB/Simulink 教程。

通过示例学习。本书包括了 78 个实例和 9 个与实际应用相关的案例。这些实例和案例研究包括理论讲解、数值求解和闭环仿真。

通过实践学习。本书提供了 28 个 MATLAB/Simulink 的使用教程，演示控制系统和卡尔曼滤波器的设计、仿真和实现。这些教程以循序渐进的方式呈现，使学习者可以按照具体流程来创建自己的解决方案，并进行闭环仿真验证。一旦了解了闭环仿真，就可以将 MATLAB/Simulink 仿真程序转换为 C 代码实现实时控制系统。

每个部分配有一组习题供学习者思考。在每一章的最后，提出了一套控制系统设计与仿真的问题供我们实践。

本 书 读 者

　　在过去 10 年里，我们为澳大利亚皇家墨尔本理工大学（RMIT）工程学院的本科生、研究生课堂教学开发出本书的素材，并有幸在海外的其他几所大学讲授基于本书素材的短期强化研究生课程，授课方式为当面授课或网络授课。该课程的设置通常采用讲授与 MATLAB 教程及练习相结合的方式。所有班级的学生在学习了这些控制系统课程后都反馈了良好的学习效果和积极的学习体验。

　　根据本书第一部分的内容，可以开发一门关于连续时间控制系统的本科课程，基于第二部分和第三部分，可以开发出高年级本科生或研究生的课程。

　　本书结合应用提供了大量的理论，我们希望它能够为各领域工程专业的本科生和研究生的学习提供帮助。由于本书以实际应用为导向，我们也希望能够对工业领域的研究人员和工程师在控制系统领域的设计、仿真和实现过程中有所帮助。最后，希望本书给读者带来愉快的学习体验。

王六平（Liuping Wang），官若宾（Robin Ping Guan）

澳大利亚墨尔本

致　　谢

我们要感谢纽卡斯尔大学的格雷厄姆·古德温(Graham Goodwin)教授和墨尔本大学的罗宾·埃文斯(Robin Evans)教授多年来对我们的帮助和支持。我们要感谢英国南安普敦大学的埃里克·罗格斯(Eric Rogers)教授和克里斯·弗雷曼(Chris Freeman)教授在预测控制系统方面的合作。

感谢皇家墨尔本理工大学越南校区的明·德兰(Minh Tran)博士和章·阮(Chuong Nguyen)先生,以及曾在美国霍尼韦尔公司(Measurex Corp. USA)担任过程控制工程师并担任美国圣何塞州立大学客座教授的约翰·青(John Tsing)博士,感谢他们为本书的改进所提出的宝贵意见。

符号及缩写列表

符号

A	状态空间模型的系统矩阵
B	状态空间模型的输入矩阵
C	状态空间模型的输出矩阵
$C(s)$	控制器的传递函数
$C(z)$	控制器的 z 转换函数
$D(q^{-1})$	扰动模型
$A_{cl}(s)$	闭环多项式
$A_{cl}(s)^d$	期望的闭环多项式
Δt	采样间隔
$D_o(s)$	输出扰动的拉普拉斯变换
$D_i(s)$	输入扰动的拉普拉斯变换
$D_m(s)$	测量噪声的拉普拉斯变换
$G(s)$	传递函数模型
J	目标函数
J_N	有限时间目标函数
K	状态反馈控制器增益矩阵，也指卡尔曼滤波增益
K_{ob}	观测器增益矩阵
q^{-i}	后移位算子，$q^{-i}[f(k)] = f(k-i)$
q^i	前移位算子，$q[f(k)] = f(k+i)$
Q, R	线性二次型调节器性能指标函数中的一对加权矩阵，也指卡尔曼滤波器中过程噪声和测量噪声的协方差矩阵
$r(\cdot)$	参考信号
$S(s)$、$S(z)$	连续时间和离散时间的灵敏度函数
$S_i(s)$、$S_i(z)$	连续时间和离散时间输入扰动灵敏度函数
σ^2	噪声方差
$T(s)$、$T(z)$	连续时间和离散时间的补偿灵敏度函数
$u(\cdot)$	控制信号
u^{min}、u^{max}	u 的最小值和最大值

$x(\cdot)$	状态向量
$\hat{x}(\cdot)$	估计的状态向量
$\hat{x}(k)^-$、$P(k)^-$	状态先验估计和先验协方差矩阵
$\hat{x}(k)^+$、$P(k)^+$	状态后验估计和后验协方差矩阵
$y(\cdot)$	输出信号
0_m	维数为 $m \times m$ 的零矩阵
$0_{p \times q}$	维数为 $p \times q$ 的零矩阵
I_m	维数为 $m \times m$ 的单位矩阵

缩写

DLQR	(discrete-time linear quadratic regulator)	离散时间线性二次型调节器
FFT	(fast Fourier transform)	快速傅里叶变换
KF	(Kalman filter)	卡尔曼滤波器
LQR	(linear quadratic regulator)	线性二次型调节器
NMSS	(non-minimal state space)	非最小状态空间

目　　录

译者序

前言

本书梗概

致谢

符号及缩写列表

第一部分　连续时间状态反馈控制

第1章　状态反馈控制器和观测器设计 ·· 3
1.1　概述 ·· 3
1.2　超越 PID 控制 ·· 3
1.3　状态反馈控制基础 ·· 11
1.3.1　状态反馈控制 ·· 11
1.3.2　可控性 ·· 15
1.3.3　思考题 ·· 18
1.4　极点配置控制器 ·· 18
1.4.1　设计方法 ·· 18
1.4.2　控制器设计中的相似变换 ······································ 21
1.4.3　极点配置控制器的 MATLAB 教程 ······························ 23
1.4.4　思考题 ·· 25
1.5　线性二次型调节器设计 ·· 25
1.5.1　启示事例 ·· 25
1.5.2　线性二次型调节器推导 ·· 27
1.5.3　Q 和 R 矩阵的选择 ·· 29
1.5.4　具有设定稳定度的线性二次型调节器 ···························· 34
1.5.5　思考题 ·· 38
1.6　观测器设计 ·· 39
1.6.1　观测器设计的目的 ·· 39
1.6.2　观测器推导 ·· 41
1.6.3　可观性 ·· 44
1.6.4　控制器和观测器之间的对偶性 ·································· 46
1.6.5　观测器的实现 ·· 46
1.6.6　思考题 ·· 47
1.7　状态估计反馈控制系统 ·· 48
1.7.1　状态估计反馈控制 ·· 48
1.7.2　分离原理 ·· 49

　　1.7.3　思考题 ··· 50
　1.8　本章小结 ··· 51
　1.9　更多资料 ··· 52
　习题 ··· 52
第 2 章　连续系统多变量控制应用 ··· 56
　2.1　概述 ··· 56
　2.2　实用控制器一：积分作用控制器设计 ································· 56
　　2.2.1　原始控制律 ·· 56
　　2.2.2　积分饱和情况 ··· 58
　　2.2.3　实用的多变量控制器 ·· 59
　　2.2.4　抗积分饱和实现 ·· 61
　　2.2.5　关于设计与实现的 MATLAB 教程 ································ 64
　　2.2.6　汽包锅炉控制应用 ··· 70
　　2.2.7　思考题 ··· 75
　2.3　实用控制器二：通过观测器设计实现积分作用 ···················· 75
　　2.3.1　基于扰动估计的积分控制 ·· 75
　　2.3.2　抗饱和机制 ·· 77
　　2.3.3　设计与实现的 MATLAB/Simulink 教程 ························ 78
　　2.3.4　在糖厂中的控制应用 ·· 83
　　2.3.5　状态可测的系统设计 ·· 84
　　2.3.6　思考题 ··· 86
　2.4　风力涡轮机传动控制系统 ··· 87
　　2.4.1　风力涡轮机传动系统的建模 ·· 87
　　2.4.2　控制系统的配置 ·· 89
　　2.4.3　设计方法一 ·· 90
　　2.4.4　设计方法二 ·· 93
　　2.4.5　设计方法二的 MATLAB 教程 ······································ 94
　　2.4.6　思考题 ··· 97
　2.5　本章小结 ··· 97
　2.6　更多资料 ··· 98
　习题 ··· 98

第二部分　离散时间状态反馈控制

第 3 章　离散时间系统介绍 ·· 105
　3.1　概述 ··· 105
　3.2　连续时间模型的离散化 ·· 105
　　3.2.1　连续时间模型的采样 ·· 106
　　3.2.2　离散时间系统的稳定性 ··· 108
　　3.2.3　通过采样得到离散时间模型示例 ··································· 108
　　3.2.4　思考题 ··· 114

3.3　输入和输出离散时间模型 ······115
　　3.3.1　输入和输出模型 ······115
　　3.3.2　有限脉冲响应和阶跃响应模型 ······117
　　3.3.3　非最小状态空间的实现 ······120
　　3.3.4　思考题 ······121
3.4　z 变换 ······122
　　3.4.1　常用信号的 z 变换 ······122
　　3.4.2　z 变换函数 ······125
　　3.4.3　思考题 ······126
3.5　本章小结 ······127
3.6　更多资料 ······127
习题 ······128

第 4 章　离散时间状态反馈控制 ······132
4.1　概述 ······132
4.2　离散时间状态反馈控制基础 ······132
　　4.2.1　基本概念 ······132
　　4.2.2　离散时间中的可控性和稳定性 ······135
　　4.2.3　思考题 ······137
4.3　离散时间观测器的设计 ······137
　　4.3.1　离散时间观测器的基本概念 ······137
　　4.3.2　离散时间中的可观性 ······140
　　4.3.3　思考题 ······142
4.4　离散时间线性二次型调节器 ······142
　　4.4.1　DLQR 的目标函数 ······142
　　4.4.2　最优解 ······143
　　4.4.3　用离散时间线性二次型调节器设计观测器 ······144
　　4.4.4　思考题 ······145
4.5　具有设定稳定度的离散时间线性二次型调节器 ······146
　　4.5.1　设定稳定度的基本概念 ······146
　　4.5.2　案例研究 ······148
　　4.5.3　思考题 ······152
4.6　本章小结 ······153
4.7　更多资料 ······154
习题 ······154

第 5 章　基于观测器设计的干扰抑制和参考信号跟踪 ······159
5.1　概述 ······159
5.2　扰动模型 ······159
　　5.2.1　常见的扰动信号 ······159
　　5.2.2　带输入扰动的状态空间模型 ······162
　　5.2.3　思考题 ······163

5.3　估计中输入和输出扰动的补偿 ··163
　　5.3.1　示例 ··163
　　5.3.2　输入扰动观测器设计 ··165
　　5.3.3　增广状态空间模型的 MATLAB 教程 ·······································168
　　5.3.4　观测器误差系统 ··169
　　5.3.5　输出扰动观测器的设计 ···171
　　5.3.6　思考题 ··174
5.4　基于扰动观测器的状态反馈控制 ··175
　　5.4.1　控制律 ··175
　　5.4.2　控制实现的 MATLAB 教程 ··177
　　5.4.3　思考题 ··181
5.5　基于扰动观测器的控制系统分析 ··182
　　5.5.1　控制器传递函数 ··182
　　5.5.2　扰动抑制 ···184
　　5.5.3　参考信号跟踪 ··186
　　5.5.4　案例研究 ···187
　　5.5.5　思考题 ··190
5.6　控制律的抗饱和实现 ···191
　　5.6.1　抗饱和实现的算法 ··191
　　5.6.2　加热炉控制 ··193
　　5.6.3　带限干扰示例 ··196
　　5.6.4　思考题 ··197
5.7　本章小结 ···198
5.8　更多资料 ···199
习题 ···199

第6章　通过控制设计实现扰动抑制和参考信号跟踪 ························206
6.1　概述 ···206
6.2　在控制器设计中嵌入扰动模型 ··206
　　6.2.1　增广状态空间模型的建立 ···206
　　6.2.2　MATLAB 教程 ··208
　　6.2.3　可控性和可观性 ··210
　　6.2.4　思考题 ··211
6.3　控制器和观测器设计 ···212
　　6.3.1　控制器设计及控制信号的计算 ···212
　　6.3.2　增加参考信号 ··213
　　6.3.3　观测器的设计和实现 ···214
　　6.3.4　控制器实现的 MATLAB 教程 ···215
　　6.3.5　思考题 ··218
6.4　实践问题研究 ···219
　　6.4.1　减少参考信号跟踪中的超调量 ···219
　　6.4.2　抗饱和的实现 ··222

　　　6.4.3　用非最小状态空间实现的控制系统 ······················ 225
　　　6.4.4　思考题 ·· 229
　6.5　重复控制 ··· 230
　　　6.5.1　重复控制的基本原理 ··· 230
　　　6.5.2　扰动模型 $D(z)$ 的确定 ······································· 232
　　　6.5.3　机械臂的控制 ·· 236
　　　6.5.4　思考题 ·· 239
　6.6　本章小结 ··· 240
　6.7　更多资料 ··· 241
　习题 ··· 241

第三部分　卡尔曼滤波

第7章　卡尔曼滤波器 ··· 253
　7.1　概述 ··· 253
　7.2　卡尔曼滤波器的算法 ·· 253
　　　7.2.1　卡尔曼滤波器的状态空间模型 ······························· 253
　　　7.2.2　直观的计算过程 ··· 254
　　　7.2.3　卡尔曼滤波增益的最优化 ······································ 257
　　　7.2.4　卡尔曼滤波器示例及 MATLAB 教程 ························ 259
　　　7.2.5　传感器偏置和负载扰动的补偿 ································· 264
　　　7.2.6　思考题 ·· 268
　7.3　多速率采样环境下的卡尔曼滤波器 ································ 269
　　　7.3.1　缺失数据场景下的卡尔曼滤波算法 ························· 269
　　　7.3.2　案例研究与 MATLAB 教程 ·································· 270
　　　7.3.3　思考题 ·· 280
　7.4　扩展卡尔曼滤波器 ··· 280
　　　7.4.1　扩展卡尔曼滤波器的线性化 ··································· 280
　　　7.4.2　扩展卡尔曼滤波算法 ··· 285
　　　7.4.3　案例研究及 MATLAB 教程 ·································· 287
　　　7.4.4　思考题 ·· 294
　7.5　衰减记忆卡尔曼滤波器 ·· 294
　　　7.5.1　衰减记忆卡尔曼滤波器的算法 ································· 294
　　　7.5.2　思考题 ·· 298
　7.6　卡尔曼滤波器和观测器之间的关系 ································ 298
　　　7.6.1　一步卡尔曼滤波算法 ··· 298
　　　7.6.2　卡尔曼滤波器和观测器 ··· 299
　　　7.6.3　思考题 ·· 304
　7.7　本章小结 ··· 304
　7.8　更多资料 ··· 305
　习题 ··· 305

第 8 章　解决卡尔曼滤波器中的计算问题 ·· 309
　　8.1　概述 ··· 309
　　8.2　序贯卡尔曼滤波器 ··· 309
　　　　8.2.1　序贯卡尔曼滤波器的基本概念 ··· 309
　　　　8.2.2　非对角 R ··· 313
　　　　8.2.3　序贯卡尔曼滤波器的 MATLAB 教程 ··· 315
　　　　8.2.4　思考题 ·· 318
　　8.3　使用 UDU^{T} 分解的卡尔曼滤波器 ··· 318
　　　　8.3.1　格拉姆-施密特正交化过程 ·· 319
　　　　8.3.2　基本思想 ·· 321
　　　　8.3.3　用 UDU^{T} 分解的序贯卡尔曼滤波器 ·· 323
　　　　8.3.4　MATLAB 教程 ·· 326
　　　　8.3.5　思考题 ·· 327
　　8.4　本章小结 ··· 328
　　8.5　更多资料 ··· 328
　　习题 ··· 329

第一部分　连续时间状态反馈控制

第1章　状态反馈控制器和观测器设计

1.1　概　　述

对于高阶或者有多个输入和输出变量的复杂系统设计而言，状态反馈控制开辟了新的领域。对于那些习惯于用传递函数模型来进行控制系统设计的人来说，基于状态空间模型设计的连续控制系统将是一个自然的扩展。因此，在连续时间条件下更容易学习和掌握设计步骤。

本章从一个案例开始，研究具有交互作用的 PID 控制系统的局限性(见 1.2 节)。我们首先回答为什么要超越 PID 控制系统的问题，因为这个问题对于那些在过程控制领域工作并将 PID 控制作为日常方法的人来说是迫切的。在 1.3 节中，用一个简单的分析例子来说明状态反馈控制的基本思想，然后介绍可控性概念，并解释了系统失去可控性意味着什么。闭环特征值(或极点)的概念是状态反馈控制的基础。通过选择一组期望的闭环特征值，设计一个状态反馈控制器(见 1.4 节)。通过相似变换，1.4 节将逐步介绍极点配置控制器的设计。然而，当系统有多个输入时，极点配置控制器有局限性，如 1.5 节所示。对于具有多个输入的控制系统，线性二次型调节器(LQR)提供了一种新的有效设计工具，其中优化是设计方法的基础(见 1.5 节)。利用观测器进行状态估计一直是状态反馈控制的重要组成部分，因为它解决了状态变量未被测量时实现控制系统的根本问题。1.6 节介绍状态反馈控制中观测器的设计和实现。通过一个简单的解析例子说明了可观性的概念以及观测器与控制器之间的对偶性。1.7 节介绍了状态估计反馈控制系统，将状态反馈控制系统与观测器相结合。通过状态反馈控制与观测器误差系统的稳定性来保证整个闭环系统的稳定性。

1.2　超越 PID 控制

PID 控制在控制工程中得到了广泛的应用。毫无疑问，大多数控制工程应用中都使用 PID 控制。在我们开始研究状态空间控制系统设计方法之前，需要回答为什么我们要超越 PID 控制的问题。由于 PID 控制器本质上是线性控制器，不难想象，当一个系统具有复杂的动态时，PID 控制器远远不能满足要求。然而，更难想象的是，对于一个多输入-多输出系统，即使它是一阶或二阶系统，只要它的输入和输出之间存在交互作用，PID 控制器就无能为力。为此，我们将探讨 PID 控制系统在多输入-多输出系统中的局限性。

我们将用一个非常简单的例子来说明 PID 控制系统的局限性，涉及两个方面：①闭环稳定性和动态性能；②在闭环系统稳定的基础上，闭环系统的稳态性能。本节可作为多变量系统 PID 控制的示例。

1. 系统研究

设一系统有两个输入和两个输出，用下列传递函数表示：

$$
\begin{bmatrix} Y_1(s) \\ Y_2(s) \end{bmatrix} = \begin{bmatrix} \dfrac{1}{s+1} & \dfrac{\gamma_1}{s+1} \\ \dfrac{\gamma_2}{s+2} & \dfrac{1}{s+2} \end{bmatrix} \begin{bmatrix} U_1(s) \\ U_2(s) \end{bmatrix} \tag{1.1}
$$

式中，$\gamma_1 (\neq 0)$ 和 $\gamma_2 (\neq 0)$ 为常数。

在该传递函数模型中，输入和输出相互影响，影响关系如下：

$$
Y_1(s) = \frac{1}{s+1} U_1(s) + \frac{\gamma_1}{s+1} U_2(s) \tag{1.2}
$$

$$
Y_2(s) = \frac{\gamma_2}{s+2} U_1(s) + \frac{1}{s+2} U_2(s) \tag{1.3}
$$

显然，当 $\gamma_1 \neq 0$ 且 $\gamma_2 \neq 0$ 时，输入信号 U_2 将影响输出信号 Y_1，同样，输入信号 U_1 也会影响输出信号 Y_2。

2. 简单的积分控制

由于 PID 控制器是为单输入-单输出系统而设计的，在其设计中，我们将忽略式(1.2)和式(1.3)中所示的相互作用，考虑常数 $\gamma_1 = \gamma_2 = 0$。因此，我们来考虑以下两个独立的系统：

$$
Y_1(s) = \frac{1}{s+1} U_1(s) \tag{1.4}
$$

$$
Y_2(s) = \frac{1}{s+2} U_2(s) \tag{1.5}
$$

这是两个一阶系统，可以使用两个比例积分(PI)控制器来实现期望的闭环性能(Wang, 2020)。为了说明基本思想并得到简单的解，考虑两个积分控制器 $C_1(s)$ 和 $C_2(s)$，即

$$
C_1(s) = \frac{k_1}{s}, \quad C_2(s) = \frac{k_2}{s}
$$

式中，k_1 和 k_2 为积分控制器增益。

则这两个系统的闭环特征方程如下：

$$
s^2 + s + k_1 = 0 \tag{1.6}
$$

$$
s^2 + 2s + k_2 = 0 \tag{1.7}
$$

求得闭环极点：

$$\frac{-1 \pm \sqrt{1-4k_1}}{2}; \quad \frac{-2 \pm \sqrt{4-4k_2}}{2}$$

所以，只要选择 $k_1 > 0$ 且 $k_2 > 0$，极点分布在复平面的左半部分，两个闭环系统就是稳定的。注意，如果两个系统之间没有相互作用，即 $\gamma_1 = \gamma_2 = 0$，则闭环系统稳定。

3. 相互作用的影响

现在来研究当 $\gamma_1 \neq 0$ 且 $\gamma_2 \neq 0$ 时，即两个系统相互影响时会发生什么。当两个积分控制器 $C_1(s)$ 和 $C_2(s)$ 用于原系统式 (1.1) 时，我们得到下列矩阵分式模型：

$$G(s) = \begin{bmatrix} s+1 & 0 \\ 0 & s+2 \end{bmatrix}^{-1} \begin{bmatrix} 1 & \gamma_1 \\ \gamma_2 & 1 \end{bmatrix} \tag{1.8}$$

$$G(s)C(s) = \begin{bmatrix} \dfrac{1}{s+1} & \dfrac{\gamma_1}{s+1} \\ \dfrac{\gamma_2}{s+2} & \dfrac{1}{s+2} \end{bmatrix} \begin{bmatrix} \dfrac{k_1}{s} & 0 \\ 0 & \dfrac{k_2}{s} \end{bmatrix} = \begin{bmatrix} \dfrac{k_1}{s(s+1)} & \dfrac{k_2\gamma_1}{s(s+1)} \\ \dfrac{k_1\gamma_2}{s(s+2)} & \dfrac{k_2}{s(s+2)} \end{bmatrix} \tag{1.9}$$

$$= \begin{bmatrix} s(s+1) & 0 \\ 0 & s(s+2) \end{bmatrix}^{-1} \begin{bmatrix} k_1 & k_2\gamma_1 \\ k_1\gamma_2 & k_2 \end{bmatrix} \tag{1.10}$$

$$I + G(s)C(s) = \begin{bmatrix} \dfrac{s(s+1)+k_1}{s(s+1)} & \dfrac{k_2\gamma_1}{s(s+1)} \\ \dfrac{k_1\gamma_2}{s(s+2)} & \dfrac{s(s+2)+k_2}{s(s+2)} \end{bmatrix} \tag{1.11}$$

$$= \begin{bmatrix} s(s+1) & 0 \\ 0 & s(s+2) \end{bmatrix}^{-1} \begin{bmatrix} s(s+1)+k_1 & k_2\gamma_1 \\ k_1\gamma_2 & s(s+2)+k_2 \end{bmatrix}$$

式中，I 为 2×2 维单位矩阵。

图 1.1 给出了闭环控制系统的参考信号（$R(s)$）、输入干扰信号（$D_i(s)$）、输出干扰信号（$D_o(s)$）和测量噪声（$D_m(s)$）。

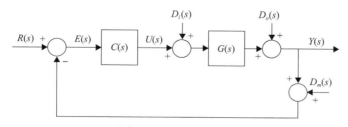

图 1.1　闭环控制系统

从图 1.1 可知，由参考信号 $R(s)$ 引起的输出响应 $Y(s)$ 由式 (1.12) 得出：

$$Y(s) = (I + G(s)C(s))^{-1}G(s)C(s)R(s) = T(s)R(s) \tag{1.12}$$

式中，$T(s)$ 为补偿灵敏度函数。

由输出扰动 $D_o(s)$ 引起的输出响应 $Y(s)$ 由式(1.13)得出：

$$Y(s) = (I + G(s)C(s))^{-1}D_o(s) = S(s)D_o(s) \tag{1.13}$$

式中，$S(s)$ 为灵敏度函数。

由输入扰动 $D_i(s)$ 引起的输出响应 $Y(s)$ 由式(1.14)得出：

$$Y(s) = (I + G(s)C(s))^{-1}G(s)D_i(s) = S_i(s)D_i(s) \tag{1.14}$$

式中，$S_i(s)$ 为输入扰动灵敏度函数。

研究控制系统的下一步工作是，当我们将两个积分控制器用于多输入-多输出系统中时，计算参考信号跟踪和干扰抑制情况下的闭环传递函数。

应用式(1.10)和式(1.11)，我们可以证明：

$$
\begin{aligned}
T(s) &= \begin{bmatrix} s(s+1)+k_1 & k_2\gamma_1 \\ k_1\gamma_2 & s(s+2)+k_2 \end{bmatrix}^{-1} \begin{bmatrix} k_1 & k_2\gamma_1 \\ k_1\gamma_2 & k_2 \end{bmatrix} \\
&= \frac{1}{A_{\mathrm{cl}}(s)} \begin{bmatrix} s(s+2)+k_2 & -k_2\gamma_1 \\ -k_1\gamma_2 & s(s+1)+k_1 \end{bmatrix} \begin{bmatrix} k_1 & k_2\gamma_1 \\ k_1\gamma_2 & k_2 \end{bmatrix}
\end{aligned} \tag{1.15}
$$

式中，$A_{\mathrm{cl}}(s) = (s(s+1)+k_1)(s(s+2)+k_2) - k_1k_2\gamma_1\gamma_2$，这里用到了矩阵求逆：

$$
\begin{bmatrix} a_{11} & a_{12} \\ a_{21} & a_{22} \end{bmatrix}^{-1} = \frac{1}{a_{11}a_{22} - a_{12}a_{21}} \begin{bmatrix} a_{22} & -a_{12} \\ -a_{21} & a_{11} \end{bmatrix} \tag{1.16}
$$

同样，我们可以证明灵敏度函数为

$$
\begin{aligned}
S(s) &= \begin{bmatrix} s(s+1)+k_1 & k_2\gamma_1 \\ k_1\gamma_2 & s(s+2)+k_2 \end{bmatrix}^{-1} \begin{bmatrix} s(s+1) & 0 \\ 0 & s(s+2) \end{bmatrix} \\
&= \frac{1}{A_{\mathrm{cl}}(s)} \begin{bmatrix} s(s+2)+k_2 & -k_2\gamma_1 \\ -k_1\gamma_2 & s(s+1)+k_1 \end{bmatrix} \begin{bmatrix} s(s+1) & 0 \\ 0 & s(s+2) \end{bmatrix}
\end{aligned} \tag{1.17}
$$

且输入扰动敏感度函数为

$$
S_i(s) = \frac{1}{A_{\mathrm{cl}}(s)} \begin{bmatrix} s(s+2)+k_2 & -k_2\gamma_1 \\ -k_1\gamma_2 & s(s+1)+k_1 \end{bmatrix} \begin{bmatrix} s & 0 \\ 0 & s \end{bmatrix} \begin{bmatrix} 1 & \gamma_1 \\ \gamma_2 & 1 \end{bmatrix} \tag{1.18}
$$

得到闭环传递函数后，可以分析闭环稳定性和动态性能。在分析中特别关注两个主题：①闭环稳定性和动态性能；②在闭环系统稳定的前提下，闭环系统的稳态性能。

1) 闭环稳定性和动态性能

从输出响应到参考信号、输出扰动和输入扰动的闭环传递函数式(1.15)～式(1.18)可知，具有相互作用的系统，其闭环极点取决于下述特征方程式的解：

$$A_{c1}(s) = \big(s(s+1)+k_1\big)\big(s(s+2)+k_2\big) - k_1k_2\gamma_1\gamma_2 = 0 \tag{1.19}$$

这个系统有四个极点，这里列举两种情况。

(1)如果 $\gamma_1 = 0$ 或者 $\gamma_2 = 0$，那么闭环极点包含两个单输入-单输出系统的两组极点，它们是

$$\frac{-1\pm\sqrt{1-4k_1}}{2}; \quad \frac{-2\pm\sqrt{4-4k_2}}{2}$$

所以，只要我们选择 $k_1 > 0$ 且 $k_2 > 0$，极点都分布在复平面的左半部分，两个闭环系统就一定是稳定的。这是理想的情况。

(2)如果 $\gamma_1 \neq 0$ 且 $\gamma_2 \neq 0$，那么闭环极点与第一种情况不同。如果参数 γ_1 和 γ_2 未知，则闭环极点未知。事实上，闭环极点取决于 k_1、k_2、γ_1 和 γ_2 的值。确保闭环系统稳定的一个必要条件是式(1.19)中的常数项大于 0，即

$$k_1k_2(1-\gamma_1\gamma_2) > 0 \tag{1.20}$$

那么根据闭环特征方程式(1.19)得出的闭环极点将严格地分布在复平面的左半部分。第二个必要条件并不明显，但是可以通过劳斯稳定判据确定(Goodwin et al., 2000; Wang, 2020)，即

$$(6+k_1+2k_2)(2k_1+k_2) > 9k_1k_2(1-\gamma_1\gamma_2) \tag{1.21}$$

在给定积分控制器增益 k_1 和 k_2 的情况下，如果参数 γ_1 和 γ_2 同时满足式(1.20)和式(1.21)，那么闭环控制系统就是稳定的。我们选择 $k_1=k_2=1$ 来研究闭环极点随 γ_1 和 γ_2 的变化。图 1.2(a)显示了当 $0 \leqslant \gamma_1\gamma_2 < 3$ 时闭环极点的变化。可以看出，当 $\gamma_1\gamma_2 = 0$ 时，闭环

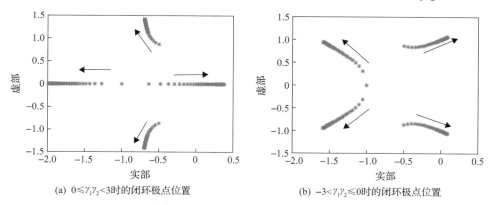

(a) $0 \leqslant \gamma_1\gamma_2 < 3$ 时的闭环极点位置　　　　(b) $-3 < \gamma_1\gamma_2 \leqslant 0$ 时的闭环极点位置

图 1.2　$\gamma_1\gamma_2$ 变化时的闭环极点位置

极点为 –1（重根）和 $-0.5 \pm j0.866$。随着 $\gamma_1\gamma_2$ 的增加，一对实数极点沿着实轴分开：一个向 $-\infty$ 方向移动，另一个向 ∞ 方向移动。当 $\gamma_1\gamma_2$ 增大时，闭环极点向 ∞ 移动，会引起闭环不稳定，导致违反稳定的必要条件式(1.20)。图 1.2(b) 显示了当 $-3 < \gamma_1\gamma_2 \leq 0$ 时闭环极点的变化。当 $\gamma_1\gamma_2 = 0$，一对实数极点在 –1 处时，随着 $|\gamma_1\gamma_2|$ 增加，这对实数极点分裂成两个复极点对，但它们局限于左半平面。与此相反，当 $\gamma_1\gamma_2 = 0$，另一对复极点在 $-0.5 \pm j0.866$，随着 $|\gamma_1\gamma_2|$ 增加，极点向右半平面移动。随着 $|\gamma_1\gamma_2|$ 增加，最终将违反必要条件式(1.21)。通过比较图 1.2(a) 和(b)，在 $k_1 = k_2 = 1$ 的情况下，如果 γ_1 和 γ_2 符号相反，则闭环系统可以允许参数 γ_1 和 γ_2 变化的范围较大。

综上所述，当系统中存在相互作用时，单回路 PID 控制器不能保证闭环稳定性。即使闭环系统是稳定的，由于相互作用的存在，闭环系统的动态响应也会因闭环极点的位置发生变化（相对于原来的设计）而产生不确定性。

2）稳态性能

假设闭环系统是稳定的，即特征方程式(1.19)的闭环极点都位于复平面的左半边。为了分析闭环系统的稳态性能，我们将应用终值定理。假设连续时间信号 $y(t)$ 的拉普拉斯变换为 $Y(s)$，如果 $sY(s)$ 的所有极点都位于复平面的左半部分，根据终值定理得到：

$$\lim_{t \to \infty} y(t) = \lim_{s \to 0} sY(s)$$

在稳态性能分析中，我们将参考信号和干扰信号都考虑为阶跃信号。

（1）跟踪阶跃参考信号。我们假设两个输入参考信号都是单位阶跃信号，那么

$$R(s) = \begin{bmatrix} R_1(s) & R_2(s) \end{bmatrix}^{\mathrm{T}} = \begin{bmatrix} \dfrac{1}{s} & \dfrac{1}{s} \end{bmatrix}^{\mathrm{T}}$$

根据式(1.12)和式(1.15)，我们得到：

$$sY(s) = sT(s)R(s) = \frac{1}{A_{\mathrm{cl}}(s)} \begin{bmatrix} s(s+2)+k_2 & -k_2\gamma_1 \\ -k_1\gamma_2 & s(s+1)+k_1 \end{bmatrix} \begin{bmatrix} k_1 & k_2\gamma_1 \\ k_1\gamma_2 & k_2 \end{bmatrix} \begin{bmatrix} 1 \\ 1 \end{bmatrix}$$

假设闭环系统是稳定的，即所有极点都严格在左半平面上，应用终值定理，输出信号的终值为

$$\lim_{t \to \infty} y(t) = \lim_{s \to 0} sY(s) = T(0)\begin{bmatrix} 1 \\ 1 \end{bmatrix} = \begin{bmatrix} 1 \\ 1 \end{bmatrix} \tag{1.22}$$

式中，在稳态时的补偿灵敏度函数 $T(0)$ 为

$$T(0) = \frac{1}{k_1 k_2 (1-\gamma_1\gamma_2)} \begin{bmatrix} k_1 k_2 (1-\gamma_1\gamma_2) & 0 \\ 0 & k_1 k_2 (1-\gamma_1\gamma_2) \end{bmatrix} = \begin{bmatrix} 1 & 0 \\ 0 & 1 \end{bmatrix} \tag{1.23}$$

这意味着闭环输出将跟踪阶跃参考信号，且没有稳态误差。需要强调的是，因为补

偿灵敏度函数在稳态时是单位矩阵，所以只要闭环系统是稳定的，即使被控对象本身存在变量之间的相互作用，单回路积分控制器也会产生解耦的闭环稳态输出响应。

(2)输出扰动抑制。我们假设输出扰动为幅值未知的阶跃扰动，记为

$$D_o(s) = \begin{bmatrix} \dfrac{d_{m1}}{s} & \dfrac{d_{m2}}{s} \end{bmatrix}^{\mathrm{T}}$$

根据式(1.13)和式(1.17)，我们得到在输出扰动时的输出响应 $Y(s)$：

$$Y(s) = S(s)D_o(s)$$

$$= \frac{1}{A_{\mathrm{cl}}(s)} \begin{bmatrix} s(s+2)+k_2 & -k_2\gamma_1 \\ -k_1\gamma_2 & s(s+1)+k_1 \end{bmatrix} \begin{bmatrix} s(s+1) & 0 \\ 0 & s(s+2) \end{bmatrix} \begin{bmatrix} \dfrac{d_{m1}}{s} \\ \dfrac{d_{m2}}{s} \end{bmatrix}$$

假设闭环系统是稳定的，我们可以应用终值定理确定输出扰动作用下输出响应的稳态值，即

$$\lim_{t\to\infty} y(t) = \lim_{s\to 0} sS(s)D_o(s) = S(0)\begin{bmatrix} d_{m1} \\ d_{m2} \end{bmatrix} = \begin{bmatrix} 0 \\ 0 \end{bmatrix}$$

这是因为灵敏度函数 $S(0)$ 在稳态时为零矩阵。所以，对输出扰动的闭环响应在稳态下解耦，且在不产生稳态误差的情况下抑制了阶跃输出扰动。

(3)输入扰动抑制。我们假设输入扰动为幅值未知的阶跃信号，其拉普拉斯变换如下：

$$D_i(s) = \begin{bmatrix} \dfrac{d_1}{s} & \dfrac{d_2}{s} \end{bmatrix}^{\mathrm{T}}$$

根据式(1.14)和式(1.18)，我们得到输入扰动作用下的输出响应为

$$Y(s) = S_i(s)D_i(s)$$

$$= \frac{1}{A_{\mathrm{cl}}(s)} \begin{bmatrix} s(s+2)+k_2 & -k_2\gamma_1 \\ -k_1\gamma_2 & s(s+1)+k_1 \end{bmatrix} \begin{bmatrix} s & 0 \\ 0 & s \end{bmatrix} \begin{bmatrix} 1 & \gamma_1 \\ \gamma_2 & 1 \end{bmatrix} \begin{bmatrix} \dfrac{d_1}{s} \\ \dfrac{d_2}{s} \end{bmatrix} \tag{1.24}$$

假设闭环系统是稳定的，应用终值定理确定输出响应的稳态值，得出：

$$\lim_{t\to\infty} y(t) = \lim_{s\to 0} sS_i(s)D_i(s) = S_i(0)\begin{bmatrix} d_1 \\ d_2 \end{bmatrix} = \begin{bmatrix} 0 \\ 0 \end{bmatrix} \tag{1.25}$$

式中，输入扰动灵敏度函数在稳态时为零矩阵。所以，两个阶跃形式的输入扰动在稳态时被完全抑制。因为输入扰动灵敏度矩阵为零矩阵，所以即使被控对象之间存在相互作

用，系统对输入阶跃扰动的闭环响应仍然是解耦的。

令 $k_1 = k_2 = 1$，我们用两个输入参考信号 $r_1(t) = r_2(t) = 1$ 计算闭环阶跃响应。有三种情况需要考虑：$\gamma_1 = 1$，$\gamma_2 = 0$；$\gamma_1 = 1$，$\gamma_2 = 0.8$；$\gamma_1 = -1$，$\gamma_2 = 0.8$。图 1.3(a)和(b)比较了三种情况下的闭环输出响应。从图中可以看出，当闭环系统稳定时，两个输出都实现了无误差跟踪阶跃参考信号。但是，当 γ_1 和 γ_2 值变化时，瞬态性能有显著差异。当 $\gamma_1\gamma_2 = 0.8$ 时，有一个接近虚轴的闭环极点，因此，从 y_1 和 y_2 观察到有一个长长的“尾巴”（见线 2）。当 $\gamma_1\gamma_2 = -0.8$ 时，有四个复极点，因此，闭环输出响应是振荡的（见线 3）。图 1.4(a)和(b)比较了闭环控制信号。从控制信号可以看出，为了产生无稳态误差的闭环输出响应，控制信号的稳态值会随着相互作用的变化而变化。

(a) 输出信号 y_1　　(b) 输出信号 y_2

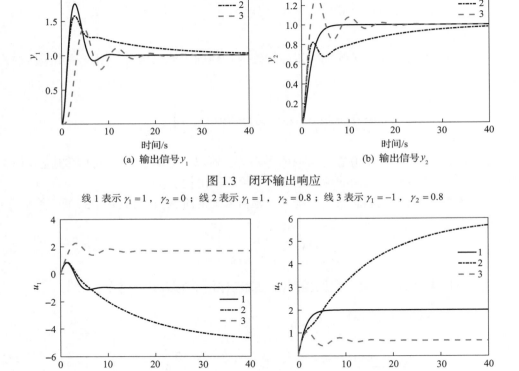

图 1.3　闭环输出响应

线 1 表示 $\gamma_1 = 1$，$\gamma_2 = 0$；线 2 表示 $\gamma_1 = 1$，$\gamma_2 = 0.8$；线 3 表示 $\gamma_1 = -1$，$\gamma_2 = 0.8$

(a) 控制信号 u_1　　(b) 控制信号 u_2

图 1.4　闭环控制信号

线 1 表示 $\gamma_1 = 1$, $\gamma_2 = 0$；线 2 表示 $\gamma_1 = 1$，$\gamma_2 = 0.8$；线 3 表示 $\gamma_1 = -1$，$\gamma_2 = 0.8$

作为本节的结束，关键信息是，当系统中存在相互作用时，单回路 PID 控制器不能保证闭环稳定性和期望的闭环动态响应。即使是一个简单的系统，受相互作用影响的动态响应也是复杂和不可预测的。研究可以方便处理多输入-多输出系统的控制器，是我们要超越 PID 控制的主要原因。本书中的状态反馈控制系统就属于这样一类控制器，它具有处理多输入-多输出相互作用的能力。

1.3　状态反馈控制基础

1.3.1　状态反馈控制

状态反馈控制系统的设计采用状态空间模型，用反馈控制器增益矩阵和状态变量来计算控制信号。下面的例子展示了一个状态空间模型如何反映多输入-多输出系统的动态。

例 1.1　图 1.5 为一个三弹簧双质量块系统(Tongue, 2002)。在图 1.5 中，两个质量块的质量为 M_1 和 M_2，左边和右边弹簧的弹性系数为常数 α_1，中间弹簧的弹性系数为 α_2。可控变量是两个作用力 u_1 和 u_2，输出变量是质量块的位移，y_1 对应质量块一，y_2 对应质量块二。该系统的运动过程描述为下列微分方程：

$$\frac{\mathrm{d}^2 y_1(t)}{\mathrm{d}t^2} = -\frac{\alpha_1 + \alpha_2}{M_1} y_1(t) + \frac{\alpha_2}{M_1} y_2(t) + \frac{u_1(t)}{M_1} \tag{1.26}$$

$$\frac{\mathrm{d}^2 y_2(t)}{\mathrm{d}t^2} = -\frac{\alpha_1 + \alpha_2}{M_2} y_2(t) + \frac{\alpha_2}{M_2} y_1(t) + \frac{u_2(t)}{M_2} \tag{1.27}$$

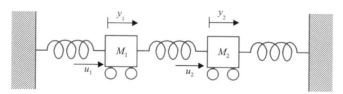

图 1.5　三弹簧双质量块系统(例 1.1)

求三弹簧双质量块系统的状态空间模型表达式。

解　将这两个微分方程转化为状态空间模型，我们选择两个额外的变量来将二阶导数降为一阶导数。

基于第一个质量块选择前两个状态变量：$x_1(t) = y_1(t)$，$x_2(t) = \dot{y}_1(t) = \dot{x}_1(t)$。所以，$\dot{x}_2(t) = \ddot{x}_1(t)$。同样地，$x_3(t) = y_2(t)$，且 $x_4(t) = \dot{y}_2(t) = \dot{x}_3(t)$。所以，$\dot{x}_4(t) = \ddot{x}_3(t)$。定义了四个状态变量，得到状态空间模型如下：

$$
\begin{bmatrix} \dot{x}_1(t) \\ \dot{x}_2(t) \\ \dot{x}_3(t) \\ \dot{x}_4(t) \end{bmatrix} =
\overset{A}{\begin{bmatrix} 0 & 1 & 0 & 0 \\ -\dfrac{\alpha_1 + \alpha_2}{M_1} & 0 & \dfrac{\alpha_2}{M_1} & 0 \\ 0 & 0 & 0 & 1 \\ \dfrac{\alpha_2}{M_2} & 0 & -\dfrac{\alpha_1 + \alpha_2}{M_2} & 0 \end{bmatrix}}
\begin{bmatrix} x_1(t) \\ x_2(t) \\ x_3(t) \\ x_4(t) \end{bmatrix} +
\overset{B}{\begin{bmatrix} 0 & 0 \\ \dfrac{1}{M_1} & 0 \\ 0 & 0 \\ 0 & \dfrac{1}{M_2} \end{bmatrix}}
\begin{bmatrix} u_1(t) \\ u_2(t) \end{bmatrix}
$$

$$\begin{bmatrix} y_1(t) \\ y_2(t) \end{bmatrix} = \overset{C}{\begin{bmatrix} 1 & 0 & 0 & 0 \\ 0 & 0 & 1 & 0 \end{bmatrix}} \begin{bmatrix} x_1(t) \\ x_2(t) \\ x_3(t) \\ x_4(t) \end{bmatrix}$$

系统有两个输入变量，分别是两个作用力 u_1 和 u_2；两个输出变量，分别是第一个质量块的位移 y_1 和第二个质量块的位移 y_2。该状态空间模型的系统矩阵、输入矩阵和输出矩阵分别为 A、B、C。

现在，我们将注意力转向如何在状态反馈控制器设计中使用状态空间模型。

假设系统动态由具有适当维数的矩阵和向量的状态空间方程来描述：

$$\dot{x}(t) = Ax(t) + Bu(t)$$

$$y(t) = Cx(t) \tag{1.28}$$

基本的状态反馈控制系统框图如图 1.6 所示，其中 K 为状态反馈控制器增益矩阵。更具体地说，在状态反馈控制结构中，假设状态变量的数量为 n，只有一个输入变量，且 $x(t) = \begin{bmatrix} x_1(t) & x_2(t) \cdots x_n(t) \end{bmatrix}^{\mathrm{T}}$，则控制信号 $u(t)$ 是状态变量的线性组合：

$$\begin{aligned} u(t) &= -\left(k_1 x_1(t) + k_2 x_2(t) + \cdots + k_n x_n(t) \right) \\ &= -Kx(t) \end{aligned} \tag{1.29}$$

式中，K 为一个行向量，定义为 $K = \begin{bmatrix} k_1 & k_2 & \cdots & k_n \end{bmatrix}$。

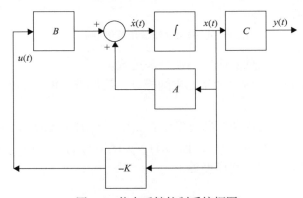

图 1.6　状态反馈控制系统框图

显然，如果有两个输入变量（如三弹簧双质量块系统），控制信号是一个 2×1 维的向量，且 $u(t) = \begin{bmatrix} u_1(t) & u_2(t) \end{bmatrix}^{\mathrm{T}}$，那么状态反馈控制器增益矩阵就有两行，即

$$u_1(t) = -\left(k_{11} x_1(t) + k_{12} x_2(t) + \cdots + k_{1n} x_n(t) \right)$$

$$u_2(t) = -\left(k_{21} x_1(t) + k_{22} x_2(t) + \cdots + k_{2n} x_n(t) \right)$$

或写为

$$u(t) = -Kx(t) \tag{1.30}$$

式中，状态反馈控制器增益矩阵 K 的形式为

$$K = \begin{bmatrix} k_{11} & k_{12} \cdots k_{1n} \\ k_{21} & k_{22} \cdots k_{2n} \end{bmatrix}$$

比较式(1.29)和式(1.30)，可以清楚地看到，对多输入系统使用状态反馈控制器时，无论系统有多少输入信号，控制信号的公式都是相同的。

将控制信号 $u(t) = -Kx(t)$ 代入原系统模型式(1.28)，得到闭环状态反馈控制系统方程：

$$\dot{x}(t) = (A - BK)x(t) \tag{1.31}$$

给定初始状态向量 $x(0)$，通过积分法求解微分方程，得到 $x(t)$ 在 $t \geq 0$ 时的闭环响应，为

$$x(t) = e^{(A-BK)t}x(0) \tag{1.32}$$

为确保闭环系统是稳定的，闭环系统矩阵 $A - BK$ 的所有特征值必须在复平面的左半边，即对于所有 $i(i = 1, \cdots, n)$，实部 $\lambda_i(A - BK) < 0$，这里 $\lambda_i(A - BK)$ 表示矩阵 $A - BK$ 的特征值，它们是下列闭环特征方程式的解：

$$\det(sI - (A - BK)) = 0$$

关于状态反馈控制，需要注意三点：第一，状态反馈控制是状态变量的负反馈；第二，状态反馈控制器增益矩阵 K 不存在动态；第三，输出没有参考信号，这意味着当闭环系统稳定时，状态反馈控制系统将被用于把状态向量从初始向量 $x(0)$ 降为零(见式(1.32))。

当没有参考信号时，状态反馈控制的问题被称为"调节器问题"。调节器问题是找到状态反馈控制器增益矩阵 K，使闭环响应以设计的速度衰减为零。对于三弹簧双质量块系统而言，在 $t = 0$ 时刻，如果期望位置 y_1 和 y_2 出现了偏差，即初始条件非零，将初始偏差引入期望位置是调节器问题，也是基本的状态反馈控制问题。

以下示例说明了设计状态反馈控制系统的基本思路。

例 1.2　无阻尼振子的状态空间模型由下列微分方程给出，以矩阵形式表示：

$$\overset{\dot{x}(t)}{\begin{bmatrix} \dot{x}_1(t) \\ \dot{x}_2(t) \end{bmatrix}} = \overset{A}{\begin{bmatrix} 0 & 1 \\ -\omega_0^2 & 0 \end{bmatrix}} \overset{x(t)}{\begin{bmatrix} x_1(t) \\ x_2(t) \end{bmatrix}} + \overset{B}{\begin{bmatrix} 0 \\ 1 \end{bmatrix}} u(t) \tag{1.33}$$

设计一个状态反馈控制器，使闭环系统的阻尼系数 $\xi = 0.707$，固有频率 $\omega_n = \omega_0$。在这个例子中 $\omega_0 = 1 \text{rad/s}$。

解　开环系统在虚轴上有一对特征值，它们的位置为 $\pm j\omega_0$。我们可以通过计算特征多项式来验证这一点：

$$\det(sI - A) = \det\begin{bmatrix} s & -1 \\ \omega_0^2 & s \end{bmatrix} = s^2 + \omega_0^2 = 0$$

它的解就是开环系统的特征值，即 $s_{1,2} = \pm j\omega_0$。

状态向量的初始条件定为 $x(0) = \begin{bmatrix} 1 & -1 \end{bmatrix}^{\mathrm{T}}$，开环系统的状态变量 $x(t)$ 是微分方程式 (1.33) 的解，假设 $u(t) = 0$，指数矩阵形式如下：

$$x(t) = \mathrm{e}^{At} x(0) \tag{1.34}$$

图 1.7(a) 显示了状态变量的开环响应。事实上，没有反馈控制的干预，无阻尼振荡器表现为持续振荡。

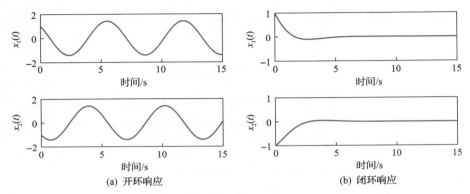

(a) 开环响应　　　　　　　　　　　(b) 闭环响应

图 1.7　状态变量响应（例 1.2）

现在，用状态反馈控制，控制信号 $u(t)$ 为

$$u(t) = -\begin{bmatrix} k_1 & k_2 \end{bmatrix}\begin{bmatrix} x_1(t) \\ x_2(t) \end{bmatrix}$$

将该控制信号代入状态空间模型式 (1.33)，得到闭环系统的方程为

$$\overset{\dot{x}(t)}{\begin{bmatrix} \dot{x}_1(t) \\ \dot{x}_2(t) \end{bmatrix}} = \overset{A-BK}{\begin{bmatrix} 0 & 1 \\ -\omega_0^2 - k_1 & -k_2 \end{bmatrix}} \overset{x(t)}{\begin{bmatrix} x_1(t) \\ x_2(t) \end{bmatrix}} \tag{1.35}$$

从式 (1.35) 可以看出，状态反馈控制通过改变闭环系统矩阵 $A - BK$，来改变闭环特征值的位置。接下来的问题是如何选择控制器增益（也称控制器系数）k_1 和 k_2。

根据闭环系统的阻尼系数 $\xi = 0.707$ 和固有频率 $\omega_n = \omega_0$ 的要求，选取期望的闭环特征多项式为

$$A_{\mathrm{cl}}(s)^d = s^2 + 2\xi\omega_0 s + \omega_0^2 = s^2 + 1.414s + 1 \tag{1.36}$$

实际的闭环特征多项式为

$$A_{cl}(s) = \det(sI - (A - BK)) = \det \begin{bmatrix} s & -1 \\ \omega_0^2 + k_1 & s + k_2 \end{bmatrix} = s^2 + k_2 s + \omega_0^2 + k_1 \quad (1.37)$$

因此，使实际闭环特征多项式与期望的特征多项式相等，即 $A_{cl}(s) = A_{cl}(s)^d$，得出状态反馈控制器增益：

$$k_1 = \omega_0^2 - \omega_0^2 = 0; \quad k_2 = 2\xi\omega_0 = 1.414$$

在状态向量初始条件相同的情况下，闭环状态向量 $x(t)$ 为微分方程式（1.35）的解，其指数矩阵形式如下：

$$x(t) = e^{(A-BK)t} x(0) \quad (1.38)$$

图 1.7（b）显示了状态变量的闭环响应。与开环响应相比，闭环系统实现了有阻尼的响应过程，阻尼系数为 0.707。有趣的是，当固有频率不变时，控制信号不需要状态变量 $x_1(t)$ 的反馈作用。但是，如果期望的固有频率不等于 ω_0，那么 $k_1 \neq 0$，需要 $x_1(t)$ 的反馈作用。

1.3.2　可控性

可控性的研究就是要回答这样一个问题：在什么条件下我们可以控制一个系统，使其满足任意要求的闭环性能。

状态可控的定义。对于一个动态系统的状态变量模型，如果给定任意状态 $x(t_0)$、$x(t_f)$ 和初始时刻 t_0，存在一个时刻 $t_1 > t_0$ 和一个输入 $u(t)$，能够使系统状态 $x(t)$ 从初始状态 $x(t_0)$ 转移到最终状态 $x(t_1) = x(t_f)$，则该状态变量模型的状态就是完全可控的。我们将通过实例研究"可控性"一词的含义。

具有 n 个状态变量的线性定常连续系统完全可控的充分必要条件是，可控矩阵 L_c 的秩为 n，其中 L_c 定义如下：

$$L_c = \begin{bmatrix} B & AB & A^2B & \cdots & A^{n-2}B & A^{n-1}B \end{bmatrix} \quad (1.39)$$

如果系统只有一个输入，L_c 是一个维数为 $n \times n$ 的方阵，可控条件 $\mathrm{rank}(L_c) = n$ 等同于 $\det(L_c) \neq 0$。如果系统有多个输入，如 m 个输入，那么，可控性矩阵 L_c 的维数为 $n \times (m \times n)$。对于多个输入的情况，$\mathrm{rank}(L_c) = n$ 表示 L_c 矩阵中独立列数至少等于 n。

MATLAB 中的函数 ctrb.m 对于计算 L_c 矩阵和判定系统是否可控非常方便，L_c 矩阵的计算采用以下代码：

```
Lc=ctrb(A,B);
q=rank(Lc);
```

如果 q 等于 n，则系统是可控的。

以下示例说明控制系统设计中可控性的含义。

例 1.3　已知一个两输入、两个状态变量的系统用微分方程来描述为

$$\begin{bmatrix} \dot{x}_1(t) \\ \dot{x}_2(t) \end{bmatrix} = \begin{bmatrix} -\dfrac{\beta}{a_1} & \dfrac{\beta}{a_1} \\ \dfrac{\beta}{a_2} & -\dfrac{\beta}{a_2} \end{bmatrix} \begin{bmatrix} x_1(t) \\ x_2(t) \end{bmatrix} + \begin{bmatrix} \dfrac{1}{a_1} & 0 \\ 0 & \dfrac{1}{a_2} \end{bmatrix} \begin{bmatrix} u_1(t) \\ u_2(t) \end{bmatrix} \tag{1.40}$$

式中，$a_1 \neq 0$；$a_2 \neq 0$。判断如果 $\beta = 0$ 系统是否可控。

解　系统的可控性矩阵 L_c 为

$$L_c = \begin{bmatrix} B & AB \end{bmatrix}$$

$$= \begin{bmatrix} \dfrac{1}{a_1} & 0 & -\dfrac{\beta}{a_1^2} & \dfrac{\beta}{a_1 a_2} \\ 0 & \dfrac{1}{a_2} & \dfrac{\beta}{a_1 a_2} & -\dfrac{\beta}{a_2^2} \end{bmatrix} \tag{1.41}$$

这里，$\mathrm{rank}(L_c)$ 表示独立列的数量。通过目测，可以看出前两列是独立的。因此无论 β 取何值，都有 $\mathrm{rank}(L_c) = 2$。结论是该系统不依赖于 β，是完全可控的。也就是说，β 为零并不影响系统的可控性。

例 1.4　假设只有一个输入用于控制，即第一个输入 $u_1(t)$ 是可用的，那么状态空间方程为

$$\begin{bmatrix} \dot{x}_1(t) \\ \dot{x}_2(t) \end{bmatrix} = \begin{bmatrix} -\dfrac{\beta}{a_1} & \dfrac{\beta}{a_1} \\ \dfrac{\beta}{a_2} & -\dfrac{\beta}{a_2} \end{bmatrix} \begin{bmatrix} x_1(t) \\ x_2(t) \end{bmatrix} + \begin{bmatrix} \dfrac{1}{a_1} \\ 0 \end{bmatrix} u_1(t) \tag{1.42}$$

判断如果 $\beta = 0$ 系统是否仍然可控，另外，研究 $\beta = 0$ 对闭环控制系统的影响。

解　可控性矩阵为

$$L_c = \begin{bmatrix} \dfrac{1}{a_1} & -\dfrac{\beta}{a_1^2} \\ 0 & \dfrac{\beta}{a_1 a_2} \end{bmatrix} \tag{1.43}$$

$\det(L_c) = \dfrac{\beta}{a_1^2 a_2}$。可以看出，如果 $\beta = 0$，则 $\det(L_c) = 0$。所以，如果只有一个控制输入，当 $\beta = 0$ 时系统失去可控性。

我们来尝试将状态反馈控制作为 β 的函数，这里，控制信号 $u(t)$ 表示为

$$u(t) = -\begin{bmatrix} k_1 & k_2 \end{bmatrix} \begin{bmatrix} x_1(t) \\ x_2(t) \end{bmatrix} \tag{1.44}$$

闭环系统变为

$$\dot{x}(t) = (A - BK)x(t) \tag{1.45}$$

式中，系统矩阵为

$$A - BK = \begin{bmatrix} -\dfrac{\beta}{a_1} & \dfrac{\beta}{a_1} \\ \dfrac{\beta}{a_2} & -\dfrac{\beta}{a_2} \end{bmatrix} - \begin{bmatrix} \dfrac{1}{a_1} \\ 0 \end{bmatrix} \begin{bmatrix} k_1 & k_2 \end{bmatrix}$$

$$= \begin{bmatrix} -\dfrac{\beta + k_1}{a_1} & \dfrac{\beta}{a_1} - \dfrac{k_2}{a_1} \\ \dfrac{\beta}{a_2} & -\dfrac{\beta}{a_2} \end{bmatrix} \tag{1.46}$$

于是，闭环特征多项式的计算方程为

$$\det(sI - (A - BK)) = \det \begin{bmatrix} s + \dfrac{\beta + k_1}{a_1} & -\dfrac{\beta}{a_1} + \dfrac{k_2}{a_1} \\ -\dfrac{\beta}{a_2} & s + \dfrac{\beta}{a_2} \end{bmatrix}$$

$$= \left(s + \dfrac{\beta + k_1}{a_1} \right)\left(s + \dfrac{\beta}{a_2} \right) + \dfrac{\beta}{a_2}\left(-\dfrac{\beta}{a_1} + \dfrac{k_2}{a_1} \right) \tag{1.47}$$

现在，如果 $\beta = 0$，那么特征方程的第二项就变成了 0，得出：

$$\det(sI - (A - BK)) = s\left(s + \dfrac{k_1}{a_1} \right) \tag{1.48}$$

假设期望的闭环多项式为

$$A_{cl}(s)^d = s^2 + \alpha_1 s + \alpha_0$$

其实际特征多项式式(1.48)与期望的特征式系数对应相等，对于 $\alpha_1 > 0$ 和 $\alpha_0 > 0$ 的任意选择，方程无解。在这种情况下，系统变得不可控，意味着无论控制器系数 k_1 和 k_2 为何值，都不能在 $s = 0$ 时移动闭环极点。

反之，如果 $\beta \neq 0$，则可以证明如果下述算式成立，闭环特征多项式等于所期望的特征多项式：

$$k_1 = \left(\alpha_1 - \dfrac{\beta}{a_2} \right)a_1 - \beta$$

$$k_2 = \dfrac{a_1 a_2}{\beta}\left(\alpha_0 + \dfrac{\beta^2}{a_1 a_2} - \left(\alpha_1 - \dfrac{\beta}{a_2} \right)\dfrac{\beta}{a_2} \right)$$

这就意味着我们可以实现期望闭环多项式指定的控制性能。

MATLAB 中的函数 ctrbf.m 将不可控的系统分解为可控和不可控部分，这对确定不可控极点是否稳定会有所帮助。如果一个系统的不可控极点是稳定的，不管系统的可控极点是否稳定，我们都称其为可稳定的。如果不可控极点是不稳定的，那么系统就不能用状态反馈控制来实现闭环稳定。我们称这种类型的系统是不稳定的。

1.3.3　思考题

1. 如果一个状态空间模型是可控的，你认为状态反馈控制能达到期望的闭环性能吗？
2. 从可控性矩阵 L_c 来看，你认为更多的输入变量通常有助于提高系统的可控性吗？
3. 如果一个状态空间模型是不可控的，那么是否可以说存在一个或多个开环极点是不能通过状态反馈控制改变的？
4. 如果一个状态空间模型是不可控的，而且你发现不可控极点是稳定的，你会考虑继续使用这个模型吗？如果你认为需要做出修改，你会提议对模型和状态反馈控制规律进行哪些修改？
5. 如果一个状态空间模型是不可控的，且不可控极点是不稳定的，你还会继续使用这个模型吗？你会考虑增加一个输入信号来对该系统做出修改吗？

1.4　极点配置控制器

极点配置控制器设计是状态空间控制系统设计方法中非常有用的一种技术，因为闭环极点的位置决定了闭环系统性能，从而可以将期望的闭环系统性能转化为期望的极点位置，所以这种设计方法简单易行。我们在例 1.2 和例 1.4 中说明了这种设计方法。

1.4.1　设计方法

如果闭环系统矩阵 $A-BK$ 的所有特征值在复平面的左侧，则状态反馈闭环系统是稳定的。另外，闭环特征值的位置直接影响状态向量 $x(t)$ 的闭环响应速度。在状态反馈控制系统设计中，闭环系统的性能指标往往以期望的闭环特征值来表示。

对于单输入系统，状态反馈控制器增益矩阵 K 显然是一个行向量，其维数等于状态向量 $x(t)$ 的维数。假设状态向量 $x(t)$ 是 $n \times 1$ 维的，我们的任务是找出它的系数 $k_1, k_2, \cdots, k_n$，使闭环系统的特征值确定在期望位置。由于闭环特征值是下列闭环特征方程的解：

$$A_{\mathrm{cl}}(s) = \det(sI - (A - BK)) = 0 \tag{1.49}$$

因此反馈控制器的设计是将设计者期望的闭环特征多项式 $A_{\mathrm{cl}}(s)^d$ 与实际闭环特征多项式 $A_{\mathrm{cl}}(s)$ 相匹配。这意味着要解多项式方程：

$$\det(sI - (A - BK)) = A_{\mathrm{cl}}(s)^d \tag{1.50}$$

来确定控制器的系数 $k_1, k_2, \cdots, k_n$。设计理念听起来直观而简单，有人可能会问状态反馈控制器的设计有何难点。

难点在于用解析的方法求出 $n \times n$ 矩阵 $sI - (A - BK)$ 的行列式。此外，即使找到了特征多项式的解析表达式，也不能保证控制器系数会出现在一组线性方程中，从而可以很容易地求解。

下一个问题是，是否存在特定的 A 和 B 矩阵对，以便 $sI - (A - BK)$ 的行列式很容易计算，且系数出现在一组线性方程中。下面的例子回答了这个问题。

例 1.5 已知一个状态空间模型为

$$\begin{bmatrix} \dot{x}_1(t) \\ \dot{x}_2(t) \\ \dot{x}_3(t) \end{bmatrix} = \overbrace{\begin{bmatrix} 0 & 1 & 0 \\ 0 & 0 & 1 \\ -a_0 & -a_1 & -a_2 \end{bmatrix}}^{A} \begin{bmatrix} x_1(t) \\ x_2(t) \\ x_3(t) \end{bmatrix} + \overbrace{\begin{bmatrix} 0 \\ 0 \\ 1 \end{bmatrix}}^{B} u(t) \tag{1.51}$$
$$= Ax(t) + Bu(t)$$

注意 A 和 B 矩阵的特殊结构，它被称为可控标准型。

请用可控标准型设计一个状态反馈控制器增益矩阵 K，期望的闭环特征值由下列特征多项式方程确定：

$$A_{cl}(s)^d = s^3 + \alpha_2 s^2 + \alpha_1 s + \alpha_0 = 0 \tag{1.52}$$

式中，系数 α_2、α_1 和 α_0 的选择使得多项式 $A_{cl}(s)^d$ 所有的极点在所期望的位置。

解 将 $u(t) = -Kx(t)$ 代入状态空间模型式 (1.51)，形成反馈闭环系统，得出：

$$\dot{x}(t) = (A - BK)x(t) \tag{1.53}$$

式中，$K = \begin{bmatrix} k_1 & k_2 & k_3 \end{bmatrix}$，因此，闭环特征多项式通过如下行列式来计算：

$$\det(sI - (A - BK)) = \det \begin{bmatrix} s & -1 & 0 \\ 0 & s & -1 \\ a_0 + k_1 & a_1 + k_2 & s + a_2 + k_3 \end{bmatrix} \tag{1.54}$$

选择第三行使用克拉默 (Cramer) 法则计算行列式 (Kreyszig, 2006)。那么，

$$\det(sI - (A - BK)) = (a_0 + k_1) C_{31} + (a_1 + k_2) C_{32} + (s + a_2 + k_3) C_{33} \tag{1.55}$$

式中，$C_{3k} = (-1)^{3+k} M_{3k}$（$k = 1, 2, 3$），$M_{3k}$ 是二阶行列式，即去掉第三行和第 k 列得到的子矩阵的行列式。不难看出：

$$C_{31} = (-1)^{3+1} = 1$$

$$C_{32} = (-1)^{3+2}(-s) = s$$

$$C_{33} = (-1)^{3+3} s^2 = s^2$$

采用可控标准型，得到闭环特征多项式，这是一个关于控制器系数的函数：

$$\det(sI-(A-BK)) = s^3 + (a_2+k_3)s^2 + (a_1+k_2)s + a_0 + k_1 \tag{1.56}$$

现在，令实际闭环特征多项式与期望闭环特征多项式相等（$A_{cl}(s) = A_{cl}(s)^d$），则有

$$s^3 + (a_2+k_3)s^2 + (a_1+k_2)s + a_0 + k_1 = s^3 + \alpha_2 s^2 + \alpha_1 s + \alpha_0 \tag{1.57}$$

比较式（1.57）的系数，得出状态反馈控制器的系数为

$$k_1 = \alpha_0 - a_0$$
$$k_2 = \alpha_1 - a_1$$
$$k_3 = \alpha_2 - a_2 \tag{1.58}$$

一般来说，假设状态空间模型由以下微分方程描述：

$$\begin{bmatrix} \dot{x}_1(t) \\ \vdots \\ \dot{x}_{n-2}(t) \\ \dot{x}_{n-1}(t) \\ \dot{x}_n(t) \end{bmatrix} = \begin{bmatrix} 0 & 1 & \cdots & 0 & 0 \\ \vdots & \vdots & & \vdots & \vdots \\ 0 & 0 & \cdots & 1 & 0 \\ 0 & 0 & \cdots & 0 & 1 \\ -a_0 & -a_1 & \cdots & -a_{n-2} & -a_{n-1} \end{bmatrix} \begin{bmatrix} x_1(t) \\ \vdots \\ x_{n-2}(t) \\ x_{n-1}(t) \\ x_n(t) \end{bmatrix} + \begin{bmatrix} 0 \\ \vdots \\ 0 \\ 0 \\ 1 \end{bmatrix} u(t) \tag{1.59}$$

如果将期望的闭环特征值指定为下述特征多项式的解：

$$A_{cl}(s)^d = s^n + \alpha_{n-1}s^{n-1} + \alpha_{n-2}s^{n-2} + \cdots + \alpha_1 s + \alpha_0 = 0$$

那么，反馈控制律 $u(t)=-Kx(t)$ 将把闭环系统矩阵 $A-BK$ 的特征值定位到期望的位置，其中

$$K = \begin{bmatrix} k_1 & k_2 & k_3 & \cdots & k_{n-1} & k_n \end{bmatrix}$$

且

$$k_1 = \alpha_0 - a_0$$
$$k_2 = \alpha_1 - a_1$$
$$k_3 = \alpha_2 - a_2$$
$$\vdots$$
$$k_{n-1} = \alpha_{n-1} - a_{n-1}$$
$$k_n = \alpha_n - a_n$$

1.4.2　控制器设计中的相似变换

假设一个单输入系统的状态空间模型是可控的,可控性矩阵 L_c 是可逆的。其中一种通用转换是使用相似性变换,将状态空间模型转换为可控标准型(Kailath, 1980)。

设状态空间方程为

$$\dot{x}(t) = Ax(t) + Bu(t) \tag{1.60}$$

选择一个新的状态向量 $z(t)$,令

$$x(t) = Tz(t)$$

式中,T 为相似变换矩阵,假设 T^{-1} 存在。将状态空间方程式(1.60)表示为状态向量 $z(t)$ 的形式:

$$T\dot{z}(t) = ATz(t) + Bu(t)$$

左边乘以 T^{-1},得到:

$$\dot{z}(t) = T^{-1}ATz(t) + T^{-1}Bu(t) \tag{1.61}$$

如果矩阵对($T^{-1}AT$, $T^{-1}B$)是可控标准型,那么可以用状态向量 $z(t)$ 直接设计状态反馈控制器:

$$u(t) = -\hat{K}z(t)$$

但是,对于原状态向量 $x(t)$,根据变换关系,用 $T^{-1}x(t)$ 替代 $z(t)$,即

$$u(t) = -\hat{K}z(t) = -\hat{K}T^{-1}x(t) = -Kx(t)$$

式中,状态反馈控制器增益矩阵 $K = \hat{K}T^{-1}$。

如何为控制器设计找到这样的矩阵 T 呢?构建矩阵 T 的一个方法是按照下列步骤进行(Kailath, 1980),在此,假设状态空间模型有 n 个状态变量和一个输入。

(1)列出可控性矩阵 $L_c = \begin{bmatrix} B & AB & \cdots & A^{n-1}B \end{bmatrix}$。

(2)求 L_c 的逆矩阵 L_c^{-1},这里 L_c^{-1} 是存在的,因为该状态空间模型是可控的。

(3)找出 L_c^{-1} 阵最后一行,用 γ 表示,构建相似变换矩阵的逆矩阵 T^{-1},即

$$T^{-1} = \begin{bmatrix} \gamma \\ \gamma A \\ \vdots \\ \gamma A^{n-2} \\ \gamma A^{n-1} \end{bmatrix} \tag{1.62}$$

(4)用 $T = (T^{-1})^{-1}$ 得到相似变换矩阵 T，其中 T^{-1} 是用式(1.62)构建而成的。

下一步我们将证明变换后的矩阵对 $(T^{-1}AT, T^{-1}B)$ 是一对可控标准型。

首先注意以下关系是正确的：$L_c^{-1}L_c = I$。这意味着 L_c^{-1} 的最后一行 γ 与可控性矩阵 L_c 的关系为 $\begin{bmatrix} \gamma B & \gamma AB & \cdots & \gamma A^{n-1}B \end{bmatrix}$。由于单位矩阵的最后一行全部为零而最后一个元素为 1，我们得出

$$\gamma B = 0 \tag{1.63}$$

$$\gamma AB = 0 \tag{1.64}$$

$$\cdots \tag{1.65}$$

$$\gamma A^{n-2}B = 0 \tag{1.66}$$

$$\gamma A^{n-1}B = 1 \tag{1.67}$$

注意矩阵 T^{-1} 是用式(1.62)构建而成的，因此从式(1.63)～式(1.67)，我们可以总结如下：

$$T^{-1}B = \begin{bmatrix} 0 & 0 & \cdots & 0 & 1 \end{bmatrix}^{\mathrm{T}} \tag{1.68}$$

现在，看一下什么是 $T^{-1}AT$。由式(1.62)中构造的 T^{-1}，得到：

$$T^{-1}A = \begin{bmatrix} \gamma A \\ \gamma A^2 \\ \vdots \\ \gamma A^n \end{bmatrix} = \begin{bmatrix} \beta_1 \\ \beta_2 \\ \vdots \\ \beta_n \end{bmatrix}$$

令 $T = \begin{bmatrix} t_1 & t_2 & \cdots & t_n \end{bmatrix}$，并注意 $T^{-1}T$ 是一个单位矩阵，对于 $k = 1, 2, \cdots, n-1$，矩阵 $T^{-1}AT$ 的第一行到第 $n-1$ 行是由 $\beta_k t_{k+1} = 1$ 决定的，但是其余的元素为零。

$T^{-1}AT$ 的最后一行变为

$$\gamma A^n \begin{bmatrix} t_1 & t_2 & \cdots & t_n \end{bmatrix} = \begin{bmatrix} \gamma A^n t_1 & \gamma A^n t_2 & \cdots & \gamma A^n t_n \end{bmatrix} \tag{1.69}$$

根据开立-汉弥顿(Cayley-Hamilton)定理(Kreyszig, 2006; Kailath, 1980)，有

$$A^n + a_{n-1}A^{n-1} + \cdots + a_1 A + a_0 I = 0$$

式中，系数 $a_0, a_1, \cdots, a_{n-1}$ 由矩阵 A 的特征多项式决定。因此，我们通过下列关系替代式(1.69)中的矩阵 A^n：

$$A^n = -a_{n-1}A^{n-1} - \cdots - a_1 A - a_0 I$$

鉴于 T^{-1} 由式 (1.62) 构造而成，那么，$\gamma,\ \gamma A,\ \gamma A^2,\cdots,\gamma A^{n-1}$ 为 T^{-1} 的第 n 行。设 $T^{-1}T = I$，则有

$$\gamma A^n t_1 = -a_0$$

$$\gamma A^n t_2 = -a_1$$

$$\vdots$$

$$\gamma A^n t_n = -a_n$$

把这些推导组合在一起，就得到：

$$T^{-1}AT = \begin{bmatrix} 0 & 1 & \ldots & 0 & 0 \\ \vdots & \vdots & & \vdots & \vdots \\ 0 & 0 & \ldots & 1 & 0 \\ 0 & 0 & \ldots & 0 & 1 \\ -a_0 & -a_1 & \ldots & -a_{n-2} & -a_{n-1} \end{bmatrix} \tag{1.70}$$

式 (1.68) 和式 (1.70) 表明矩阵对 $(T^{-1}AT,\ T^{-1}B)$ 是可控标准型。

1.4.3　极点配置控制器的 MATLAB 教程

虽然有几个 MATLAB 函数(如 place.m 和 acker.m)可以直接用于极点配置法设计状态反馈控制器，但是学习一下单输入系统的详细设计过程还是很有用的。在接下来的 MATLAB 教程中，将演示用相似变换方法设计一个状态反馈控制器。

教程 1.1　写出一个 MATLAB 函数 T2place.m，生成状态反馈控制器增益矩阵 K。

步骤 1：创建一个新文件，名为"T2place.m"。

步骤 2：下列程序将输入和输出变量放入一个函数中。将下列程序输入一个文件中：

```
function K=T2place(A,B,P);
%A,B are system matrices
%P is the desired characteristic polynomial
%(P=s^n+a_{n-1}s^{n-1}+\ldots+a_0)
%dimension of P is n+1
```

步骤 3：用 MATLAB 函数 ctrb.m 生成可控性矩阵 L_c，如果 L_c 不是满秩的，终止计算。继续将下列程序输入文件：

```
n=length(B);
Lc=ctrb(A,B);
m=rank(Lc);
if (m<n), disp('Uncontrollable'); return; end
```

步骤 4：假设矩阵 L_c 是满秩的，使用奇异值分解继续寻找它的逆矩阵，这里奇异值

分解写成 $L_c = V_1 D_1 U_1^{\mathrm{T}}$，$V_1$ 和 U_1 为酉矩阵，且 $L_c^{-1} = U_1 D_1^{-1} V_1^{\mathrm{T}}$。奇异值分解在计算矩阵求逆时具有较高的精度。继续将下列程序输入文件：

```
[V1,D1,U1]=svd(Lc);
InLc=U1*inv(D1)*V1';
```

步骤 5：构建行向量 γ，并用 MATLAB 函数 ctrb.m 构建相似变换矩阵的逆矩阵 T^{-1}。继续将下列程序输入文件：

```
gamma=InLc(n,:);
Tinv=ctrb(A',gamma')';
```

步骤 6：计算 T^{-1} 的逆矩阵，得到相似变换矩阵 T。继续将以下程序输入文件：

```
[V2,D2,U2]=svd(Tinv);
T=U2*inv(D2)*V2';
```

步骤 7：构建矩阵 $T^{-1}AT$。将以下程序输入文件：

```
Astf=Tinv*A*T;
```

步骤 8：请注意，所需的闭环多项式是用 s 的降序表示的。它需要重新排列为 s 的升序。将以下程序输入文件：

```
for kk=1:n;
Pi(kk)=P(n+2-kk);
end
```

步骤 9：计算反馈控制器 $\hat{K}$，状态反馈控制器增益矩阵 $K = \hat{K}T^{-1}$。注意 $T^{-1}AT$ 最后一行的系数与特征多项式的系数符号相反。将下列程序输入文件：

```
Khat=Pi+Astf(n,:);
K=Khat*Tinv;
```

使用下列系统矩阵测试 T2place.m 函数。

$$A = \begin{bmatrix} -1 & 0 & 2 & 3 & 0 \\ 0 & 1 & 0 & 1 & 0 \\ 1 & -2 & -3 & 0 & 5 \\ 0 & 3 & 4 & -5 & 2 \\ 6 & 0 & 0 & 3 & 3 \end{bmatrix}; \quad B = \begin{bmatrix} 1 \\ 1 \\ 0 \\ 3 \\ 3 \end{bmatrix}$$

开环系统的特征值为 6.1630、$-3.404 \pm \mathrm{j}3.6312$、$-5.5125$、1.2103。如果我们将所有闭环特征值置于 -5，那么用 MATLAB 函数 T2place.m 计算的状态反馈控制器增益矩阵 K 为

$$K = \begin{bmatrix} 5.4049 & -8.2840 & 2.1339 & 1.7337 & 5.8927 \end{bmatrix}$$

对于该例子，期望的闭环特征多项式 P 为 $(s+5)^5$，它可以用下列 MATLAB 程序生成：

```
P1=conv([1 5],[1 5]);
P2=conv(P1,P1);
P=conv(P2,[1 5]);
```

计算闭环系统矩阵 $A-BK$ 的特征值验证了结果的有效性。

1.4.4　思考题

1. 假设一个单输入系统有以下系统矩阵：

$$A = \begin{bmatrix} -2 & 0 \\ 0 & -1 \end{bmatrix}; \quad B = \begin{bmatrix} 1 \\ 2 \end{bmatrix}$$

你是否认为使用这个模型设计状态反馈控制器是一项容易的任务吗？如果不是，难点在哪里？

2. 本节所讲的极点配置控制器设计方法的主要要求是什么？

3. 你能设计一个由下列传递函数所描述的系统的状态反馈控制器吗？

$$G(s) = \frac{s+1}{(s+3)(s+1)}$$

如果不能，你建议作什么修改呢？

4. 假定开环系统是稳定的，如果选择闭环系统的特征值与开环系统的特征值相等，状态反馈控制器会怎样？关于控制器增益与开环特征值和闭环特征值的位置关系，你可以得出什么结论？

5. 如果开环系统是稳定的，但是模型质量较差，你会选择与开环特征值接近的闭环特征值来降低控制器的增益，以改善闭环的鲁棒稳定性吗？

1.5　线性二次型调节器设计

传统的极点配置方法由期望的闭环极点位置来确定闭环性能，与此不同，线性二次型调节器(LQR)是基于最优控制的设计方法，为期望的闭环性能指标和控制器方案提供了一种新的前景。

1.5.1　启示事例

对于一个多输入系统，极点配置设计方法不一定能得到唯一解，也就是说，对于一组期望的闭环特征值，状态反馈有许多解，我们很难确定哪些解更为适合。举例说明如下。

例 1.6　一个系统用下列状态空间模型描述：

$$\dot{x}(t) = \begin{bmatrix} 2 & -11 & 12 & 31 \\ -3 & 13 & -11 & -33 \\ 4 & -25 & 14 & 51 \\ -3 & 16 & -11 & -36 \end{bmatrix} x(t) + \begin{bmatrix} -1 & -4 \\ 1 & 6 \\ -1 & -11 \\ 1 & 7 \end{bmatrix} u(t) \tag{1.71}$$

控制目标是找到状态反馈控制器增益矩阵 K ，将非零初始状态 $x(0)$ 调节到零。期望的闭环极点指定为 -5 、 -5 、 $-3 \pm j3$ 。找到两个状态反馈控制器增益矩阵，可以将闭环特征值转移到期望位置，并模拟对非零初始状态值的闭环响应。

解　根据 Bay(1999)，可解析地找到状态反馈控制器增益矩阵：

$$K_1 = \begin{bmatrix} 8.6667 & -23.5 & 25.5 & 65.3333 \\ -4.6667 & -9.3333 & -2.6667 & 1.3333 \end{bmatrix}$$

可以证明，状态反馈控制系统的闭环特征值为 -5 、 -5 、 $-3 \pm j3$ 。

现在，使用 MATLAB 函数 place.m，可得到下列状态反馈控制器增益矩阵：

$$K_2 = \begin{bmatrix} -54.9826 & -252.0137 & 30.5728 & 240.6862 \\ 4.7615 & 29.1283 & -5.8864 & -32.0795 \end{bmatrix}$$

可以证明闭环特征值也为 -5 、 -5 、 $-3 \pm j3$ 。

这两种控制器的设计都满足要求，但是它们却截然不同，我们当然想知道哪个在闭环控制中的性能更好。状态初始条件 $x_1(0) = x_2(0) = x_3(0) = x_4(0) = 1$ ，且采样间隔 $\Delta t = 0.001\mathrm{s}$ ，闭环控制的结果如图 1.8 所示。图 1.8(a) 和 (b) 显示了控制信号响应。可以看出，K_1 的初始值比 K_2 大，但是 K_1 的控制信号比 K_2 衰减更快。图 1.8(c)～(f) 显示了四个状态变量的响应。可以看出，对于状态变量 x_1 的闭环响应， K_1 比 K_2 的闭环响应更快。而 x_2 的情况恰恰相反， x_3 和 x_4 的响应差不多。显然，这种仿真研究并不能得出结论：哪个控制器更好，或者我们应该用哪个控制器。

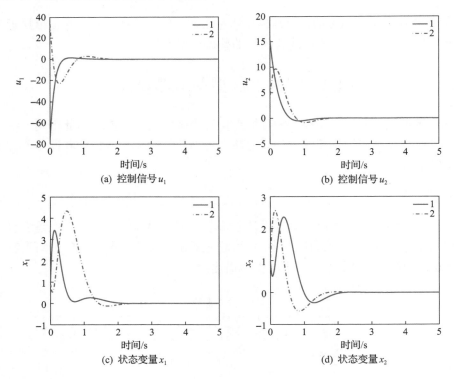

(a) 控制信号 u_1　　　　　　　　　　　　　　(b) 控制信号 u_2

(c) 状态变量 x_1　　　　　　　　　　　　　　(d) 状态变量 x_2

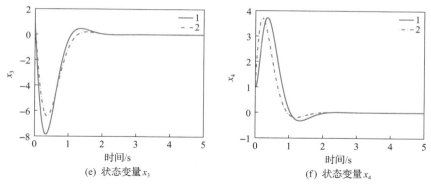

图 1.8　状态初始值的闭环状态响应（例 1.6）

线 1 表示使用 K_1 的闭环控制；线 2 表示使用 K_2 的闭环控制

这个例子表明，对于多输入系统，当使用极点配置设计技术时，由于控制器解的非唯一性，需要寻找其他的性能指标来确定状态反馈控制器增益矩阵。

1.5.2　线性二次型调节器推导

线性二次型调节器设计的一般思想是用最优准则来选择状态反馈控制器增益矩阵。通过定义并最小化二次目标函数，得到唯一的状态反馈控制律，并确定闭环系统的特征值。这在系统有多个输入的情况下特别有用。

假设系统用下列状态空间模型描述：

$$\dot{x}(t) = Ax(t) + Bu(t) \tag{1.72}$$

式中，$x(t)$ 为一个 $n \times 1$ 的向量；$u(t)$ 为一个 $m \times 1$ 的向量。已知初始条件 $x(0)$，目标是找到状态反馈控制律：

$$u(t) = -Kx(t) \tag{1.73}$$

最小化目标函数：

$$J = \int_0^\infty \left(x(t)^{\mathrm{T}} Q x(t) + u(t)^{\mathrm{T}} R u(t) \right) \mathrm{d}t \tag{1.74}$$

式中，Q 和 R 为加权矩阵，Q 为半正定矩阵（$Q \geqslant 0$），R 为正定矩阵（$R > 0$）。加权矩阵对闭环性能的作用将在 1.5.3 节讨论。"二次型"一词与二次目标函数的类型有关，而"调节器"则与将状态初始值转移到零有关。

关于如何找到状态反馈控制器增益矩阵 K 来最小化目标函数，在过去几十年的控制工程文献中已经得到了很好的研究（Anderson and Moore, 1971; Kailath, 1980; Chen, 1998; Bay, 1999; Goodwin et al., 2000）。一种直观的方法概述如下。

将控制律式（1.73）代入目标函数式（1.74）得到：

$$
\begin{aligned}
J &= \int_0^\infty \left(x(t)^{\mathrm{T}} Q x(t) + x(t)^{\mathrm{T}} K^{\mathrm{T}} R K x(t) \right) \mathrm{d}t \\
&= \int_0^\infty x(t)^{\mathrm{T}} \left(Q + K^{\mathrm{T}} R K \right) x(t) \mathrm{d}t
\end{aligned} \tag{1.75}
$$

现在，目标函数变成了状态向量 $x(t)$ 的二次积分函数。

对于给定的初始状态向量 $x(0)$，闭环系统的解由下列矩阵的指数函数求得：

$$x(t) = \mathrm{e}^{(A-BK)t} x(0) \tag{1.76}$$

因此，将 $x(t)$ 的表达式式 (1.76) 代入式 (1.75)，目标函数进一步表示为

$$J = x(0)^{\mathrm{T}} \int_0^\infty \mathrm{e}^{(A-BK)^{\mathrm{T}}t} \left(Q + K^{\mathrm{T}}RK \right) \mathrm{e}^{(A-BK)t} \mathrm{d}t x(0) \tag{1.77}$$

我们将矩阵 P 定义为

$$P = \int_0^\infty \mathrm{e}^{(A-BK)^{\mathrm{T}}t} \left(Q + K^{\mathrm{T}}RK \right) \mathrm{e}^{(A-BK)t} \mathrm{d}t \tag{1.78}$$

闭环系统的目标函数可以简化为

$$J = x(0)^{\mathrm{T}} P x(0) \tag{1.79}$$

注意，由于指数积分方程的性质，我们得到如下等式：

$$
\begin{aligned}
&\int_0^\infty (A-BK)^{\mathrm{T}} \mathrm{e}^{(A-BK)^{\mathrm{T}}t} \left(Q + K^{\mathrm{T}}RK \right) \mathrm{e}^{(A-BK)t} \mathrm{d}t \\
&+ \int_0^\infty \mathrm{e}^{(A-BK)^{\mathrm{T}}t} \left(Q + K^{\mathrm{T}}RK \right) \mathrm{e}^{(A-BK)t} (A-BK) \mathrm{d}t \\
&= \int_0^\infty \mathrm{d} \left[\mathrm{e}^{(A-BK)^{\mathrm{T}}t} \left(Q + K^{\mathrm{T}}RK \right) \mathrm{e}^{(A-BK)t} \right] \\
&= \left[\mathrm{e}^{(A-BK)^{\mathrm{T}}t} \left(Q + K^{\mathrm{T}}RK \right) \mathrm{e}^{(A-BK)t} \right]_0^\infty \\
&= -\left(Q + K^{\mathrm{T}}RK \right)
\end{aligned}
\tag{1.80}
$$

这里假设积分方程是收敛的。

现在，将式 (1.80) 改写为线性代数方程：

$$(A-BK)^{\mathrm{T}} P + P(A-BK) = -\left(Q + K^{\mathrm{T}}RK \right) \tag{1.81}$$

式 (1.81) 是用李雅普诺夫 (Lyapunov) 方程式 (Chen, 1998) 表示的。李雅普诺夫定理指出，当且仅当对于任意给定的正定对称矩阵 $Q + K^{\mathrm{T}}RK$，$A - BK$ 的所有特征值都有负实部时，李雅普诺夫方程式 (1.81) 有唯一的对称解 P 且 P 是正定的。该定理的证明可以在 Chen (1998) 和 Bay (1999) 中找到。

由于矩阵 $A - BK$ 是带有状态反馈控制器增益矩阵 K 的闭环系统矩阵，如果能够找到正定矩阵 P，那么，闭环反馈控制系统就是稳定的，所有特征值在左半复平面。为了求解李雅普诺夫方程式 (1.81)，我们选择状态反馈控制器增益矩阵为

$$K = R^{-1}B^{\mathrm{T}}P \tag{1.82}$$

又因

$$K^{\mathrm{T}}RK = PBR^{-1}RK = PBK$$

代数方程式(1.81)变为代数里卡蒂(Riccati)方程：

$$A^{\mathrm{T}}P + PA - PBR^{-1}B^{\mathrm{T}}P + Q = 0 \tag{1.83}$$

最优控制信号 $u(t)$ 的计算式为

$$u(t) = -R^{-1}B^{\mathrm{T}}Px(t)$$

可以证明目标函数的最小值为

$$J_{\mathrm{min}} = x(0)^{\mathrm{T}}Px(0) \tag{1.84}$$

存在一个唯一的对称解 P，因此，如果 (A, D) 是可观的(其中 $Q = D^{\mathrm{T}}D$)，且 (A, B) 是可控的(Anderson and Moore, 1971)，闭环系统的渐近稳定性是得到保证的。

1.5.3　Q 和 R 矩阵的选择

在线性二次型调节器的设计中，闭环性能可由加权矩阵 Q 和 R 确定。下面举例说明如何根据闭环性能指标对它们进行选择。

例 1.7　已知无阻尼振荡器的状态空间模型：

$$\dot{x}(t) = \begin{bmatrix} 0 & 1 \\ -1 & 0 \end{bmatrix}x(t) + \begin{bmatrix} 0 \\ 1 \end{bmatrix}u(t) \tag{1.85}$$

该系统在 $\pm \mathrm{j}$ 处有一对特征值。设计状态反馈，使初始状态 $x_1(0) = x_2(0) = 1$ 收敛到零。验证 Q 矩阵的选取对闭环性能的影响。

解　选择 $R = 1$ 并假设 Q 是一个简单的对角矩阵。则目标函数变为

$$J = Q(1,1)\int_0^\infty x_1(t)^2\,\mathrm{d}t + Q(2,2)\int_0^\infty x_2(t)^2\,\mathrm{d}t + \int_0^\infty u(t)^2\,\mathrm{d}t$$

用下列 MATLAB 代码计算状态反馈控制器增益矩阵 K、代数里卡蒂方程的解 P 和闭环特征值 E。

```
[K,P,E]=lqr(A,B,Q,R);
```

其中，A 和 B 是式(1.85)中给出的系统矩阵。J_{min} 的计算式为

$$J_{\mathrm{min}} = \left[x_1(0)x_2(0)\right]P\left[x_1(0)x_2(0)\right]^{\mathrm{T}}$$

第一种情况，选择 Q 的两个对角线元素均为 1，即 $Q(1,1) = Q(2,2) = 1$。这种选择直观地说明了两个变量的积分方差同等重要。MATLAB 函数 lqr.m 给出了状态反馈控制器增益矩阵 K_1 和代数里卡蒂方程的解 P_1：

$$K_1 = \begin{bmatrix} 0.4142 & 1.3522 \end{bmatrix}; \quad P_1 = \begin{bmatrix} 1.9123 & 0.4142 \\ 0.4142 & 1.3522 \end{bmatrix}$$

闭环特征值为 $-0.6761 \pm j0.9783$。$J_{\min} = 4.0929$。

第二种情况，与 $x_2(t)$ 相比，我们想要 $x_1(t)$ 的积分方差更小，因此更重视第一个状态变量。为此，选择第一个对角线元素是第二个元素的 100 倍，即 $Q(1,1)=100$，$Q(2,2)=1$。状态反馈控制器增益矩阵和代数里卡蒂方程的解为

$$K_2 = \begin{bmatrix} 9.0499 & 4.3703 \end{bmatrix}; \quad P_2 = \begin{bmatrix} 43.9212 & 9.0499 \\ 9.0499 & 4.3703 \end{bmatrix}$$

闭环特征值为 $-2.1852 \pm i2.2967$。$J_{\min} = 66.3913$。

第三种情况与第二种情况相反，更加强调状态变量 x_2，所以，选择 $Q(1,1)=1$，$Q(2,2)=100$。状态反馈控制器增益矩阵和代数里卡蒂方程的解为

$$K_3 = \begin{bmatrix} 0.4142 & 10.0413 \end{bmatrix}; \quad P_3 = \begin{bmatrix} 14.2006 & 0.4142 \\ 0.4142 & 10.0413 \end{bmatrix}$$

闭环特征值为 -0.1429、-9.8985。$J_{\min} = 25.074$。

图 1.9(a) 和 (b) 比较了在初始状态下闭环系统状态变量的响应。在第一种情况下，

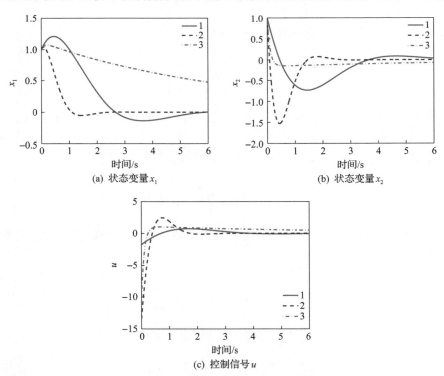

(a) 状态变量 x_1 (b) 状态变量 x_2

(c) 控制信号 u

图 1.9 状态初始条件的闭环状态响应(例 1.7)
线 1 表示用 K_1 的闭环控制；线 2 表示用 K_2 的闭环控制；线 3 表示用 K_3 的闭环控制

$Q(1, 1) = Q(2, 2) = 1$（见线 1）。有趣的是，当 $Q(1, 1)$ 增加到 100，$Q(2, 2) = 1$ 时（见线 2），$x_1(t)$ 的响应变快了，但 $x_2(t)$ 的变化更大。反之，当 $Q(2, 2) = 1$ 增加到 100，$Q(1, 1) = 1$ 时（见线 3），$x_1(t)$ 的变化变小，但 $x_2(t)$ 由于在 -0.1429 处的特征值而有了一个较长的"尾"。图 1.9（c）比较了三种情况下闭环系统的控制信号。总之，Q 矩阵反映我们对积分方差的期望。如果要求较小的积分方差，则在相应的对角线元素中选择较大的加权分量。

Q 矩阵的非对角线元素对闭环性能也有重要影响，为了获取期望的闭环性能，必须尝试 Q 矩阵中不同的元素组合。

下一个例子说明如何选择加权矩阵 R，以获取期望的闭环控制性能。

例 1.8　从例 1.7 继续。选择 Q 为单位矩阵（$Q(1, 1) = Q(2, 2) = 1$），说明 R 矩阵的变化对闭环性能的影响。

解　当加权矩阵 R 中的元素减小时，目标函数 J 中 $\int_0^\infty u(t)^2 \mathrm{d}t$ 的相对重要性降低，这意味着此项在目标函数的平衡中允许更大。反过来，当加权矩阵 R 中的元素增加时，$\int_0^\infty u(t)^2 \mathrm{d}t$ 的相对重要性增加，这意味着这一项在目标函数的平衡中受到更多的限制。实际应用中，若要提高闭环响应速度，则选择较小的 R；若要降低闭环响应速度，则选择较大的 R。正如我们在例 1.7 中研究了 $R = 1$ 的三种情况，这里再考虑三种新的情况。

第一种情况，选择 $R = 0$，用 MATLAB 的 lqr.m 函数，计算状态反馈控制器增益矩阵 K_1 和代数里卡蒂方程的解 P_1：

$$K_1 = \begin{bmatrix} 2.3166 & 3.8253 \end{bmatrix}; \quad P_1 = \begin{bmatrix} 1.2687 & 0.2317 \\ 0.2317 & 0.3825 \end{bmatrix}$$

此时，闭环特征值为 -2.4972、-1.3281，目标函数的最小值为 $J_{min} = 2.1146$。

第二种情况，选择 $R = 0.01$，状态反馈控制器增益矩阵 K_2 和代数里卡蒂方程的解 P_2 为

$$K_2 = \begin{bmatrix} 9.0499 & 10.8674 \end{bmatrix}; \quad P_2 = \begin{bmatrix} 1.0922 & 0.0905 \\ 0.0905 & 0.1087 \end{bmatrix}$$

此时，闭环特征值为 -9.8467、-1.0206，目标函数的最小值为 $J_{min} = 1.3818$。

第三种情况，选择 $R = 10$，状态反馈控制器增益矩阵 K_3 和代数里卡蒂方程的解 P_3 为

$$K_3 = \begin{bmatrix} 0.0488 & 0.4445 \end{bmatrix}; \quad P_3 = \begin{bmatrix} 4.6624 & 0.4881 \\ 0.4881 & 4.4454 \end{bmatrix}$$

此时，闭环特征值为 $-0.2223 \pm \mathrm{j}0.9997$，目标函数的最小值为 $J_{min} = 10.084$。

比较 R 不同时的四种情况（包括 $R=1$ 的情况），当加权矩阵 R 减小时，状态反馈控制器增益矩阵 K 增大。从例 1.8 K_1 和 K_2 的变化以及例 1.7 中可以清楚地观察到这一点。再就是闭环特征值随 R 的变化而变化，当 R 增大时，闭环系统有一对复数根，其虚部增加（见例 1.8 第三种情况），这意味着闭环特征值更接近开环特征值。此外，J_{min} 随着 R 的减小而减小。图 1.10（a）和（b）显示了在初始值 $x_1(0) = x_2(0) = 1$ 下状态变量的响应。当 $R=10$

时，闭环系统具有振荡响应。从图 1.10(c)可以看出，R 的减小导致控制信号的幅值变大。

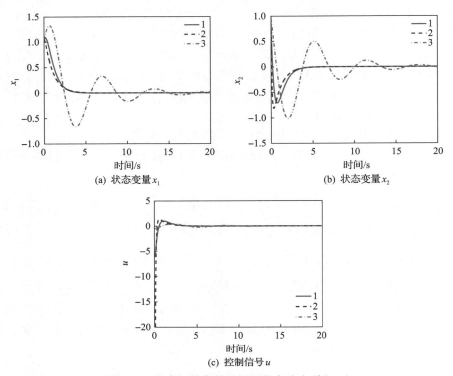

图 1.10   状态初始条件的闭环状态响应(例 1.8)

线 1 表示用 K_1 的闭环控制；线 2 表示用 K_2 的闭环控制；线 3 表示用 K_3 的闭环控制

作为练习，我们可以尝试 Q 和 R 矩阵的多种组合，例如，增大或减小例 1.7 中第二种情况下的 R，增大或减小例 1.7 第三种情况下的 Q。

例 1.9   在例 1.6 中使用的系统的状态空间模型为

$$\dot{x}(t) = \begin{bmatrix} 2 & -11 & 12 & 31 \\ -3 & 13 & -11 & -33 \\ 4 & -25 & 14 & 51 \\ -3 & 16 & -11 & -36 \end{bmatrix} x(t) + \begin{bmatrix} -1 & -4 \\ 1 & 6 \\ -1 & -11 \\ 1 & 7 \end{bmatrix} u(t) \tag{1.86}$$

我们不使用期望的闭环特征值位置，而是用加权矩阵 Q 和 R 确定期望的性能。假设所有状态变量的变化同等重要，但是由于执行器的特性，第一控制信号与第二控制信号相比应具有较小的变化。

解   选择 Q 为单位矩阵，即每个状态变量的权重相等。为了说明 R 矩阵的权重是如何改变控制信号的，研究两种情况：① R 是一个单位矩阵；② R 矩阵的第一个对角线元素增加到 10，以降低控制信号 $u_1(t)$ 的幅值，R 矩阵第二个对角线元素保持不变。

在第①种情况中，用以下的 MATLAB 程序计算状态反馈控制器增益矩阵 K 和闭环特征值。

```
Q=eye(4,4);
R=eye(2,2);
[K,P,E]=lqr(A,B,Q,R);
```

情况①：当 Q 和 R 为对角矩阵时，状态反馈控制器增益矩阵为

$$K_1 = \begin{bmatrix} 0.4034 & -1.3628 & 1.6164 & 4.1022 \\ -0.6101 & 2.0416 & -1.9308 & -3.4373 \end{bmatrix}$$

闭环特征值为 -15.2898 、$-1.5478 \pm j0.7115$ 、-1.2019。

情况②：Q 为单位矩阵，$R(1, 1) = 10$ ，$R(2, 2) = 1$ ，状态反馈控制器增益矩阵为

$$K_2 = \begin{bmatrix} 0.0507 & -0.1888 & 0.2174 & 0.5497 \\ -0.5739 & 1.8895 & -1.7610 & -3.0129 \end{bmatrix}$$

闭环特征值为 -15.1953 、$-1.3565 \pm j0.4374$ 、-1.0978。

由 K_2 与 K_1 看出，当增加控制信号 $u_1(t)$ 的权重时，第一行的分量会减小。另外，从闭环特征值的位置可以看出，采用 K_2 的闭环系统具有较慢的动态响应。图 1.11(a) 和 (b) 对两种控制器的闭环响应进行了对比，证实在第一个控制信号上选择较大的权重确实会降低其幅值，也会产生较慢的闭环状态响应。作为练习，我们也可以试着把重点放在一些状态变量上，这样它们的变化就会小一些，例如，我们可以选择 $Q(1, 1) = 10$ ，$Q(2, 2) = Q(3, 3) = Q(4, 4) = 1$。

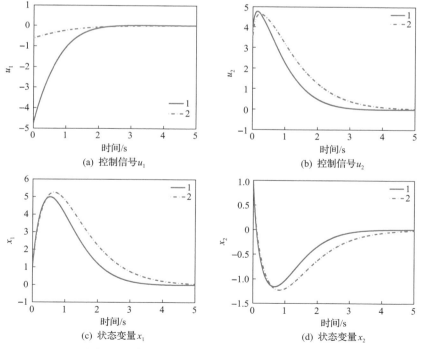

(a) 控制信号 u_1 (b) 控制信号 u_2

(c) 状态变量 x_1 (d) 状态变量 x_2

图 1.11 状态初始条件的闭环状态响应 (例 1.9)

线 1 表示用 K_1 的闭环控制；线 2 表示用 K_2 的闭环控制

1.5.4　具有设定稳定度的线性二次型调节器

在例 1.7 中，当 $Q(1, 1)=1$、$Q(2, 2)=100$ 时，如果将 R 从 1 降至 0.1，那么闭环特征值将从 -9.8985、-0.1429 变为 -31.5910、-0.1050。显然，仅仅降低 R 对闭环性能的影响是不够的，因为主导特征值从 -0.1429 向 -0.1050 靠近，而不是远离，而我们预想随着 R 的减小，闭环响应速度会变得更快。这个简单的练习表明，我们需要对 Q 矩阵中的对角线和非对角线元素进行微调，以实现所需的闭环性能指标。然而，Q 矩阵中有三个参数需要调整（Q 是一个对称矩阵）。我们直观地理解了如何调整对角线元素来反映我们的定性需求，如例 1.7 所示。但是，如何调整矩阵 Q 中的非对角线元素来影响闭环性能就不那么明显了。此外，随着状态变量个数的增加，矩阵 Q 中非对角线元素的数量急剧增加。因此，当试图逐个元素地调整 Q 矩阵时，是非常耗时的。

Anderson 和 Moore（1971）的开创性工作展示了一个简单而有效的解决方案：对最慢闭环特征值的位置施加一个约束。由于闭环响应速度直接与它们的位置有关，因此在使用线性二次型调节原理进行设计时，对闭环特征值位置进行约束。这种设计方法称为具有设定稳定度的线性二次型调节。

在 Anderson 和 Moore（1971）的工作中，目标函数（$\alpha>0$）选为

$$J_\alpha = \int_0^\infty e^{2\alpha t}\left[x(t)^\mathrm{T} Q x(t) + u(t)^\mathrm{T} R u(t) \right]\mathrm{d}t \tag{1.87}$$

它的最小化需满足：

$$\dot{x}(t) = Ax(t) + Bu(t) \tag{1.88}$$

注意目标函数式 (1.87) 除了加权矩阵 Q 和 R 之外，还包含一个时变标量权重 $e^{2\alpha t}$。由于参数 $\alpha>0$ 且 $e^{2\alpha t}$ 随时间 t 呈指数级增长，随着时间 t 的增加将不断增加状态变量和控制信号的权重。为使目标函数 J_α 成为限定的，所有状态变量 $x(t)$ 和 $u(t)$ 至少要具有 $e^{-\alpha t}$ 的指数衰减率。因此，如果要解决具有指数级加权的最优化问题，那么必须保证 $x(t)$ 和 $u(t)$ 至少要具有 $e^{-\alpha t}$ 的指数衰减率。对于线性时不变系统，这就转换为所有闭环特征值（极点）被限制在 $-\alpha$ 线左半边的位置。

为了使满足状态空间方程式 (1.88) 的 J_α 最小化，定义变换后的变量为

$$x_\alpha(t) = e^{\alpha t} x(t);\quad u_\alpha(t) = e^{\alpha t} u(t)$$

将这些变换后的变量代入目标函数 J_α 可以得到：

$$J_\alpha = \int_0^\infty \left[x_\alpha(t)^\mathrm{T} Q x_\alpha(t) + u_\alpha(t)^\mathrm{T} R u_\alpha(t) \right]\mathrm{d}t \tag{1.89}$$

现在，还需要用变换后的变量 $x_\alpha(t)$ 和 $u_\alpha(t)$ 来匹配系统方程。为此，注意

$$\begin{aligned}
\dot{x}_\alpha(t) &= \alpha e^{\alpha t} x(t) + e^{\alpha t} \dot{x}(t) \\
&= \alpha e^{\alpha t} x(t) + e^{\alpha t}(Ax(t) + Bu(t)) \\
&= (A + \alpha I)x_\alpha(t) + Bu_\alpha(t)
\end{aligned} \tag{1.90}$$

当初始条件 $x_\alpha(0) = x(0)$ 时，根据系统方程式 (1.90) 使指数加权目标函数 J_α 最小化成为标准的 LQR 问题。因此，如前所述，对变换后的系统 $(A + \alpha I, B)$ 解代数里卡蒂方程得到最优控制 $u_\alpha(t)$：

$$P(A + \alpha I) + (A + \alpha I)^{\mathrm{T}} P - PBR^{-1}B^{\mathrm{T}}P + Q = 0 \tag{1.91}$$

得到：

$$u_\alpha(t) = -R^{-1}B^{\mathrm{T}}Px_\alpha(t) \tag{1.92}$$

现在，回到最初的控制信号：

$$\begin{aligned}
u(t) &= u_\alpha(t)e^{-\alpha t} = -R^{-1}B^{\mathrm{T}}Px_\alpha(t)e^{-\alpha t} \\
&= -R^{-1}B^{\mathrm{T}}Px(t)
\end{aligned} \tag{1.93}$$

式 (1.93) 中，我们利用了关系式 $x_\alpha(t)e^{-\alpha t} = x(t)$。

为了证实该闭环系统具有设定稳定度 α，我们考虑以下性质。

(1) 我们注意到，如果矩阵对 (A, D) 是可观的，且 $Q = D^{\mathrm{T}}D$，那么 $(A + \alpha I, D)$ 就是可观的；如果矩阵对 (A, B) 是可控的，那么 $(A + \alpha I, B)$ 就是可控的。因此，根据代数里卡蒂方程式 (1.91) 的解保证了闭环系统 $(A + \alpha I, B)$ 的渐近稳定性。这意味着，对变换后的变量 $x_\alpha(t)$，当 t 趋于 ∞ 时，有

$$\|x_\alpha(t)\| \to 0$$

(2) 状态变量 $x(t)$ 与变换后的变量 $x_\alpha(t)$ 有如下关系：

$$x(t) = e^{-\alpha t}x_\alpha(t)$$

这保证了 $x(t)$ 所有变量的衰减率至少为 $e^{-\alpha t}$，证明了具有指数加权的目标函数能产生一个具有设定稳定度 α 的闭环系统。

(3) 闭环系统 $(A + \alpha I, B)$ 的渐近稳定性保证了对所有 k 的闭环特征值：

$$\mathrm{real}\{\lambda_k(A + \alpha I - BK)\} < 0$$

式中，$K = R^{-1}B^{\mathrm{T}}P$，这意味着系统矩阵 (A, B) 的闭环特征值对于所有 k 至少满足：

$$\mathrm{real}\{\lambda_k(A - BK)\} < -\alpha$$

这证明了闭环特征值在复平面中 $s = -\alpha$ 线的左半边。

(4) 比较下面两个代数里卡蒂方程式：

$$A^T P + PA - PBRT^{-1}B^T P + Q = 0 \tag{1.94}$$

$$P(A+\alpha I) + (A+\alpha I)^T P - PBR^{-1}B^T P + Q = 0 \tag{1.95}$$

式(1.94)用于没有指数加权的最优化控制器设计，式(1.95)用于有指数加权的最优化控制器设计，如果令

$$Q_\alpha = Q + 2\alpha P$$

那么，式(1.95)变为

$$A^T P + PA - PBR^{-1}B^T P + Q_\alpha = 0$$

即与式(1.94)相同，不同的是，加权矩阵 Q_α 是代数里卡蒂方程式(1.95)的解 P 的函数。本质上，为保证所有闭环特征值都在 $-\alpha$ 线的左半边，采用加权矩阵 Q_α 提供了一个简单的方法，最小化的实际目标函数等于

$$J = \int_0^\infty \left[x(t)^T Q_\alpha x(t) + u(t)^T R u(t) \right] \mathrm{d}t \tag{1.96}$$

综上所述，如果希望将所有闭环特征值约束在复平面上的 $-\alpha$（$\alpha > 0$）线左侧，除了用式(1.91)求解矩阵 P 外，状态反馈控制器增益矩阵 K 有相同的公式，其中用 $A+\alpha I$ 替换原系统矩阵 A。基于此，对于设定稳定度 α 的 LQR 设计，我们将使用相同的 MATLAB 函数 lqr.m。下面的例子说明了这一点。

考虑例 1.7 中使用的无阻尼振荡器。第三种情况中，当 $Q(1,1)=1$，$Q(2,2)=100$ 且 $R=1$ 时，闭环特征值在 -9.8985、-0.1429。然后我们也发现对于矩阵 Q 的选择，减小 R 不能使闭环的慢速特征值远离虚轴。

例 1.10　确定下列方程描述的无阻尼振荡器的状态反馈控制器增益矩阵 K。

$$\dot{x}(t) = \begin{bmatrix} 0 & 1 \\ -1 & 0 \end{bmatrix} x(t) + \begin{bmatrix} 0 \\ 1 \end{bmatrix} u(t) \tag{1.97}$$

式中，闭环主导特征值的实部小于 -0.5。

解　系统矩阵 A 和 B 由式(1.97)得出，我们用 MATLAB 的 lqr.m 函数得到 $\alpha = 0.5$ 时的状态反馈控制器增益矩阵，程序如下：

```
alpha=0.5;
Q=[1 0;0 100];
R=1;
[K,P,E]=lqr(A+alpha*eye(2,2),B,Q,R);
eig(A-B*K)
```

注意，闭环极点通过应用于矩阵对（A，B）的状态反馈控制器增益矩阵 K 计算得出，

因为用 lqr.m 函数计算出的闭环极点只适用于变换后的系统。当 $\alpha = 0.5$ 时，用 lqr.m 函数求出的解，得到 $K = \begin{bmatrix} 9.7202 & 11.4403 \end{bmatrix}$，闭环特征值为 -1.0297、-10.4106。所有闭环特征值移至 -0.5 线的左边。

这相当于选择 $Q = Q_\alpha$ 后，没有指数加权的原始优化形式，其中 Q_α 为

$$Q_\alpha = \begin{bmatrix} 113.9217 & 9.7202 \\ 9.7202 & 111.4403 \end{bmatrix}$$

在此，Q_α 的计算式为 $Q_\alpha = Q + 2\alpha P$，而 P 是用 lqr.m 函数得出的代数里卡蒂方程的解（注意，Q_α 的权重与对角线元素的权重几乎相等）。

图 1.12（a）～（c）显示了初始条件 $x_1(0) = x_2(0) = 1$ 情况下的闭环响应，包括 $\alpha = 0.5$ 与没有设定稳定度的情况（$\alpha = 0$）。显然，$x_1(t)$ 衰减慢的问题得到了解决，并且慢极点导致 $x_2(t)$ 的长"尾"现象也不见了。但是，$x_2(t)$ 的响应发生变化，下冲较大，这可能是因为 $x_2(t)$ 的对角线权重已经变得与 $x_1(t)$ 几乎相同了。图 1.12（c）显示控制信号幅值增加。

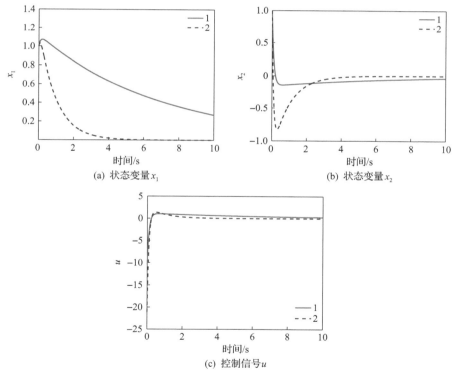

(a) 状态变量 x_1　　　　(b) 状态变量 x_2

(c) 控制信号 u

图 1.12　状态初始值的闭环响应

线 1 表示 $\alpha = 0$；线 2 表示 $\alpha = 0.5$

例 1.11　从例 1.9 继续。状态空间模型由式（1.86）给出。本例中，$Q = I$，$R(1, 1) = 10$，$R(2, 2) = 1$，闭环特征值为 -15.1953、$-1.3565 \pm j0.4374$、-1.0978。本例的目标是确定状态反馈控制器增益矩阵 K，使得所有闭环极点都位于复平面上 -1.5 线的左半边，并比

较它们的闭环性能。

解　根据 $\alpha = 1.5$、$Q = I$、$R(1, 1) = 10$、$R(2, 2) = 1$，我们用设定稳定度找到最优状态反馈控制器增益矩阵：

$$K = \begin{bmatrix} 1.2054 & -4.1030 & 5.0689 & 12.2116 \\ -2.2744 & -10.6553 & 2.4547 & 13.6692 \end{bmatrix}$$

状态反馈控制系统的闭环特征值为 -16.4406、$-2.1890 \pm j0.6721$、-1.8641，满足设计的要求。图 1.13(a)～(d) 显示了两种情况下的状态变量和控制信号，包括应用例 1.9 中 K_2 的闭环控制和应用本例 K 的闭环控制。可以看出，两种情况的控制信号的表现非常不同。注意，在最初的加权矩阵 R 中，第一个控制信号对应的系数选择得较大，导致产生的控制信号 $u_1(t)$ 较小。但是，对于带设定稳定度的设计，情况就不是这样了（图 1.13(c) 和 (d)），状态变量的动态响应速度提高了。

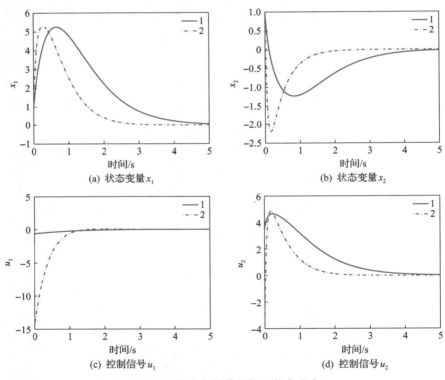

图 1.13　状态初始值的闭环状态响应

线 1 表示用例 1.9 K_2 的闭环；线 2 表示用例 1.11 中 K 的闭环

1.5.5　思考题

1. 对于单输入系统，通过指定期望的闭环极点，能得到状态反馈控制器增益矩阵 K 的唯一解吗？

2. 对于多输入系统，是否总能找到一个状态反馈控制器增益矩阵 K 来确定闭环极点？

3. 为什么 Q 和 R 矩阵是对称的？如果不是对称的会怎么样？

4. 从例 1.7～例 1.9，你观察到 Q 和 R 矩阵的选择对闭环性能有何影响？

5. 在线性二次型调节器的设计中使用设定稳定度时，选择 $\alpha \geqslant 0$，可以选择 α 为负值吗？如果 α 为负值意味着什么？

6. 用带设定稳定度的线性二次型调节器时，得出的解能够告诉我们闭环特征值离开 $-\alpha$ 线多少吗？

7. 使用带设定稳定度的线性二次型调节器时需要改变 B 矩阵吗？

8. 假设选择了一对加权矩阵 Q 和 R，并确定了代数里卡蒂方程的解 P 和闭环特征值，如果用下式调整 Q 矩阵，我们得到的解与用带设定稳定度的方法得到的解相同吗？

$$Q_{\text{new}} = Q + 2\alpha P$$

1.6　观测器设计

1.6.1　观测器设计的目的

在状态反馈控制设计中，控制律利用以下反馈关系式：

$$u(t) = -Kx(t) \tag{1.98}$$

其中，我们假设反馈控制系统的状态变量是可测的：

$$x(t) = \begin{bmatrix} x_1(t) & x_2(t) & \cdots & x_n(t) \end{bmatrix}^{\mathrm{T}}$$

事实上，并不是所有状态变量都已测量（或可测量）。有些状态变量根本不可能进行测量，而且从节约成本的角度考虑，减少测量状态变量的传感器数量会更有利。

我们的目标是利用可测的信号构造状态变量 $x(t)$。可以尝试使用状态空间模型来进行系统模拟。例如，已知系统矩阵 (A, B) 和输入信号 $u(t)$，那么估计的状态变量 $\hat{x}(t)$ 可以表示为

$$\frac{\mathrm{d}\hat{x}(t)}{\mathrm{d}t} = A\hat{x}(t) + Bu(t) \tag{1.99}$$

如果系统是稳定的，这个方法确实可行。下面的例子说明这个方法如何有效。

例 1.12　这里给出了三个系统，它们都有相同的输入信号和相同的 B 矩阵。

(1) 情况 A：$A = \begin{bmatrix} -3 & 1 \\ 2 & -3 \end{bmatrix}$；$B = \begin{bmatrix} 1 \\ 2 \end{bmatrix}$。

(2) 情况 B：$A = \begin{bmatrix} -3 & 1 \\ 2 & -1 \end{bmatrix}$；$B = \begin{bmatrix} 1 \\ 2 \end{bmatrix}$。

(3) 情况 C：$A = \begin{bmatrix} -3 & 1 \\ 2 & 0 \end{bmatrix}$；$B = \begin{bmatrix} 1 \\ 2 \end{bmatrix}$。

输入信号 $u(t)$ 的幅值为 ± 1。三个系统的初始条件相同，都是 $x_1(0)=1$、$x_2(0)=1$。估计状态变量的初始条件为 $\hat{x}_1(0)=3$、$\hat{x}_2(0)=3$。基于给定的初始条件和输入信号，用式(1.99)计算估计状态变量 $\hat{x}(t)$，并比较估计状态和真实状态的响应情况。

解　用 MATLAB 的 lsim.m 函数，我们得到初始条件和输入信号下的估计状态的响应。

图 1.14 显示了三个系统的比较结果，其中采样间隔选取为 $\Delta t=0.01$。可以看出，第一个系统中，估计状态变量 $\hat{x}(t)$ 在相对较短的时间内收敛到真实的 $x(t)$；第二个系统中，估计状态变量 $\hat{x}(t)$ 的收敛需要较长的时间；而第三个系统中，估计状态变量 $\hat{x}(t)$ 逐渐偏离 $x(t)$。在这三种情况下，系统矩阵 A 中只有一个系数不同。然而，它改变了 A 矩阵的特征值。第一个系统中，特征多项式为 $\det(sI-A)=(s+3-\sqrt{2})(s+3+\sqrt{2})=(s+1.586)(s+4.14)$；第二个系统中，特征多项式为 $s^2+4s+1=(s+3.732)(s+0.268)$；第三个系统中，特征多项式为 $s^2+3s-2=(s+3.562)(s-0.562)$。可以看出，虽然第一个系统和第二个系统都是稳定的系统，但第一个系统的主导特征值为-1.586，而情况 B 的主导特征值为 -0.268，后者的衰减速率较慢。在第三个系统中，系统是不稳定的，因为有一个位于 0.562（>0）的特征值，所以响应 $x(t)$ 不会衰减，似乎 $\hat{x}(t)$ 在不断上升，无法"赶上" $x(t)$。这个例子表明，直接使用数学模型来评估系统响应可能会有一个陷阱，特别是当系统的动态响应较慢时，估计状态变量需要很长时间才能收敛到它们的真实状态变量。如果系统不稳定或特征值在虚轴上，这种方法将失败。

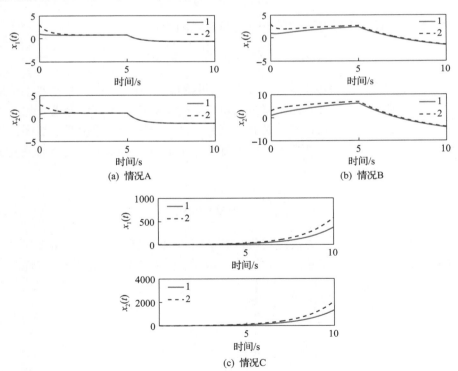

图 1.14　利用状态空间模型得出的估计状态变量与真实状态变量对比(例 1.12)

线 1 代表 $x(t)$；线 2 代表 $\hat{x}(t)$

通过考虑下列等式，我们进一步分析研究这些情况：

$$\dot{x}(t) = Ax(t) + Bu(t) \tag{1.100}$$

$$\dot{\hat{x}}(t) = A\hat{x}(t) + Bu(t) \tag{1.101}$$

误差状态定义为

$$\tilde{x}(t) = x(t) - \hat{x}(t)$$

式(1.100)减去式(1.101)得到：

$$\dot{x}(t) - \dot{\hat{x}}(t) = A(x(t) - \hat{x}(t))$$

即

$$\dot{\tilde{x}}(t) = A\tilde{x}(t) \tag{1.102}$$

对给定的初始状态误差变量 $\tilde{x}(0)$，微分方程的解为

$$\tilde{x}(t) = \mathrm{e}^{At}\tilde{x}(0) \tag{1.103}$$

这意味着，如果 $\tilde{x}(0) \neq 0$，则误差状态变量 $\tilde{x}(t) \neq 0$。基本上也就是说，如果我们对初始状态变量 $x(0)$ 的猜测错误，那么真实的状态变量 $x(t)$ 和估计的状态变量 $\hat{x}(t)$ 之间就会有一个误差。误差 $\tilde{x}(t)$ 如何表现取决于系统矩阵 A 的特征值，如例 1.12 所示。

1.6.2　观测器推导

例 1.12 引出了我们的思考。显然如果误差状态变量 $\tilde{x}(t)$ 收敛至零，那么式(1.102)描述的误差系统就需要是稳定的，且收敛的速率取决于误差系统的特征值位置。并且，直接用系统自身模型式(1.101)进行状态估计不能达到用户指定的任意期望收敛速率。因此，我们需要一个额外的机制，以改变误差系统的系统矩阵。控制工程师的方法是在原动态模型中加入一个"修正"项来估计状态变量 $x(t)$，从而得出：

$$\dot{\hat{x}}(t) = A\hat{x}(t) + Bu(t) + K_{\mathrm{ob}}(y(t) - C\hat{x}(t)) \tag{1.104}$$

式中，输出 $y(t) = Cx(t)$ 可以通过测量获得；K_{ob} 为从设计中选择的一个增益矩阵。式(1.104)通常称为观测器方程，$K_{\mathrm{ob}}(n \times m)$ 也被称为观测器增益矩阵，其中 n 是状态的个数，m 是输出的个数。可以看出，当 K_{ob} 为零时，观测器方程就回归到原式(式(1.101))。但是增加项 $K_{\mathrm{ob}}(y(t) - C\hat{x}(t))$ 提供了关键信息，以反映估计状态 $\hat{x}(t)$ 随误差信号 $y(t) - C\hat{x}(t)$ 变化的影响。这是反馈机制发挥作用的例子之一。

为了显示 K_{ob} 在状态变量 $x(t)$ 的估计中发挥的作用，我们检查状态变量的误差 $\tilde{x}(t) = x(t) - \hat{x}(t)$。从式(1.100)中减去式(1.104)得到：

$$\begin{aligned} \dot{\tilde{x}}(t) &= Ax(t) + Bu(t) - A\hat{x}(t) - Bu(t) + K_{\mathrm{ob}}(y(t) - C\hat{x}(t)) \\ &= (A - K_{\mathrm{ob}}C)\tilde{x}(t) \end{aligned} \tag{1.105}$$

由式(1.105)可以看出，首先，K_{ob} 的存在为改变误差状态 $\tilde{x}(t)$ 提供了一个机制，因此，随着 K_{ob} 的适当选择，误差系统的系统矩阵 $A - K_{ob}C$ 可以通过期望特征值而成为稳定的系统，而且直接影响估计状态的收敛速率。

观测器误差系统式(1.105)也为观测器的设计和性能量化提供了线索。与状态反馈控制器的设计相似，一个明显的方法是将特征值放在观测器误差系统 $A - K_{ob}C$ 期望的位置。观测器的设计举例说明如下。

例 1.13　已知频率为 ω_0 的正弦信号，但振幅 A_0 和相位 θ_0 未知，该信号混杂零均值有限带宽的白噪声(简称限带白噪声)。设计一个观测器，从测量信号 $y(t)$ 估计无噪声正弦信号，其中所需的观测器极点位置为 $-\gamma\omega_0(\gamma > 0)$。仿真验证观测器设计，并说明 γ 对估计状态的收敛速率和噪声水平的影响，其中，$\omega_0 = 1\text{rad/s}$，$\Delta t = 0.001\text{s}$。

解　令 $x_1(t) = A_0 \sin(\omega_0 t + \theta_0)$ 且 $x_2(t) = \dot{x}_1(t)$，那么

$$\dot{x}_2(t) = \ddot{x}_1(t) = -A_0\omega_0^2\sin(\omega_0 t + \theta_0) = -\omega_0^2 x_1(t)$$

由此得出下列描述正弦信号的状态空间方程式：

$$\begin{bmatrix} \dot{x}_1(t) \\ \dot{x}_2(t) \end{bmatrix} = \begin{bmatrix} 0 & 1 \\ -\omega_0^2 & 0 \end{bmatrix}\begin{bmatrix} x_1(t) \\ x_2(t) \end{bmatrix}$$

$$y(t) = x_1(t) + \epsilon(t) = \begin{bmatrix} 1 & 0 \end{bmatrix}\begin{bmatrix} x_1(t) \\ x_2(t) \end{bmatrix} + \epsilon(t)$$

式中，$\epsilon(t)$ 为连续时间中的零均值限带白噪声。

估计状态变量 $\hat{x}_1(t)$ 和 $\hat{x}_2(t)$ 用下列观测器方程得到：

$$\begin{bmatrix} \dot{\hat{x}}_1(t) \\ \dot{\hat{x}}_2(t) \end{bmatrix} = \begin{bmatrix} 0 & 1 \\ -\omega_0^2 & 0 \end{bmatrix}\begin{bmatrix} \hat{x}_1(t) \\ \hat{x}_2(t) \end{bmatrix} + \begin{bmatrix} h_1 \\ h_2 \end{bmatrix}(y(t) - \hat{x}_1(t)) \tag{1.106}$$

选择的初始条件为 $\begin{bmatrix} \hat{x}_1(0) & \hat{x}_2(0) \end{bmatrix}^{\text{T}}$。

为了设计观测器，我们已知误差系统矩阵：

$$\begin{aligned} A - K_{ob}C &= \begin{bmatrix} 0 & 1 \\ -\omega_0^2 & 0 \end{bmatrix} - \begin{bmatrix} h_1 \\ h_2 \end{bmatrix}\begin{bmatrix} 1 & 0 \end{bmatrix} \\ &= -\begin{bmatrix} h_1 & -1 \\ \omega_0^2 + h_2 & 0 \end{bmatrix} \end{aligned} \tag{1.107}$$

它的特征多项式为

$$A_{cl}(s) = \det(sI - (A - K_{ob}C)) = s^2 + h_1 s + \omega_0^2 + h_2 \tag{1.108}$$

观测器极点选为 $-\gamma\omega_0(\gamma > 0)$，期望的特征多项式为

$$A_{\mathrm{cl}}(s)^d = (s + \gamma\omega_0)^2 = s^2 + 2\gamma\omega_0 s + \gamma^2\omega_0^2 \tag{1.109}$$

通过比较观测器误差系统的特征多项式式（1.108）与期望的特征多项式，得到观测器增益为

$$h_1 = 2\gamma\omega_0; \quad h_2 = \gamma^2\omega_0^2 - \omega_0^2$$

我们考虑 γ 的两种选择。第一种情况中，取 $\gamma = 3$ 计算观测器增益，得出 $h_1 = 6$，$h_2 = 8$；第二种情况中，取 $\gamma = 10$ 计算观测器增益，得出 $h_1 = 20$，$h_2 = 99$。

在采样时刻 t_k，令 $\dfrac{\mathrm{d}\hat{x}(t)}{\mathrm{d}t} \approx \dfrac{\hat{x}(t_{k+1}) - \hat{x}(t_k)}{\Delta t}$，得到：

$$\hat{x}(t_{k+1}) = \hat{x}(t_k) + \left(A\hat{x}(t_k) + K_{\mathrm{ob}}\left(y(t_k) - C\hat{x}(t_k)\right)\right)\Delta t \tag{1.110}$$

式中，Δt 为采样间隔；$K_{\mathrm{ob}} = [h_1 \quad h_2]^{\mathrm{T}}$。利用观测器的输入信号、$y(t_k)$ 和 $\hat{x}(0) = [0 \quad 0]^{\mathrm{T}}$，迭代求解式（1.110）。

图 1.15（a）为仿真研究中用到的实测正弦信号 $y(t)$，可以清楚地看到存在高噪声。为了确定估计信号的质量，我们将估计信号与用于生成仿真数据的实际无噪声信号进行比较，但在实际应用中这种无噪声信号对我们来说是未知的。图 1.15（b）说明了 $\gamma = 10$ 时的估计状态和无噪声信号的响应。可以看出，对于更大的 γ，观测器有更高的增益且估计

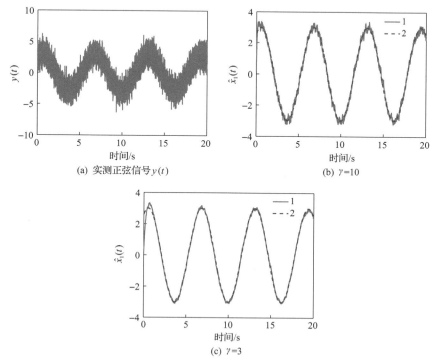

(a) 实测正弦信号 $y(t)$　　　　　　　　(b) $\gamma = 10$

(c) $\gamma = 3$

图 1.15　从噪声测量估计正弦信号（例 1.13）

线 1 表示 $\hat{x}_1(t)$；线 2 表示无噪声输出

的状态非常快地收敛到无噪声信号，但是，估计的信号中仍然包含一定数量的噪声。与此相反，当使用 $\gamma = 3$ 计算观测器增益时，估计的状态会缓慢地收敛到无噪声信号，但与较高的 γ 情况相比，估计的信号所含噪声更少。总之，仿真结果表明，当测量信号中存在噪声时，闭环极点的选择会对估计状态的收敛速率及其变化产生影响。

1.6.3　可观性

可观性的定义如下。一个动态系统的状态变量，如果在任一时刻 t_0，都存在一个时刻 $t_1 > t_0$，可由时间间隔 $t_0 \leqslant t \leqslant t_1$ 内的输出 $y(t)$ 和输入 $u(t)$ 信息确定初始状态 $x(t_0)$，从而确定 t_0 和 t_1 之间任一时刻 t 的 $x(t)$，则该动态系统的状态变量就是完全可观的。

一个线性定常系统完全可观的充要条件是可观矩阵

$$L_0 = \begin{bmatrix} C \\ CA \\ CA^2 \\ \vdots \\ CA^{n-1} \end{bmatrix}$$

的秩为 n，其中 n 是状态变量的个数。

可观性的充要条件意味着，如果是单输出系统，那么 L_0 的秩等于 n 就是指 $\det(L_0) \neq 0$，如果是多输出系统，那么 L_0 矩阵的独立行数等于 n。

关于可观性的思想举例如下。

例 1.14　已知动态系统的状态空间模型为

$$\begin{bmatrix} \dot{x}_1(t) \\ \dot{x}_2(t) \end{bmatrix} = \begin{bmatrix} -\dfrac{\beta}{a_1} & \dfrac{\beta}{a_1} \\ \dfrac{\beta}{a_2} & -\dfrac{\beta}{a_2} \end{bmatrix} \begin{bmatrix} x_1(t) \\ x_2(t) \end{bmatrix} + \begin{bmatrix} \dfrac{1}{a_1} & 0 \\ 0 & \dfrac{1}{a_2} \end{bmatrix} \begin{bmatrix} u_1(t) \\ u_2(t) \end{bmatrix}$$

$$\begin{bmatrix} y_1(t) \\ y_2(t) \end{bmatrix} = \begin{bmatrix} \lambda & 0 \\ 0 & 1 \end{bmatrix} \begin{bmatrix} x_1(t) \\ x_2(t) \end{bmatrix}$$

式中，$a_1 \neq 0$，$a_2 \neq 0$。利用参数 β 和 λ 研究系统的可观性。

解　可观性矩阵计算为

$$L_0 = \begin{bmatrix} \lambda & 0 \\ 0 & 1 \\ -\dfrac{\lambda\beta}{a_1} & \dfrac{\lambda\beta}{a_1} \\ \dfrac{\beta}{a_2} & -\dfrac{\beta}{a_2} \end{bmatrix} \tag{1.111}$$

三种情况描述如下。

（1）如果 $\lambda \neq 0$ ， $\beta = 0$ ，那么 L_0 矩阵的前两行是独立的，所以系统是可观的。

（2）如果 $\lambda = 0$ ， $\beta \neq 0$ ，那么第 2 行和第 4 行是独立的，所以系统是可观的。

（3）如果 $\lambda = 0$ ， $\beta = 0$ ，那么独立行数为 1，所以系统是不可观的。

例 1.15　从例 1.14 继续，其中，假设 $a_1 = a_2 = 1$ 且 $\lambda = 0$ 。设计观测器，检查当 $\beta = 0$ 时会发生什么，这相当于例 1.14 中的第三种情况。假设期望闭环特征多项式为 $s^2 + \alpha_1 s + \alpha_0$ （ $\alpha_1 > 0$ ， $\alpha_0 > 0$ ）。

解　状态空间模型变为

$$\begin{bmatrix} \dot{x}_1(t) \\ \dot{x}_2(t) \end{bmatrix} = \begin{bmatrix} -\beta & \beta \\ \beta & -\beta \end{bmatrix} \begin{bmatrix} x_1(t) \\ x_2(t) \end{bmatrix} + \begin{bmatrix} 1 & 0 \\ 0 & 1 \end{bmatrix} \begin{bmatrix} u_1(t) \\ u_2(t) \end{bmatrix}$$

$$y(t) = \begin{bmatrix} 0 & 1 \end{bmatrix} \begin{bmatrix} x_1(t) \\ x_2(t) \end{bmatrix}$$

系统矩阵 A 的特征值由下列特征方程式的解确定：

$$\det \begin{bmatrix} s + \beta & -\beta \\ -\beta & s + \beta \end{bmatrix} = s(s + 2\beta) = 0 \tag{1.112}$$

特征值为 $s_1 = 0$ ， $s_2 = -2\beta$ 。

选择观测器增益 $K_{\text{ob}} = \begin{bmatrix} h_1 & h_2 \end{bmatrix}^T$ ，观测器的闭环特征多项式为

$$\begin{aligned} A_{\text{cl}}(s) = \det\left(sI - \left(A - K_{\text{ob}}C\right)\right) &= (s + \beta)(s + \beta + h_2) + \beta(-\beta + h_1) \\ &= s^2 + (2\beta + h_2)s + \beta h_1 + \beta h_2 \end{aligned} \tag{1.113}$$

期望的闭环特征多项式为

$$A_{\text{cl}}(s)^d = s^2 + \alpha_1 s + \alpha_0$$

通过比较闭环特征多项式的各项系数，我们得到：

$$h_2 = \alpha_1 - 2\beta; \quad h_1 = \frac{1}{\beta}\alpha_0 - \alpha_1 + 2\beta$$

式中， $\beta \neq 0$ 。

但是，如果 β 等于 0，系统矩阵 A 的特征值位于复平面的原点， $s_1 = s_2 = 0$ （见式（1.112））。另外，由式（1.113）可知，闭环特征多项式变为

$$A_{\text{cl}}(s) = s^2 + h_2 s$$

通过将该特征多项式与期望的特征多项式相比较，我们发现，这两个多项式不可能相等。这意味着，当 $\lambda = \beta = 0$ 时，失去可观性，矩阵 A 在复平面原点上的特征值不能通

过观测器增益矩阵 K_{ob} 进行移动。

1.6.4　控制器和观测器之间的对偶性

例 1.13 和例 1.15 说明了用极点配置设计观测器的步骤，这与状态反馈控制器的设计类似。

观测器设计的特征多项式的计算使用式(1.108)，如例 1.13 和例 1.15 所示，即

$$A_{cl}(s) = \det\left(sI - \left(A - K_{ob}C\right)\right) \tag{1.114}$$

由于对于一个矩阵 M，有 $\det M = \det M^T$，式(1.114)可以改写为

$$A_{cl}(s) = \det\left(sI - A + K_{ob}C\right)^T = \det\left(sI - A^T + C^T K_{ob}^T\right) \tag{1.115}$$

现在，我们回顾状态反馈控制器增益矩阵 K 的闭环特征多项式(见 1.4 节)

$$A_{cl}(s) = \det(sI - A + BK) \tag{1.116}$$

比较式(1.115)和式(1.116)，可以看出两个行列式具有相同的结构。所以，对于观测器的设计我们需要做的不是计算 K_{ob}，而是利用矩阵 A^T 和 C^T 计算出 K_{ob}^T。这意味着无须做任何修改，在控制器的设计上所使用的方法和方案也可以用在观测器的设计上，只不过这里我们使用系统矩阵的转置 A^T 和 C^T，计算得到的是观测器增益的转置 K_{ob}^T。

1.6.5　观测器的实现

虽然观测器设计是在连续时间进行的，但需要计算机或微控制器来实现它。因此，需要对观测器进行离散化。实现的关键思想是利用前向差分近似估计导数 $\hat{x}(t)$。

考虑观测器动态模型为

$$\dot{x}(t) = A\hat{x}(t) + Bu(t) + K_{ob}(y(t) - C\hat{x}(t)) \tag{1.117}$$

在采样时刻 t_k、采样间隔 Δt，采用欧拉近似的 $\hat{x}(t)$ 的导数为

$$\frac{d\hat{x}(t)}{dt} \approx \frac{\hat{x}(t_{k+1}) - \hat{x}(t_k)}{\Delta t}$$

由此近似，式(1.117)变为

$$\frac{\hat{x}(t_{k+1}) - \hat{x}(t_k)}{\Delta t} \approx A\hat{x}(t_k) + Bu(t_k) + K_{ob}(y(t_k) - C\hat{x}(t_k)) \tag{1.118}$$

得出：

$$\hat{x}(t_{k+1}) = \hat{x}(t_k) + \left(A\hat{x}(t_k) + Bu(t_k) + K_{ob}(y(t_k) - C\hat{x}(t_k))\right)\Delta t \tag{1.119}$$

式(1.119)一般用于观测器的实现，其中，在 t_k 时刻，我们用控制信号 $u(t_k)$、输出信

号 $y(t_k)$ 和估计状态 $\hat{x}(t_k)$ 来预测估计下一步的状态变量 $\hat{x}(t_{k+1})$。这样，从猜测的初始值 $\hat{x}(0)$ 开始，递归地计算估计的状态 $\hat{x}(t)$。

近似的精确度取决于采样间隔 Δt。导数 $\dot{x}(t)$ 的近似阶数越高，实现的精度越高，就越可以容忍更大的采样间隔 Δt。

已知导数 $\dot{x}(t)$ 的近似法（Burden and Faires, 1989）：

$$\frac{\mathrm{d}\hat{x}(t)}{\mathrm{d}t} \approx \frac{3\hat{x}(t_{k+1}) - 4\hat{x}(t_k) + \hat{x}(t_{k-1})}{2\Delta t}$$

得出观测器的近似法为

$$\frac{3\hat{x}(t_{k+1}) - 4\hat{x}(t_k) + \hat{x}(t_{k-1})}{2\Delta t} \approx A\hat{x}(t_k) + Bu(t_k) + K_{\mathrm{ob}}\big(y(t_k) - C\hat{x}(t_k)\big) \tag{1.120}$$

重新整理式 (1.120)，观测器方程的离散化表达式为

$$\hat{x}(t_{k+1}) = \frac{1}{3}\big(4\hat{x}(t_k) - \hat{x}(t_{k-1})\big) + \frac{2\Delta t}{3}\big(A\hat{x}(t_k) + Bu(t_k) + K_{\mathrm{ob}}\big(y(t_k) - C\hat{x}(t_k)\big)\big) \tag{1.121}$$

1.6.6　思考题

1. 在难以用真实的传感器获取信息时，用"软传感器"获取信息，你能想出受益于这种"软传感器"的两种工程应用吗？

2. 如果我们已知初始条件变量 $x(0)$，且模型是完美的，你能在没有观测器的情况下构造出状态变量 $x(t)$ 吗？

3. 如果系统中有一个未知的常数扰动 d，如

$$\dot{x}(t) = 3x(t) + d$$

观测器

$$\dot{\hat{x}}(t) = 3\hat{x}(t) + K_{\mathrm{ob}}(x(t) - \hat{x}(t))$$

能正确估计状态变量 $x(t)$ 吗？我们假定选择 K_{ob} 来生成一个稳定的观测器系统。

4. 假设系统用一阶微分方程描述：

$$\dot{x}(t) = ax(t); \quad y(t) = x(t)$$

但是，参数 a 随时间变化，实际为 $0.8a$，我们最初按下述形式设计的观测器

$$\dot{\hat{x}}(t) = a\hat{x}(t) + K_{\mathrm{ob}}(x(t) - \hat{x}(t))$$

能够估计现有系统的 $x(t)$ 吗？这里假设 K_{ob} 能为现有系统生成一个稳定的观测器系统。

5. 在观测器的设计中，如果测量噪声高，你会为误差系统选择一个更高的观测器增

益以对应一组快速闭环极点吗？

　　6. 如果你想让估计状态收敛得更快，你是否应该使用一组对应更快动态响应的闭环极点呢？

　　7. 如果一个状态空间模型是不可观的，那么观测器误差系统的一个或多个极点是不能通过选择观测器增益进行移动的。这种说法正确吗？

　　8. 如果一个状态空间模型是不可观的，而且你发现不可观的极点是稳定的，你还会继续把这个模型用于观测器的设计吗？如果想继续使用该模型，你建议做什么修改呢？

　　9. 如果一个状态空间模型是不可观的，且不可观的极点是不稳定的，你会继续将该模型用于观测器的设计吗？你会考虑在系统中增加额外的传感仪器吗？

　　10. 一般来说，测量值越多就越能改善系统的可观性，这种说法正确吗？

　　11. 基于观测器和控制器的对偶性，只要把系统矩阵 A 改为 A^{T}，把输入矩阵 B 改为 C^{T}，我们就可以将控制器的设计方案用于观测器的设计，对吗？

　　12. 如果在设计中应用了对偶性，那么使用系统矩阵 $A^{\mathrm{T}} - C^{\mathrm{T}} K_{\mathrm{ob}}^{\mathrm{T}}$ 或者 $A - K_{\mathrm{ob}} C$ 检查闭环特征值是否正确？

　　13. 在用具有设定稳定度的 LQR 设计观测器时，矩阵 $(AT + \alpha I, C^{\mathrm{T}})$ 与 Q、R 矩阵一起使用对吗？

　　14. 在观测器设计中，使用具有设定稳定度的 LQR 时，你是否能保证观测器误差系统有一个指数级衰减率 $\mathrm{e}^{-\alpha t}$？

1.7　状态估计反馈控制系统

　　状态估计反馈控制系统是将状态反馈控制与观测器相结合的一种控制系统。该系统的闭环稳定性由状态反馈控制系统和观测器误差系统的稳定性保证，这在分离原理中得到了阐述。

1.7.1　状态估计反馈控制

　　在状态估计反馈控制中，基本思想是将状态反馈控制与观测器相结合。也就是说，用估计状态变量 $\hat{x}(t)$ 代替状态变量 $x(t)$ 得到状态估计反馈控制系统。控制律取决于方程式：

$$u(t) = -K\hat{x}(t) \tag{1.122}$$

$$\dot{\hat{x}}(t) = A\hat{x}(t) + Bu(t) + K_{\mathrm{ob}}(y(t) - C\hat{x}(t)) \tag{1.123}$$

式中，K 为状态反馈控制器增益矩阵；K_{ob} 为观测器增益矩阵。

　　将控制信号式（1.122）代入式（1.123），得到用输出 $y(t)$ 表示的估计状态：

$$\begin{aligned}\dot{\hat{x}}(t) &= A\hat{x}(t) - BK\hat{x}(t) + K_{\mathrm{ob}}y(t) - K_{\mathrm{ob}}C\hat{x}(t) \\ &= (A - BK - K_{\mathrm{ob}}C)\hat{x}(t) + K_{\mathrm{ob}}y(t)\end{aligned} \tag{1.124}$$

对式 (1.124) 求拉普拉斯变换：

$$\hat{X}(s) = \left(sI - A + BK + K_{\mathrm{ob}}C\right)^{-1} K_{\mathrm{ob}}Y(s) \qquad (1.125)$$

控制信号的拉普拉斯变换为

$$
\begin{aligned}
U(s) &= -K\hat{X}(s) \\
&= -K\left(sI - A + BK + K_{\mathrm{ob}}C\right)^{-1} K_{\mathrm{ob}}Y(s)
\end{aligned}
\qquad (1.126)
$$

因此，状态估计反馈控制器的传递函数表示为

$$C(s) = K\left(sI - A + BK + K_{\mathrm{ob}}C\right)^{-1} K_{\mathrm{ob}} \qquad (1.127)$$

1.7.2   分离原理

我们立刻想到的问题是，当用估计的状态 $\hat{x}(t)$ 取代测量的状态 $x(t)$ 时，效果会是什么?为此，我们研究了由观测器和控制器组成的闭环系统。设状态空间模型为

$$\dot{x}(t) = Ax(t) + Bu(t) \qquad (1.128)$$

将状态估计反馈控制信号 $u(t) = -K\hat{x}(t)$ 代入上述模型，得到闭环系统：

$$\dot{x}(t) = Ax(t) - BK\hat{x}(t) \qquad (1.129)$$

由于 $x(t) \neq \hat{x}(t)$，式 (1.129) 本身并不能揭示闭环关系，因此我们定义误差信号为

$$\tilde{x}(t) = x(t) - \hat{x}(t)$$

由此，估计状态变量 $\hat{x}(t)$ 可表示为

$$\hat{x}(t) = x(t) - \tilde{x}(t) \qquad (1.130)$$

现在，再次一起考虑式 (1.129) 和式 (1.130)，得出：

$$\dot{x}(t) = Ax(t) - BK(x(t) - \tilde{x}(t)) = (A - BK)x(t) + BK\tilde{x}(t) \qquad (1.131)$$

另外，由观测器设计过程，我们得到观测器误差系统的表达式：

$$\dot{\tilde{x}}(t) = \left(A - K_{\mathrm{ob}}C\right)\tilde{x}(t) \qquad (1.132)$$

将式 (1.131) 和式 (1.132) 合并，得到控制器与观测器复合系统的闭环模型：

$$
\begin{bmatrix} \dot{x}(t) \\ \dot{\tilde{x}}(t) \end{bmatrix} =
\begin{bmatrix} A - BK & BK \\ 0_{n \times n} & A - K_{\mathrm{ob}}C \end{bmatrix}
\begin{bmatrix} x(t) \\ \tilde{x}(t) \end{bmatrix}
\qquad (1.133)
$$

式中，$0_{n \times n}$ 为 $n \times n$ 维的零矩阵，n 为状态变量 $x(t)$ 的维数。

通过式(1.133)定义的闭环系统，可以检验状态估计反馈控制系统的稳定性和动态性能。为此，通过检查以下等式来研究闭环系统的特征方程：

$$\det\left(sI_{2n\times 2n}-\begin{bmatrix}A-BK & BK \\ 0_{n\times n} & A-K_{ob}C\end{bmatrix}\right) \tag{1.134}$$
$$=\det\left(sI_{n\times n}-A+BK\right)\det\left(sI_{n\times n}-A+K_{ob}C\right)=0$$

式(1.134)利用了"一个分块上三角矩阵的行列式等于分块对角矩阵行列式的乘积"这一特性。式(1.134)说明：

$$\det\left(sI_{n\times n}-A+BK\right)=0 \tag{1.135}$$

$$\det\left(sI_{n\times n}-A+K_{ob}C\right)=0 \tag{1.136}$$

我们知道，式(1.135)是状态反馈控制系统的闭环特征方程，式(1.136)是观测器的闭环特征方程。因此，式(1.135)的解给出了状态反馈控制系统的闭环特征值，式(1.136)的解给出了观测器的闭环特征值。研究结果如下。

观测器和控制器的复合闭环系统的特征值包含状态反馈控制器和观测器误差系统的特征值。这意味着，状态反馈控制器和观测器的设计可以分别进行（或独立进行），这个相当简单但很有用的研究结果被称为分离原理。它是状态反馈控制发展的基石之一。它的重要性不言而喻，它支撑着状态估计反馈控制系统，并通过解耦控制器设计和观测器设计问题来简化其设计过程。

一般情况下，都希望观测器的动态响应比闭环控制系统快，这在观测器和控制器的设计上得以体现，即观测器的期望特征值的选择比状态反馈控制系统的特征值更远离虚轴。

1.7.3 思考题

1. 在状态估计反馈控制器的设计中，根据控制律，仅需要用观测器的估计状态 $\hat{x}(t)$ 替代真实状态 $x(t)$ 即可，这种说法对吗？

2. 你认为为什么分离原理在状态反馈控制系统的设计中发挥了如此重要的作用呢？

3. 假设一个状态空间模型有两个状态变量、一个输入变量和一个输出变量：

$$\dot{x}(t)=Ax(t)+Bu(t); \quad y(t)=Cx(t)$$

如果控制律为

$$u(t)=-Kx(t)$$

有多少个闭环特征值？

如果控制律为

$$u(t)=-K\hat{x}(t)$$

有多少个闭环特征值呢？这里 $\hat{x}(t)$ 为状态变量的估计值。

4. 一般来说，你认为观测器误差系统应该有一个比控制系统更快的动态响应速度吗？如果是这样，你认为为什么这是一种好的做法呢？

5. 如果一个动态系统有很多测量噪声，你会增加观测器增益还是会减少观测器增益？你也会相应地增加或减少控制器增益吗？

6. 假设一个复杂系统用一个传递函数来描述，而我们只有关于输入和输出变量的资料，你认为这是一个好的状态估计反馈控制的备选系统吗？

1.8　本 章 小 结

本章中，我们讨论了用状态空间模型设计的反馈控制系统。控制系统将状态变量用于反馈控制。如果状态变量未被测量，可以使用基于测量的输出变量和控制信号设计观测器来估计状态变量。与 PID 控制系统相比，状态估计反馈控制系统解除了对模型阶数的限制，允许建立更高阶的模型，并将控制器扩展到多输入-多输出系统。

本章的其他重要内容总结如下。

(1)状态反馈控制信号的计算采用控制器增益系数和状态变量的线性组合，计算中不涉及任何微分或积分。因此，从实现的角度而言，它很简单。选择状态反馈控制器增益矩阵，得到稳定的闭环系统和满意的动态响应。

(2)在状态反馈控制系统中引入了极点配置的设计理念，其中，闭环性能通过期望的闭环极点位置来指定。利用 MATLAB 函数，如 place.m 或 T2place.m 程序对控制器增益进行数值计算，详见教程 1.1。

(3)状态估计是一个非常重要的思想，在工程领域有着广泛应用。当状态变量没有被测量时，用观测器估计状态变量。观测器的设计是为了保证观测器误差系统的稳定性。

(4)状态反馈控制系统和观测器误差系统是对偶关系。这意味着，利用这种对偶关系，我们可以把控制器的设计和分析程序用于观测器的设计和分析中。

(5)对可控性和可观性的判断是为了确定是否能够在控制器和观测器的设计中实现任意指定的期望闭环性能。如果是不可控的，它意味着系统中有一个或多个极点不能被反馈控制移动。同样，如果系统是不可观的，意味着观测器误差系统中的一个或多个极点不能被观测器增益改变。

(6)线性二次型调节器提供了一种从最优化角度设计控制器的方法。这种设计方法与极点配置设计完全不同。通过在目标函数中选择加权矩阵 Q 和 R 来指定闭环性能，它为闭环性能提供了一种直观的诠释和洞见。一旦加权矩阵被选择，就可以用 MATLAB 程序 lqr.m 得到状态反馈控制器增益矩阵的解。利用观测器和控制器之间的对偶性，用相同的程序设计观测器。

(7)对于某些应用程序，加权矩阵的选择可能不太简单。在线性二次型调节器的设计中，采用设定稳定度的想法是很有用的，可以通过约束闭环极点的位置达到期望的闭环性能。该过程涉及对系统矩阵 A 的一个简单修改，即可像往常一样解决 LQR 的问题。

(8)状态估计反馈控制系统是状态反馈控制系统和观测器系统的结合。我们分别设计状态反馈控制器和观测器，用估计状态变量替代未测量状态变量，把它们合并在一起。

状态估计反馈控制系统的闭环极点由控制系统极点和观测器误差系统极点组成。

本章讨论的状态估计反馈控制系统不包括积分作用,当需要参考信号跟踪和扰动抑制时,这种方法是无效的。

1.9　更多资料

(1)控制工程方面的教材包括:Bryson 和 Ho(1975)、Kailath(1980)、Franklin 等(1991)、Antsaklis 和 Michel(1997)、Zhou 和 Doyle(1998)、Chen(1998)、Bay(1999)、Goodwin 等(2000)、Ogata(2002)、Golnaraghi 和 Kuo(2010)、Callier 和 Desoer(2012)、Wolovich(2012)、Golnaraghi 和 Kuo(2010)。

(2)关于观测器的原著论文有 Luenberger(1964,1966,1971)。

(3)关于带设定稳定度的 LQR 设计的主题,可以参见 Anderson 和 Moore(1969,1971),离散时间版本见 Anderson 和 Moore(1979)。模型预测控制系统设计的应用程序见 Wang(2009)。

(4)关于极点配置控制器设计的经典论文包括:Wonham(1967)、Davison 和 Wonham(1968)、Davison 和 Wang(1975)、Kimura(1975)、Furuta 和 Kim(1987)。

(5)有关线性代数和矩阵计算的书籍包括:Demmel(1997)、Trefethen 和 Bau Ⅲ(1997)、Watkins(2004)、Lax(2007)。

习　　题

1.1　(1)已知系统:

$$\dot{x}(t) = \begin{bmatrix} -0.5 & 0 \\ 0 & -1 \end{bmatrix} x(t) + \begin{bmatrix} 0.5 \\ 1 \end{bmatrix} u(t)$$

该系统是可控的吗? 如果可控,设计一个状态反馈控制器,使闭环极点位置在 -1 和 -2 。

(2)如果系统改为

$$\dot{x}(t) = \begin{bmatrix} -1 & 0 \\ 0 & -1 \end{bmatrix} x(t) + \begin{bmatrix} 1 \\ 1 \end{bmatrix} u(t)$$

还可控吗? 可以设计出一个状态反馈控制器,使其闭环极点位置在 -2 和 -3 吗?

1.2　一个电路的状态空间方程如下:

$$\begin{bmatrix} \dot{x}_1(t) \\ \dot{x}_2(t) \end{bmatrix} = \begin{bmatrix} -\dfrac{2}{RC} & \dfrac{1}{C} \\ -\dfrac{1}{L} & 0 \end{bmatrix} \begin{bmatrix} x_1(t) \\ x_2(t) \end{bmatrix} + \begin{bmatrix} \dfrac{1}{RC} \\ \dfrac{1}{L} \end{bmatrix} u(t)$$

$$y(t) = \begin{bmatrix} -1 & 0 \end{bmatrix} \begin{bmatrix} x_1(t) \\ x_2(t) \end{bmatrix}$$

式中，R 为电阻值；L 为电感值；C 为电容值。

(1) 确定系统的特征值(极点)。

(2) 确定使系统具有一对相同极点的电阻 R 的条件。

(3) 当系统有一对相同的极点时，系统是否可控、可观？并解释原因。

1.3　检查下列状态空间模型的可控性和可观性：

$$\begin{bmatrix} \dot{x}_1 \\ \dot{x}_2 \\ \dot{x}_3 \\ \dot{x}_4 \end{bmatrix} = \begin{bmatrix} 0 & 1 & 0 & 0 \\ 3w^2 & 0 & 0 & 2w \\ 0 & 0 & 0 & 1 \\ 0 & -2w & 0 & 0 \end{bmatrix} \begin{bmatrix} x_1 \\ x_2 \\ x_3 \\ x_4 \end{bmatrix} + \begin{bmatrix} 0 \\ 1 \\ 0 \\ 0 \end{bmatrix} \tag{1.137}$$

$$y(t) = \begin{bmatrix} 0 & 0 & 0 \end{bmatrix} \begin{bmatrix} x_1 \\ x_2 \\ x_3 \\ x_4 \end{bmatrix} \tag{1.138}$$

式中，$w \neq 0$。

1.4　假设一个动态系统用下列状态空间模型描述：

$$\begin{bmatrix} \dot{x}_1(t) \\ \dot{x}_2(t) \\ \dot{x}_3(t) \end{bmatrix} = \begin{bmatrix} 1 & 1 & 0 \\ 0 & 0 & 1 \\ 10 & 3 & -1 \end{bmatrix} \begin{bmatrix} x_1(t) \\ x_2(t) \\ x_3(t) \end{bmatrix} + \begin{bmatrix} 2 \\ 3 \\ 1 \end{bmatrix} u(t)$$

$$y(t) = \begin{bmatrix} 2 & 3 & 1 \end{bmatrix} \begin{bmatrix} x_1(t) \\ x_2(t) \\ x_3(t) \end{bmatrix} \tag{1.139}$$

式中，状态变量 $x_1(t)$、$x_2(t)$ 和 $x_3(t)$ 未被测量，设计一个状态估计反馈控制系统来稳定该系统。

(1) 这里，状态反馈控制系统的极点为 $-1 \pm j1$ 和 -2，观测器的极点为 -3、-3、-3。

(2) 初始状态为 $x_1(0) = x_2(0) = x_3(0) = 6$，仿真闭环系统性能。

1.5　一个车辆的机械系统用微分方程描述为

$$\frac{\mathrm{d}y^2(t)}{\mathrm{d}t^2} = -1.6\frac{\mathrm{d}y(t)}{\mathrm{d}t} - 800y(t) + u(t)$$

式中，$y(t)$ 为系统的位置；$u(t)$ 为控制变量，控制目标是使加速度 $\left|\dfrac{\mathrm{d}y^2(t)}{\mathrm{d}t^2}\right|$ 尽可能小。我

们可以利用状态反馈控制器实现这个控制目标。选择 $x_1(t) = y(t)$ 且 $x_2(t) = \dfrac{\mathrm{d}y(t)}{\mathrm{d}t}$，得到如下状态空间方程式：

$$\begin{bmatrix} \dot{x}_1(t) \\ \dot{x}_2(t) \end{bmatrix} = \begin{bmatrix} 0 & 1 \\ -1.6 & -800 \end{bmatrix} \begin{bmatrix} x_1(t) \\ x_2(t) \end{bmatrix} + \begin{bmatrix} 0 \\ 1 \end{bmatrix} u(t)$$

(1) 找到该机械系统的开环极点。

(2) 选择一对极点–3 和–4，设计状态反馈控制器增益矩阵 K。

(3) 测量值为机械系统的速度 $\dot{y}(t)$，包括很多噪声。通过选择闭环极点 –6 和 –7 设计观测器增益矩阵 K_{ob}。

(4) 用估计状态和观测器方程写下估计状态的控制输入信号 $u(t)$ 的表达式。

1.6　一个三弹簧双质量块系统如图 1.5 所示，它的状态空间模型为

$$\begin{bmatrix} \dot{x}_1(t) \\ \dot{x}_2(t) \\ \dot{x}_3(t) \\ \dot{x}_4(t) \end{bmatrix} = \begin{bmatrix} 0 & 1 & 0 & 0 \\ -\dfrac{\alpha_1 + \alpha_2}{M_1} & 0 & \dfrac{\alpha_2}{M_1} & 0 \\ 0 & 0 & 0 & 1 \\ \dfrac{\alpha_2}{M_2} & 0 & -\dfrac{\alpha_1 + \alpha_2}{M_2} & 0 \end{bmatrix} \begin{bmatrix} x_1(t) \\ x_2(t) \\ x_3(t) \\ x_4(t) \end{bmatrix} + \begin{bmatrix} 0 & 0 \\ \dfrac{1}{M_1} & 0 \\ 0 & 0 \\ 0 & \dfrac{1}{M_2} \end{bmatrix} \begin{bmatrix} u_1(t) \\ u_2(t) \end{bmatrix}$$

$$\begin{bmatrix} y_1(t) \\ y_2(t) \end{bmatrix} = \begin{bmatrix} 1 & 0 & 0 & 0 \\ 0 & 0 & 1 & 0 \end{bmatrix} \begin{bmatrix} x_1(t) \\ x_2(t) \\ x_3(t) \\ x_4(t) \end{bmatrix}$$

物理参数为 $M_1 = 2\mathrm{kg}$、$M_2 = 4\mathrm{kg}$、$\alpha_1 = 30\mathrm{N/m}$ 且 $\alpha_2 = 90\mathrm{N/m}$。

(1) 确定三弹簧双质量块系统的特征值。

(2) 判断该系统的可控性和可观性。

(3) 用 MATLAB 函数 place.m 设计一个状态估计反馈控制系统，使三弹簧双质量块系统稳定，其中，闭环控制系统的极点在–3、–3.1、–3.2、–3.3，观测器误差系统的极点在–6、–6.1、–6.2、–6.3。

(4) 假设 $x_1(0) = 0.5$，$x_3(0) = 0.1$，且 $x_2(0) = x_4(0) = 0$，$\hat{x}_1(0) = \hat{x}_2(0) = \hat{x}_3(0) = \hat{x}_4(0) = 0$。采样间隔 $\Delta t = 0.001\mathrm{s}$，且仿真时间 $T_{\mathrm{sim}} = 6\mathrm{s}$，模拟三弹簧双质量块系统的闭环响应，给出四个状态变量对系统初始条件的响应。

(5) 该状态估计反馈控制系统闭环极点的位置在哪里？

1.7　一个连续时间信号 $y_0(t)$ 被噪声严重破坏，$y_0(t)$ 用下列连续时间函数描述：

$$y_0(t) = a_m \sin(\omega_0 t + \theta) + b_m \mathrm{e}^{-\gamma t}$$

已知参数 $\omega_0 > 0$ 且 $\gamma > 0$，但是 a_m、b_m 和 θ 是未知的。

（1）写出可以过滤噪声的状态空间模型。

（2）设计一个观测器来估计无噪声信号 $y_0(t)$ ，其中，所有闭环极点观测器的极点都选为 $-\alpha$（ $\alpha > 0$ ）（提示：考虑用 A^{T} 和 C^{T} 来设计，然后按照控制器相似变换的步骤设计）。

（3）仿真验证你的设计，并提供带原始噪声的数据图，以及估计的 $\hat{y}_0(t)$ 和原始 $y_0(t)$ 之间的比较（提示：需要通过选择所有已知和未知参数，采样间隔 Δt 、 α 及噪声来构建仿真过程）。

第2章 连续系统多变量控制应用

2.1 概 述

反馈控制的主要目标之一是对系统运行中发生的意外干扰事件做出补偿。这些事件（或干扰）有的是可预计的，有的是意外发生的，但在大多数情况下，它们未被测量，例如，一台电机的电力负荷突然发生变化。第1章介绍的状态反馈控制系统缺乏对干扰的抑制能力，因此，以目前的形式，它们在实际问题上的应用有限。

本章的目标是介绍两种实用的多变量控制器。这些控制器能够跟踪阶跃参考信号并抑制低频干扰。为了实现这些功能，多变量控制器除了具有抗饱和功能外，还将具有积分控制，以处理执行器达到其最大值或最小值时的情况。

本章开篇首先介绍了众所周知的利用状态空间模型引入积分作用的经典方法（参见2.2.1节）。这种设计直观易懂，但当控制信号达到其最大或最小极限时，它缺乏抗饱和机制，从而出现积分饱和现象（见2.2.2节）。2.2节的其余部分通过在控制器设计中考虑扰动的影响来修改经典控制器，从而得到一个实用的多变量控制器，该控制器在实现中除了抗饱和机制外，还具有积分作用。2.2.5节提供了MATLAB和Simulink的教程，并介绍了汽包锅炉控制的实例。另一种获得积分作用的经典方法是扰动估计，其中输入扰动被假定为一个常数（参见2.3节）。利用这种基于扰动观测器的方法，自然地引入了一种抗饱和机制。2.3节提供的MATLAB和Simulink教程，用于设计和实现基于扰动观测量的方法。2.3节最后提供了一个基于干扰观测器的设计，这里所有状态变量都是可测的。然后，本章还介绍了一个风力发电机组传动控制的案例研究（见2.4节），该案例中既有控制器的设计，也有基于扰动观测器的设计。

2.2 实用控制器一：积分作用控制器设计

利用状态空间模型引入积分作用的经典方法是在设计模型中引入输出的积分。然而，这种方法在控制信号达到饱和限制时会出现积分器饱和问题。

2.2.1 原始控制律

设一个状态空间模型用下列微分方程表示：

$$\dot{x}_p(t) = A_p x_p(t) + B_p u(t) \tag{2.1}$$

$$y(t) = C_p x_p(t) \tag{2.2}$$

式中，状态向量 $x_p(t)$ 的维数为 $n \times 1$；输入 $u(t)$ 和输出 $y(t)$ 的维数均为 $m \times 1$。在状态反

馈控制中产生积分作用的经典方法是设一个新的状态向量 $z(t)$ ，其中 $\dot{z}(t) = y(t) - r(t)$ ，
$r(t)$ 为参考信号。实际上，状态向量 $z(t)$ 为积分误差，这里

$$z(t) = \int_0^t (y(\tau) - r(\tau)) \mathrm{d}\tau$$

然后，状态空间模型式 (2.1) 加上积分状态变量生成新的增广系统矩阵：

$$\begin{bmatrix} \dot{x}_p(t) \\ \dot{z}(t) \end{bmatrix} = \overbrace{\begin{bmatrix} A_p & 0_{n \times m} \\ C_p & 0_{m \times m} \end{bmatrix}}^{A} \begin{bmatrix} x_p(t) \\ z(t) \end{bmatrix} + \overbrace{\begin{bmatrix} B_p \\ 0_{m \times m} \end{bmatrix}}^{B} u(t) \tag{2.3}$$

式中，$0_{n \times m}$ 为维数为 $n \times m$ 的零矩阵。增广系统矩阵 A 、B 如式 (2.3) 所示。

这种在状态反馈控制中产生积分作用的方法在相关文献中最为常见。如果原始系统矩阵 A_p 和 B_p 是可控的，那么增广系统矩阵 A 和 B 也是可控的，除非传递函数 $C_p(sI - A_p)^{-1}B_p$ 在复平面的原点处有零点。当传递函数 $C_p(sI - A_p)^{-1}B_p$ 在复平面的原点处有零点时，增广模型里会发生零极点相消，此时增广模型会失去它的可控性。求解传递函数的零点或许不是一个简单的工作，这时，直接检查增广系统的可控性会更简单一些。

假设增广系统是可控的，状态反馈控制器增益矩阵 K 用式 (2.3) 设计，以实现期望的闭环性能，如稳定的闭环系统和期望的瞬时响应。那么，状态反馈控制信号 $u(t)$ 用状态反馈控制器增益矩阵 K 、状态向量 $x_p(t)$ 和积分误差 $z(t)$ 来计算，即

$$u(t) = -\overbrace{\begin{bmatrix} K_p & K_y \end{bmatrix}}^{K} \begin{bmatrix} x_p(t) \\ z(t) \end{bmatrix}$$
$$= -K_p x_p(t) - K_y \int_0^t (y(\tau) - r(\tau)) \mathrm{d}\tau \tag{2.4}$$

式 (2.4) 利用了关系式 $z(t) = \int_0^t (y(\tau) - r(\tau)) \mathrm{d}\tau$ 。

从式 (2.4) 的控制律中可以清楚地看到，状态反馈控制中引入了积分作用。

如果状态变量未被测量，那么我们需要一个观测器来生成估计状态向量 $\hat{x}_p(t)$ 。对于观测器的设计，我们采用初始状态空间模型式 (2.1) 和式 (2.2)。假设选择观测器增益矩阵 K_{ob} 时能使观测器误差系统矩阵 $A_p - K_{\mathrm{ob}} C_p$ 在期望的特征值 (极点) 处是稳定的，那么，状态向量 $x_p(t)$ 利用下列观测器方程式来估计：

$$\dot{\hat{x}}_p(t) = A_p \hat{x}_p(t) + B_p u(t) + K_{\mathrm{ob}} \left(y(t) - C_p \hat{x}_p(t) \right) \tag{2.5}$$

用估计状态向量代替控制律式 (2.4) 中的状态向量 $x_p(t)$ ，得到状态估计反馈控制律：

$$u(t) = -K_p \hat{x}_p(t) - K_y \int_0^t (y(\tau) - r(\tau)) \mathrm{d}\tau \tag{2.6}$$

控制律式(2.6)清楚地表明，控制信号的计算中包含积分作用。

2.2.2　积分饱和情况

经典方法是利用控制律式(2.6)在状态反馈控制中引入积分作用，这种方法直观，易于设计和实现。然而，它最大的缺点是当控制信号达到其最大值或最小值时，会产生积分器饱和的问题。因此，当控制信号达到限制值时，闭环控制性能就会下降。这一点，用一个简单的例子演示如下。

例 2.1　假设系统具有下列传递函数：

$$G(s) = \frac{(s-3)(s+5)}{s(s+1)(s+3)}$$

设计一个状态估计反馈控制系统，用于阶跃参考信号跟踪和常数输入干扰抑制。控制器的所有闭环极点选为–2，所有观测器极点选为–10。研究控制信号限制在±5 时闭环性能的变化。

解　传递函数转化为下列状态空间模型：

$$\dot{x}_p(t) = A_p x_p(t) + B_p u(t); \quad y(t) = C_p x_p(t)$$

式中，系统矩阵为

$$A_p = \begin{bmatrix} -4 & -3 & 0 \\ 1 & 0 & 0 \\ 0 & 1 & 0 \end{bmatrix}; \quad B_p = \begin{bmatrix} 1 \\ 0 \\ 0 \end{bmatrix}; \quad C_p = \begin{bmatrix} 1 & 2 & -15 \end{bmatrix}$$

我们首先根据式(2.3)为控制器的设计生成增广系统矩阵 A、B。通过将闭环控制系统的极点定位在–2，用增广模型计算状态反馈控制器增益矩阵，得到：

$$K = \begin{bmatrix} 4 & 22.0667 & 34.1333 & -1.0667 \end{bmatrix}$$

另有闭环观测器极点位于–10，基于 A_p、C_p，计算观测器增益矩阵为

$$K_{\text{ob}} = \begin{bmatrix} -20.0938 & -8.4896 & -4.2049 \end{bmatrix}^{\text{T}}$$

采用仿真方法研究闭环控制性能。选取 $t \geq 0$ 时的参考阶跃信号 $r(t)=1$ 和一个在 $t=100\text{s}$ 时刻进入系统的单位阶跃输入扰动，分别在有无控制信号幅值限制情况下对闭环控制系统进行仿真。这里，扰动输入矩阵选为 $B_d = \begin{bmatrix} 1 & 0 & 1 \end{bmatrix}^{\text{T}}$，用于模拟仿真，输入扰动的描述见式(2.7)。图 2.1(a)和(b)显示了闭环响应。可以清楚地看到，输出跟随阶跃参考信号，没有稳态误差。当输入扰动进入系统时(图 2.1(a))，在输出中有一个大的下降值(降至–8.5)，但是，系统在 4s 内很快恢复到参考信号。这种快速恢复的原因是控制器为干扰抑制生成了一个大的控制信号(图 2.1(b))，该信号的最小值为–18，超出了指定的极限值。对比之下，当控制信号幅值限制在 ± 5 时，图 2.1(c)和(d)显示，因抑制扰动，

闭环响应性能明显下降。从图 2.1（c）可以看出，由于扰动，输出最初降至–15，然后因为积分器的饱和影响而出乎意料地升至 16。

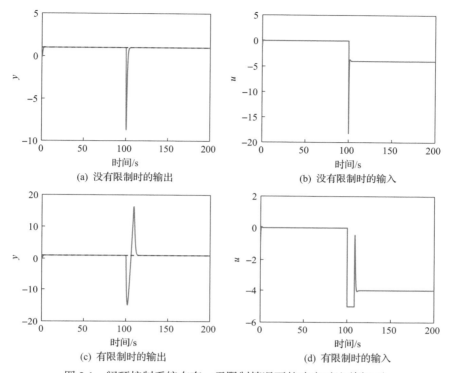

(a) 没有限制时的输出　　　　　　　　　　(b) 没有限制时的输入

(c) 有限制时的输出　　　　　　　　　　(d) 有限制时的输入

图 2.1　闭环控制系统在有、无限制情况下的响应对比（例 2.1）

2.2.3　实用的多变量控制器

为了改进原有的控制律以克服积分器饱和的问题，我们在推导控制律时考虑了扰动的影响。

假设系统有如下状态空间模型，输入恒定扰动向量 $d(t)$ ：

$$\dot{x}_p(t) = A_p x_p(t) + B_p u(t) + B_d d(t) \tag{2.7}$$

$$y(t) = C_p x_p(t) \tag{2.8}$$

式中，$\dot{d}(t) = 0$ 。对原始模型式（2.7）和式（2.8）求导得到：

$$\ddot{x}_p(t) = A_p \dot{x}_p(t) + B_p \dot{u}(t) \tag{2.9}$$

$$\dot{y}(t) = C_p \dot{x}_p(t) \tag{2.10}$$

注意：状态空间模型的输入为 $\dot{u}(t)$ ，输出为 $\dot{y}(t)$ ，然而，恒定扰动项 $B_d d(t)$ 在这个运算中消失了，因为 $\dot{d}(t) = 0$ 。那么，增广模型将 $y(t)$ 选为附加状态向量，得出：

$$\begin{bmatrix} \ddot{x}_p(t) \\ \dot{y}(t) \end{bmatrix} = \overbrace{\begin{bmatrix} A_p & 0_{n\times m} \\ C_p & 0_{m\times m} \end{bmatrix}}^{A} \begin{bmatrix} \dot{x}_p(t) \\ y(t) \end{bmatrix} + \overbrace{\begin{bmatrix} B_p \\ 0_{m\times m} \end{bmatrix}}^{B} \dot{u}(t) \tag{2.11}$$

我们也可以得到输出方程：

$$y(t) = \overbrace{\begin{bmatrix} 0_{m\times n} & I_{m\times m} \end{bmatrix}}^{C} \begin{bmatrix} \dot{x}_p(t) \\ y(t) \end{bmatrix} \tag{2.12}$$

显然，式 (2.11) 中的系统矩阵与式 (2.3) 相同，但是它们的状态向量和输入向量不同。增广模型式 (2.11) 和式 (2.12) 在连续模型预测控制中被采用 (Wang, 2009)。结果表明，增广模型的传递函数 $G(s) = C(sI - A)^{-1}B$ 与被控对象的传递函数 $G_p(s) = C_p(sI - A_p)^{-1}B_p$ 具有下列关系：

$$G(s) = \frac{1}{s} G_p(s)$$

所以，假设初始系统矩阵 A_p 和 B_p 是可控的，且传递函数 $C_p(sI - A_p)^{-1}B_p$ 在复平面的原点处无零点，得出增广系统矩阵 A 和 B 是可控的。状态反馈控制器增益矩阵 K 采用增广系统矩阵 A、B 来设计，以达到期望的闭环性能。

当利用增广状态空间模型式 (2.11) 时，状态反馈控制律表示为

$$\dot{u}(t) = -K \begin{bmatrix} \dot{x}_p(t) \\ y(t) \end{bmatrix} = -\begin{bmatrix} K_p & K_y \end{bmatrix} \begin{bmatrix} \dot{x}_p(t) \\ y(t) \end{bmatrix} \tag{2.13}$$

式中，状态向量的导数 $\dot{x}_p(t)$ 和输出 $y(t)$ 作为反馈变量。如果状态向量 $x_p(t)$ 被测量，那么状态向量的导数 $\dot{x}_p(t)$ 可用于状态反馈控制。通过将式 (2.13) 代入式 (2.11)，得到闭环系统如下：

$$\dot{x}(t) = (A - BK)x(t) \tag{2.14}$$

式中，$x(t) = \begin{bmatrix} \dot{x}_p(t)^{\mathrm{T}} & y(t)^{\mathrm{T}} \end{bmatrix}^{\mathrm{T}}$。因此，为了抑制干扰，将 K 设计为从非零初始状态 $x(0)$ 到零，并将控制器设计表述为调节器设计。我们可以使用极点配置或线性二次型调节器方法来设计控制器 (参见第 1 章)。系统的闭环稳定性和动态性能由系统矩阵 $A - BK$ 的闭环特征值决定。

如果状态变量 $\dot{x}_p(t)$ 是未知的，基于式 (2.9) 和式 (2.10) 构造观测器来对其进行估计，具体如下：

$$\ddot{\hat{x}}_p(t) = A_p\dot{\hat{x}}_p(t) + B_p\dot{u}(t) + K_{\mathrm{ob}}\left(\dot{y}(t) - C_p\dot{\hat{x}}_p(t)\right) \tag{2.15}$$

状态估计控制律变为

$$\dot{u}(t) = -\begin{bmatrix} K_p & K_y \end{bmatrix} \begin{bmatrix} \dot{x}_p(t) \\ y(t) \end{bmatrix} \tag{2.16}$$

式 (2.13) 中的状态向量 $\dot{x}_p(t)$ 用估计状态向量 $\dot{\hat{x}}_p(t)$ 替代。

下一个问题是，对于状态估计反馈控制系统，闭环系统会是什么样的？为了回答这个问题，我们首先考察观测器误差系统。定义状态误差 $\dot{\tilde{x}}_p(t) = \dot{x}_p(t) - \dot{\hat{x}}_p(t)$，从式 (2.9) 中减去式 (2.15) 得到观测器误差系统：

$$\ddot{\tilde{x}}_p(t) = \left(A_p - K_{ob} C_p \right) \dot{\tilde{x}}_p(t) \tag{2.17}$$

式中，用 $C_p \dot{x}_p(t)$ 替代 $\dot{y}(t)$。然后，将状态估计控制律式 (2.16) 代入增广模型，得到：

$$\dot{x}(t) = (A - BK)x(t) + BK_p \dot{\tilde{x}}_p(t) \tag{2.18}$$

联立式 (2.17) 和式 (2.18)，得到状态反馈控制的闭环系统：

$$\begin{bmatrix} \dot{x}(t) \\ \ddot{\tilde{x}}_p(t) \end{bmatrix} = \begin{bmatrix} A - BK & BK_p \\ 0_{n \times (n+m)} & A_p - K_{ob} C_p \end{bmatrix} \begin{bmatrix} x(t) \\ \dot{\tilde{x}}_p(t) \end{bmatrix} \tag{2.19}$$

式中，$0_{n \times (n+m)}$ 为维数为 $n \times (n+m)$ 的零矩阵。

注意，上三角矩阵的行列式等于对角分块矩阵的行列式相乘。为了确定闭环系统式 (2.19) 的特征值，我们将检验：

$$\det \left(sI_{(n+m) \times (n+m)} - A + BK \right) = 0 \tag{2.20}$$

$$\det \left(sI_{n \times n} - A_p + K_{ob} C_p \right) = 0 \tag{2.21}$$

由式 (2.20) 的解可以得到状态反馈控制系统的闭环特征值，而由式 (2.21) 的解可以得到观测器误差系统的闭环特征值。总之，闭环系统的动态性能取决于状态反馈控制系统和观测器误差系统的极点位置。1.7.2 节中调节器设计的分离原理适用于带积分作用的干扰抑制。

2.2.4　抗积分饱和实现

当引入参考信号 $r(t)$ 时，对反馈控制律式 (2.13) 进行修正，使其包含参考信号 $r(t)$，得到：

$$\dot{u}(t) = -K_p \dot{x}_p(t) - K_y (y(t) - r(t)) \tag{2.22}$$

当状态向量 $x_p(t)$ 不可测时，设计一个观测器以估计 $\dot{x}_p(t)$。带参考信号 $r(t)$ 的控制律变为

$$\dot{u}(t) = -K_p \dot{\hat{x}}_p(t) - K_y (y(t) - r(t)) \tag{2.23}$$

　　带积分作用的状态反馈控制器可以用抗饱和机制来实现。与 Wang(2020)描述的 PID 控制器抗积分饱和的实现相似，控制信号根据式(2.23)计算，以允许控制信号饱和。

　　现在，在采样时刻 t_k，控制信号的导数 $\dot{u}(t)$ 用一阶差分近似为

$$\dot{u}(t_k) \approx \frac{u(t_k) - u(t_{k-1})}{\Delta t}$$

式中，Δt 为采样间隔。由此，采样时刻 t_k 的控制信号为

$$u(t_k) = u(t_{k-1}) + \Delta t \dot{u}(t_k) \tag{2.24}$$

式中，$u(t_k)$ 和 $u(t_{k-1})$ 为当前时刻和前一个时刻的控制信号。

　　据此，将观测器方程离散化为

$$\dot{\hat{x}}_p(t_{k+1}) = \dot{\hat{x}}_p(t_k) + \left(A_p \dot{\hat{x}}_p(t_k) + B_p \dot{u}(t_k) + K_{ob}\left(\dot{y}(t_k) - C_p \dot{\hat{x}}_p(t_k) \right) \right) \Delta t \tag{2.25}$$

式中，观测器的输入信号为采样时刻 t_k 处控制信号与输出信号的导数。

　　输出信号的导数近似为

$$\dot{y}(t_k) \approx \frac{y(t_k) - y(t_{k-1})}{\Delta t}$$

式中，$y(t_k)$ 和 $y(t_{k-1})$ 为当前时刻和前一个时刻的输出信号。用该近似公式，在采样时刻 t_{k+1} 估计状态向量的导数为

$$\dot{\hat{x}}_p(t_{k+1}) = \dot{\hat{x}}_p(t_k) + \left(A_p \dot{\hat{x}}_p(t_k) + B_p \dot{u}(t_k) - K_{ob} C_p \dot{\hat{x}}_p(t_k) \right) \Delta t + K_{ob}\left(y(t_k) - y(t_{k-1}) \right) \tag{2.26}$$

　　值得注意的是，虽然计算是对估计状态的导数进行的，但观测器的输入不是输出的导数。由于在实现中使用了两个采样点数据之间的输出差异，因此在存在测量噪声的情况下，该方法是可行的，因为测量噪声不会因采样间隔 Δt 减小而被放大。

　　另外，在噪声严重的情况下，补偿噪声影响的方法是基于式(2.11)和式(2.12)设计一个观测器，来估计增广状态向量 $x(t)$，包含 $\dot{x}_p(t)$ 和 $y(t)$：

$$\dot{\hat{x}}(t) = A\hat{x}(t) + B\dot{u}(t) + \overline{K}_{ob}(y(t) - C\hat{x}(t)) \tag{2.27}$$

式中，$\overline{K}_{ob}$ 为用增广系统矩阵 A 和 C 设计的观测器增益矩阵。该观测器的实现消除了输出信号差分运算的影响。

　　经典状态反馈控制系统在控制信号达到饱和限制时存在积分器饱和问题，如例 2.1 所示。应用积分方程实现积分器导致不稳定问题(式(2.6))。我们提议的方法避免使用积分方程，而采用导数计算的方法。抗饱和机制的关键是在控制信号达到饱和限制时立即停止积分作用，并通知观测器控制信号已饱和。

　　假设控制信号的饱和限制为 u^{min} 和 u^{max}，在 t_0 时刻，初始值 $\dot{\hat{x}}_p(t_0)$、输出的测量值 $y(t_0)$、参考信号 $r(t_0)$ 及输出与输入过去的信息 $y(t-1)$ 和 $u(t-1)$ 可用，带抗饱和机制的

状态估计反馈控制律的实现步骤总结如下。

(1) 计算控制信号的导数：

$$\dot{u}(t_k) = -K_p \dot{\hat{x}}_p(t_k) - K_y \big(y(t_k) - r(t_k)\big) \tag{2.28}$$

(2) 计算控制信号：

$$u(t_k) = u(t_{k-1}) + \dot{u}(t_k)\Delta t$$

(3) 用下面的计算方法对控制信号施加饱和限制。

a. 对于第 i 个控制信号，施加饱和限制：

$$u_i(t_k)^{\mathrm{act}} = \begin{cases} u_i^{\min}, & u_i(t_k) < u_i^{\min} \\ u_i(t_k), & u_i^{\min} \leqslant u_i(t_k) \leqslant u_i^{\max} \\ u_i^{\max}, & u_i(t_k) > u_i^{\max} \end{cases}$$

式中，$i = 1, 2, \cdots, m$。

b. 用包含下列饱和元素的实际控制信号 $u(t_k)^{\mathrm{act}}$ 更新控制信号中的导数：

$$\dot{u}(t_k)^{\mathrm{act}} = \frac{u(t_k)^{\mathrm{act}} - u(t_{k-1})}{\Delta t}$$

(4) 用 $\dot{u}(t_k)^{\mathrm{act}}$ 计算采样时刻 t_{k+1} 的估计状态向量：

$$\dot{\hat{x}}_p(t_{k+1}) = \dot{\hat{x}}_p(t_k) + \big(A_p \dot{\hat{x}}_p(t_k) + B_p \dot{u}(t_k)^{\mathrm{act}} - K_{\mathrm{ob}} C_p \dot{\hat{x}}_p(t_k)\big)\Delta t + K_{\mathrm{ob}}\big(y(t_k) - y(t_{k-1})\big)$$

(5) 当采样时刻到 t_{k+1} 时，重复以上步骤的计算。

需要强调的是，当连续两个采样点达到饱和极限时，积分作用立即停止，因为控制信号的导数自动变为零。另外，通过修正 $\dot{u}(t_k)$ 来计算所估计状态，以反映积分饱和的限制作用。

例 2.2　从例 2.1 继续，但是，这次使用本节提议的带抗饱和机制改进控制律。当要求 $u(t) > -5$ 时，表明抗饱和机制的实现避免了输出信号的振荡，比较两种方法结果的差异。

解　如例 2.1 所示，$u^{\min} = -5$，当干扰在 $t = 100\mathrm{s}$ 时进入系统时，控制信号达到饱和限制。在与例 2.1 相同的仿真条件下，利用抗饱和机制实现闭环状态反馈控制。

图 2.2(a) 和 (b) 比较了阶跃输入扰动在 $t = 100\mathrm{s}$ 进入系统情况下的输出信号和控制信号。我们有以下几点看法。

(1) 从图 2.2(a) 可以看出，在两种情况下，由于干扰和控制信号达到极限，输出下降到 -15。但是，随着抗饱和机制的实施，在 7s 内，输出平滑恢复至参考信号，且没有超调量。相比之下，在没有抗饱和机制的情况下，在恢复到参考信号之前，输出会超调至 16。同时还可以看出，没有抗饱和机制时，整个扰动恢复过程大约需要 14s，是有抗饱和机制时的两倍。

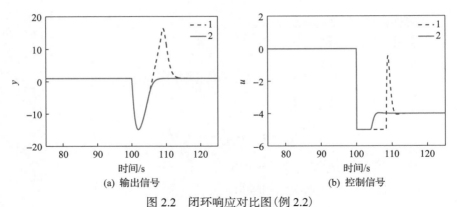

图 2.2　闭环响应对比图（例 2.2）

线 1 表示没有抗饱和机制的情况；线 2 表示有抗饱和机制的情况

（2）从图 2.2（b）可以看出在 $t < 103\text{s}$ 时，控制信号与扰动抑制相同。在这段时间之后，有抗饱和机制的控制信号从饱和状态出来，并平稳地升至期望的稳定状态。相比之下，没有抗饱和机制的情况下，控制信号在饱和状态额外保持 4s，然后在饱和状态从–5 突变至–0.62。控制信号的这种行为会导致输出信号的超调量。

这个例子表明，在控制信号饱和的情况下，抗饱和机制的实施对于确保满意的闭环性能非常重要。

2.2.5　关于设计与实现的 MATLAB 教程

本节将介绍具有积分作用和抗饱和机制的状态估计控制系统的设计和仿真步骤，共有四个相关教程。

教程 2.1 介绍如何基于式（2.11）和式（2.12）生成增广系统矩阵（A，B，C）。

教程 2.1　编写一个 MATLAB 函数 aug4IC.m，该函数可生成控制系统设计的增广模型。

步骤 1，创建文件，名为 "aug4IC.m"。

步骤 2，函数的输入变量为被控系统矩阵 A_p、B_p、C_p。该函数的输出变量是增广系统矩阵 A、B、C。将以下程序输入文件：

```
function [A,B,C]=aug4IC(Ap,Bp,Cp)
```

步骤 3，检查输入、输出和状态变量的个数。继续将以下程序输入文件：

```
[m1,n1]=size(Cp);
[n1,n_in]=size(Bp);
```

步骤 4，用零矩阵将系统初始化。继续将以下程序输入文件：

```
n=n1+m1;
A=zeros(n,n);
B=zeros(n,n_in);
C=zeros(m1,n);
```

步骤 5，在 A 中创建块矩阵 A_p 和 C_p，继续将以下程序输入文件：

```
A(1:n1,1:n1)=Ap;
A(n1+1:n1+m1,1:n1)=Cp;
```

步骤 6，在 B 中创建块矩阵 B_p，继续将以下程序输入文件：

```
B(1:n1,:)=Bp;
```

步骤 7，在 C 矩阵中创建单位矩阵。继续将以下程序输入文件：

```
C(:,n1+1:n)=eye(m1,m1);
```

步骤 8，用下列二输入-二输出-二状态变量的系统测试函数：

```
Ap=[1 -1; 2 1];
Bp=[1 2;2 1];
Cp=[1 0; 0 1];
```

步骤 9，根据下面的答案检查 A 矩阵：

$$A = \begin{bmatrix} 1 & -1 & 0 & 0 \\ 2 & 1 & 0 & 0 \\ 1 & 0 & 0 & 0 \\ 0 & 1 & 0 & 0 \end{bmatrix}$$

第二个教程介绍在 MATLAB 仿真环境中的控制器实现。

教程 2.2   编写一个 MATLAB 函数，该函数能够实现带积分作用的状态反馈控制律，并在控制信号幅值约束的情况下进行参考信号跟踪和干扰抑制的闭环仿真。出发点是我们有连续系统模型（A_p，B_p，C_p），且设计了状态反馈控制器增益矩阵 K 及观测器增益矩阵 K_{ob}。在实现过程中，我们不需要增广系统矩阵 A、B 和 C，但是在状态反馈控制器增益矩阵 K 的设计中需要它们。

步骤 1，创建一个文件，命名为 "simu4IC.m"。

步骤 2，函数的输入变量为被控系统矩阵 A_p、B_p、C_p，采样间隔为 Deltat，仿真采样次数 N_{sim}，状态反馈控制器增益矩阵 K，观测器增益矩阵 K_{ob}，参考信号 sp 及干扰信号 dis。sp 的维数为 $m_1 \times N_{sim}$，dis 的维数为 $n_{in} \times N_{sim}$，其中，m_1 为输出的个数，n_{in} 为输入的个数。U_{max} 和 U_{min} 是包含控制信号中各分量最大、最小值限制的向量。该函数的输出变量为输出 y_1 和控制信号 u_1。将以下程序输入文件：

```
function [y1,u1]=simu4IC(Ap,Bp,Cp,Deltat,Nsim,K,Kob,sp, dis,Umin,Umax)
```

步骤 3，检查状态变量的个数、输出和输入的个数。继续将以下程序输入文件：

```
[m1,n]=size(Cp);
[n,n_in]=size(Bp);
```

步骤 4，为控制器实现和仿真设置初始条件。为了简单起见，所有初始条件选为零，继续将以下程序输入文件：

```
uPast=zeros(n_in,1);
```

```
yPast=zeros(m1,1);
y=zeros(m1,1);
xhat=zeros(n,1);
x=zeros(n,1);
```

步骤 5，对应一个实时控制系统，通过迭代进行仿真。继续在文件中输入以下程序：

```
for kk=1:Nsim;
```

步骤 6，在采样时刻 kk（与采样时间 t_k 对应），根据测量的输出 $y(kk)$、参考信号 $sp(kk)$ 及估计状态变量 xhat，计算控制信号的导数。继续将以下程序输入文件：

```
udot=-K*[xhat;y-sp(:,kk)];
```

步骤 7，用过去的输出和测量的输出，计算输出信号 $\dot{y}$ 在采样时间 kk 的导数。继续将以下程序输入文件：

```
yd=(y-yPast)/Deltat;
```

步骤 8，计算控制信号。继续将以下程序输入文件：

```
u=uPast+udot*Deltat;
```

步骤 9，对控制信号施加约束，计算控制信号的导数，为观测器更新做准备。这是实现抗饱和机制的重要步骤。继续将以下程序输入文件：

```
for i=1:n_in
if (u(i,1)>Umax(i,1)) u(i,1)=Umax(i,1);
udot(i,1)=(u(i,1)-uPast(i,1))/Deltat; end
if (u(i,1)<Umin(i,1)) u(i,1)=Umin(i,1);
udot(i,1)=(u(i,1)-uPast(i,1))/Deltat; end
end
```

步骤 10，用带饱和信息的控制信号的导数和输出信号的导数更新估计状态变量。继续将以下程序输入文件：

```
xhat=xhat+(Ap*xhat+Kob*(yd-Cp*xhat)+Bp*udot)*Deltat;
```

步骤 11，更新 u_{Past} 和 y_{Past}，为下一个采样周期控制信号计算做准备。继续将以下程序输入文件：

```
yPast=y;
uPast=u;
```

步骤 12，步骤 6～11 为控制系统的实施过程。保存该函数的控制信号和输出信号。继续将以下程序输入文件：

```
y1(:,kk)=y;
u1(:,kk)=u;
```

步骤 13，将计算所得的控制信号送至被控对象模型进行闭环仿真。在闭环仿真中，将输入扰动加入到系统中。如果已知输入扰动矩阵为 B_d，则可以将这一信息加入到闭环仿真中。这样就完成了闭环仿真中的一个采样周期的计算。继续将以下程序输入文件：

```
x=x+(Ap*x+Bp*u+Bp*dis(:,kk))*Deltat;
y=Cp*x;
end
```

步骤 14，按照教程 2.3 测试该函数。

教程 2.3 用一个简单的例子验证了设计和仿真过程。

教程 2.3　被测系统如例 2.1 所示，其传递函数如下：

$$G(s)=\frac{(s-3)(s+5)}{s(s+1)(s+3)}$$

控制器的所有闭环极点选为–2，观测器的所有闭环极点选为–10。

步骤 1，创建一个新文件，名为"Ex4StateEstim.m"。

步骤 2，输入系统的传递函数，将以下程序输入文件：

```
num=conv([1 -3],[1 5]);
den1=conv([1 1],[1 3]) ;
den=conv([1 0],den1);
```

步骤 3，将传递函数转换为状态空间模型。继续将以下程序输入文件：

```
[Ap,Bp,Cp,Dp]=tf2ss(num,den);
```

步骤 4，根据教程 2.1 生成增广状态空间模型。继续将以下程序输入文件：

```
[A,B,C]=aug4IC(Ap,Bp,Cp);
```

步骤 5，通过教程 1.1 中编写出的函数 T2place.m，用极点配置法设计观测器。继续将以下程序输入文件：

```
T1=conv([1 2],[1 2]);
T=conv(T1,[1 2]);
T=conv(T,[1 2]);
K=T2place(A,B,T);
```

步骤 6，用极点配置法设计观测器，继续将以下程序输入文件：

```
P1=conv([1 10],[1 10]);
P=conv(P1,[1 10]);
Kob=T2place(Ap',Cp',P)';
```

步骤 7，用参考信号和干扰信号准备闭环仿真，继续将以下程序输入文件：

```
Deltat=0.01;
Nsim=20000;
t=0:Deltat:(Nsim-1)*Deltat;
sp=ones(1,Nsim);
dis=[zeros(1,Nsim/2) ones(1,Nsim/2)];
```

```
Umax=5;
Umin=-5;
```

步骤 8，用 MATLAB 函数 simu4IC.m 进行闭环仿真，继续将以下程序输入文件：

```
[y1,u1]=simu4IC(Ap,Bp,Cp,Deltat,Nsim,K,Kob, sp,dis,Umin,Umax);
```

步骤 9，得出仿真结果。继续将以下程序输入文件：

```
figure(1)
plot(t,y1)
xlabel('Time(sec)')
ylabel('y')
figure(2)
plot(t,u1)
ylabel('u')
xlabel('Time(sec)')
```

步骤 10，比较例 2.2 中的结果，验证该闭环控制器的设计和仿真。为得到相同的结果，需要输入扰动矩阵 $B_d = \begin{bmatrix} 1 & 0 & 1 \end{bmatrix}^{\mathrm{T}}$，可以对 MATLAB 程序 simu4IC.m 做个小的改动，改变控制信号的最大、最小值，来观察闭环响应的变化。

教程 2.4 将演示如何通过 Simulink 来实时实现具有积分作用的状态反馈控制算法，在此，抗饱和机制被用于控制信号约束。

教程2.4　本仿真的核心是生成一个MATLAB嵌入式函数，用于Simulink仿真和xPC目标实现。该嵌入式函数基于本节讨论的控制算法。应用嵌入式 MATLAB 函数完成控制信号的一个周期计算。对于每个采样时间间隔，将重复同样的计算步骤。

步骤 1，创建一个 Simulink 文件，名为"sfcI.slx"。

步骤 2，在 Simulink 的自定义函数目录中找到嵌入式 MATLAB 函数的图标，复制到 sfcI 模型中。

步骤 3，单击嵌入式函数图标，定义模型的输入输出变量和控制器参数，使嵌入式函数具有如下形式：

```
function u=sfcI(r,y,Ap,Bp,Cp,Deltat,K,Kob,Umin,Umax)
```

其中，u 为采样时刻 t_k 处的计算控制信号，输入变量的前两个变量（r 和 y）为采样时刻 t_k 处的参考信号和输出信号，A_p、B_p 和 C_p 是被控模型的系统矩阵，Deltat 为采样间隔，K 为状态反馈控制器增益矩阵，K_{ob} 是观测器增益矩阵，$U_{\min}$ 和 $U_{\max}$ 为施加于控制信号的最大、最小值。

步骤 4，我们需要对输入与输出数据端口进行编辑，以确定嵌入式函数中哪些输入端口是实时变量、哪些是参数。该编辑任务用模型浏览器（Model Explorer）完成。

（1）单击 Scope 上的"r"，选择"input"，指定端口（Port）"1"和大小（Size）"–1"以及复杂性"Inherited"，输入"Inherit: Same as Simulink"。重复输出信号"y"的编辑步骤。

（2）嵌入式函数的其他输入为计算所需的参数。单击 Scope 上的"Ap"，选择"Parameter"（参数）并单击"Tunable"（可调）和"Apply"（应用），保存修改。对其他参数重复相同的编辑步骤。

（3）编辑嵌入式函数的输出端口，单击 Scope 上的"u"，选择"Output"（输出），指定端口（Port）"1"和大小（Size）"–1"，采样模型（Sampling Model）为基础样本（Sample based），输入"Inherit: Same as Simulink"，并单击"Apply"（应用）保存修改。

步骤 5，下面的程序将声明那些在每次迭代期间存储在嵌入式函数中的变量的维数和初始值。u_{Past} 是过去的控制信号（$u(t_{k-1})$），y_{Past} 是过去的输出信号（$y(t_{k-1})$）。对于多输入-多输出系统，需要精确地定义它们的维数。作为示例，我们设系统为单输入-单输出系统。继续将以下程序输入文件：

```
persistent uPast
if isempty(uPast)
uPast=0;
end
persistent yPast
if isempty(yPast)
  yPast=0;
  end
```

步骤 6，估计状态变量将被存入嵌入式函数。我们需要精确地定义嵌入式函数中 $\hat{x}(t_k)$ 的维数。作为示例，我们选择估计状态变量的个数为 3。继续将以下程序输入文件：

```
persistent xhat
if isempty(xhat)
    xhat=zeros(3,1);
end
```

步骤 7，定义完要存储的变量后，开始计算采样时间 t_k 的控制信号。第一步是计算控制信号和输出信号的导数。继续将以下程序输入文件：

```
udot=-K*[xhat;y-r];
yd=(y-yPast)/Deltat;
```

步骤 8，用过去的控制信号构建当前控制信号。继续将以下程序输入文件：

```
u=uPast+udot*Deltat;
```

步骤 9，如果控制信号超出最大值或最小值，对控制信号的幅值施加约束，用饱和信息更新控制信号的导数。继续将以下程序输入文件：

```
if (u>Umax) u=Umax; udot=(u-uPast)/Deltltat; end
if (u<Umin) u=Umin; udot=(u-uPast)/Deltat; end
```

步骤 10，为下一个采样时间 t_{k+1} 计算估计状态变量，继续将以下程序输入文件：

```
xhat=xhat+(Ap*xhat+Kob*(yd-Cp*xhat)+Bp*udot)*Deltat;
```

步骤 11，更新 u_{Past} 和 y_{Past}，为下一个采样周期做准备，并完成嵌入式函数。继续将以下程序输入文件：

```
uPast=u;
yPast=y;
```

步骤 12，基于例 2.2 构建一个 Simulink 程序，验证该嵌入式函数，并对仿真结果进行比较。

2.2.6 汽包锅炉控制应用

汽包锅炉是发电厂生产过程中的一道流程，它对核能发电及常规发电（包括燃气发电和燃煤发电）都提出了一个重要的控制问题。自 20 世纪 60 年代初以来，控制工程界开始研究锅炉控制问题（Nicholson, 1964）。汽包锅炉系统的简化示意图见图 2.3（Åström and Bell, 2000）。热量 Q 被施加到连接下汽包和上汽包的上水管上。当水加热，重力迫使饱和蒸汽上升时，上水管将水和蒸汽输送到上汽包，那里有一个出口。这一过程会在上水管-汽包-下水管回路中产生循环。人们已经开发了许多汽包锅炉过程的非线性模型（Åström and Bell, 2000）。但控制系统设计的线性模型，往往是利用工作状态下的实验数据或高保真非线性模型的仿真数据进行系统辨识而得到的。Tan 等（2002）设计了汽包锅炉的 H_∞ 控制器。在这个案例研究中，我们将使用 Tan 等（2002）给出的同一传递函数模型，并设计一个带有约束控制信号的状态反馈控制。

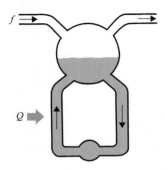

图 2.3　汽包锅炉原理图（Åström and Bell, 2000）

一个汽包锅炉的控制系统有三个输入和三个输出。三个输入信号为给水流量 u_1（kg/s）、燃油流量 u_2（kg/s）和保温器喷雾流量 u_3（kg/s）。这里用保温器来控制锅炉的蒸汽温度。三个输出分别为汽包水位 y_1（m）、汽包压力 y_2（MPa）、蒸汽温度 y_3（℃）。

本节所用的模型来自非线性模拟器的仿真数据（Tan et al., 2002）。得到传递函数模型的工作状态为

$$
\begin{bmatrix} u_{10} \\ u_{20} \\ u_{30} \end{bmatrix} = \begin{bmatrix} 40.68 \\ 2.102 \\ 0 \end{bmatrix} \text{kg / s}; \quad \begin{bmatrix} y_{10} \\ y_{20} \\ y_{30} \end{bmatrix} = \begin{bmatrix} 1.0(\text{m}) \\ 6.45(\text{MPa}) \\ 466.7(℃) \end{bmatrix} \tag{2.29}
$$

根据工作状态，得到传递函数模型如下：

$$
G(s) = \begin{bmatrix} G_{11}(s) & G_{12}(s) & G_{13}(s) \\ G_{21}(s) & G_{22}(s) & G_{23}(s) \\ G_{31}(s) & G_{32}(s) & G_{33}(s) \end{bmatrix} \tag{2.30}
$$

式中

$$G_{11}(s) = \frac{10^{-3}\left(-0.16s^2 + 0.052s + 0.0014\right)}{s^2 + 0.0168s}, \quad G_{12}(s) = \frac{10^{-3}(3.1s - 0.032)}{s^2 + 0.0215s}$$

$$G_{13}(s) = 0, \quad G_{21}(s) = \frac{-10^{-3} \times 0.0395}{s + 0.018}, \quad G_{22}(s) = \frac{10^{-3} \times 2.51}{s + 0.0157}$$

$$G_{23} = \frac{10^{-3}\left(0.588s^2 + 0.2015s + 0.0009\right)}{s^2 + 0.0352s + 0.000142}, \quad G_{31}(s) = \frac{-0.00118s + 0.000139}{s^2 + 0.01852s + 0.000091}$$

$$G_{32}(s) = \frac{0.448s + 0.0011}{s^2 + 0.0127s + 0.000095}, \quad G_{33}(s) = \frac{0.582s - 0.0243}{s^2 + 0.1076s + 0.00104}$$

给水流量与汽包水位之间的传递函数 $G_{11}(s)$ 是一个分子和分母均为二阶多项式的传递函数。这意味着，任何给水流量的变化都会立即改变汽包水位，这对物理系统来说是不现实的。为了反映物理系统的响应，我们在这个关系式中加入一个小的时间常数，这个时间常数可以看作作动器动态，从而得到：

$$G_{11}(s) = \frac{10^{-3}\left(-0.16s^2 + 0.052s + 0.0014\right)}{\left(s^2 + 0.0168s\right)(0.1s + 1)}$$

对保温器喷雾流量与汽包压力之间的传递函数 $G_{23}(s)$ 采用同样的方法，得到：

$$G_{23}(s) = \frac{10^{-3}\left(0.588s^2 + 0.2015s + 0.0009\right)}{\left(s^2 + 0.0352s + 0.000142\right)(0.1s + 1)}$$

总体控制目标是维持系统的稳态运行，以保证发电机的安全，并达到预期的效率。更具体地说，汽包水位 y_1 必须保持在一个理想的恒定水平，以防止汽包元件因给水流量的波动而过热或溢水；汽包压力 y_2 必须根据蒸汽需求的变化而保持在锅炉运行所需的恒定水平；蒸汽温度必须保持在一个设定的水平，以防止过热的加热器和湿蒸汽随燃料流量的变化而进入汽轮机。为了实现控制目标，反馈控制系统必须有积分环节来维持所有三个输出的恒定稳态运行条件，并能够保证在改变它们的运行条件时维持稳态性能指标。给水流量的波动、蒸汽需求的变化和燃料流量的变化是低频的过程扰动，反馈控制器的积分作用也可以克服这些扰动。

控制信号具有以下操作约束：

$$0 \leqslant u_1 \leqslant 120; \quad 0 \leqslant u_2 \leqslant 7; \quad 0 \leqslant u_3 \leqslant 10 \qquad (2.31)$$

对于控制系统的设计，我们进行如下计算。

(1)将传递函数转换为状态空间模型，我们首先用 MATLAB 函数 tf.m 生成一个三输入-三输出的传递函数，然后用 MATLAB 函数 ss.m 得到一个最小状态空间实现。利用 MATLAB 函数 ssdata.m 构建用于控制系统设计和仿真的状态空间模型（A_p, B_p, C_p, D_p）。

用附加的动态描述作动器,因此 D_p 矩阵为零,这对于控制系统仿真避免产生迭代环问题具有重要意义。

(2)为了设计具有积分作用的状态反馈控制器,我们按照教程 2.1 所生成的 MATLAB 函数 aug4IC.m 来构建增广状态空间模型 A、B、C。选择 $Q = C^T C$ 及 $R = 0.1I$,并利用 MATLAB 函数 lqr.m 生成状态反馈控制器增益矩阵 K。

(3)我们利用状态空间模型 $\left(A_P^T, C_p^T \right)$ 来设计观测器,其中,Q_{ob} 为单位矩阵,$R_{ob} = 0.1I$,并用 MATLAB 函数 lqr.m 计算观测器增益矩阵 K_{ob}^T。

本节研究的下一步是仿真扰动抑制和参考信号跟踪的闭环响应。对于仿真研究,我们利用教程 2.2 所生成的 MATLAB 程序 simu4IC.m。

1. 存在干扰时保证稳态精度运行

仿真研究中的稳态性能由传递函数模型式(2.29)决定,即汽包水位 y_1 保持在 1.0m,汽包压力 y_2 保持在 6.45MPa,蒸汽温度 y_3 保持在 466.7℃。为了反映给水流量的波动,在控制信号 u_1 上添加阶跃扰动,其幅值变化为稳态控制信号 u_{10} 的±5%之间(图 2.4 的顶部图)。在控制信号 u_2 中加入正弦扰动来反映燃油流量的变化(图 2.4 的中间图),其幅值为稳态控制信号 u_{20} 的 10%。在输出 y_2 上加入低频变化的输出扰动,以反映蒸汽需求的变化(图 2.4 中的底部图)。在仿真研究中,施加了以下控制信号约束:

$$-40.68 \leqslant u_1 \leqslant 79.32; \quad -2.102 \leqslant u_2 \leqslant 4.898; \quad 0 \leqslant u_3 \leqslant 10$$

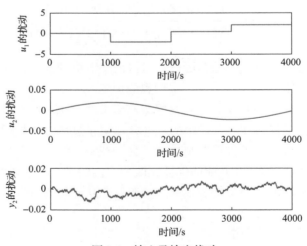

图 2.4　输入及输出扰动

由控制信号的工作状态减去式(2.31)中给出的运行约束计算得到约束。利用教程 2.2 生成的 MATLAB 程序 simu4IC.m,加上干扰信号和零参考信号,在存在操作约束的情况下,得到了抑制干扰的闭环仿真结果。仿真完成后,加入输出和控制信号的稳态值,以反映设备在干扰抑制下闭环控制中的运行情况。仿真结果的讨论如下:

(1)汽包水位见图 2.5 的上部图,±0.8%为界;汽包压力见图 2.5 中间图,以±0.2%为界；蒸汽温度见图 2.5 底部图，以±0.2%为界。从这些图中可以看出，对于输入和输出扰动，三个输出都严格保持在稳态性能下。

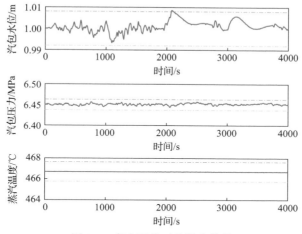

图 2.5　存在干扰时的输出信号

（2）闭环控制信号见图 2.6，其中，上部图为给水流量，中间图为燃油流量，底部图为保温器喷雾流量。从这些图中可以看出，控制信号的上限是满足的，但是保温器喷雾流量在下限有时会饱和。

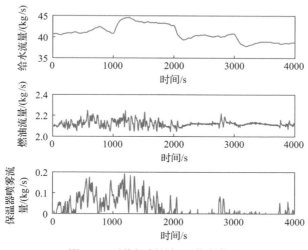

图 2.6　干扰抑制的闭环控制信号

2. 存在干扰时改变运行条件

在 Tan 等（2002）中，改变运行条件的方法是汽包水位增加 10%，汽包压力增加 5%，蒸汽温度降低 10%。我们将在闭环控制仿真中使用相同的阶跃信号，同时加入与之前相同的扰动信号。闭环仿真中也保持了控制信号的约束。在保持汽包压力和蒸汽温度相同的条件下，将汽包水位增加 10%进行仿真。在仿真时间的一半，我们将汽包压力增加 5%，蒸汽温度降低10%。对仿真结果的讨论如下。

（1）图2.7显示了扰动存在时参考信号变化时的闭环输出响应。结果表明，这三个输出都成功地跟踪了阶跃参考信号，而且没有稳态误差。在Åström和Bell(2000)中指出，锅炉汽包系统存在复杂的收缩和膨胀动态，这种动态造成了非最小相位表现，这是控制的难点之一。事实上，当汽包压力和蒸汽温度的参考信号在仿真时间的一半发生变化时，这种非最小相位特性的表现可以在汽包水位（上部图）和汽包压力（中间图）的闭环响应中看到。

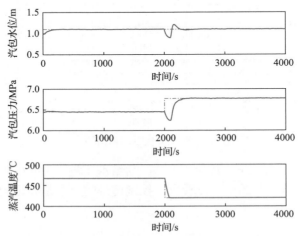

图2.7　闭环输出响应（实线）和参考信号（虚线）

（2）图2.8给出了三个用于参考信号跟踪和干扰抑制的闭环控制信号。可以看出，控制信号的上限均满足较大的裕度，但燃油流量u_2在仿真时间一半工况变化时达到了下限，保温器喷雾流量u_3在仿真时间过半时达到了下限。

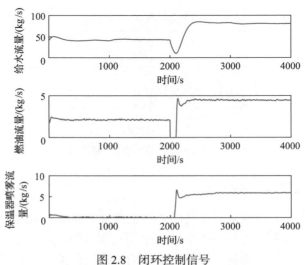

图2.8　闭环控制信号

与Tan等(2002)使用H_∞控制器和PID控制器得到的原始结果相比，汽包锅炉的闭环控制性能有了明显的改善，因为输出响应没有振荡，但响应速度更快。在状态反馈框架下，设计和实现也不复杂。最后，在抗饱和机制的实施中，施加了设备的运行约束。

2.2.7　思考题

1. 积分器饱和事件仅在控制信号幅值达到其限制时才会出现，这种说法对吗？

2. 通过小心选择参考信号 $r(t)$ 的幅值是否能够避免积分器饱和的问题？如果是小心选择干扰信号呢？

3. 如果控制器使用线性二次型调节器设计，目标函数如下，Q 矩阵应怎么选择？

$$J = \int_0^\infty \left(y(t)^{\mathrm{T}} y(t) + \dot{u}(t)^{\mathrm{T}} R\dot{u}(t) \right) \mathrm{d}t$$

4. 改进后方法的闭环系统是什么？闭环系统是否与 2.2 节中提出的原始状态反馈控制系统相同？如果不是，有什么区别？

5. 在抗饱和实现中，当达到控制饱和时，有必要重新计算导数 $\dot{u}(t)$ 并用包含饱和信息的正确 $\dot{u}(t)$ 来估计状态，这种说法对吗？

6. 当两个连续采样保持饱和时，$\dot{u}(t) = 0$ 且观测器变为

$$\ddot{\hat{x}}_p(t) = A_p \dot{\hat{x}}_p(t) + K_{\mathrm{ob}} \left(\dot{y}(t) - C_p \dot{\hat{x}}_p(t) \right)$$

这种说法对吗？

2.3　实用控制器二：通过观测器设计实现积分作用

另一种获得积分作用的经典方法是扰动估计，其中扰动被假定为一个常数。

2.3.1　基于扰动估计的积分控制

在这种方法中，我们假定存在一个恒定输入扰动 $d(t)$，由此，状态空间模型用下述积分方程式表述：

$$\dot{x}_p(t) = A_p x_p(t) + B_p(u(t) + d(t)) \tag{2.32}$$

$$y(t) = C_p x_p(t) \tag{2.33}$$

式中，状态向量 $x_p(t)$ 的维数为 $n \times 1$；输入 $u(t)$ 和输出 $y(t)$ 的维数均为 $m \times 1$。另外，状态向量 $x_p(t)$ 和扰动 $d(t)$ 未测量。为了对它们进行估计，对状态空间模型进行扩大，以恒定扰动作为一个增加的状态向量，得出：

$$\begin{bmatrix} \dot{x}_p(t) \\ \dot{d}(t) \end{bmatrix} = \overbrace{\begin{bmatrix} A_p & B_p \\ 0_{m \times n} & 0_{m \times m} \end{bmatrix}}^{A} \begin{bmatrix} x_p(t) \\ d(t) \end{bmatrix} + \overbrace{\begin{bmatrix} B_p \\ 0_{m \times m} \end{bmatrix}}^{B} u(t) \tag{2.34}$$

$$y(t) = \overbrace{\begin{bmatrix} C_p & 0_{m \times m} \end{bmatrix}}^{C} \begin{bmatrix} x_p(t) \\ d(t) \end{bmatrix} \qquad (2.35)$$

式中，n 和 m 为状态变量个数及输入、输出变量的个数。增广系统矩阵 A、B、C 如式 (2.34) 和式 (2.35) 所示。可以看出，这种增广模型是不可控的，但如果原始系统矩阵 A_p、C_p 是可观的，若被控对象传递函数 $C_p(sI - A_p)^{-1}B_p$ 在复平面原点上无零点，则增广模型是可观的。

通过假设增广模型是可观的，可以设计一个观测器，根据式 (2.34) 和式 (2.35) 估计状态向量 $x_p(t)$ 和扰动 $d(t)$。对于观测器，估计 $\hat{x}_p(t)$ 和 $\hat{d}(t)$ 的表达式如下：

$$\begin{bmatrix} \dot{\hat{x}}_p(t) \\ \dot{\hat{d}}(t) \end{bmatrix} = \overbrace{\begin{bmatrix} A_p & B_p \\ 0_{m \times n} & 0_{m \times m} \end{bmatrix}}^{A} \begin{bmatrix} \hat{x}_p(t) \\ \hat{d}(t) \end{bmatrix} + \overbrace{\begin{bmatrix} B_p \\ 0_{m \times m} \end{bmatrix}}^{B} u(t) + K_{\mathrm{ob}} \left(y(t) - \overbrace{\begin{bmatrix} C_p & 0_{m \times m} \end{bmatrix}}^{C} \begin{bmatrix} \hat{x}_p(t) \\ \hat{d}(t) \end{bmatrix} \right) \qquad (2.36)$$

式中，观测器增益矩阵 K_{ob} 根据 A 和 C 矩阵来确定，以使闭环观测器误差系统 $A - K_{\mathrm{ob}}C$ 稳定，且具有满意的动态性能。

反馈控制器增益矩阵 K_p 用矩阵对 (A_p, B_p) 来设计，以使闭环系统矩阵 $A_p - B_p K_p$ 稳定，且其所有特征值位于期望的位置。状态估计反馈控制律利用估计状态向量 $\hat{x}_p(t)$ 和输入扰动 $\hat{d}(t)$ 求得。更具体地说，控制信号 $u(t)$ 的计算式为

$$u(t) = -K_p \hat{x}_p(t) - \hat{d}(t) \qquad (2.37)$$

我们可以利用极点配置或者线性二次型调节器方法确定观测器增益矩阵 K_{ob} 和反馈控制器增益矩阵 K_p（见第 1 章）。

接下来的重要问题是，闭环特征值在什么位置？为了回答这个问题，我们首先将控制信号式 (2.37) 代入被控模型式 (2.32)，得出：

$$\dot{x}_p(t) = \left(A_p - B_p K_p \right) x_p(t) + B_p K_p \tilde{x}_p(t) + B_p \tilde{d}(t) \qquad (2.38)$$

式中，$\tilde{x}_p(t) = x_p(t) - \hat{x}_p(t)$；$\tilde{d}(t) = d(t) - \hat{d}(t)$。然后，从式 (2.34) 中减去式 (2.36) 得到观测器误差系统：

$$\dot{\tilde{x}}(t) = \left(A - K_{\mathrm{ob}}C \right) \tilde{x}(t) \qquad (2.39)$$

式中，$\tilde{x}(t) = \begin{bmatrix} \tilde{x}_p(t)^{\mathrm{T}} & \tilde{d}(t)^{\mathrm{T}} \end{bmatrix}^{\mathrm{T}}$。联立式 (2.38) 和式 (2.39) 得到状态估计反馈控制的闭环系统：

$$\begin{bmatrix} \dot{x}_p(t) \\ \dot{\tilde{x}}(t) \end{bmatrix} = \begin{bmatrix} A_p - B_p K_p & \overline{B_p K_p} \\ 0_{(n+m) \times n} & A - K_{\mathrm{ob}}C \end{bmatrix} \begin{bmatrix} x_p(t) \\ \tilde{x}(t) \end{bmatrix} \qquad (2.40)$$

式中，$\overline{B_p K_p} = \begin{bmatrix} B_p K_p & B_p \end{bmatrix}$。注意式 (2.40) 中的系统矩阵为分块上三角结构。为了确定闭环系统式 (2.40) 的特征值，检查以下两个特征方程式：

$$\det\left(sI_{n \times n} - A_p + B_p K_p \right) = 0 \tag{2.41}$$

$$\det\left(sI_{(n+m) \times (n+m)} - A + K_{\mathrm{ob}} C \right) = 0 \tag{2.42}$$

通过式 (2.41) 的解得到状态反馈控制系统的闭环特征值，通过式 (2.42) 得出观测器误差系统的闭环特征值。1.7.2 节中调节器设计的分离原理适用于状态反馈控制的干扰估计。

式 (2.36) 和式 (2.37) 的反馈控制律用于干扰抑制。但是，由于式 (2.37) 中的控制律本身并不包含输出信号 $y(t)$，为了包含参考信号 $r(t)$，我们对观测器方程式进行改进，从输出信号 $y(t)$ 中减去参考信号 $r(t)$。因此，如果 $r(t) \neq 0$，状态观测器写为

$$\begin{bmatrix} \dot{\hat{x}}_p(t) \\ \dot{\hat{d}}(t) \end{bmatrix} = \overset{A}{\overbrace{\begin{bmatrix} A_p & B_p \\ 0_{m \times n} & 0_{m \times m} \end{bmatrix}}} \begin{bmatrix} \hat{x}_p(t) \\ \hat{d}(t) \end{bmatrix} + \overset{B}{\overbrace{\begin{bmatrix} B_p \\ 0_{m \times m} \end{bmatrix}}} u(t) + K_{\mathrm{ob}} \left(y(t) - r(t) - \overset{C}{\overbrace{\begin{bmatrix} C_p & 0_{m \times m} \end{bmatrix}}} \begin{bmatrix} \hat{x}_p(t) \\ \hat{d}(t) \end{bmatrix} \right) \tag{2.43}$$

通过状态估计反馈控制如何得出一个具有积分作用的控制系统？我们将观测器增益矩阵 K_{ob} 表示为 K_{ob}^p 和 K_{ob}^d，其中 K_{ob}^p 和 K_{ob}^d 分别对应状态向量和扰动向量的观测器增益矩阵。然后，从式 (2.43) 可以发现：

$$\dot{\hat{d}}(t) = K_{\mathrm{ob}}^d \left(y(t) - r(t) - C_p \hat{x}_p(t) \right)$$

得到：

$$\hat{d}(t) = K_{\mathrm{ob}}^d \int_0^t \left(y(\tau) - r(\tau) - C_p \hat{x}_p(\tau) \right) \mathrm{d}\tau \tag{2.44}$$

将式 (2.44) 代入控制律式 (2.37) 可得

$$u(t) = -K_p \hat{x}_p(t) + K_{\mathrm{ob}}^d C_p \int_0^t \hat{x}_p(\tau) \mathrm{d}\tau + K_{\mathrm{ob}}^d \int_0^t (r(\tau) - y(\tau)) \mathrm{d}\tau \tag{2.45}$$

可以清楚地看到，参考信号和输出信号之间的误差信号以及估计的状态变量之间发生了积分作用。

2.3.2 抗饱和机制

使用式 (2.37) 给出的状态估计反馈控制律的优点是，它有一个内置的抗饱和机制。这是因为积分作用来自于恒定输入扰动 $\hat{d}(t)$ 的估计值，因此，控制器结构并不包含一个明显的积分器。另外，估计的恒定输入扰动 $\hat{d}(t)$ 也可以被视为控制信号的稳态值，且 $u(t)$

是可实现的控制信号，无须考虑其稳态值。

假设控制信号 $u(k)$ 在 $u^{\min}$ 和 $u^{\max}$ 之间，其中 $u^{\min}$ 和 $u^{\max}$ 包含所有输入信号的饱和极限。我们还设 $\hat{x}_p(t_0)$ 和 $\hat{d}(t_0)$ 的初始条件为起始点。状态估计反馈控制系统在控制信号约束下的实现总结如下。

(1) 计算采样时刻 t_k 处的反馈控制信号。

$$u(t_k) = -K_p \hat{x}_p(t_k) - \hat{d}(t_k) \tag{2.46}$$

(2) 用下面的计算对控制信号施加饱和限制。

对于第 i 个控制信号：

$$u_i(t_k)^{\mathrm{act}} = \begin{cases} u_i^{\min}, & u_i(t_k) < u_i^{\min} \\ u_i(t_k), & u_i^{\min} \leqslant u_i(t_k) \leqslant u_i^{\max} \\ u_i^{\max}, & u_i(t_k) > u_i^{\max} \end{cases}$$

(3) 用实际控制信号 $u(t_k)^{\mathrm{act}}$ 计算估计状态向量 $\hat{x}(t_{k+1})$：

$$\hat{x}(t_{k+1}) = \hat{x}(t_k) + (A\hat{x}(t_k) + Bu(t_k)^{\mathrm{act}} + K_{\mathrm{ob}}(y(t_k) - r(t_k) - Cx(t_k)))\Delta t$$

(4) 当采样时刻进行至 t_{k+1} 时，从步骤(1)重复计算。

注意，估计状态 $\hat{x}(t_k)$ 中最后的 m 个元素对应估计的 $\hat{d}(t_k)$，这里 m 为输入的个数。

2.3.3　设计与实现的 MATLAB/Simulink 教程

本节将介绍三个具有干扰估计的状态反馈控制相关 MATLAB/Simulink 教程。

教程 2.5　本教程中，我们将编写一个 MATLAB 函数 aug4DOB.m，基于控制系统的设计，该函数将为扰动观测器生成一个增广模型。

步骤 1，创建一个新文件，名为 "aug4DOB.m"。

步骤 2，函数的输入变量为被控系统矩阵：A_p、B_p、C_p。输出变量为增广系统矩阵 A、B 和 C。将以下程序输入文件：

```
function [A,B,C]=aug4DOB(Ap,Bp,Cp)
```

步骤 3，检查输入、输出及状态变量的个数，继续将以下程序输入文件：

```
[m1,n1]=size(Cp);
[n1,n_in]=size(Bp);
```

步骤 4，用零矩阵将系统矩阵初始化，继续将以下程序输入文件：

```
n=n1+n_in;
A=zeros(n,n);
B=zeros(n,n_in);
C=zeros(m1,n);
```

步骤 5，在 A 中创建块矩阵 A_p 和 B_p。继续将以下程序输入文件：

```
A(1:n1,1:n1)=Ap;
A(1:n1,n1+1:n1+n_in )=Bp;
```

步骤 6，在 B 中创建块矩阵 B_p。继续将以下程序输入文件：

```
B(1:n1,:)=Bp;
```

步骤 7，在 C 中创建块矩阵 C_p。继续将以下程序输入文件：

```
C(:,1:n1)=Cp;
```

步骤 8，用下列二输入-二输出-二状态变量系统测试函数：

```
Ap=[1 -1; 2 1];
Bp=[1 2;2 1];
Cp=[1 0; 0 1];
```

步骤 9，根据下面的答案检查 A 矩阵：

$$A = \begin{bmatrix} 1 & -1 & 1 & 2 \\ 2 & 1 & 2 & 1 \\ 0 & 0 & 0 & 0 \\ 0 & 0 & 0 & 0 \end{bmatrix}$$

下面的 MATLAB 教程演示了应用基于扰动观测器的控制器进行闭环仿真。

教程 2.6　编写一个 MATLAB 函数，使其基于具有积分作用的反馈控制律实现扰动观测器，并进行闭环仿真。实现过程中包含抗饱和机制。我们假定连续系统模型为 (A_p，B_p，C_p)，并设计了状态反馈控制器增益矩阵 K 及观测器增益矩阵 K_{ob}。

步骤 1，创建一个新文件，名为"simu4DOB.m"。

步骤 2，函数的输入变量有被控系统矩阵 A_p、B_p、C_p，增广系统矩阵 A、B、C，仿真采样间隔 Deltat 以及仿真过程的采样个数 (N_{sim})，状态反馈控制器增益矩阵 K 及观测器增益矩阵 K_{ob}，参考信号 sp 和扰动信号 dis。sp 的维数为 $m_1 \times N_{sim}$，dis 的维数为 $n_{in} \times N_{sim}$，其中 m_1 为输出的个数，n_{in} 为输入的个数。U_{max} 和 U_{min} 是包含控制信号中各分量最大、最小值限制的向量。该函数的输出变量为输出 y_1 和控制信号 u_1。将以下程序输入文件：

```
function[y1,u1]=simu4DOB(Ap,Bp,Cp,A,B,C,Deltat,Nsim,K,Kob,sp,dis,Umin,
Umax)
```

步骤 3，检查状态变量的个数、输出的个数、输入的个数。继续将以下程序输入文件：

```
[m1,n1]=size(Cp);
[n,n_in]=size(B);
```

步骤 4，为控制器的实现和仿真设置初始条件，简便起见，所有初始条件选为零矩

阵。继续将以下程序输入文件:

```
y=zeros(m1,1);
xhat=zeros(n,1);
 x=zeros(n1,1);
```

步骤 5,迭代进行仿真,对应一个实时控制系统。继续将以下程序输入文件:

```
for kk=1:Nsim;
```

步骤 6,在时间 t_k 对应的采样时刻 kk,利用估计状态和扰动计算控制信号。继续在文件中输入以下程序:

```
u=-K*xhat(1:n1,1)-xhat(n1+1:n,1);
```

步骤 7,对控制信号施加约束。继续将以下程序输入文件:

```
for i=1:n_in
if (u(i,1)>Umax(i,1)) u(i,1)=Umax(i,1); end
if (u(i,1)<Umin(i,1)) u(i,1)=Umin(i,1); end
end
```

步骤 8,基于测量的输出 y 和参考信号 sp(kk) 以及估计的状态变量 xhat,用带饱和信息的控制信号更新估计的状态变量。继续将以下程序输入文件:

```
xhat=xhat+(A*xhat+Kob*(y-sp(:,kk))-C*xhat)+B*u)*Deltat;
```

步骤 9,步骤 6～8 捕获了基于干扰观测器的控制系统的实现。保存该函数的控制信号和输出信号。继续将以下程序输入文件:

```
y1(:,kk)=y;
u1(:,kk)=u;
```

步骤 10,由于我们处于仿真环境中,因此将计算得到的控制信号发送给被控对象模型进行闭环仿真。在闭环仿真中,我们将输入扰动加入到系统中。如果已知输入扰动矩阵为 B_d,则可以将此信息加入到闭环仿真中。这样就完成了闭环仿真中的一个周期的计算。继续将以下程序输入文件:

```
x=x+(Ap*x+Bp*u+Bp*
dis(:,kk))*Deltat; y=Cp*x;
end
```

下面的教程演示了使用 Simulink 进行闭环仿真的过程。

教程 2.7 本教程将说明如何在实时仿真中实现基于干扰观测器的控制算法,其中抗饱和机制被加入到控制信号约束。这个过程的核心是产生一个 MATLAB 嵌入式函数,可以在 Simulink 仿真中使用,也可以在 xPC 目标的实现中使用。这个嵌入式函数基于本节讨论的控制算法。整个嵌入式 MATLAB 函数完成对控制信号的一个周期的计算。对于每个采样周期,它将重复相同的计算过程。

步骤 1,创建一个新的 Simulink 文件,名为 "sfcD.slx"。

步骤 2，从 Simulink 的 "用户定义函数" 目录中找到嵌入式函数的图标，并将其复制到 sfcD 模型。

步骤 3，单击嵌入式函数的图标，定义模型的输入、输出变量及控制器参数，使嵌入式函数具有如下形式：

```
function u=sfcD(r,y,A,B,C,deltat,K,Kob,Umin,Umax)
```

其中，u 是采样时刻 t_k 处计算得出的控制信号，输入变量中的前两个元素（r 和 y）为参考信号和采样时刻 t_k 的输出信号，A、B、C 是状态估计中使用的增广系统矩阵，deltat 为采样间隔，K 为状态反馈控制器增益矩阵，K_{ob} 为观测器增益矩阵，U_{min} 和 U_{max} 是施加于控制信号的上、下限值。

步骤 4，我们需要对输入与输出数据端口进行编辑，以确定嵌入式函数中哪些输入端口是实时变量，哪些是参数。该编辑任务用 Model Explorer 完成。

（1）单击 Scope 上的 "r"，选择 "input"，指定端口（Port）"1" 和大小（Size）"–1" 以及复杂性 "Inherited"，输入 "Inherit: Same as Simulink"。重复输出信号 "y" 的编辑步骤。

（2）嵌入式函数的其他输入为计算所需的参数。单击 Scope 上的 "Ap"，选择 "Parameter"（参数）并单击 "Tunable"（可调）和 "Apply"（应用），保存修改。对其他参数重复相同的编辑步骤。

（3）编辑嵌入式函数的输出端口，单击 Scope 上的 "u"，选择 "Output"（输出），指定端口（Port）"1" 和大小（Size）"–1"，采样模型（Sampling Model）为基础样本（Sample based），输入 "Inherit: Same as Simulink"，并单击 "Apply"（应用）保存修改。

步骤 5，接下来，程序将在每次迭代期间声明存储在嵌入式函数中的变量的维数和初始值。该控制算法将估计的状态变量存储在嵌入式函数中。我们需要为嵌入式函数精确定义 $\hat{x}(t_k)$ 的维数。作为一个例子，我们考虑一个具有三个状态变量的单输入-单输出系统，设定 $\hat{x}$ 的维数为 4×1。继续将以下程序输入文件：

```
persistent xhat
if isempty(xhat)
xhat=zeros(4,1);
end.
```

步骤 6，定义要存储的变量后，在采样时间 t_k 处开始计算控制信号。$\hat{x}$ 中的前三个变量对应估计的状态变量，最后一个变量对应扰动。继续将以下程序输入文件：

```
u=-K*xhat(1:3,1)-xhat(4,1);
```

步骤 7，如果控制信号超出最大或最小值，则对控制信号的幅值施加约束。将以下程序输入文件：

```
if u<Umin;u=Umin;end
if u>Umax;u=Umax;end
```

步骤 8，为下一个采样时间 t_{k+1} 计算估计状态变量，并完成嵌入式函数。继续将以下程序输入文件：

```
xhat=xhat+(A*xhat+Kob*(y-r-C*xhat)+B*u)*deltat;
```

步骤 9，基于例 2.3 构建 Simulink 仿真程序，并对仿真结果进行比较。

为了证明这种设计确实嵌入了抗饱和机制，我们研究下面的例子。

例 2.3　我们考虑一个系统具有下列传递函数：

$$G(s) = \frac{(s-3)(s+5)}{s(s+1)(s+3)}$$

令所有观测器的极点选为–10，控制器的极点选为–2。当要求 $u(t) > -5$ 时，通过闭环仿真表明状态估计反馈控制具有抗饱和机制。

解　将闭环控制极点定位在–2，可得出状态反馈控制器增益矩阵为

$$K_p = \begin{bmatrix} 2 & 9 & 8 \end{bmatrix}$$

将所有闭环极点定位在–10，观测器增益矩阵可以计算为

$$K_{ob} = \begin{bmatrix} -104.9896 & -50.5382 & -16.1377 & -666.6667 \end{bmatrix}^T$$

利用一个恒定参考信号和一个在 $t = 100s$ 时输入系统的单位阶跃输入扰动，对闭环系统进行仿真。图 2.9 (a) 和 (b) 显示了施加和未施加约束 "$(u(t) \geqslant -5)$" 的闭环控制仿真结果。当控制系统遇到阶跃扰动时，就会产生一个大的控制信号来克服这种扰动。这里的控制信号幅值达到–36.54，然后在 0.5s 内回到一个正值，然后稳定到–4 达到稳态。在不限制控制信号幅值的情况下，闭环输出需要大约 2.8s 才能回到其原始稳态。因此，没有控制信号限制时，闭环系统可以很快地抑制恒定扰动。但是，要实现更优越的控制性能，需要一个控制实现机制，以允许较大的控制幅值(–36.54)以及较短的响应时间(0.5s)。

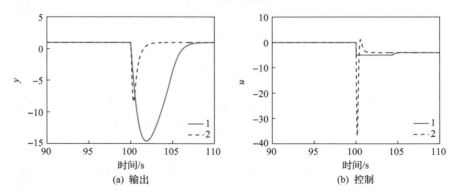

图 2.9　输入干扰下单位阶跃响应的约束状态估计反馈控制(例 2.3)

线 1 表示有约束时的闭环响应；线 2 表示没有约束时的闭环响应

相比之下，当限制控制信号的幅值大于或等于–5 时，从图 2.9 (a) 和 (b) 可以看出，控制幅值被限制在大于–5，控制信号在这个位置保持 4s，然后逐渐恢复到稳态(–4)。由于控制动作有限，闭环输出恢复到原始稳态大约需要 7.2s。本节重点介绍了利用观测器

中恒定输入扰动的估计来产生积分作用的方法，该方法具有自动嵌入抗饱和机制的特点。该机制的作用从控制信号的平滑响应和输出信号的非振荡行为中可以看出。

2.3.4　在糖厂中的控制应用

Goodwin 等(2000)的研究中介绍了一个糖厂模型，作为控制系统设计的研究案例。在该研究中，用下列连续时间传递函数模型描述了一个单级榨糖机：

$$
\begin{bmatrix} y_1(s) \\ y_2(s) \end{bmatrix} = \begin{bmatrix} g_{11}(s) & g_{12}(s) \\ g_{21}(s) & g_{22}(s) \end{bmatrix} \begin{bmatrix} u_1(s) \\ u_2(s) \end{bmatrix} \qquad (2.47)
$$

式中，输出 y_1 为轧制力矩，输出 y_2 为缓冲槽的高度；输入 u_1 为封盖位置，输入 u_2 为涡轮转速参考信号。四个传递函数如下：

$$
g_{11}(s) = \frac{-5}{25s+1}; \quad g_{12}(s) = \frac{s^2 - 0.005s - 0.005}{s(s+1)(0.1s+1)}
$$

$$
g_{21}(s) = \frac{1}{25s+1}; \quad g_{22}(s) = \frac{-0.0023}{s}
$$

该过程具有显著的多变量相互作用和非最小相位表现。此外，设备包含积分器。我们选用 MATLAB 的 place.m 函数来设计控制器和观测器。

对于状态反馈控制器的设计，选择期望的闭环极点为-0.5、-1、-1.5、-2，得出控制器增益矩阵：

$$
K_p = \begin{bmatrix} 11.0847 & 6.4527 & 2.7540 & 6.2585 \\ -1.8650 & -0.3979 & 0.0670 & -0.0410 \end{bmatrix}
$$

估计扰动的闭环观测器极点选为-1、-1.5、-2、-2.5、-3、-3.5，对应的观测器增益矩阵为

$$
K_{ob} = \begin{bmatrix} -0.0016 & -0.0087 \\ -0.2983 & 3.8855 \\ -0.0612 & -0.8220 \\ -0.0187 & 0.1964 \\ -0.0110 & 0.2876 \\ -0.1869 & 2.4296 \end{bmatrix} \times 10^3
$$

基于采样间隔 $\Delta t = 0.001\text{s}$，我们对闭环抑制干扰的性能进行评估。进行闭环仿真，输入扰动为 $d_1(t) = 0$、$d_2(t) = 0.1$ $(0 \leqslant t \leqslant 14\text{s})$ 及 $d_1(t) = -0.1$、$d_2(t) = 0$ $(14 < t \leqslant 26\text{s})$。在仿真研究中，控制信号被约束为 $-10 \leqslant u_1(t) \leqslant 10$ 和 $-6 \leqslant u_2(t) \leqslant 6$。图 2.10 显示了抑制扰动的闭环响应，明确了控制信号在约束内，并抑制了阶跃干扰。我们可以按照教程 2.5 和教程 2.6 来确认仿真结果。

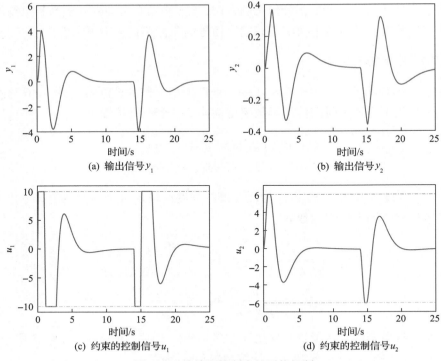

图 2.10　榨糖机控制中的干扰抑制

2.3.5　状态可测的系统设计

在许多应用中，如电气驱动和功率变换器的控制中，都需要测量状态变量。测量得到的状态变量无须进行估计。对通过状态估计嵌入积分器的方法进行改进，以适应这些应用。

假设所有状态向量 $x_p(t)$ 都是可测量的，系统用以下状态空间模型来描述：

$$\dot{x}_p(t) = A_p x_p(t) + B_p(u(t) + d(t)) \tag{2.48}$$

$$y(t) = C_p x_p(t) \tag{2.49}$$

式中，$d(t)$ 为输入扰动，其维数与控制信号 $u(t)$ 的维数相等。为了在控制系统中产生积分作用，假设输入扰动向量为常数，其导数为

$$\dot{d}(t) = 0_{m \times 1} \tag{2.50}$$

式中，$0_{m \times 1}$ 为零向量。从式(2.48)得到输入扰动项：

$$B_p d(t) = \dot{x}_p(t) - A_p x_p(t) - B_p u(t) \tag{2.51}$$

现在，用状态方程式(2.50)和输出方程式(2.51)估计扰动向量 $d(t)$。为此，我们用观

测器方程构造估计向量 $\hat{d}(t)$:

$$
\begin{aligned}
\dot{\hat{d}}(t) &= A_d \hat{d}(t) + K_{\mathrm{ob}} \left(\dot{x}_p(t) - A_p x_p(t) - B_p u(t) - B_p \hat{d}(t) \right) \\
&= K_{\mathrm{ob}} \left(\dot{x}_p(t) - A_p x_p(t) - B_p u(t) - B_p \hat{d}(t) \right)
\end{aligned}
\tag{2.52}
$$

式中，系统矩阵 A_d 为零矩阵，维数为 $m \times m$ ， m 是输入的个数。为了确定 K_{ob} ，我们假设矩阵对 (A_d, B_p) 是可观的。然后，确定 K_{ob} 以生成一个具有期望特征值的稳定观测器误差系统，形式如下：

$$
\dot{\tilde{d}}(t) = -K_{\mathrm{ob}} B_p \tilde{d}(t)
\tag{2.53}
$$

式中， $\tilde{d}(t)$ 为误差状态，定义为 $\tilde{d}(t) = d(t) - \hat{d}(t)$ 。该误差系统由式 (2.50) 减去式 (2.52)，代入输出方程式 (2.51) 得到。

式 (2.52) 不能直接实现，因为它需要状态向量的导数 $\dot{x}_p(t)$ ，这就需要当前采样时刻之前的信息。注意，可以将式 (2.52) 重新为

$$
\begin{aligned}
\dot{\hat{d}}(t) - K_{\mathrm{ob}} \dot{x}_p(t) &= -K_{\mathrm{ob}} A_p x_p(t) - K_{\mathrm{ob}} B_p u(t) - K_{\mathrm{ob}} B_p \hat{d}(t) + K_{\mathrm{ob}} B_p K_{\mathrm{ob}} x_p(t) \\
&\quad - K_{\mathrm{ob}} B_p K_{\mathrm{ob}} x_p(t)
\end{aligned}
\tag{2.54}
$$

现在，我们选择中间变量 $\hat{z}(t)$ ，将其定义为

$$
\hat{z}(t) = \hat{d}(t) - K_{\mathrm{ob}} x_p(t)
$$

式 (2.54) 用中间变量 $\hat{z}(t)$ 表示为

$$
\dot{\hat{z}}(t) = -K_{\mathrm{ob}} B_p \hat{z}(t) - K_{\mathrm{ob}} A_p x_p(t) - K_{\mathrm{ob}} B_p u(t) - K_{\mathrm{ob}} B_p K_{\mathrm{ob}} x_p(t)
\tag{2.55}
$$

式 (2.55) 的右边不含导数 $\dot{x}_p(t)$ ，可以在离散时间内实现。

设采样间隔为 Δt ，导数 $\hat{z}(t)$ 的一阶近似可以采用下列方法得到，在采样时间 t_k ，根据当前信息给出 $\hat{z}(t)$ 、 $u(t_k)$ 和 $x_p(t_k)$ ，可以采用前向差分形式计算出估计状态 $\hat{z}(t_{k+1})$:

$$
\hat{z}(t_{k+1}) = \hat{z}(t_k) - \Delta t K_{\mathrm{ob}} \left(B_p \hat{z}(t_k) + A_p x_p(t_k) + B_p u(t_k) + B_p K_{\mathrm{ob}} x_p(t_k) \right)
\tag{2.56}
$$

将估计 $\hat{d}(t_k)$ 重构为

$$
\hat{d}(t_k) = \hat{z}(t_k) + K_{\mathrm{ob}} x_p(t_k)
$$

为了设计具有积分作用的状态反馈控制，我们考虑原状态空间方程式 (2.48)。令中间控制信号 $\tilde{u}(t) = u(t) - \hat{u}(t)$ ，状态方程重新写为

$$
\dot{x}_p(t) = A_p x_p(t) + B_p \tilde{u}(t)
\tag{2.57}
$$

我们设计状态反馈控制器增益矩阵 K_p，以使闭环系统

$$\dot{x}_p(t) = \left(A_p - B_p K_p\right) x_p(t)$$

稳定在满意的动态性能。在此，中间状态反馈控制信号为

$$\tilde{u}(t) = -K_p x_p(t)$$

现在，将用估计的 $\hat{d}(t)$ 代替未知的干扰 $d(t)$，则实际控制信号计算为

$$u(t) = \tilde{u}(t) - \hat{d}(t) = -K_p x_p(t) - \hat{d}(t) \tag{2.58}$$

在第一个采样时刻 t_0，假设已知初始向量 $\hat{z}(t_0)$ 和 $x_p(t_0)$。在采样时间 t_k 处，已知当前状态向量 $x_p(t_k)$ 和 $\hat{z}(t_k)$，控制律的实施包括以下步骤。

(1) 用下式计算估计扰动 $\hat{d}(t_k)$：

$$\hat{d}(t_k) = \hat{z}(t_k) + K_{ob} x_p(t_k)$$

(2) 计算状态反馈控制信号：

$$u(t_k) = -K_p x_p(t_k) - \hat{d}(t_k)$$

(3) 更新估计的中间变量 $\hat{z}(t_{k+1})$：

$$\hat{z}(t_{k+1}) = \hat{z}(t_k) - \Delta t K_{ob}\left(B_p \hat{z}(t_k) + A_p x_p(t_k) + B_p u(t_k) + B_p K_{ob} x_p(t_k)\right)$$

(4) 到达下一个采样时间时，重复步骤 (1)～(3)。

在干扰抑制的背景下导出控制律。问题是如何将参考信号考虑到系统中。考虑到它是一个状态反馈控制，状态向量 $x_p(t)$ 是一个偏差变量，因此，状态向量 $x_p(t)$ 的每一个分量都有稳态值。参考信号通过状态向量的稳态值进入状态反馈控制系统。在 MATLAB 教程（参见教程 2.8）中演示了一个将这种方法用于风力涡轮机传动系控制的例子。

2.3.6　思考题

1. 如果你知道干扰输入矩阵 B_d 与式 (2.32) 中的 B_p 不同，你会对系统矩阵 A、B、C 进行修改以包含这一信息吗？

2. 扰动输入矩阵 B_d 和系统输入矩阵 B_p 之间的不匹配是否会影响估计状态向量 $\hat{x}_p(t)$ 的收敛？

3. 在抗饱和的实施中，是否有必要用控制信号饱和的正确信息更新观测器？如果没有更新，会发生什么？

4. 有没有可能仅仅减去扰动就设计出一个控制律 $u(t) = -\hat{d}(t)$？如果开环系统不稳定，该控制律是否有用？

2.4　风力涡轮机传动控制系统

基于风力发电控制问题，以下是用测量的状态变量进行状态估计反馈控制的应用实例。

2.4.1　风力涡轮机传动系统的建模

风力涡轮机传动系统的模型用一个双质量模型（Perdana，2008）描述，其中两个惯量通过一个弹簧连接在一起，表明驱动系统轴的刚度低。在双质量模型中也使用了阻尼（图 2.11）。

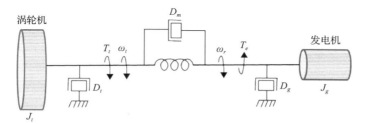

图 2.11　涡轮机的双质量模型图（Perdana，2008）

该模型已被 Trudnowski 等（2004）用于电力系统稳定性分析，而 Akhmatov 等（2000）则验证了双质量模型对实际风力涡轮机的作用。将涡轮机和发电机的角速度分别定义为 ω_t 和 ω_r，角位置分别为 θ_t 和 θ_r，得到双质量传动系统的数学模型（Perdana，2008）：

$$2H_t \frac{\mathrm{d}\omega_t}{\mathrm{d}t} = T_t - T_w - K_s\left(\theta_r - \theta_t\right) - D_m\left(\omega_r - \omega_t\right) \tag{2.59}$$

$$2H_g \frac{\mathrm{d}\omega_r}{\mathrm{d}t} = -T_e + T_L + K_s\left(\theta_r - \theta_t\right) + D_m\left(\omega_r - \omega_t\right) \tag{2.60}$$

$$\frac{\mathrm{d}\theta_t}{\mathrm{d}t} = \omega_t \tag{2.61}$$

$$\frac{\mathrm{d}\theta_r}{\mathrm{d}t} = \omega_r \tag{2.62}$$

式中，H_t 和 H_g 为涡轮机和发电机的惯性时间常数；K_s 为轴刚度常数；D_m 为互阻尼系数；T_w 为风力转矩，反映风力变化产生的输入扰动；T_L 为负载转矩，反映功率输出需求的负荷扰动。

涡轮机驱动的控制系统是一个大系统的一部分。控制变量为涡轮机转矩 T_t 和发电机转矩 T_e。为了优化风力发电，需要对发电机的角速度进行控制。因此，控制目标是实现对参考信号 ω_r 的跟踪。为了避免对风力发电机产生机械应力，要求涡轮机的角速度 ω_t 与发电机的角速度同步，即稳态运行时，控制目标为 $\omega_t = \omega_r$。

对式(2.59)~式(2.62)进行拉普拉斯变换，由 ω_t 和 ω_r 的零初始条件，我们得到 ω_t 的拉普拉斯变换为 $\Omega_t(s)$ ：

$$\Omega_t(s) = \frac{s}{2H_t s^2 - D_m s - K_s}(T_t(s) - T_w(s)) - \frac{D_m s + K_s}{2H_t s^2 - D_m s - K_s}\Omega_r(s) \tag{2.63}$$

同理，我们得到 ω_r 的拉普拉斯变换为 $\Omega_r(s)$ ：

$$\Omega_r(s) = -\frac{s}{2H_g s^2 - D_m s - K_s}T_e(s) + \frac{s}{2H_g s^2 - D_m s - K_s}T_L(s) \\ -\frac{D_m s + K_s}{2H_g s^2 - D_m s - K_s}\Omega_t(s) \tag{2.64}$$

从式(2.63)和式(2.64)得出两个观察结果。显然，采用双质量模型的风力涡轮机驱动系统是个不稳定的系统，因为模型的一些系数是负值。从 $T_t(s)$ 到 $\Omega_t(s)$ 的传递函数以及从 $T_e(s)$ 到 $\Omega_t(s)$ 的传递函数，在复平面的原点上都有一个零点。在第一次研究中，可以尝试对两个二阶系统使用两个 PID 控制器。但是，PID 控制器并不是传动系统模型的合适选择。首先，由于两个传递函数的零点，在控制器中不能使用积分作用。最好的办法是使用两个比例微分(PD)控制器。更重要的是，由 $\Omega_r(s)$ 和 $\Omega_t(s)$ 之间的传递函数所表示的交互动态是不稳定的，并且作用在系统上的输入扰动 $T_w(s)$ 和 $T_L(s)$ 表现出不稳定的动态，在存在扰动和模型不确定性的情况下，两个单独的 PD 控制器将难以独立稳定整个传动系统。合理的选择是设计一种状态反馈控制来稳定风力涡轮机传动系统。

现在，为了进行状态反馈控制器设计，微分方程式(2.59)~式(2.62)用紧密的矩阵形式表示如下：

$$\begin{bmatrix} \dot{\omega}_t(t) \\ \dot{\omega}_r(t) \\ \dot{\theta}_t(t) \\ \dot{\theta}_r(t) \end{bmatrix} = \overset{A_p}{\begin{bmatrix} \frac{D_m}{2H_t} & -\frac{D_m}{2H_t} & \frac{K_s}{2H_t} & -\frac{K_s}{2H_t} \\ -\frac{D_m}{2H_g} & \frac{D_m}{2H_g} & -\frac{K_s}{2H_g} & \frac{K_s}{2H_g} \\ 1 & 0 & 0 & 0 \\ 0 & 1 & 0 & 0 \end{bmatrix}} \begin{bmatrix} \omega_t(t) \\ \omega_r(t) \\ \theta_t(t) \\ \theta_r(t) \end{bmatrix} + \overset{B_p}{\begin{bmatrix} \frac{1}{2H_t} & 0 \\ 0 & -\frac{1}{2H_g} \\ 0 & 0 \\ 0 & 0 \end{bmatrix}} \begin{bmatrix} T_t \\ T_e \end{bmatrix} + \overset{B_d}{\begin{bmatrix} -\frac{1}{2H_t} & 0 \\ 0 & \frac{1}{2H_g} \\ 0 & 0 \\ 0 & 0 \end{bmatrix}} \begin{bmatrix} T_w \\ T_L \end{bmatrix} \tag{2.65}$$

对于当前的研究，如 Perdana(2008)所述，涡轮机惯性时间常数 $H_t = 2.6\text{s}$ ，发电机惯性时间常数 $H_g = 0.22\text{s}$ ，轴的刚度常数 $K_s = 141.0\text{p.u.}$，互阻尼系数 $D_m = 3.0\text{p.u.}$。

发电机的额定转速为 42r/min ，即涡轮机和发电机所用的速度基准信号 ω_t^* 和 ω_r^* 为 4.398rad/s 。当 $t_0 = 0$ 时，恒速参考信号的积分给出了 θ_t^* 和 θ_r^* 的角位置参考信号。

发电机的额定功率为 200kW ，因为发电机在正常工况下运行时功率 $P \approx T_e\omega_r$ ，所以，用于表示发电机功率输出的负载转矩 T_L 计算为

$$T_L = \frac{P}{\omega_r^*} = \frac{200000}{4.398} = 4.5475 \times 10^4$$

式中，发电机的额定转速在仿真中用于负载转矩的计算。T_w 反映风速变化对闭环控制系统的扰动，用分段常数的形式建立模型。

利用物理参数，系统矩阵为

$$A_p = \begin{bmatrix} 0.577 & -0.577 & 27.115 & -27.115 \\ -6.818 & 6.818 & -320.455 & 320.455 \\ 1 & 0 & 0 & 0 \\ 0 & 1 & 0 & 0 \end{bmatrix}; \quad B_p = \begin{bmatrix} 0.192 & 0 \\ 0 & -2.273 \\ 0 & 0 \\ 0 & 0 \end{bmatrix}$$

输出矩阵为

$$C_p = \begin{bmatrix} 0 & 0 & 1 & 0 \\ 0 & 0 & 0 & 1 \end{bmatrix}$$

系统的特征值分别为 22.7039、−15.3088、0、0，这表明该涡轮机传动系统是不稳定的，由于角速度与位置之间的积分关系，有两个特征值在复平面原点上。

2.4.2 控制系统的配置

为了抑制风力转矩 T_w 和负载转矩 T_L 的变化引起的低频干扰，状态反馈控制系统需要积分器。此外，也需要跟踪期望角速度的参考信号 ω_r^* 和 ω_t^*。直观的方法是直接用速度的积分作为参考信号。作为一个练习，我们可以证明带积分器的增广系统是不可控的。因此，我们选择涡轮机和发电机的角位置 θ_t 和 θ_r 作为输出。对于给定的初始时间 t_0，θ_r^* 的恒定参考信号变成一个斜率由 ω_r^* 决定的斜坡信号：

$$\theta_r^* = \int_0^t \omega_r^* \mathrm{d}\tau = \omega_r^* (t - t_0) \tag{2.66}$$

图 2.12(a) 和 (b) 显示了分段恒定的角速度参考信号 ω_r^* 和其对应的角位置参考信号 θ_r^*。

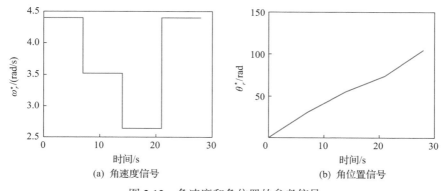

(a) 角速度信号 (b) 角位置信号

图 2.12 角速度和角位置的参考信号

2.4.3　设计方法一

我们假设涡轮机和发电机的角速度和角位置均已测量，那么，不需要使用观测器。
通过在系统模型中嵌入积分器，我们得到增广状态空间模型：

$$\begin{bmatrix} \ddot{x}_p(t) \\ \dot{y}(t) \end{bmatrix} = \begin{bmatrix} A_p & 0_{2\times2} \\ C_p & 0_{2\times2} \end{bmatrix} \begin{bmatrix} \dot{x}_p(t) \\ y(t) \end{bmatrix} + \begin{bmatrix} B_p \\ 0_{2\times2} \end{bmatrix} \begin{bmatrix} \dot{T}_t(t) \\ \dot{T}_e(t) \end{bmatrix} \tag{2.67}$$

式中，$0_{2\times2}$ 为维数为 2×2 的零矩阵；输出 $y(t)$ 由角位置 $\theta_t(t)$ 和 $\theta_r(t)$ 组成。需要注意的是，因为我们假设的是缓慢变化或为分段常数，负载转矩 T_L 和风力转矩 T_w 的导数很小，所以在设计使用的模型中将其忽略不计。

现在，对于 $\theta_t(t)$ 和 $\theta_r(t)$，增广模型中都有一个双积分器，一个来自被控模型，另一个通过增广嵌入。状态反馈控制系统的输出将跟踪斜坡信号，无稳态误差。控制器的嵌入式积分器将使闭环系统能够抑制由风力变化和功率需求变化引起的低频转矩扰动。

增广模型的系统矩阵如下：

$$A = \begin{bmatrix} 0.577 & -0.577 & 27.115 & -27.115 & 0 & 0 \\ -6.818 & 6.818 & -320.455 & 320.455 & 0 & 0 \\ 1 & 0 & 0 & 0 & 0 & 0 \\ 0 & 1 & 0 & 0 & 0 & 0 \\ 0 & 0 & 1 & 0 & 0 & 0 \\ 0 & 0 & 0 & 1 & 0 & 0 \end{bmatrix}; \quad B = \begin{bmatrix} 0.192 & 0 \\ 0 & -2.273 \\ 0 & 0 \\ 0 & 0 \\ 0 & 0 \\ 0 & 0 \end{bmatrix}$$

我们可以利用 MATLAB 函数 ctrb.m 来计算矩阵对 (A, B)，从而计算其秩：

```
Lc=ctrb(A, B);
rank(Lc)
```

L_c 矩阵的秩为 6，等于增广模型的状态个数，这意味着增广模型是可控的。

为了求解状态反馈控制器，我们可以用 MATLAB 函数 lqr.m 求控制器增益。但仅通过调整 Q 和 R 中的对角线元素，很难选择合适的加权矩阵 Q 和 R，因为其中一个闭环特征值为 -0.3，且难以移动。在这种情况下，我们对在 $-\alpha$ 线左侧的闭环极点位置实施约束，并用 MATLAB 函数 lqr.m 求状态反馈控制器增益(参见 1.5.4 节)。例如，如果 $\alpha=6$，实现该设计的 MATLAB 程序如下。

```
Q=eye(6,6);
alpha=6;
K=lqr(A+alpha*eye(6,6),B,Q,R);
```

本设计中，闭环特征值为

$$-34.792, \quad -15.3296, \quad -11.9268, \quad -12.0261 \pm i0.0372, \quad -12.0000$$

状态反馈控制器增益矩阵为

$$K = 10^3 \begin{bmatrix} 0.1788 & -0.0044 & 2.1301 & -0.1706 & 7.5450 & -0.1495 \\ 0.0523 & -0.0313 & 1.0583 & -0.7026 & 3.9024 & -3.4252 \end{bmatrix}$$

在本仿真研究中，涡轮机和发电机的转速参考信号 ω_t^* 和 ω_r^* 都选为 4.398rad/s。有一个恒定扰动 d_o 作用于涡轮机转速上，来模拟风的影响，$d_o = 1.2 \times 4.398\,\mathrm{rad/s}$。当发电机产生电能时，在电力转矩上加一个输入扰动 T_L 产生发电机的输出，这里从额定功率输出得到 $T_L = -200 \times 10^3 / (42 \times 2 \times \pi / 60)$。

以采样间隔 $\Delta t = 0.001\mathrm{s}$ 仿真闭环控制性能。当风力发电传动的闭环控制系统启动时，为避免瞬态响应带来的干扰，假定输出功率需求为零。在仿真时间的三分之一处，加入常数 T_L 作为负载扰动。仿真结果讨论如下。

（1）图 2.13（a）～（d）显示出涡轮机和发电机角位置和角速度的闭环响应。显然，闭环系统的输出跟踪参考角位置和角速度信号。控制系统启动时，由于输出扰动作用于系统，实际风速大于仿真的参考风速。可以看出，初始响应先上升后下降，跟踪参考信号（图 2.13（c）和（d）），表明闭环控制器成功地抑制了该扰动。

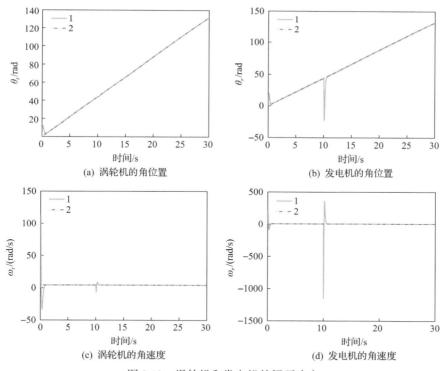

图 2.13　涡轮机和发电机的闭环响应

线 1 表示输出信号；线 2 表示参考信号

（2）在 $t = 10\mathrm{s}$ 处，输入转矩扰动进入系统，产生输出功率。在这个额定功率下，发电机的转速降至 $-1152\mathrm{rad/s}$，然后又反弹至 $359\mathrm{rad/s}$，并向参考信号收敛。

（3）由于输出功率与发电机的角速度有关，角速度的较大变化会造成输出功率的较大变化，从而引起电网的不稳定。

（4）由于开环系统不稳定，通过降低反馈控制器增益来减少干扰抑制中角速度的较大变化并不是最佳选择，因为这种降低会使闭环系统不稳定。由于输出功率被设定为负载转矩 T_L，我们可以引入负载需求滤波器，形式为

$$T_{\mathrm{fL}}(s) = \frac{1}{\tau_f s + 1} T_L(s)$$

式中，τ_f 为滤波器的时间常数。

通过合理选择负载需求滤波器，可将负载转矩逐步引入风力涡轮机传动系统中。

（5）在仿真中，滤波器时间常数选为 1。图 2.14（a）～（d）显示了带有负载需求滤波器

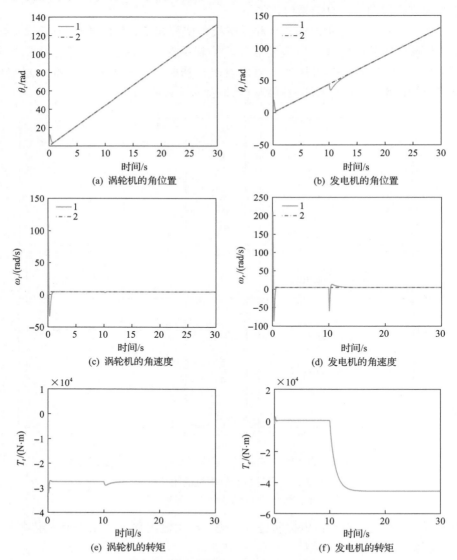

(a) 涡轮机的角位置　　　　　　　　(b) 发电机的角位置

(c) 涡轮机的角速度　　　　　　　　(d) 发电机的角速度

(e) 涡轮机的转矩　　　　　　　　(f) 发电机的转矩

图 2.14　带负载需求滤波器的涡轮机和发电机的闭环响应

线 1 表示输出信号；线 2 表示参考信号

的涡轮机和发电机的闭环响应。将负载转矩加入系统后，发电机转速的降幅从之前的 -1152rad/s 变为-59.11rad/s，大为改善。而且，正的峰值从 359rad/s 降至 12.81rad/s。

（6）图 2.14（e）和（f）显示了风力发电机驱动系统的控制信号。由图 2.14（f）可以看出，在抑制扰动时，发电机转矩从 0 平滑过渡到稳态值。

2.4.4　设计方法二

第二种方法为基于测量状态变量进行扰动估计的方法（见 2.3.5 节）。

在这种方法中，我们使用系统矩阵 A_p 和 B_p 设计状态反馈控制器增益矩阵 K_p，通过在-6 线左侧指定所有期望的闭环特征值，并将加权矩阵设为单位矩阵 $Q = I_{2\times 2}$ 和 $R = I_{4\times 4}$，求得状态反馈控制器增益矩阵：

$$K_p = \begin{bmatrix} 116.3602 & -4.4290 & 769.7486 & -153.4586 \\ 52.3429 & -26.0123 & 466.2033 & -426.4333 \end{bmatrix}$$

对应的闭环特征值为-34.7920、-11.9457、-12.0334、-15.3296。作为一项练习，我们可以验证，仅通过选择 Q 和 R 矩阵中的对角线元素，闭环系统中的一对特征值很难移动。因此，我们证明了在设计中使用设定稳定度是合理的。

为了设计输入扰动的估计器，从而产生积分作用，系统矩阵为

$$A_d = \begin{bmatrix} 0 & 0 \\ 0 & 0 \end{bmatrix}; \quad B_p = \begin{bmatrix} 0.1923 & 0 \\ 0 & -2.2727 \\ 0 & 0 \\ 0 & 0 \end{bmatrix}$$

可以再次证明，仅通过选择加权矩阵调整对角线元素是很难移动闭环特征值的。所以，我们选择 $Q_d = I_{2\times 2}$ 和 $R_d = I_{4\times 4}$。利用复平面上-3 线左侧所指定的观测器的期望闭环特征值，得到观测器增益矩阵为

$$K_{ob} = \begin{bmatrix} 31.2320 & 0 & 0 & 0 \\ 0 & -2.9760 & 0 & 0 \end{bmatrix}$$

闭环特征值为-6.7637、-6.0062。

在与 2.4.3 节相同的仿真条件下，以采样间隔 $\Delta t = 0.001$s 仿真带扰动估计的闭环控制系统。在 2.4.3 节中，恒定的扰动 d_0 作用于涡轮机转速来模拟风的影响，其中 $d_0 = 1.2\times 4.398$ rad/s，而发电机的输出是通过在电力转矩中加入输入扰动 T_L 来产生的。再次，将扰动 T_L 转换为经过滤波的阶跃信号，以避免在引入电力负荷时发电机转速发生较大变化。仿真结果如下。

（1）图 2.15（a）和（b）显示了跟踪斜坡信号的涡轮机和发电机的闭环角位置。可以看出，在风和转矩扰动存在的情况下，两个设定的位置都被跟踪而没有稳态误差。

（2）图 2.15（c）和（d）显示了涡轮机和发电机的闭环角速度，它们保持为恒定信号。两个图都表明，风和转矩干扰已被完全抑制，没有稳态误差。

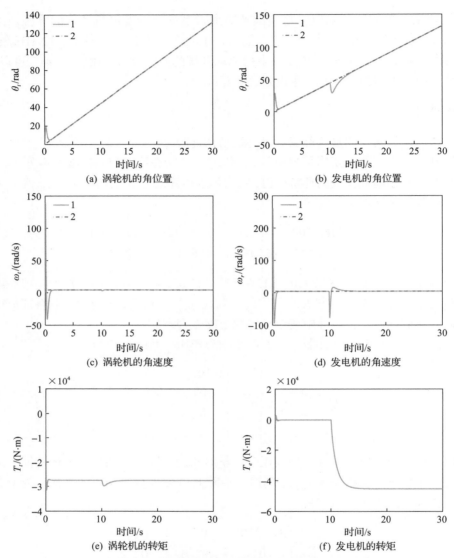

图 2.15　具有扰动估计及负载需求过滤器的涡轮机和发电机的闭环响应

线 1 表示输出信号；线 2 表示参考信号

（3）图 2.15（e）和（f）显示了控制信号响应，即涡轮机和发电机的转矩对参考信号跟踪和干扰抑制的响应。对于所选的控制性能参数，可以看出当负载扰动开始时，发电机转矩实现了平稳过渡。

上述仿真结果可在 2.4.5 节的 MATLAB 教程 2.8 中得以确认。

2.4.5　设计方法二的 MATLAB 教程

本节教程将展示在具有测量状态变量的情况下，如何设计和实现基于干扰估计的控制系统。我们将以风力发电机的控制系统为例。

教程 2.8　编写一个 MATLAB 程序 Ex4WindEstim.m，在已知测量状态变量的情况下，该程序可以设计和仿真基于干扰观测器的控制系统。

步骤 1，创建一个文件，名为 "Ex4WindEstim.m"。

步骤 2，输入风力发电机模型的物理参数，形成系统矩阵 A_p、B_p 及 C_p（见式(2.65)）。干扰矩阵 B_d 等于 $-B_p$。将以下程序输入文件：

```
Ht=2.6;    %second
Hg=0.22;   %second
Ks=141.0;  %pu
Dm=3.0;    %pu
Ap1=[Dm/(2*Ht) -Dm/(2*Ht) Ks/(2*Ht)..
-Ks/(2*Ht); -Dm/(2*Hg) Dm/(2*Hg)..
-Ks/(2*Hg) Ks/(2*Hg)];
Ap=[Ap1;1 0 0 0;0 1 0 0];
Bp=[1/(2*Ht) 0; 0 -1/(2*Hg);0 0; 0 0];
Cp=[0 0 1 0;0 0 0 1];
Bd=-Bp;
```

步骤 3，利用线性二次型调节器设计方法设计状态反馈控制器，其中所有闭环极点均位于复平面-6 线的左侧。继续将以下程序输入文件：

```
[n1,n_in]=size(Bp);
[m1,n1]=size(Cp);
Qc=eye(n1,n1);
Rc=eye(n_in,n_in);
alpha2=6;
K=lqr(Ap+alpha2*eye(n1,n1),Bp,Qc,Rc);
```

步骤 4，利用线性二次型调节器设计方法设计估计干扰的观测器，其中误差系统的所有闭环极点均位于复平面-3 线上。继续将以下程序输入文件：

```
Aob=zeros(2,2);
Cob=Bp;
Qob=eye(2,2);
Rob=eye(4,4);
alpha1=3;
Kob=lqr(Aob'+3*eye(2,2),Cob',Qob,Rob)';
```

步骤 5，为干扰抑制和参考信号跟踪准备闭环仿真。

(1)选择采样间隔和仿真时间。继续将以下程序输入文件：

```
Tsim=30;
Deltat=0.001;
Nsim=Tsim/Deltat;
```

```
t=0:Deltat:(Nsim-1)*Deltat;
```

(2)将初始条件输入程序：

```
xm=zeros(n1,1); zhat=zeros(2,1); y=zeros(2,1);
```

(3)定义涡轮机和发电机角速度的参考信号：

```
sp1=ones(1,Nsim)*42*2*pi/60;
sp2=ones(1,Nsim)*42*2*pi/60;
spw=[sp1;sp2];
```

(4)定义涡轮机和发电机的角位置参考信号，即角速度信号的积分。继续将以下程序输入文件：

```
sp(:,1)=spw(:,1)*Deltat;
for kk=2:Nsim
sp(:,kk)=sp(:,kk-1)+spw(:,kk)*Deltat;
end
```

(5)将风力带来的扰动定义为期望涡轮机转速的 1.2 倍，直接加到涡轮机转速上：

```
dwind=1.2*sp1;
```

(6)定义滤波后的负载转矩需求，该需求在仿真时间的三分之一处加入。继续将以下程序输入文件：

```
dm=200e3/(42*2*pi/60);
du2=-dm*[0*ones(1,Nsim/3) ones(1,2*Nsim/3)];
tauf=1;
[dnum,dend]=c2dm(1,[tauf 1],Deltat);
du2=filter(dnum,dend,du2);
```

(7)我们还可以向涡轮机添加一个随机的低频干扰。继续将以下程序输入文件：

```
e=randn(1,Nsim);
du1=0.5*filter(0.1,[1 -0.9999],e);
du=[du1;du2];
```

步骤 6，迭代进行闭环仿真。用状态变量的参考信号生成状态反馈变量。继续将以下程序输入文件：

```
for kk=1:Nsim;
xr=[xm(1)-spw(1,kk);xm(2)-spw(2,kk);...
xm(3)-sp(1,kk); xm(4)-sp(2,kk)];
```

步骤 7，生成估计干扰信号。继续将以下程序输入文件：

```
dhat=zhat+Kob*xr;
```

步骤 8，计算控制信号：

```
u=-K*xr-dhat;
```

步骤 9，如果有必要的话，在这一步对控制信号施加约束。

步骤 10，用控制信号和状态信号更新估计的中间扰动向量：

```
zhat=zhat-Kob*Deltat*(Bp*zhat+Bp*Kob*xr+Ap*xr+Bp*u);
```

步骤 11，保存控制信号、输出信号和状态信号：

```
u1(1:n_in,kk)=u;

y1(1:m1,kk)=y;

xm1(kk)=xm(1);

xm2(kk)=xm(2);
```

步骤 12，通过微分方程的解将控制信号输入到系统中，完成一个周期的闭环仿真：

```
xm=xm+(Ap*xm+Bp*u+Bd*du(:,kk))*Deltat;

xm(1,1)=xm(1,1)+dwind(1,kk);

y=Cp*xm;

end
```

步骤 13，通过绘制输入信号向量 u_1 和输出信号 y_1 以及状态变量 x_{m1} 和 x_{m2}，给出仿真结果，并通过对比 2.4.4 节的结果验证该闭环控制器的设计和仿真。

由于系统是不稳定的，我们必须非常谨慎地限制控制信号。对控制信号的约束容易使闭环系统变得不稳定。实例研究表明，在控制不稳定系统时，为了满足物理约束，仔细设计参考轨迹和负荷分布是一种有效的策略。

2.4.6　思考题

1. 对于不稳定系统，如果物理参数存在一定的误差，我们试图提高控制系统的鲁棒性，那么应该降低控制器增益还是增加控制器增益？

2. 在物理系统不稳定的情况下，为什么限制控制信号的幅值是非常困难和危险的？

3. 对于不稳定系统的控制，你可能会考虑什么样的策略来降低控制信号的幅值，从而自然地满足约束条件？

4. 你是否能提出一种替代方法，来减小负载扰动对网络的影响？你认为在瞬态响应中减小负载扰动和在参考信号跟踪中减小超调量之间有相似之处吗？

2.5　本 章 小 结

在本章中，我们讨论了用于参考信号跟踪和干扰抑制的状态空间设计方法。为了使控制系统跟踪阶跃参考信号并抑制低频扰动，需要积分作用。本章讨论了两种方法来满足设计要求。一种方法是直接在状态反馈控制器中嵌入积分器，另一种方法是估计一个恒定的输入干扰，并从控制信号中减去该干扰。这两种方法都便于控制系统的实现，并且在控制信号达到饱和极限时都有一个抗饱和机制。

本章的其他重要内容总结如下。

(1)在状态空间设计中引入积分器的传统方法是引入一个积分输出变量作为反馈信

号。这种方法在实施阶段遇到了问题，特别是当控制信号达到饱和极限时，就会发生积分器饱和的问题。

（2）我们采用了一种不同的方法将积分器加入到状态空间设计中。在状态反馈中用状态变量的导数来代替原有的状态变量，并引入输出信号作为反馈信号。该方法消除了常数输入干扰对状态估计的影响。更重要的是，当控制信号达到饱和极限时，控制算法可以直接用一个抗饱和机制实现。

（3）我们设计了一种状态估计反馈控制系统，它可以跟踪一个恒定的参考信号，并通过对一个恒定输入干扰进行估计，然后从控制信号中减去该输入干扰来抑制低频干扰。通过扰动估计的控制算法可以直接实现，也就是在控制信号达到饱和极限时，该算法可自然产生抗饱和机制。

（4）在状态变量被测量的情况下，对扰动估计方法进行改进，将被测量的状态变量代入反馈控制中。在电气和机械系统的多个应用中，都证明了这种方法很有用。

2.6　更　多　资　料

（1）Perdana（2008）介绍了风力发电机的数学建模的详情。

（2）Seraji（1978）介绍了利用输出反馈的状态空间极点配置控制器设计，Chilali 和 Gahinet（1996）介绍了有关 H_∞ 的设计。

（3）Michiels 等（2002）提出了可扩展到时滞系统的极点配置控制器设计。

（4）介绍抗饱和机制的文献有：Kothare 等（1994）、Peng 等（1996）、Kapoor 等（1998）、Tarbouriech 和 Turner（2009）、Galeani 等（2009）、Zaccarian 和 Teel（2011）、Wang（2016a，2016b）。

（5）为了解决不确定性问题，Li 等（2012）总结了基于干扰观测器的控制。

习　　题

2.1　考虑实用控制器一。判断下列系统是否可控，以及它们具有嵌入式积分器的增广系统是否可控？

$$\dot{x}(t) = A_p x(t) + B_p u(t); \quad y(t) = C_p x(t)$$

（1）$A_p = \begin{bmatrix} 2 & -5 \\ -4 & 1 \end{bmatrix}; \quad B_p = \begin{bmatrix} 1 \\ 2 \end{bmatrix}; \quad C_p = \begin{bmatrix} 1 & 1 \end{bmatrix}$

（2）$A_p = \begin{bmatrix} -2 & -3 \\ 1 & 0 \end{bmatrix}; \quad B_p = \begin{bmatrix} 1 \\ 0 \end{bmatrix}; \quad C_p = \begin{bmatrix} 1 & 0 \end{bmatrix}$

（3）$A_p = \begin{bmatrix} -5 & -5 & 6 \\ 2 & -3 & -2 \\ -1 & -1 & -3 \end{bmatrix}; \quad B_p = \begin{bmatrix} 1 & 0 \\ 0 & 2 \\ 1 & 1 \end{bmatrix}; \quad C_p = \begin{bmatrix} 1 & 1 & 0 \\ 2 & 1 & 2 \end{bmatrix}$

$(4)\ A_p = \begin{bmatrix} -5 & -5 & 6 \\ 2 & -3 & -2 \\ -1 & -1 & -3 \end{bmatrix};\quad B_p = \begin{bmatrix} 1 \\ 0 \\ 1 \end{bmatrix};\quad C_p = \begin{bmatrix} 1 & 1 & 0 \\ 2 & 1 & 2 \end{bmatrix}$

$(5)\ A_p = \begin{bmatrix} -5 & -5 & 6 \\ 2 & -3 & -2 \\ -1 & -1 & -3 \end{bmatrix};\quad B_p = \begin{bmatrix} 1 & 0 \\ 0 & 2 \\ 1 & 1 \end{bmatrix};\quad C_p = \begin{bmatrix} 2 & 1 & 2 \end{bmatrix}$

若增广系统矩阵 A 和 B 不可控，用 A_p、B_p、C_p 计算原系统的传递函数及用 A、B、C 计算增广系统传递函数，你有什么发现？

2.2　对于一个球和一块板组成的平衡系统的线性模型，用下列状态空间模型描述（Wang, 2020）。

$$\begin{bmatrix} \dot{x}_1(t) \\ \dot{x}_2(t) \end{bmatrix} = \begin{bmatrix} 0 & 0 \\ 1 & 0 \end{bmatrix}\begin{bmatrix} x_1(t) \\ x_2(t) \end{bmatrix} + \begin{bmatrix} -\dfrac{5g_0}{7} \\ 0 \end{bmatrix}\theta_x(t) \tag{2.68}$$

式中，g_0 为重力加速度（$g_0 = 9.8\mathrm{m/s^2}$）；$x_1(t)$ 为球的速度；$x_2(t)$ 为球在板上的位置；$\theta_x(t)$ 为输入变量。只有球的位置是可测的。为该系统设计一个具有积分作用的状态估计反馈控制系统（通过控制器设计）。

(1) 控制器的期望闭环特征多项式选为 $(s + \omega_n)(s^2 + 2\times0.707\omega_n s + \omega_n^2)$，观测器的期望特征多项式选为 $s^2 + 4\times0.707\omega_n s + 4\omega_n^2$。式中的 ω_n，我们分别选为等于 3 和 5。

(2) 采样间隔 $\Delta t = 0.001\mathrm{s}$，对于球做方波运动的情况，仿真闭环响应。此处输入信号为幅值为 ±0.075、周期为 10s 的方波信号。仿真的初始条件为 $x_1(0) = 0$ 和 $x_2(0) = 0.16$。

(3) 从第一个模拟中找到控制信号的峰值 U^{lim}，选择参数：

$$U^{\mathrm{min}} = -0.9U^{\mathrm{lim}}\ \text{和}\ U^{\mathrm{max}} = 0.9U^{\mathrm{lim}}$$

对具有抗饱和机制的闭环仿真施加限制，观察约束起作用时的闭环响应。

2.3　通过控制器设计，为被控对象设计一个具有积分作用的状态估计反馈控制系统，状态空间模型描述如下：

$$\dot{x}(t) = A_p x(t) + B_p u(t);\quad y(t) = C_p x(t)$$

式中，$A_p = \begin{bmatrix} -5 & -5 & 6 \\ 2 & -3 & -2 \\ -1 & -1 & -3 \end{bmatrix};\ B_p = \begin{bmatrix} 1 & 0 \\ 0 & 2 \\ 1 & 1 \end{bmatrix};\ C_p = \begin{bmatrix} 1 & 1 & 0 \\ 2 & 1 & 2 \end{bmatrix}$。

(1) 用 MATLAB 函数 place.m 求解状态反馈控制器增益矩阵 K 和观测器增益矩阵 K_{ob}。将五个闭环控制器极点选在 -5、-5.1、-5.2、-5.3、-5.4，三个观测器极点选在 -7、-7.1、-7.2。查看 MATLAB 函数是否为该多输入-多输出系统分配了正确的闭环极点。

(2) 在采样间隔 $\Delta t = 0.001\mathrm{s}$ 和零初始条件下，模拟闭环系统响应。输出 y_1 的参考信号为方波信号，幅值为±1，周期为 4s，y_2 的参考信号为 0。在仿真时间的一半处，向控制信号 $u_2(t)$ 输入一个单位阶跃输入干扰信号。

(3)将第一个仿真的控制信号峰值表示为 U_1^{lim} 和 U_2^{lim}。选择参数：

$$U_1^{\min} = -0.85U_1^{\text{lim}}, \quad U_1^{\max} = 0.85U_1^{\text{lim}} \text{ 及 } U_2^{\min} = -0.85U_2^{\text{lim}}, \quad U_2^{\max} = 0.85U_2^{\text{lim}}$$

对具有抗饱和机制的闭环仿真施加限制，观察约束起作用时的闭环响应。

2.4 从题 2.3 继续。我们用 MATLAB 函数 lqr.m 求得状态反馈控制器增益矩阵 K 和观测器增益矩阵 K_{ob}。选择 Q 和 R 为适当维数的单位矩阵，但是，以设定的稳定度，将控制器的闭环极点约束为–5，将观测器的闭环极点约束为–7(见 1.5.4 节)。检查控制系统和观测系统的闭环极点位置。

(1)在题 2.3 的相同条件下，对闭环控制系统的参考信号跟踪和干扰抑制进行仿真。

(2)对于有和无控制信号约束的两种设计情况，讨论它们闭环响应的差别。

(3)在与题 2.3 中相同的控制信号约束条件下，闭环控制性能变得更差。在存在控制信号约束的情况下，降低控制器和观测器的增益以提高闭环性能，我们应该做哪些修改？你对此有何看法？

2.5 通过控制器设计，对下列各系统进行设计，并模拟具有积分作用的状态估计反馈控制系统：

$$\dot{x}(t) = A_p x(t) + B_p u(t); \quad y(t) = C_p x(t)$$

(1) $A_p = \begin{bmatrix} 0 & 1 \\ -4 & 0 \end{bmatrix}; \quad B_p = \begin{bmatrix} 0 \\ 1 \end{bmatrix}; \quad C_p = \begin{bmatrix} 1 & 0 \end{bmatrix}$。

(2) $A_p = \begin{bmatrix} -1 & 0 & 6 \\ 2 & -3 & -2 \\ -1 & -1 & 0 \end{bmatrix}; \quad B_p = \begin{bmatrix} 1 & 0 \\ 0 & 2 \\ 1 & 1 \end{bmatrix}; \quad C_p = \begin{bmatrix} 2 & 1 & 2 \\ 1 & 0 & 1 \end{bmatrix}$。

利用 MATLAB 函数 lqr.m 计算状态反馈控制器增益矩阵 K，其中 Q 等于 $C^{\text{T}}C$，$R=I$，C 是式(2.12)中的输出矩阵，用 lqr.m 计算观测器增益矩阵 K_{ob}，此时 Q_{ob} 为单位矩阵，$R_{\text{ob}} = \epsilon I$，在闭环性能中考虑 $\epsilon = 0.1$、1、10。选取合适的采样间隔 Δt，在参考信号和干扰信号均为阶跃信号的情况下，通过干扰抑制和参考信号跟踪的闭环仿真研究对设计进行评价。你对闭环性能的影响有何观察结果？

2.6 判断以下各系统是否可观，其具有恒定扰动模型的增广系统是否仍然可观。

$$\dot{x}(t) = A_p x(t) + B_p(u(t) + d(t)); \quad y(t) = C_p x(t)$$

(1) $A_p = \begin{bmatrix} 0 & -2 \\ -1 & 1 \end{bmatrix}; \quad B_p = \begin{bmatrix} 1 \\ 2 \end{bmatrix}; \quad C_p = \begin{bmatrix} 1 & 1 \end{bmatrix}$。

(2) $A_p = \begin{bmatrix} -1 & -1 \\ 1 & 0 \end{bmatrix}; \quad B_p = \begin{bmatrix} 0.5 \\ 0 \end{bmatrix}; \quad C_p = \begin{bmatrix} 1 & 0 \end{bmatrix}$。

(3) $A_p = \begin{bmatrix} -2 & -1 & 3 \\ 1 & -2 & -1 \\ -1 & -1 & -3 \end{bmatrix}$; $B_p = \begin{bmatrix} 0 & 0 \\ 0 & 2 \\ 1 & 0 \end{bmatrix}$; $C_p = \begin{bmatrix} 1 & 0 & 0 \\ 0 & 1 & 2 \end{bmatrix}$。

(4) $A_p = \begin{bmatrix} -2 & -1 & 3 \\ 1 & -2 & -1 \\ -1 & -1 & -3 \end{bmatrix}$; $B_p = \begin{bmatrix} 1 \\ 1 \\ 1 \end{bmatrix}$; $C_p = \begin{bmatrix} 1 & 1 & 0 \\ 0 & 1 & 2 \end{bmatrix}$。

(5) $A_p = \begin{bmatrix} -2 & -1 & 3 \\ 1 & -2 & -1 \\ -1 & -1 & -3 \end{bmatrix}$; $B_p = \begin{bmatrix} 1 & 0 \\ 0 & 2 \\ 1 & 0 \end{bmatrix}$; $C_p = \begin{bmatrix} 1 & 1 & 1 \end{bmatrix}$。

对于那些具有增广恒定扰动模型的不可观系统，我们还能用 MATLAB 函数 place.m 或者 lqr.m 来设计扰动估计的观测器吗？

2.7 图 1.5 中演示了例 1.1 的三弹簧双质量块系统，它的状态空间模型如下：

$$\begin{bmatrix} \dot{x}_1(t) \\ \dot{x}_2(t) \\ \dot{x}_3(t) \\ \dot{x}_4(t) \end{bmatrix} = \overbrace{\begin{bmatrix} 0 & 1 & 0 & 0 \\ -\dfrac{\alpha_1+\alpha_2}{M_1} & 0 & \dfrac{\alpha_2}{M_1} & 0 \\ 0 & 0 & 0 & 1 \\ \dfrac{\alpha_2}{M_2} & 0 & -\dfrac{\alpha_1+\alpha_2}{M_2} & 0 \end{bmatrix}}^{A_p} \begin{bmatrix} x_1(t) \\ x_2(t) \\ x_3(t) \\ x_4(t) \end{bmatrix} + \overbrace{\begin{bmatrix} 0 & 0 \\ \dfrac{1}{M_1} & 0 \\ 0 & 0 \\ 0 & \dfrac{1}{M_2} \end{bmatrix}}^{B_p} \begin{bmatrix} u_1(t) \\ u_2(t) \end{bmatrix}$$

$$\begin{bmatrix} y_1(t) \\ y_2(t) \end{bmatrix} = \overbrace{\begin{bmatrix} 1 & 0 & 0 & 0 \\ 0 & 0 & 1 & 0 \end{bmatrix}}^{C_p} \begin{bmatrix} x_1(t) \\ x_2(t) \\ x_3(t) \\ x_4(t) \end{bmatrix}$$

式中，物理参数为 $M_1 = 2\text{kg}$、$M_2 = 4\text{kg}$、$\alpha_1 = 40\text{N}/\text{m}$ 和 $\alpha_2 = 100\text{N}/\text{m}$。通过观测器设计，设计和实施状态反馈控制系统。假设只测量距离 $y_1(t)$ 和 $y_2(t)$。

(1) 用 MATLAB 函数 lqr.m，基于 A_p 和 B_p 矩阵，设计状态反馈控制器增益矩阵 K，其中 $Q = I$，R 选为 $0.1I$。

(2) 以增广系统矩阵 A 和 C 为恒定扰动来设计观测器，如 2.3 节所示，其中 Q_{ob} 和 R_{ob} 是具有适当维数的单位矩阵。观测器误差系统的闭环极点位置被限制在复平面的 -3 线左侧。

(3) 选择采样间隔 $\Delta t = 0.0001$，用参考信号 $r_1(t) = 0.1$ 和 $r_2(t) = 0.2$ 来进行闭环系统仿真。

第二部分　离散时间状态反馈控制

第3章 离散时间系统介绍

3.1 概　　述

从前面章节可知，连续时间控制系统在控制具有高采样速率的物理系统时是非常有效的，因为它们是在连续时间设计，并在离散时间实现的，其在实现阶段因离散化而得到的近似是可接受的。此外，连续时间模型的存在支撑了连续时间控制系统的发展。

在数字世界中，物理模型通常以抽样数据的形式自然地呈现出来。这些系统通常运行在较慢的采样环境中，由于采样速率较慢，信息丢失，很难用连续时间的微分方程描述它们。对于这类系统，需要用差分方程来描述它们的动态，并在离散时间内设计控制系统。对于连续时间物理系统采样速率有限的情况，离散时间系统设计具有优越性。离散时间系统更自然地连接到现实世界的数据，能够相对容易地处理系统的通信延迟、缺失数据和多速率采样数据系统。

对于那些不熟悉离散时间系统的人来说，本章所提供的介绍性材料提供了一个起点。本章从连续时间模型的离散化开始介绍(参见 3.2 节)。通过运用零阶保持器，使得离散时间模型在采样瞬间是准确的。此外，3.2 节基于离散时间系统矩阵的特征值，介绍了离散时间系统的稳定性，并通过几个例子演示了采样过程是如何产生离散时间模型的。3.3节介绍了离散时间的输入和输出模型，包括有限脉冲响应和阶跃响应模型以及使用非最小状态空间(NMSS)实现的状态空间模型。第 3.4 节介绍了 z 变换，将其作为在离散时间系统与拉普拉斯变换的对应。

3.2　连续时间模型的离散化

离散时间系统一般采用离散时间模型设计，并采用离散时间控制算法实现。如果给定的物理模型是连续时间的，那么离散时间系统设计的第一步就是得到一个离散时间模型。因为物理系统与连续时间相关，所以这两种环境之间的桥梁是模拟到数字(A-D)转换器和数字到模拟(D-A)转换器。前者是将连续时间信号转换为离散时间信号，后者是将离散时间信号转换为连续时间信号。这两种设备通常存在于数据采集设备或微控制器中，作为控制系统的一部分。因此，连续时间模型的离散化需要考虑将这两个设备作为建模过程的一部分。图 3.1 显示了这两个设备是如何将连续时间环境和离散时间环境连接起来的，$u(t_k)$ 和 $y(t_k)$ 是采样瞬间 t_k 的离散时间输入和输出信号，$u(t)$ 和 $y(t)$ 是对应的连续时间信号。最常见的 D-A 转换器是假设离散时间数据的两个样本之间有一个常数，这一过程在建模过程中被称为零阶保持器。

图 3.1　连续时间和离散时间信号之间的桥梁演示

3.2.1　连续时间模型的采样

假设一个连续时间系统用连续时间状态空间模型描述如下：

$$\dot{x}(t) = A_c x(t) + B_c u(t) \tag{3.1}$$

$$y(t) = C_c x(t) + D_c u(t) \tag{3.2}$$

式中，$x(t)$ 为维数为 $n \times 1$ 的状态向量；$u(t)$ 为维数为 $p \times 1$ 的输入信号；$y(t)$ 为维数为 $m \times 1$ 的输出信号；A_c、B_c、C_c 和 D_c 为具有相应维数的系统矩阵。系统矩阵中下标 c 强调它们表示连续时间模型中的参数。

为了推导离散时间模型，考虑给定初始状态 $x(t_0)$ 的微分方程式(3.1)的解，包含由初始状态 $x(t_0)$ 和 $t \geqslant t_0$ 时输入信号 $u(t)$ 产生的影响。其解析解为

$$x(t) = e^{A_c(t-t_0)} x(t_0) + \int_{t_0}^{t} e^{A_c(t-\gamma)} B_c u(\gamma) \mathrm{d}\gamma \tag{3.3}$$

式中，等号右边的第一项表示初始条件 $x(t_0)$ 的影响；等号右边第二项的卷积积分表示 $t \geqslant t_0$ 时输入信号 $u(t)$ 的影响。现在，考虑一个特定的时间间隔 $t_k \leqslant t < t_k + 1$，则式(3.3)写为

$$x(t_{k+1}) = e^{A_c(t_{k+1}-t_k)} x(t_k) + \int_{t_k}^{t_{k+1}} e^{A_c(t_{k+1}-\gamma)} B_c u(\gamma) \mathrm{d}\gamma \tag{3.4}$$

假设 D-A 转换器中有一个零阶保持器，$u(\gamma) = u(t_k)(t_k \leqslant \gamma < t_{k+1})$ 是一个常数，所以 $u(\gamma)$ 从卷积积分中提出，得到：

$$x(t_{k+1}) = e^{A_c(t_{k+1}-t_k)} x(t_k) + \left(\int_{t_k}^{t_{k+1}} e^{A_c(t_{k+1}-\gamma)} B_c \mathrm{d}\gamma \right) u(t_k) \tag{3.5}$$

对于一个假设为常数的采样间隔 Δt，有 $\Delta t = t_{k+1} - t_k$，所以有

$$e^{A_c(t_{k+1}-t_k)} = e^{A_c \Delta t} \tag{3.6}$$

对于式(3.5)中的卷积积分，引入变量 τ，令 $\tau = t_{k+1} - \gamma$，得到 $\mathrm{d}\tau = -\mathrm{d}\gamma$。通过将原始积分的极限替换为与 τ 对应的新极限，考虑极限位置变化时符号的变化，可以得到：

$$\int_{t_k}^{t_{k+1}} e^{A_c(t_{k+1}-\gamma)} B_c \mathrm{d}\gamma = \int_0^{\Delta t} e^{A_c \tau} B_c \mathrm{d}\tau \tag{3.7}$$

将式(3.6)和式(3.7)合并，在 $x(t_k)(t_k \leqslant t < t_k + 1)$ 的给定初始条件下，微分方程式(3.1)

的解为

$$x(t_{k+1}) = \mathrm{e}^{A_c \Delta t} x(t_k) + \int_0^{\Delta t} \mathrm{e}^{A_c \tau} B_c \mathrm{d}\tau u(t_k) \tag{3.8}$$

式中，假设采样瞬间 t_k 和 t_{k+1} 之间的输入信号是一个常数。

两点说明如下。

（1）与我们在第 1 章和第 2 章中用于实现连续时间观测器的离散化不同，当我们假设 D-A 转换器中存在零阶保持器时，式（3.8）的推导中不涉及近似，这意味着模型在采样瞬间 t_k 是准确的。

（2）指数矩阵 $\mathrm{e}^{A_c \Delta t}$ 和积分矩阵 $\int_0^{\Delta t} \mathrm{e}^{A_c \tau} B_c \mathrm{d}\tau$ 是连续时间系统矩阵和所选采样区间 Δt 的函数，对于常数 Δt，这些量是时不变的。

为了简化符号，令

$$A_m = \mathrm{e}^{A_c \Delta t} \tag{3.9}$$

$$B_m = \int_0^{\Delta t} \mathrm{e}^{A_c \tau} B_c \mathrm{d}\tau \tag{3.10}$$

式（3.8）变为

$$x(t_{k+1}) = A_m x(t_k) + B_m u(t_k) \tag{3.11}$$

由输出方程式（3.2），在采样时间 t_k 处，因为没有涉及动态，式（3.2）即变为

$$y(t_k) = C_m x(t_k) + D_m u(t_k) \tag{3.12}$$

式中，$C_m = C_c$；$D_m = D_c$。那么采样过程不会改变输出方程。在采样时间 $t = 0$，$t_1, \cdots, t_k, \cdots$ 处，式（3.11）和式（3.12）构成离散时间状态空间模型，其中，$t_k = k\Delta t$，$k = 0,1,2,\cdots$。

在离散时间环境中，通常采用 k 来代替采样时间 t_k。因此，基于式（3.11）和式（3.12），离散时间状态空间模型表示为以下差分方程：

$$x(k+1) = A_m x(k) + B_m u(k) \tag{3.13}$$

$$y(k) = C_m x(k) + D_m u(k) \tag{3.14}$$

A_m 矩阵的计算遵循麦克劳林（Maclaurin）级数（Kreyszig, 2006）：

$$A_m = \mathrm{e}^{A_c \Delta t} = I + A_c \Delta t + \frac{1}{2!}\left(A_c \Delta t\right)^2 + \frac{1}{3!}\left(A_c \Delta t\right)^3 + \cdots \tag{3.15}$$

B_m 的计算是对上述级数进行积分，得到如下形式

$$B_m = \int_0^{\Delta t} \mathrm{e}^{A_c \tau} \mathrm{d}\tau B_c = \left(\Delta t + \frac{1}{2} A_c \Delta t^2 + \frac{1}{3!} A_c^2 \Delta t^3 + \cdots\right) B_c \tag{3.16}$$

如果 A_c^{-1} 存在，那么 $B_m = A_c^{-1}(\mathrm{e}^{A_c \Delta t} - I) B_c$。

3.2.2　离散时间系统的稳定性

当输入信号 $u(k) = 0$ 时，对于给定的初始条件 $x(0)$，差分方程式 (3.13) 的解可简单迭代计算为

$$
\begin{aligned}
x(1) &= A_m x(0) \\
x(2) &= A_m x(1) = A_m^2 x(0) \\
&\vdots \\
x(k) &= A_m x(k-1) = A_m^k x(0)
\end{aligned}
\tag{3.17}
$$

为了使离散时间系统渐近稳定，A_m 矩阵的特征值必须严格地在复平面的单位圆内，即 $|\lambda_i(A_m)| < 1$，$i = 1, 2, \cdots, n$。图 3.2 所示的是稳定系统所有特征值位于复平面上的单位圆内。单位圆是离散时间系统研究中的一个重要概念。这确保了状态向量 $x(k)$ 中的每个状态在 $k \to \infty$ 时收敛于零。当 $u(k) \ne 0$ 时，对于给定的初始条件 $x(0)$，状态变量迭代计算为

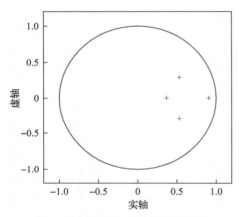

图 3.2　复平面上单位圆(实线)与
　　　　稳定系统特征值(+)

$$
\begin{aligned}
x(1) &= A_m x(0) + B_m u(0) \\
x(2) &= A_m x(1) + B_m u(1) \\
&= A_m^2 x(0) + A_m B_m u(0) + B_m u(1) \\
&\vdots \\
x(k) &= A_m^k x(0) + \sum_{i=0}^{k-1} A_m^{k-i-1} B_m u(i)
\end{aligned}
\tag{3.18}
$$

当 A_m 矩阵的所有特征值都严格在单位圆内时，假设输入信号 $u(k)$ 有界，那么状态向量 $x(k)$ 中的所有元素都有界。

3.2.3　通过采样得到离散时间模型示例

本节通过几个例子演示如何通过采样过程得到离散时间模型。

例 3.1　已知一阶连续时间系统：

$$
\dot{x}(t) = ax(t) + bu(t)
$$

$$
y(t) = cx(t)
$$

式中，参数 $a \ne 0$。求采样间隔为 Δt 的离散时间模型。

解　由于 $a \ne 0$，根据式 (3.9) 和式 (3.10)，离散时间系统模型为

$$x(k+1) = \mathrm{e}^{a\Delta t}x(k) + \frac{b}{a}\Big(\mathrm{e}^{a\Delta t} - 1\Big)u(k)$$

$$y(k) = cx(k)$$

系统的特征值位于 $\mathrm{e}^{a\Delta t}$ 。

值得强调的是，离散时间模型的参数取决于采样间隔 Δt 。对于相同的连续时间模型，如果 Δt 不同，将得到完全不同的离散时间模型。另外，如果连续时间模型在 $a > 0$ 时是不稳定的，那么当其特征值 $\mathrm{e}^{a\Delta t} > 1$ 时，离散时间模型也是不稳定的。

例 3.2   已知积分系统描述为

$$\dot{y}(t) = u(t)$$

求采样间隔为 Δt 的离散时间模型。

解   连续时间状态空间模型为

$$\dot{x}(t) = u(t)$$

$$y(t) = x(t)$$

该连续时间模型中， $A_m = \mathrm{e}^{0 \times \Delta t} = 1$ ， $B_m = \int_0^{\Delta t} \mathrm{d}\tau = \Delta t$ 。所以，离散时间模型为

$$x(k+1) = x(k) + \Delta t u(k); \quad y(k) = x(k)$$

离散时间系统的特征值等于 1，在复平面的单位圆上虚部为零。作为输入信号 $u(t) = 0$ 时的一个特例，微分方程 $\dot{x}(t) = 0$ 描述了常数信号的动态特性。常数信号的差分方程为

$$x(k+1) = x(k)$$

$$y(k) = x(k)$$

例 3.3   一个双积分器系统用微分方程描述如下：

$$\ddot{y}(t) = u(t)$$

求采样间隔为 Δt 的离散时间模型。

解   令 $x_1(t) = y(t)$ ， $x_2(t) = \dot{x}_1(t)$ 且 $x(t) = \begin{bmatrix} x_1(t) & x_2(t) \end{bmatrix}^{\mathrm{T}}$ ，那么 $\dot{x}_2(t) = u(t)$ 。我们得到双积分器系统在连续时间下的状态空间模型：

$$\begin{bmatrix} \dot{x}_1(t) \\ \dot{x}_2(t) \end{bmatrix} = \overbrace{\begin{bmatrix} 0 & 1 \\ 0 & 0 \end{bmatrix}}^{A_c} \begin{bmatrix} x_1(t) \\ x_2(t) \end{bmatrix} + \overbrace{\begin{bmatrix} 0 \\ 1 \end{bmatrix}}^{B_c} u(t) \tag{3.19}$$

$$y(t) = \overbrace{\begin{bmatrix} 1 & 0 \end{bmatrix}}^{C_c} \begin{bmatrix} x_1(t) \\ x_2(t) \end{bmatrix} \tag{3.20}$$

求对应的离散时间模型时，我们知道当 $k = 2, 3, \cdots$ 时，有

$$A_c^k = \begin{bmatrix} 0 & 1 \\ 0 & 0 \end{bmatrix}^k = \begin{bmatrix} 0 & 0 \\ 0 & 0 \end{bmatrix}$$

因此，基于式 (3.15)，我们得到：

$$\mathrm{e}^{A_c \Delta t} = I + A_c \Delta t = \begin{bmatrix} 1 & \Delta t \\ 0 & 1 \end{bmatrix}$$

$$\int_0^{\Delta t} \mathrm{e}^{A_c \tau} B_c \mathrm{d}\tau = \begin{bmatrix} \dfrac{1}{2} \Delta t^2 \\ \Delta t \end{bmatrix}$$

由这两个表达式，我们得出离散时间状态空间模型：

$$\begin{bmatrix} x_1(k+1) \\ x_2(k+1) \end{bmatrix} = \overbrace{\begin{bmatrix} 1 & \Delta t \\ 0 & 1 \end{bmatrix}}^{A_m} \begin{bmatrix} x_1(k) \\ x_2(k) \end{bmatrix} + \overbrace{\begin{bmatrix} \dfrac{1}{2} \Delta t^2 \\ \Delta t \end{bmatrix}}^{B_m} u(k)$$

$$y(k) = \overbrace{\begin{bmatrix} 1 & 0 \end{bmatrix}}^{C_m} \begin{bmatrix} x_1(k) \\ x_2(k) \end{bmatrix} \tag{3.21}$$

我们注意到双积分系统的特征值为以下多项式方程的解：

$$\det(\lambda I - A_m) = (\lambda - 1)^2 = 0$$

解得 $\lambda_1 = \lambda_2 = 1$。值得强调的是，离散时间双积分器的特征值在虚部分量为 0 的复平面单位圆上，与采样间隔 Δt 无关，但离散时间模型中有些参数是 Δt 的函数。

当输入信号 $u(t) = 0$ 时，微分方程 $\ddot{y}(t) = 0$ 描述了一个斜坡信号的动态。因此，斜坡信号的状态空间模型为

$$\begin{bmatrix} x_1(k+1) \\ x_2(k+1) \end{bmatrix} = \begin{bmatrix} 1 & \Delta t \\ 0 & 1 \end{bmatrix} \begin{bmatrix} x_1(k) \\ x_2(k) \end{bmatrix}$$

$$y(k) = \begin{bmatrix} 1 & 0 \end{bmatrix} x(k) \tag{3.22}$$

例 3.4　对于振幅 a_m、相位 φ 未知，频率 ω_0 已知的连续正弦函数，其可以用以下表达式描述：

$$y(t) = a_m \sin(\omega_0 t + \varphi)$$

求采样间隔为 Δt 的离散状态空间模型。

解　我们选择 $x_1(t) = a_m \sin(\omega_0 t + \varphi)$，$x_2(t) = a_m \cos(\omega_0 t + \varphi)$。

那么，$\dot{x}_1(t) = \omega_0 x_2(t)$，$\dot{x}_2(t) = -\omega_0 x_1(t)$。所以，基于这种状态变量的选择，得到了连续时间状态空间模型：

$$\begin{bmatrix} \dot{x}_1(t) \\ \dot{x}_2(t) \end{bmatrix} = \overset{A_c}{\begin{bmatrix} 0 & \omega_0 \\ -\omega_0 & 0 \end{bmatrix}} \begin{bmatrix} x_1(t) \\ x_2(t) \end{bmatrix} \tag{3.23}$$

$$y(t) = \overset{C_c}{\begin{bmatrix} 1 & 0 \end{bmatrix}} x(t) \tag{3.24}$$

为了得到离散时间状态空间模型，我们可以证明：

$$A_c^2 = \begin{bmatrix} 0 & \omega_0 \\ -\omega_0 & 0 \end{bmatrix}^2 = \begin{bmatrix} -\omega_0^2 & 0 \\ 0 & -\omega_0^2 \end{bmatrix}$$

$$A_c^3 = \begin{bmatrix} 0 & -\omega_0^3 \\ \omega_0^3 & 0 \end{bmatrix}$$

在计算了几项之后，我们可以证明：

$$A_m = I + A_c \Delta t + \frac{1}{2!}(A_c \Delta t)^2 + \frac{1}{3!}(A_c \Delta t)^3 + \cdots$$
$$= \begin{bmatrix} \cos(\omega_0 \Delta t) & \sin(\omega_0 \Delta t) \\ -\sin(\omega_0 \Delta t) & \cos(\omega_0 \Delta t) \end{bmatrix} \tag{3.25}$$

式中，正弦和余弦函数是下面幂级数的表示（Kreyszig, 2006）：

$$\cos(\omega_0 \Delta t) = 1 - \frac{1}{2!}(\omega_0 \Delta t)^2 + \frac{1}{4!}(\omega_0 \Delta t)^4 - \cdots = \sum_{m=0}^{\infty} \frac{(-1)^m (\omega_0 \Delta t)^{2m}}{(2m)!}$$

$$\sin(\omega_0 \Delta t) = \omega_0 \Delta t - \frac{1}{3!}(\omega_0 \Delta t)^3 + \frac{1}{5!}(\omega_0 \Delta t)^5 - \cdots = \sum_{m=0}^{\infty} \frac{(-1)^m (\omega_0 \Delta t)^{2m+1}}{(2m+1)!}$$

通过 A_m 矩阵的表达式，我们得到了正弦信号的离散时间状态空间模型：

$$\begin{bmatrix} x_1(k+1) \\ x_2(k+1) \end{bmatrix} = \begin{bmatrix} \cos(\omega_0 \Delta t) & \sin(\omega_0 \Delta t) \\ -\sin(\omega_0 \Delta t) & \cos(\omega_0 \Delta t) \end{bmatrix} \begin{bmatrix} x_1(k) \\ x_2(k) \end{bmatrix} \tag{3.26}$$

$$y(k) = \begin{bmatrix} 1 & 0 \end{bmatrix} x(k)$$

系统矩阵 A_m 的特征值是以下特征多项式方程的解：

$$\det\left[\lambda I - A_m\right] = \left(\lambda - \cos\left(\omega_0 \Delta t\right)\right)^2 + \sin^2\left(\omega_0 \Delta t\right)$$

$$= \lambda^2 - 2\cos\left(\omega_0 \Delta t\right)\lambda + 1 = 0 \tag{3.27}$$

这里我们用到了等式：$\sin^2\left(\omega_0 \Delta t\right) + \cos^2\left(\omega_0 \Delta t\right) = 1$。式(3.27)的解为

$$\lambda_{1,2} = \cos\left(\omega_0 \Delta t\right) \pm j\sin\left(\omega_0 \Delta t\right)$$

注意，式(3.23)中的连续时间系统矩阵 A_c 在虚轴上有一对复特征值 $\pm j\omega_0$。离散化后，离散时间系统矩阵也有一对复特征值，但复特征值位于复平面的单位圆上，实部为 $\cos(\omega_0 \Delta t)$，虚部为 $\pm \sin(\omega_0 \Delta t)$。

特征多项式方程式(3.27)在周期信号的干扰抑制和参考信号跟踪的控制系统设计中特别重要(见第 5 章)。

从例 3.4 我们看到，在式(3.26)中，连续时间正弦信号的离散时间模型包括频率 ω_0 和采样间隔 Δt。由于正弦函数的周期性，式(3.26)的参数符合如下关系式：

$$\cos\left(\omega_0 \Delta t\right) = \cos\left(\omega_0\left(1 + \frac{2\pi}{\Delta t}m\right)\Delta t\right)$$

$$\sin\left(\omega_0 \Delta t\right) = -\cos\left(\omega_0\left(1 + \frac{\pi}{\Delta t}m\right)\Delta t\right)$$

式中，$m = 0, 1, 2, 3, \cdots$，为整数。这意味着，如果 $\omega_0 \Delta t > \pi$，状态空间模型中的参数就不再唯一。所以，为了保留或捕捉正弦信号的所有信息，应限制采样间隔 Δt，使得

$$\omega_0 \Delta t \leqslant \pi$$

即

$$\Delta t \leqslant \frac{\pi}{\omega_0}$$

采样定理也揭示了采样区间 Δt 的限值。采样定理指出，如果一个信号的最高频率成分是 $f_{\max}$，那么该信号应该以至少 $2f_{\max}$ 的速率采样，采样数据才能完整地描述该信号。这意味着

$$\frac{1}{\Delta t} \geqslant 2f_{\max}$$

式中，$1/\Delta t$ 为采样频率或采样速率，由正弦信号 $\omega_0 = 2\pi f_{\max}$，可得出 Δt 的限值为 π/ω_0。

例 3.5　考虑连续时间正弦函数信号 $y(t) = \sin(\omega_0 t)$，其中 $\omega_0 = 2$ rad/s。求分别描述采样间隔为 $\Delta t = 0.25\pi/\omega_0$ 和 $\Delta t = 0.5\pi/\omega_0$ 的正弦信号的离散时间状态空间模型，并计算对应的特征值变化。

解 当 $\Delta t = 0.25\pi/\omega_0$ 时，$\sin(\omega_0\Delta t) = \cos(\omega_0\Delta t) = 0.7071$。因此，描述离散时间正弦信号的状态空间模型变为

$$\begin{bmatrix} x_1(k+1) \\ x_2(k+1) \end{bmatrix} = \begin{bmatrix} 0.7071 & 0.7071 \\ -0.7071 & 0.7071 \end{bmatrix} \begin{bmatrix} x_1(k) \\ x_2(k) \end{bmatrix}$$

$$y(k) = \begin{bmatrix} 1 & 0 \end{bmatrix} x(k)$$

特征值为 $0.7071 \pm j0.7071$。当 $\Delta t = 0.5\pi/\omega_0$ 时，$\sin(\omega_0\Delta t) = 1$，$\cos(\omega_0\Delta t) = 0$。离散时间状态空间模型变为

$$\begin{bmatrix} x_1(k+1) \\ x_2(k+1) \end{bmatrix} = \begin{bmatrix} 0 & 1 \\ -1 & 0 \end{bmatrix} \begin{bmatrix} x_1(k) \\ x_2(k) \end{bmatrix}$$

$$y(k) = \begin{bmatrix} 1 & 0 \end{bmatrix} x(k)$$

特征值为 $\pm j1$。

作为一个示例，当 $\omega_0 = 2\text{rad/s}$ 时，图 3.3(a) 显示了 $\omega_0\Delta t = 0.25\pi$ 的离散时间正弦信号，图 3.3(b) 显示了 $\omega_0\Delta t = 0.5\pi$ 的情况。可以看出，$\omega_0\Delta t = 0.25\pi$ 时，离散时间正弦信号仍为原始形态。但是，当 $\omega_0\Delta t = 0.5\pi$ 时，原来的正弦信号变成了三角信号。

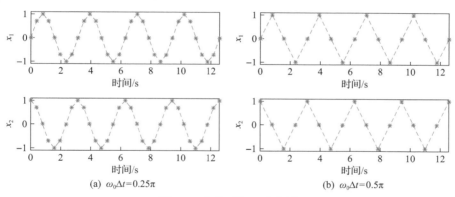

(a) $\omega_0\Delta t = 0.25\pi$ (b) $\omega_0\Delta t = 0.5\pi$

图 3.3 离散时间正弦信号

例 3.6 求下列系统的离散时间状态空间模型：

$$\dot{x}(t) = A_c x(t) + B_c u(t) \tag{3.28}$$

$$y(t) = C_c x(t) \tag{3.29}$$

式中，系统矩阵为

$$A_c = \begin{bmatrix} -10 & 0.5 & 0 & 0 \\ -0.1 & -1 & 3 & 0 \\ 0.6 & 0 & -10 & -50 \\ 0 & 0 & 1 & 0 \end{bmatrix}; \quad B_c = \begin{bmatrix} 1 \\ 0 \\ 1 \\ 1 \end{bmatrix}$$

$$C_c = \begin{bmatrix} 1 & 1 & 1 & 1 \end{bmatrix}$$

采样间隔 Δt 分别等于 0.01、0.1 和 1。分析离散时间模型的特征值的变化。

解 利用 MATLAB 函数 c2dm.m 求得离散时间状态空间模型。定义连续时间系统矩阵 A_c、B_c、C_c 及 Δt，利用下列代码即可求出离散时间状态空间模型：

```
[Am,Bm,Cm,Dm]=c2dm(Ac,Bc,Cc,0,Deltat,'zoh');
```

式中，D_c 参数为零，我们选择在离散化中使用零阶保持器。作为一个示例，我们可以证明当 $\Delta t = 0.1$ 时，可得到下列系统矩阵：

$$A_m = \begin{bmatrix} 0.3678 & 0.0298 & 0.0036 & -0.0074 \\ -0.0016 & 0.9048 & 0.1642 & -0.5119 \\ 0.0197 & 0.0007 & 0.2416 & -2.9080 \\ 0.0015 & 0.0000 & 0.0582 & 0.8231 \end{bmatrix}; \quad B_m = \begin{bmatrix} 0.0632 \\ -0.0088 \\ -0.1173 \\ 0.0971 \end{bmatrix}$$

A_m 和 B_m 矩阵的数据结构中没有太多的模式。不过，对于离散时间系统的特征值，模式则更加清晰。连续时间系统的特征值为 $\lambda_1 = -9.9743$，$\lambda_{2,3} = -5.0088 \pm j4.9890$，$\lambda_4 = -1.0080$。离散时间系统的特征值为 $\gamma_1 = e^{\lambda_1 \Delta t}$，$\gamma_{2,3} = e^{\lambda_{2,3} \Delta t}$，$\gamma_4 = e^{\lambda_4 \Delta t}$。我们观察到，当 $\Delta t = 0.01$ 时，所有四个特征值都收敛到复平面上的值 1（图 3.4（a），用 "○" 符号表示）。相反，当 $\Delta t = 1$ 时，可以看到特征值 γ_1 及 $\gamma_{2,3}$ 收敛到复平面的原点（图 3.4（a），用 "*" 符号表示）。而当 $\Delta t = 0.1$ 时，图 3.4（b）表明四个特征值是不同的。由图 3.4（a）和（b）可知，当采样间隔 Δt 过小时，离散时间系统稳定特征值收敛到 1，当采样间隔 Δt 过大时，稳定特征值收敛到复平面原点。因此，在离散时间系统中采样间隔的选择是非常重要的，其直接影响系统的动态特性。

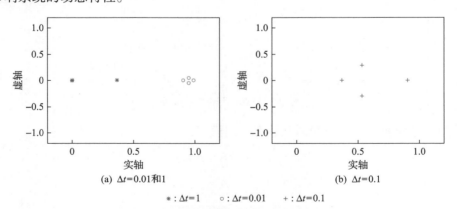

(a) $\Delta t = 0.01$ 和 1   (b) $\Delta t = 0.1$

* : $\Delta t = 1$ ○ : $\Delta t = 0.01$ + : $\Delta t = 0.1$

图 3.4 离散时间系统的特征值（例 3.6）

3.2.4 思考题

1. 采样时间 t_k、采样点 k 和采样间隔 Δt 之间存在什么关系？
2. Δt 的变化如何影响 $t_k - t_{k-1}$ 的数量？

3. 用于导出离散时间状态空间模型的输入信号 $u(t_k)$ 的关键假设是什么？

4. 如果满足了输入信号在采样时间内不变这一关键假设，是否可以说离散时间模型在采样时刻 k 是准确的？

5. 当没有采样瞬间之间的信息时，你认为假设输入信号为零阶保持器是最简单的方法吗？

6. 如果用一个线性函数替代两个采样瞬间之间的常数输入，你认为离散时间模型会更准确吗？

7. 假设离散时间系统描述为 $x(k+1) = -0.9x(k)$，这个系统稳定吗？

8. 假设 $x(k+1) = 1.1x(k)$ 且 $x(0) = 1$，当 $k \to \infty$ 时，是否有 $x(k) \to \infty$？

3.3　输入和输出离散时间模型

3.3.1　输入和输出模型

在离散时间中，定义了移位算子，将差分方程的运算转化为代数运算。通过移位算子，可以自然地得到更高阶的离散时间模型，将输入变量与输出变量联系起来。

将前移位算子的变量定义为 q，其中对于离散时间函数 $f(k)$，$k = \cdots, -2, -1, 0, 1, 2, \cdots$，有

$$qf(k) = f(k+1)$$

在 k 的范围内，前移位算子的逆被定义为 q^{-1}，称为后移位算子。对于离散时间函数 $f(k)$，有

$$q^{-1}f(k) = f(k-1)$$

前、后移位算子 (q, q^{-1}) 的引入，为我们提供了用代数运算处理差分方程的工具。

移位算子的一个直接应用是将离散时间状态空间模型转换为只有输入和输出变量的模型，即不包含状态变量。通过前移位算子 q，可得状态变量 $x(k+1) = qx(k)$，这样最初的状态空间模型：

$$x(k+1) = A_m x(k) + B_m u(k)$$

可以写作

$$qx(k) = A_m x(k) + B_m u(k) \tag{3.30}$$

通过差分运算转换为关于 q 的代数运算，状态变量 $x(k)$ 可表示为

$$x(k) = (qI - A_m)^{-1} B_m u(k) \tag{3.31}$$

与输出方程式 $y(k) = C_m x(k) + D_m u(k)$ 合并，$y(k)$ 表示为

$$y(k) = \left[C_m(qI - A_m)^{-1} B_m + D_m \right] u(k) \tag{3.32}$$

表达式 $C_m(qI - A_m)^{-1} B_m + D_m$ 将离散时间输入变量 $u(k)$ 与输出变量 $y(k)$ 联系起来。式 (3.32) 不包含状态变量 $x(k)$，模型仅包含输入和输出变量。

例 3.7 已知连续时间状态空间模型：

$$\dot{x}(t) = A_c x(t) + B_c u(t); \quad y(t) = C_c x(t)$$

式中，系统矩阵为

$$A_c = \begin{bmatrix} -1 & 0 \\ 0 & -2 \end{bmatrix}; \quad B_c = \begin{bmatrix} 1 \\ 2 \end{bmatrix}; \quad C_c = \begin{bmatrix} 1 & 1 \end{bmatrix}$$

通过前移位算子 q 求解输入 $u(k)$ 和输出 $y(k)$ 间的离散时间模型。假设初始条件 $x(0) = 0$。采样间隔 Δt 选为 0.1。

解 首先求离散时间状态空间模型：

$$x(k+1) = A_m x(k) + B_m u(k); \quad y(k) = C_m x(k)$$

因为 A_c 是一个对角矩阵，所以 $e^{A_c \Delta t}$ 也是一个对角矩阵，由此，可以用两个一阶分量得到它的解析解为

$$\begin{aligned} x_1(k+1) &= e^{-\Delta t} x_1(k) - \left(e^{-\Delta t} - 1 \right) u(k) \\ &= 0.9048 x_1(k) + 0.0952 u(k) \end{aligned}$$

$$\begin{aligned} x_2(k+1) &= e^{-2\Delta t} x_2(k) - \left(e^{-2\Delta t} - 1 \right) u(k) \\ &= 0.8187 x_2(k) + 0.1813 u(k) \end{aligned}$$

$$y(k) = x_1(k) + x_2(k)$$

令 $x_1(k+1) = q x_1(k)$，$x_2(k+1) = q x_2(k)$，则得到两个状态变量：

$$x_1(k) = \frac{0.0952}{q - 0.9048} u(k)$$

$$x_2(k) = \frac{0.1813}{q - 0.8187} u(k)$$

利用前移位算子，得到输出的表达式：

$$y(k) = \left(\frac{0.0952}{q - 0.9048} + \frac{0.1813}{q - 0.8187} \right) u(k) \tag{3.33}$$

$$= \frac{0.2764q - 0.2419}{q^2 - 1.7236q + 0.7408} u(k) \tag{3.34}$$

此外，这一关系可以表示为

$$\left(q^2 - 1.7236q + 0.7408\right)y(k) = (0.2764q - 0.2419)u(k)$$

通过算子 $q^2 y(k) = y(k+2)$、$qy(k) = y(k+1)$、$qu(k) = u(k+1)$ 的定义，得到了输入信号与输出信号之间没有状态变量的离散时间模型为

$$y(k+2) - 1.723y(k+1) + 0.7408y(k) = 0.2764u(k+1) - 0.2419u(k)$$

例 3.8 在例 3.7 的基础上，用后移位算子求解输入和输出间的离散时间模型。

解 在式 (3.34) 中分子分母同时乘以 q^{-2}，得到：

$$
\begin{aligned}
y(k) &= \frac{q^{-2}(0.2764q - 0.2419)}{q^{-2}\left(q^2 - 1.7236q + 0.7408\right)}u(k) \\
&= \frac{0.2764q^{-1} - 0.2419q^{-2}}{1 - 1.7236q^{-1} + 0.7408q^{-2}}u(k)
\end{aligned}
\tag{3.35}
$$

式 (3.35) 表示为

$$\left(1 - 1.7236q^{-1} + 0.7408q^{-2}\right)y(k) = \left(0.2764q^{-1} - 0.2419q^{-2}\right)u(k)$$

根据后移位算子的定义，即 $q^{-1}y(k) = y(k-1)$、$q^{-2}y(k) = y(k-2)$、$q^{-1}u(k) = u(k-1)$、$q^{-2}u(k) = u(k-2)$，得到以下差分方程：

$$y(k) - 1.723y(k-1) + 0.7408y(k-2) = 0.2764u(k-1) - 0.2419u(k-2)$$

由例 3.7 和例 3.8，我们能够看出移位算子在离散时间系统的动态描述中是灵活的，既可以选择用前移位算子来表示，也可以用后移位算子来表示。一般来说，如果需要处理实时数据，用后移位算子表示更合适，因为在采样时刻 k 时，可以得到输入和输出数据的过去值。

3.3.2 有限脉冲响应和阶跃响应模型

有限脉冲响应（FIR）模型广泛应用于系统辨识中——即从实验数据中获得数学模型。该模型假设所有特征值严格在单位圆内，即离散时间系统是稳定的，并利用后移位算子描述系统的动态。为了求出有限脉冲响应模型的一般表达式，我们考查式 (3.32)，其中假设 D_m 为零得到：

$$
\begin{aligned}
y(k) &= C_m\left(qI - A_m\right)^{-1}B_m u(k) \\
&= C_m\left(I - A_m q^{-1}\right)^{-1}q^{-1}B_m u(k) \\
&= \left[C_m B_m q^{-1} + C_m A_m B_m q^{-2} + \cdots + C_m A_m^{i-1}B_m q^{-i} + \cdots\right]u(k)
\end{aligned}
\tag{3.36}
$$

对于所有 i，$|\lambda_i(A_m)|<1$ 时，系统是稳定的，因此幂级数展开的系数收敛于零。所以，作为一种近似，可以认为离散时间模型式（3.36）中的项数有限。当输入信号 $u(k)$ 为克罗内克（Kronecker）脉冲函数 $\delta(k)$ 时，式（3.36）的系数构成系统的有限脉冲响应。$\delta(k)$ 为离散时间脉冲函数，定义为

$$u(k-i)=\delta(k-i)=\begin{cases}1, & k=i \\ 0, & k\neq i\end{cases}$$

类似地，存在一种阶跃响应模型。当输入信号 $u(k)$ 为阶跃信号时，$u(k)$ 定义为

$$u(k-i)=\begin{cases}1, & k\geqslant i \\ 0, & k<i\end{cases}$$

则阶跃响应模型的系数包括 $0(k=0)$、$C_mB_m(k=1)$、$C_mB_m+C_mA_mB_m(k=2),\cdots$，以及第 k 个系数 $\sum_{i=1}^{k}C_mA_m^{k-i}B_m$。

使用 FIR 模型或阶跃响应模型的一个优点是它们在提供系统的时滞信息方面是透明的。时滞描述了系统中输入信号的注入时间与其产生响应的另一个时间之间的间隔。在此基础上，我们假设系统时滞为 τ_d，如果选取采样间隔 Δt 为

$$\Delta t=\frac{\tau_d}{n_d}$$

为了简便，这里 n_d 是一个整数，那么离散时间的 FIR 或阶跃响应的时滞信息由零系数的个数来获得。时滞系统的有限脉冲响应模型变为

$$y(k)=\left[C_mA_m^{n_d-1}B_mq^{-n_d}+\cdots+C_mA_m^{i+n_d-1}B_mq^{-i-n_d}+\cdots\right]u(k)$$
$$=C_mA_m^{n_d-1}B_mu(k-n_d)+\cdots+C_mA_m^{i+n_d-1}B_mu(k-n_d-i)+\cdots$$

同样，对于阶跃响应模型，第一个 n_d 系数为零，以反映系统的时滞。

例 3.9　考虑拉普拉斯传递函数模型描述的连续时间系统：

$$G(s)=\frac{1}{(5s+1)^2}e^{-2s}$$

求离散时间阶跃模型和有限脉冲响应模型的系数，$k=0,1,2,\cdots,59$。采样间隔 $\Delta t=0.5$。

解　利用 Simulink 仿真技术生成阶跃响应模型 $g(k)$ 的系数（$k=0,1,2,\cdots,59$），这里的采样间隔 $\Delta t=0.5$。系数 $h(k)$ 通过 FIR 模型对 $g(k)$ 的差分运算得，即 $h(k)=g(k+1)-g(k)$。图 3.5（a）显示阶跃响应模型的系数，图 3.5（b）显示了 FIR 模型的系数。事实上，当 $n_d=\tau_d/\Delta t=2/0.5=4$ 时，FIR 模型和阶跃响应模型的前四个系数都为零，这表明系统中有时滞。

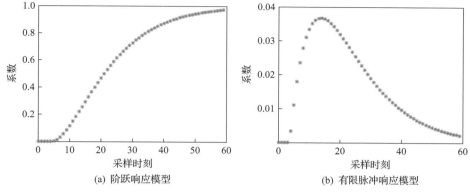

图 3.5　离散时间更高阶模型（例 3.9）

一般来说，假设输入信号中包含一个时滞为 τ_d 的连续系统，即

$$\dot{x}(t) = A_c x(t) + B_c u(t - \tau_d)$$

$$y(t) = C_c x(t)$$

如果采样间隔 Δt 选为 $\Delta t = \dfrac{\tau_d}{n_d}$，其中 n_d 是一个整数，那么离散时间模型的形式如下：

$$x(k+1) = A_m x(k) + B_m u(k - n_d) \tag{3.37}$$

$$y(k) = C_m x(k) \tag{3.38}$$

式中，$A_m = \mathrm{e}^{A_c \Delta t}$；$B_m = \left(\displaystyle\int_0^{\Delta t} \mathrm{e}^{A_c t} \mathrm{d}\tau \right) B_c$。这基于时滞采样个数 n_d 是整数的假设，那么，通过零阶保持器，在 $t_k \leqslant t < t_{k+1}$ 的每个间隔内，输入信号 $u(k - n_d)$ 都是一个常数。如果 $\tau_d / \Delta t$ 不是一个整数，则式(3.37)不成立，因为采样瞬间间隔内的时滞信号会改变，此时，我们需要一个更加全面的方案来处理这一局面（Astrom and Wittenmark, 1997）。

下面的例子显示了如何增广状态变量以便考虑状态空间模型中的时滞。

例 3.10　假设一个连续时间系统用状态空间模型描述如下：

$$\dot{x}(t) = A_c x(t) + B_c u(t - \tau_d); \quad y(t) = C_c x(t) \tag{3.39}$$

式中，时滞 $\tau_d = 3\mathrm{s}$，系统矩阵为

$$A_c = \begin{bmatrix} -0.1 & 0.2 \\ 0 & -0.5 \end{bmatrix}; \quad B_c = \begin{bmatrix} 1 \\ 1 \end{bmatrix}; \quad C_c = \begin{bmatrix} 1 & 1 \end{bmatrix}$$

若采样间隔 $\Delta t = 1\mathrm{s}$，求状态变量中包含时滞的离散时间状态空间模型。

解　首先，用 MATLAB 函数 c2dm.m 求离散时间系统矩阵：

```
[Am,Bm,Cm,Dm]=c2dm(Ac,Bc,Cc,0,deltat,'zoh');
```

即

$$x_m(k+1) = A_m x_m(k) + B_m u(k-n_d) \tag{3.40}$$

$$y(k) = C_m x_m(k) \tag{3.41}$$

式中，$n_d = 3$；A_m、B_m、C_m 为

$$A_m = \begin{bmatrix} 0.9048 & 0.1492 \\ 0 & 0.6065 \end{bmatrix}; \quad B_m = \begin{bmatrix} 1.0340 \\ 0.7869 \end{bmatrix}; \quad C_m = \begin{bmatrix} 1 & 1 \end{bmatrix}$$

现在，我们选择增广状态向量 $x(k)$ 以包含原始的 $x_m(k)$ 和过去的控制信号，即

$$x(k) = \begin{bmatrix} x_m(k)^{\mathrm{T}} & u(k-1) & u(k-2) & u(k-3) \end{bmatrix}^{\mathrm{T}}$$

得到状态空间模型：

$$x(k+1) = Ax(k) + Bu(k); \quad y(k) = Cx(k) \tag{3.42}$$

式中，增广系统矩阵为

$$A = \begin{bmatrix} 0.9048 & 0.1492 & 0 & 0 & 0 \\ 0 & 0.6065 & 0 & 0 & 0 \\ 0 & 0 & 0 & 0 & 0 \\ 0 & 0 & 1 & 0 & 0 \\ 0 & 0 & 0 & 1 & 0 \end{bmatrix}; \quad B = \begin{bmatrix} 1.0340 \\ 0.7869 \\ 1 \\ 0 \\ 0 \end{bmatrix}; \quad C = \begin{bmatrix} 1 & 1 & 0 & 0 & 0 \end{bmatrix}$$

注意，状态变量中包含过去的控制信号，因此增加了系统的模型阶数，其中 A 矩阵的三个特征值在复平面的原点。

3.3.3　非最小状态空间的实现

当选择状态变量对应一组被控对象的输入和输出变量时，状态的维数增加，状态空间模型不再是最小化的实现。这类模型被称为非最小状态空间（NMSS）模型，用于控制系统设计。下面的例子将展示如何将一个移位算子模型转变为一个非最小状态空间模型。

例 3.11　一个离散时间系统用下列模型描述：

$$y(k) = \frac{q-1.1}{(q-0.7)(q-0.9)} u(k) \tag{3.43}$$

用对应于测量的输入和输出变量 $u(k)$、$y(k)$ 的状态变量将该移位算子模型转变为 NMSS 模型。

解　我们用后移位算子来表示移位算子模型式（3.43），即

$$y(k) = \frac{q^{-1} - 1.1q^{-2}}{1 - 1.6q^{-1} + 0.63q^{-2}} u(k) \qquad (3.44)$$

对应的差分方程为

$$y(k) = 1.6y(k-1) - 0.63y(k-2) + u(k-1) - 1.1u(k-2) \qquad (3.45)$$

我们选择状态向量 $x_m(k) = \begin{bmatrix} y(k) & y(k-1) & u(k-1) \end{bmatrix}^T$，得到下列状态变量模型：

$$\begin{bmatrix} y(k+1) \\ y(k) \\ u(k) \end{bmatrix} = \overbrace{\begin{bmatrix} 1.6 & -0.63 & -1.1 \\ 1 & 0 & 0 \\ 0 & 0 & 0 \end{bmatrix}}^{A_m} \begin{bmatrix} y(k) \\ y(k-1) \\ u(k-1) \end{bmatrix} + \overbrace{\begin{bmatrix} 1 \\ 0 \\ 1 \\ 1 \end{bmatrix}}^{B_m} u(k) \qquad (3.46)$$

注意，状态向量 $x_m(k)$ 包含所有在采样时刻 k 测量或给定的变量，这意味着 $x_m(k)$ 可用于控制应用程序。

3.3.4　思考题

1. 对于下列状态空间模型：

$$x(k+1) = x(k) + u(k); \quad y(k) = 2x(k)$$

前移位算子的输入和输出模型是什么？后移位算子的模型是什么？

2. 接着上一个问题，用后移位算子中的模型，假设 $y(-1) = 0$，且 $u(k)$ 是一个单位阶跃信号，分别确定 $y(0)$，$y(1)$，$\cdots$，$y(6)$ 的值。关于信号 $y(k)$ 的轨迹，你有什么观察结果？

3. 第 2 题其他条件不变，但采用单位脉冲信号 $u(k)$。你观察到 $y(k)$ 的轨迹是什么？比较有限脉冲响应和阶跃响应下轨迹的差别。

4. 一个离散时间系统模型描述如下：

$$y(k) = \frac{0.9q^{-3}}{1 - 0.1q^{-1}} u(k) \qquad (3.47)$$

其对应的差分方程是什么？假设 $u(k)$ 是一个阶跃信号，$y(-1) = 0$，分别确定 $y(0)$，$y(1)$，$\cdots$，$y(8)$ 的值。关于信号 $y(k)$ 的轨迹，你有什么观察结果？

5. 对于题 4，改用前移位算子得到的式 (3.47) 的数学模型是什么？用前移位算子对应的差分方程是什么？

6. 通过用前移位算子得到的差分方程，如果想要得到与题 4 中 $y(k)$ 相同的轨迹，需要为 $y(k)$ 假设什么样的初始条件？

7. 你是否认为在处理实时数据时，使用带有后移位算子的模型可能更方便？

8. 一个离散时间系统由以下移位算子模型描述：

$$y(k) = \frac{0.3q^{-2} + 0.4q^{-3}}{\left(1 - 0.9q^{-1}\right)\left(1 - 0.8q^{-1}\right)} u(k)$$

该系统的非最小状态空间表达式是什么？该系统矩阵有多少特征值？它们在哪儿?

3.4　z 变换

3.4.1　常用信号的 z 变换

在离散时间系统里，对应拉普拉斯变换的是 z 变换。z 变换将无限时间序列 $f(k)$ 映射为复杂变量 z 的函数 $F(z)$，其中，$k = 0, 1, 2, \cdots$；$z = e^{j\omega}$，ω 在复平面的单位圆上变化（$-\pi \leqslant \omega \leqslant \pi$）。因此，有了 z 变换，我们就有了对离散时间系统进行频率响应分析的工具了。

更具体地说，对于离散时间信号 $f(k)$，它的 z 变换 $F(z) = Z[f(k)]$，定义为

$$F(z) = \sum_{k=0}^{\infty} f(k) z^{-k} \tag{3.48}$$

z 变换的逆为下列积分：

$$f(k) = \frac{1}{2\pi j} \oint F(z) z^{k-1} \mathrm{d}z \tag{3.49}$$

式中，积分的范围包括了 $F(z)$ 的所有奇异点。

以下例子演示了如何得到常用输入信号的 z 变换。

例 3.12　当输入信号是克罗内克脉冲函数 $\delta(k)$ 时，即定义如下的离散时间脉冲函数：

$$\delta(k) = \begin{cases} 1, & k = 0 \\ 0, & k \neq 0 \end{cases}$$

求它的 z 变换。

解　由 z 变换的定义，我们得到：

$$\begin{aligned} Z[\delta(k)] &= \sum_{k=0}^{\infty} \delta(k) z^{-k} \\ &= 1 \end{aligned} \tag{3.50}$$

因为 $\delta(0) = 1, \delta(2) = \delta(3) = \cdots = 0$。

例 3.13　一个单位阶跃输入信号 $u(k)$ 定义为

$$u(k) = \begin{cases} 1, & k \geqslant 0 \\ 0, & k < 0 \end{cases}$$

求它的 z 变换。

解　由 z 变换的定义，我们得到：

$$Z[u(k)] = \sum_{k=0}^{\infty} z^{-k}$$

可以写作

$$\sum_{k=0}^{\infty} z^{-k} = 1 + z^{-1} + z^{-2} + \cdots + z^{-m} + \cdots$$

$$= 1 + z^{-1} \sum_{k=0}^{\infty} z^{-k}$$

因此，$(1 - z^{-1}) \sum_{k=0}^{\infty} z^{-k} = 1$，得到

$$Z[u(k)] = \frac{1}{1 - z^{-1}} \tag{3.51}$$

例 3.14　若输入信号 $u(k)$ 是一个斜坡信号：

$$u(k) = \begin{cases} k, & k \geqslant 0 \\ 0, & k < 0 \end{cases}$$

求它的 z 变换。

解　由 z 变换的定义，有以下展开：

$$Z[u(k)] = \sum_{k=0}^{\infty} k z^{-k} = 0 + z^{-1} + 2z^{-2} + 3z^{-3} + \cdots$$

对于上述无限序列，我们得到以下等式：

$$(1 - 2z^{-1} + z^{-2}) \sum_{k=0}^{\infty} k z^{-k} = z^{-1}$$

得到斜坡信号 $u(k)$ 的 z 变换为

$$Z[u(k)] = \sum_{k=0}^{\infty} k z^{-k} = \frac{z^{-1}}{1 - 2z^{-1} + z^{-2}} \tag{3.52}$$

例 3.15　已知离散时间的一个正弦输入信号如下：

$$u(k) = a_m \cos(\omega_0 \Delta t k + \varphi) = a_m \cos(\omega_d k + \varphi)$$

式中，$\omega_d = \omega_0 \Delta t$，为离散时间频率。求该正弦信号的 z 变换。

解　考虑以下等式：

$$a_m\cos(\omega_d k + \varphi) = \frac{a_m}{2}\left[e^{j\varphi}e^{j\omega_d k} + e^{-j\varphi}e^{-j\omega_d k}\right]$$

由 z 变换的定义，得出

$$Z[u(k)] = \frac{a_m}{2}\left[e^{j\varphi}\sum_{k=0}^{\infty}e^{j\omega_d k}z^{-k} + e^{-j\varphi}\sum_{k=0}^{\infty}e^{-j\omega_d k}z^{-k}\right]$$

由幂级数展开式（Kreyszig, 2006），得出：

$$\sum_{k=0}^{\infty}e^{j\omega_d k}z^{-k} = \frac{1}{1-e^{j\omega_d}z^{-1}}$$

$$\sum_{k=0}^{\infty}e^{-j\omega_d k}z^{-k} = \frac{1}{1-e^{-j\omega_d}z^{-1}}$$

从而得出：

$$\begin{aligned}Z[u(k)] &= \frac{a_m}{2}\left[\frac{e^{j\varphi}}{1-e^{j\omega_d}z^{-1}} + \frac{e^{-j\varphi}}{1-e^{-j\omega_d}z^{-1}}\right]\\ &= a_m\frac{\cos\varphi - \cos(\omega_d - \varphi)z^{-1}}{1-2\cos\omega_d z^{-1} + z^{-2}}\end{aligned} \tag{3.53}$$

这里利用了等式：

$$2\cos\alpha = e^{j\alpha} + e^{-j\alpha}$$

基于欧拉公式：

$$e^{j\alpha} = \cos\alpha + j\sin\alpha$$

在 $\varphi = 0$ 的情况下，有

$$Z[u(k)] = a_m\frac{1-\cos\omega_d z^{-1}}{1-2\cos\omega_d z^{-1} + z^{-2}}$$

当 $\varphi = \pi/2$ 时，$u(k) = a_m\sin(\omega_d k)$，那么

$$Z[a_m\sin(\omega_d k)] = a_m\frac{\sin\omega_d z^{-1}}{1-2\cos\omega_d z^{-1} + z^{-2}} \tag{3.54}$$

3.4.2　z 变换函数

假设一个离散系统有一个单输入 $u(k)$ 和一个单输出 $y(k)$，且它们各自的 z 变换为 $U(z)$ 和 $Y(z)$。该系统的 z 变换函数写作：

$$G(z) = \frac{Y(z)}{U(z)} = \frac{b_1 z^{n-1} + b_2 z^{n-2} + \cdots + b_n}{z^n + a_1 z^{n-1} + a_2 z^{n-2} + \cdots + a_n} \tag{3.55}$$

与 z 变换函数相关的是离散时间系统的极点和零点。离散时间系统的极点是以下多项式方程(式(3.55)的分母)的解：

$$z^n + a_1 z^{n-1} + a_2 z^{n-2} + \cdots + a_n = 0 \tag{3.56}$$

离散系统的零点是下列多项式方程(式(3.55)的分子)的解：

$$b_1 z^{n-1} + b_2 z^{n-2} + \cdots + b_n = 0 \tag{3.57}$$

z 变换函数的阶数与多项式方程式(3.56)确定的极点个数相等，可以用前移位算子形式表示。

将传递函数式(3.55)用前移位算子表示。通过在式(3.55)的分子、分母同时乘以 z^{-n}，我们得到相同的传递函数，其形式为后移位算子。

$$G(z) = \frac{Y(z)}{U(z)} = \frac{b_1 z^{-1} + b_2 z^{-2} + \cdots + b_n z^{-n}}{1 + a_1 z^{-1} + a_2 z^{-2} + \cdots + a_n z^{-n}} \tag{3.58}$$

本节对 z 变换的特性总结如下。

(1)线性。假设 $w(k)$ 和 $v(k)$ 的 z 变换分别为 $W(z) = Z[w(k)]$ 和 $V(z) = Z[v(k)]$。如果 $y(k) = c_1 w(k) + c_2 v(k)$，其中，$c_1$ 和 c_2 为常数，那么有

$$Z[y(k)] = c_1 W(z) + c_2 V(z) \tag{3.59}$$

(2)后移位特性。假设 $f(k)$ 的 z 变换为 $F(z)$ 且 $y(k) = f(k-m)$，其中 $m \geqslant 0$，且是整数，则有

$$Y(z) = z^{-m} F(z) \tag{3.60}$$

(3)前移位特性。假设 $f(k)$ 的 z 变换为 $F(z)$，且 $y(k) = f(k+m)$，则有

$$Y(z) = z^m F(z) - z^m \sum_{i=0}^{m-1} f(i) z^{-i} \tag{3.61}$$

式中，m 为一个正整数。例如，设 $m=3$，那么

$$Y(z) = z^3 F(z) - \left(z^3 f(0) + z^2 f(1) + z f(2) \right)$$

(4)卷积和。假设 $f(k)$ 和 $g(k)$ 的 z 变换分别为 $F(z)$ 和 $G(z)$。那么卷积和的 z 变换为

$$Z\left[\sum_{i=0}^{k} f(i)g(k-i)\right] = F(z)G(z) \tag{3.62}$$

(5)终值定理。终值定理为我们分析离散时间系统提供了重要工具。离散时间系统的终值定理指出，假设 $f(k)$ 的 z 变换为 $F(z)$，$(1-z^{-1})F(z)$ 在单位圆上或单位圆以外没有极点，那么有

$$\lim_{k\to\infty} f(k) = \lim_{z\to 1}\left(1-z^{-1}\right)F(z) \tag{3.63}$$

通过比较 z 变换与 3.3.1 节介绍的移位算子 q，得出几点结论如下。

(1)z 变换在概念上不同于移位算子 q，其中变量 z 被定义为一个复变量：$z = e^{j\omega}$，ω 在复平面的单位圆上变化（$-\pi \le \omega \le \pi$），而移位算子 q 代表一种将差分方程转化为代数运算的数学运算。

(2)注意，在 z 变换中，有后移位的特性（见式(3.60)）。z 变换的后移位特性指出，如果 $y(k) = f(k-m)$（m 为正整数），则有

$$Y(z) = z^{-m}F(z)$$

相比之下，对于后移位算子，如果 $y(k) = f(k-m)$ 且对 $y(k)$ 进行后移位运算，则有

$$q[y(k)] = q^{-m}f(k)$$

我们熟悉离散时间模型后，在实践中，已知一个传递函数模型，我们通常直接用移位算子 q^{-1} 代替 z^{-1}，从而得到时域上的差分方程。相反，已知一个移位算子模型，我们直接用 z^{-1} 代替 q^{-1}，从而得到频响分析。从中看出，离散时间模型为我们提供了一种灵活性，可以在时域和频域之间进行交换，而无须太多复杂计算。

(3)模型的阶数、极点和零点可以用 z 变换函数以前移位形式计算。

3.4.3　思考题

1. 阶跃信号的 z 变换极点在哪里？它与信号的幅值有关吗？
2. 斜坡信号的 z 变换极点在哪里？
3. 正弦信号的 z 变换极点在哪里？取决于什么？
4. 对于这些常用的信号，关于极点的位置，你有何观察发现？
5. 信号 $y(k) = ak$ 的 z 变换是什么？
6. $y(k) = ak$ 的 z 变换的极点位置在哪里？假设 $a = 0.8$，求 $y(k)(k = 0,1,2,\cdots,6)$。用 $a = 1.1$ 重复相同的练习。关于 a 的值、极点的位置以及序列在时域的表现，你有什么观察发现？
7. 假设一个离散时间系统用 z 变换函数描述为

$$G(z) = \frac{0.1}{z - 0.8}$$

输入信号 $u(k)$ 和用前移位算子的输出信号 $y(k)$ 对应的差分方程是什么？

8. 已知一个系统的 z 变换函数为

$$G(z) = \frac{0.8}{z - 0.2} \tag{3.64}$$

假设输入信号 $u(k)$ 是一个单位阶跃，输出 $y(k)$ 的最终值是什么？计算 $y(k)(k = 0, 1, \cdots, 6)$。你认为 $y(k)$ 的轨迹会收敛于最终值吗？

9. 如果输入信号是一个正弦信号，对于式 (3.64) 给定的相同系统，随着 $k \to \infty$，我们可以用终值定理确定 $y(k)$ 的值吗？如果不能，为什么？

3.5　本　章　小　结

在这一章，我们讨论了连续时间系统的采样、离散时间状态空间模型、离散时间输入和输出模型以及 z 变换。本章的重要内容总结如下。

（1）从连续时间状态空间模型的采样推导出离散时间状态空间模型。假设在输入信号中使用零阶保持器，离散时间模型在采样瞬间 k 处是准确的。

（2）离散时间模型的稳定性是由系统矩阵 A_m 的特征值的位置决定的。为了使一个离散时间系统稳定，所有特征值必须严格地在复平面的单位圆内。

（3）我们讨论了常见的连续时间信号的采样问题。这些信号的离散时间模型将在后面章节的离散时间系统设计中用到。

（4）离散时间模型的特征值与其对应的连续时间模型直接相关。

（5）移位算子的概念（前移位算子及后移位算子），在离散时间系统中很重要。引入移位算子为我们用代数运算处理差分方程提供了工具。

（6）离散时间系统中的时滞用延迟采样个数 n_d 来计算，$n_d = \tau_d / \Delta t$，是一个整数，τ_d 是连续时间内的时间延迟。时间延迟的影响在有限脉冲响应模型和阶跃响应模型中得到了揭示。

在离散时间系统中对应连续系统中的拉普拉斯变换的是 z 变换。z 变换为我们对离散时间系统进行频率分析提供了工具。利用 z 变换，定义了离散时间系统的 z 变换函数。离散时间系统的阶数等于 z 变换函数的极点数。延迟采样的个数与复平面原点上的极点个数相对应。

3.6　更　多　资　料

（1）关于离散系统的教材包括：Astrom 和 Wittenmark (1997)、Chen (1998)、Bay (1999)、Veloni 和 Miridakis (2017)。

（2）讨论连续时间信号和系统的采样问题的著作有 Kalman 和 Bertram (1959)、Feuer

和 Goodwin（1997）、Astrom 和 Wittenmark（1997）。

（3）关于系统辨识的书籍很多，如 Goodwin 和 Sin（1984）、Ljung（1999）、Soderstrom 和 Stoica（1989）、Young（2012）、Soderstrom（2018）。

（4）关于线性代数和矩阵计算的书籍有 Demmel（1997）、Trefethen 和 Bau Ⅲ（1997）、Watkins（2004）、Lax（2007）。

习　题

3.1　已知连续时间状态空间模型：

$$\dot{x}(t) = A_c x(t) + B_c u(t); \quad y(t) = C_c x(t)$$

分别求对应的离散时间状态空间模型，并确定它的特征值，判断该离散系统的稳定性。讨论连续时间和离散时间模型的特征值之间的关系。建议用 MATLAB 函数 c2dm.m 进行离散化。假设矩阵 D_c 为零。

（1）$A_c = \begin{bmatrix} -1 & 0 \\ 2 & -3 \end{bmatrix}; \quad B_c = \begin{bmatrix} 1 & 1 \\ 0 & 2 \end{bmatrix}; \quad C_c = \begin{bmatrix} 1 & 0 \end{bmatrix}$

采样间隔 $\Delta t = 0.1$。

（2）$A_c = \begin{bmatrix} 1 & 2 & 3 \\ 1 & 1 & 2 \\ 0 & 2 & -1 \end{bmatrix}; \quad B_c = \begin{bmatrix} 1 \\ 2 \\ 1 \end{bmatrix}; \quad C_c = \begin{bmatrix} 1 & 2 & 1 \\ 0 & 1 & 2 \end{bmatrix}$

采样间隔 $\Delta t = 0.2$。

（3）$A_c = \begin{bmatrix} -2 & 3 & 0 & 0 \\ 2 & -3 & 2 & 0 \\ 1 & 2 & -1 & 0 \\ 1 & 2 & 0 & -6 \end{bmatrix}; \quad B_c = \begin{bmatrix} 2 & 1 \\ 1 & 0 \\ 2 & 2 \\ 0 & 3 \end{bmatrix}; \quad C_c = \begin{bmatrix} 1 & 0 & 0 & 0 \\ 0 & 1 & 0 & 0 \end{bmatrix}$

采样间隔 $\Delta t = 0.3$。

3.2　已知以下连续时间传递函数模型 $G(s)$，求对应的离散时间状态空间模型，并确定其特征值，判断该离散时间系统的稳定性。讨论连续时间传递函数的极点和离散时间模型的特征值之间的关系。建议：①用 MATLAB 函数 tf.m 输入传递函数模型；②用 MATLAB 函数 ssdata.m 将传递函数模型转换为状态空间模型；③用 MATLAB 函数 c2dm.m 得到离散时间状态空间模型。

（1）$G(s) = \dfrac{1}{s^2 + 2\xi w_n s + w_n^2}$

式中，$w_n = 2$；$\xi = 0.707$。$\Delta t = 0.05$。

（2）$G(s) = \begin{bmatrix} \dfrac{1}{s+1} & \dfrac{1}{s+3} \\ \dfrac{2}{s+4} & \dfrac{3(-s+3)}{(s+5)(s+10)} \end{bmatrix}$

采样间隔 $\Delta t = 0.06$ 。

$$(3)\ G(s) = \begin{bmatrix} \dfrac{-s+2}{(s+1)^3} & 0 & \dfrac{0.1}{s+1} \\[2mm] \dfrac{-1}{(s+2)(s+0.5)} & \dfrac{0.5}{(s+3)^2} & 0 \\[2mm] 0 & 0 & \dfrac{s+2}{s^2+0.1s+2} \end{bmatrix}$$

采样间隔 $\Delta t = 0.05$ 。

3.3　已知一个连续时间传递函数模型 $G(s)$ 有一个时滞，其中：

$$G(s) = \frac{0.5\mathrm{e}^{-3s}}{(s+0.1)(s+0.2)^2}$$

求离散时间状态空间模型：

$$x(k+1) = A_m x(k) + B_m u(k-n_d);\quad y(k) = C_m x(k)$$

并确定 A_m 矩阵的特征值及参数 n_d（即延迟采样的个数）。采样间隔 Δt 选为 0.2。

3.4　连续时间系统用下列传递函数描述：

$$G(s) = \frac{\mathrm{e}^{-8s}}{(10s+1)^3}$$

编写 Simulink 程序以计算它的阶跃响应，采样间隔 $\Delta t = 1\mathrm{s}$ ，仿真时间 $T_{\mathrm{sim}} = 200\mathrm{s}$ 。

（1）用图形的形式表示 $t = 0, \Delta t, \cdots, T_{\mathrm{sim}}$ 时的阶跃响应系数。

（2）当 $\Delta t = 4\mathrm{s}$ 时，用 Simulink 程序重复阶跃响应系数的计算。以图形的形式对采样间隔 $\Delta t = 4\mathrm{s}$ 的阶跃响应和以前的响应进行比较。观测分析模型系数的个数及系数值随采样间隔 Δt 的变化。

3.5　在习题 3.4 的基础上。用阶跃响应系数的差分运算计算脉冲响应系数。将 $\Delta t = 1$ 和 $\Delta t = 4$ 的两组脉冲响应系数进行图解比较。观测分析模型系数的个数、脉冲响应系数的值与采样间隔 Δt 的变化。

3.6　已知有限脉冲响应模型差分方程描述如下：

$$y(k) = 0.6u(k-3) + 0.5u(k-4) + 0.2u(k-5) + 0.1u(k-6) + 0.01u(k-7)$$

求状态空间模型：

$$x(k+1) = A_m x(k) + B_m u(k);\quad y(k) = C_m x(k)$$

式中，状态变量选为

$$x(k) = \begin{bmatrix} u(k-1) & u(k-2) & \cdots & u(k-7) \end{bmatrix}^{\mathrm{T}}$$

3.7 假设一个二输入-二输出的离散时间系统用有限脉冲响应模型描述，其 z 变换函数如下：

$$G(z) = h_2 z^{-2} + h_3 z^{-3} + h_4 z^{-4} + h_5 z^{-5}$$

式中，系数矩阵为

$$h_2 = \begin{bmatrix} 0 & 0.1 \\ 0.2 & 0 \end{bmatrix}; \quad h_3 = \begin{bmatrix} 0.6 & -0.1 \\ 0 & 0 \end{bmatrix}; \quad h_4 = \begin{bmatrix} 0.1 & -0.05 \\ -0.1 & 0.4 \end{bmatrix}; \quad h_5 = \begin{bmatrix} 0.01 & 0 \\ 0 & 0.1 \end{bmatrix}$$

将该 z 变换函数转换为状态空间模型：

$$x(k+1) = A_m x(k) + B_m u(k); \quad y(k) = C_m x(k)$$

式中，状态变量选为

$$x(k) = \begin{bmatrix} u(k-1)^{\mathrm{T}} & u(k-2)^{\mathrm{T}} & \cdots & u(k-5)^{\mathrm{T}} \end{bmatrix}^{\mathrm{T}}$$

有限脉冲响应模型用于描述具有时滞的多输入-多输出系统时，其优点是什么？

3.8 已知系统的离散状态空间方程：

$$\begin{bmatrix} x_1(k+1) \\ x_2(k+1) \end{bmatrix} = \begin{bmatrix} 1 & 0 \\ 1 & 1 \end{bmatrix} \begin{bmatrix} x_1(k) \\ x_2(k) \end{bmatrix} + \begin{bmatrix} 1 \\ 0 \end{bmatrix} u(k)$$

$$y(k) = \begin{bmatrix} 0 & 1 \end{bmatrix} \begin{bmatrix} x_1(k) \\ x_2(k) \end{bmatrix}$$

且 $y(1) = 0; y(2) = 1; u(1) = 1; u(2) = -1$。

确定当 $k=3$ 时，$x(k) = \begin{bmatrix} x_1(k) & x_2(k) \end{bmatrix}^{\mathrm{T}}$ 的值。

3.9 假设输入是一个单位阶跃，用终值定理确定下列系统的 $\lim\limits_{k \to \infty} y(k)$。

（1）$Y(z) = \dfrac{z - 0.6}{(z - 0.1)(z - 0.9)} z^{-3} U(z)$。

（2）$x(k+1) = A_m x(k) + B_m u(k); y(k) = C_m x(k)$：

式中，$A_m = \begin{bmatrix} 0.1 & 2 \\ 0 & 0.8 \end{bmatrix}; \quad B_m = \begin{bmatrix} 0.3 & 0 \\ 0.5 & 0.1 \end{bmatrix}; \quad C_m = \begin{bmatrix} 1 & 0.5 \\ 0 & 1 \end{bmatrix}$。

3.10 确定下列系统的极点、零点和稳定性。

（1）$G(z) = \dfrac{1 - 0.3z^{-1}}{\left(1 - 0.4z^{-1}\right)\left(1 - 0.5z^{-1}\right)\left(1 - 1.1z^{-1}\right)} z^{-3}$。

（2）$x(k+1) = A_m x(k) + B_m u(k-3); y(k) = C_m x(k)$。

式中，$A_m = \begin{bmatrix} 0.3 & \\ -0.1 & 0.8 \end{bmatrix}; \quad B_m = \begin{bmatrix} 1 & 0 \\ 0.5 & 0.1 \end{bmatrix}; \quad C_m = \begin{bmatrix} 1 & 0 \\ 0 & 1 \end{bmatrix}$。

3.11　计算下列系统的频率响应，在计算中可以应用 MATLAB 函数 freqz.m。

（1）$G(z) = \dfrac{1 - 0.3z^{-1}}{\left(1 - 0.6z^{-1}\right)\left(1 - 0.9z^{-1}\right)} z^{-3}$。

（2）$x(k+1) = A_m x(k) + B_m u(k); y(k) = C_m x(k)$：

式中，$A_m = \begin{bmatrix} 0.3 & \\ -0.1 & 0.8 \end{bmatrix}$；$B_m = \begin{bmatrix} 1 & 0 \\ 0.5 & 0.1 \end{bmatrix}$；$C_m = \begin{bmatrix} 1 & 0 \\ 0 & 1 \end{bmatrix}$。

3.12　假设离散时间系统：

$$y(k) - 1.0y(k-1) + 0.4y(k-2) = 0.2u(k-1) + 0.3u(k-2)$$

由 $u(k) = K(r(k) - y(k))$ 进行控制，其中，$r(k)$ 为参考信号。假设 $K = 0.8$，该闭环系统稳定吗？通过计算闭环极点找到问题的答案。用闭环仿真观察输出响应，证明你的答案。在你的仿真里，假设 $k \geqslant 0$ 时，$r(k) = 1$；$k < 0$ 时，$r(k) = 0$。用终值定理计算输出的稳态值，并将计算结果与你的仿真结果进行比较。

第 4 章　离散时间状态反馈控制

4.1　概　　述

离散时间状态反馈控制系统与连续时间状态反馈控制系统有很多相似之处，但离散时间状态反馈控制系统也有自己的显著特征。

本章首先介绍离散时间中的状态反馈控制（见 4.2 节）。通过一个简单的例子，4.2 节重点介绍了离散时间中极点配置控制器的设计和期望离散时间极点的选择。另外，4.2 节还解释在离散时间中的可控性。4.3 节讲了观测器和可观性方面的主题。对于一个多输入或多输出的系统，离散时间线性二次型调节器（DLQR）提供了最优控制器和观测器的设计，并在 4.4 节中讨论了这一主题。4.5 节介绍了具有设定稳定度的 DLQR，并通过案例研究演示了它的应用。

4.2　离散时间状态反馈控制基础

4.2.1　基本概念

假设一个离散时间状态空间模型用下列差分方程描述：

$$x(k+1) = Ax(k) + Bu(k) \tag{4.1}$$

式中，状态变量 $x(k)$ 的维数为 $n \times 1$；输入变量 $u(k)$ 的维数为 $m \times 1$。假设状态变量 $x(k)$ 经过测量，状态反馈控制利用下式生成具有状态反馈控制器增益矩阵 K 的控制信号 $u(k)$：

$$u(k) = -Kx(k)$$

式中，K 为维数为 $m \times n$ 的增益矩阵。对于调节控制，没有明确的参考信号或输出信号，控制目标是利用控制信号 $u(k)$ 使某个 $x(0) \neq 0$ 的初始状态为零，即当 $k \to \infty$ 时，$x(k) \to 0$。通过将控制信号 $u(k)$ 代入离散时间状态空间模型式（4.1）形成闭环系统，得出：

$$x(k+1) = (A - BK)x(k) \tag{4.2}$$

调节控制的目标是建立一个具有满意动态性能的稳定闭环系统式（4.2）。该离散时间系统的闭环特征值为以下特征方程式的解：

$$\det(zI - (A - BK)) = 0 \tag{4.3}$$

设计目标包括：对 K 的选择，以确保闭环系统矩阵 $A - BK$ 严格地处于单位圆内；闭环系统具有满意的动态性能。在调节控制的应用中，$x(k)$ 定义为 $x(k) = X(k) - x^{ss}$，式中，

$X(k)$ 对应实际的物理变量，x^{ss} 对应这些物理变量的稳态工作点。本质上，调节控制使状态变量保持在稳态工作点附近，即 $X(k) \to x^{\text{ss}}$。处于稳态工况的风力涡轮机的驱动系统控制是调节控制方面的一个很好的实例(见 2.4.4 节)。

离散时间中的状态反馈控制系统与连续时间状态反馈控制系统有很多相似的特征、性质和设计方法，其中包括式(4.3)中相同的特征方程的表达式。不同之处在于，离散时间状态反馈控制系统的期望闭环特征值的位置必须在单位圆内。对于熟悉连续时间状态反馈控制系统的人而言，关注二者的差别，这有利于快速获取新的知识。

例 4.1　由例 3.3 可以得到双积分器的离散时间模型：

$$\begin{bmatrix} x_1(k+1) \\ x_2(k+1) \end{bmatrix} = \begin{bmatrix} 1 & \Delta t \\ 0 & 1 \end{bmatrix} \begin{bmatrix} x_1(k) \\ x_2(k) \end{bmatrix} + \begin{bmatrix} \dfrac{1}{2}\Delta t^2 \\ \Delta t \end{bmatrix} u(k)$$

$$y(k) = \begin{bmatrix} 1 & 0 \end{bmatrix} x(k) \tag{4.4}$$

求离散时间状态反馈控制器增益矩阵 K，使得闭环系统的系统特征值在 α_1 和 α_2，其中 $0 \leqslant \alpha_1 < 1, 0 \leqslant \alpha_2 < 1$。并讨论 K 与采样间隔 Δt 和闭环特征值位置的关系。

解　控制信号表示为

$$u(k) = -\begin{bmatrix} k_1 & k_2 \end{bmatrix} \begin{bmatrix} x_1(k) \\ x_2(k) \end{bmatrix}$$

所以，闭环系统矩阵为

$$\begin{aligned} A - BK &= \begin{bmatrix} 1 & \Delta t \\ 0 & 1 \end{bmatrix} - \begin{bmatrix} \dfrac{1}{2}\Delta t^2 \\ \Delta t \end{bmatrix} \begin{bmatrix} k_1 & k_2 \end{bmatrix} \\ &= \begin{bmatrix} 1 - \dfrac{1}{2}\Delta t^2 k_1 & \Delta t - \dfrac{1}{2}\Delta t^2 k_2 \\ -\Delta t k_1 & 1 - \Delta t k_2 \end{bmatrix} \end{aligned} \tag{4.5}$$

期望的闭环特征多项式选为

$$(z - \alpha_1)(z - \alpha_2) = z^2 - (\alpha_1 + \alpha_2)z + \alpha_1 \alpha_2$$

令实际的闭环特征多项式等于期望的闭环特征多项式，即

$$\det(zI - (A - BK)) = z^2 - (\alpha_1 + \alpha_2)z + \alpha_1 \alpha_2$$

式中，矩阵 $A - BK$ 由式(4.5)得出。通过比较 z 的系数，我们求得控制器增益为

$$k_1 = \frac{\alpha_1 \alpha_2 - (\alpha_1 + \alpha_2) + 1}{\Delta t^2} \tag{4.6}$$

$$k_2 = \frac{1.5 - 0.5(\alpha_1 + \alpha_2) - 0.5\alpha_1\alpha_2}{\Delta t} \tag{4.7}$$

以下为三点评论。

(1) 离散时间状态反馈控制器增益与采样间隔 Δt 成反比，这意味着如果系统以更快的速度采样，则产生的离散时间状态反馈控制器增益更大。

(2) 当 $\alpha_1 = \alpha_2 = 0$，即无差拍控制时，其期望的闭环特征值在复平面的原点，$k_1 = 1/\Delta t^2$，$k_2 = 1.5/\Delta t$。

(3) 对于双积分器系统，开环特征值为 1。如果我们让期望的闭环特征值更接近于 1，控制器增益会减小。

采样间隔 Δt 较小时，为了避免控制器增益过大的情况，需要选择与采样间隔相关的期望闭环极点 α_1 和 α_2。一种直观的方法是将连续时间中期望闭环极点位置作为选择离散时间中期望闭环极点位置的基准。例如，选择连续时间的期望闭环极点为 p_1 和 p_2（实部（p_1）<0，实部（p_2）<0），那么，对于选定的采样间隔 Δt，离散时间期望的闭环极点即为 $\alpha_1 = e^{p_1\Delta t}$，$\alpha_2 = e^{p_2\Delta t}$。

例 4.2　从例 4.1 继续，演示如何将离散时间与连续时间的期望闭环极点相联系。

解　简便起见，我们选择两个相同的连续时间极点，$p_1 = p_2 = -1$。期望的闭环时间常数为 1s。如果我们要获得离散时间中采样个数为 N_s 的期望闭环响应时间 T_s，那么将采样间隔 Δt 选为

$$\Delta t = \frac{T_s}{N_s} \tag{4.8}$$

对于期望闭环极点在–1 处这一特定选择，我们可以用模拟方法验证闭环响应时间，估计为 $T_s = 6s$。如果我们选择采样的个数 $N_s = 60$ 来捕获离散时间的系统动态，那么 $\Delta t = 6/60 = 0.1s$。有了 Δt 的这个选择，期望闭环极点为 $\alpha_1 = \alpha_2 = e^{-0.1} = 0.9048$。得出的控制器增益为 $k_1 = 0.9056$，$k_2 = 1.8580$。图 4.1(a) 显示了状态初始条件 $x_1(0) = x_2(0) = 1$ 情况下的闭环状态响应（$x_1(k)$），图 4.1(b) 显示了用于产生该响应的控制信号。

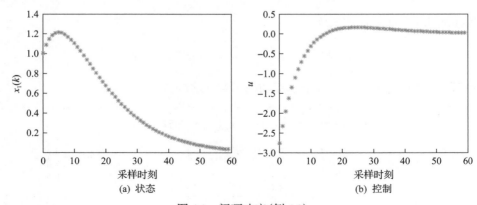

图 4.1　闭环响应（例 4.2）

现在，假设系统处于快速采样的环境中，$\Delta t = 0.01\text{s}$，保持在连续时间的相同极点-1，离散时间的期望闭环极点为$\alpha_1 = \alpha_2 = \text{e}^{-0.01} = 0.99$。控制器增益为$k_1 = 0.9901$，$k_2 = 1.9851$。可以证明，闭环状态变量达到零需要 600 个采样点。

相反，如果我们在较小的采样间隔时不考虑期望的闭环极点选择，例如，通过将期望的闭环极点固定在$\alpha_1 = \alpha_2 = 0.5$处，$\Delta t = 0.01\text{s}$时的控制器增益为$k_1 = 2500$，$k_2 = 87.5$。这种不良选择的直接结果是产生了一个非常大的控制信号。例如，如果$x_1(0) = x_2(0) = 1$，初始响应的控制信号为

$$u(0) = -k_1(0)x_1(0) - k_2 x_2(0) = -2587.5$$

这种较大的控制器增益会遇到很多问题，其中一个可能的问题是严重违反运行限制。

如果我们想在连续时间中使用一对复极点$p_{1,2} = -p_r \pm \text{j}p_i$，则离散时间中的期望闭环极点为

$$\alpha_{1,2} = \text{e}^{-p_r \Delta t}\left(\cos\left(p_i \Delta t\right) \pm \text{jsin}\left(p_i \Delta t\right)\right)$$

4.2.2　离散时间中的可控性和稳定性

1. 可控性

离散时间中的可控性定义如下。

假设状态空间模型描述为

$$x(k+1) = Ax(k) + Bu(k) \tag{4.9}$$

$$y(k) = Cx(k) \tag{4.10}$$

如果对于任意初始状态$x(0)$和任意最终状态$x(n_f)$，存在一个控制序列$u(0)$，$u(1),\cdots,u(n_f)$，可在有限的时间内将初始状态$x(0)$转移到最终状态$x(n_f)$，则系统是可控的。

离散时间中的定义集中于输入序列，即$u(0)$，$u(1),\cdots,u(n_f)$，它能在有限时间内将任意初始状态$x(0)$移动至任意其他最终状态$x(n_f)$。但是，它不需要一个特定的运动轨迹，并且对输入信号没有约束。

在离散时间中，我们可以通过计算可控性矩阵的秩来检查一个系统是否可控，可控性矩阵定义为

$$L_c = \begin{bmatrix} B & AB & A^2B & \cdots & A^{n-1}B \end{bmatrix}$$

式中，n为状态变量的个数。当且仅当可控性矩阵的秩为n时，离散时间系统才是可控的。如果系统只有一个输入，其中L_c的维数为$n \times n$，则L_c的秩为n意味着它的行列式不等于 0，这说明，如果该系统可控，L_c^{-1}是存在的。

关于 L_c 矩阵的可控性，我们建立了如下计算过程。由状态空间模型式 (4.9)，给定初始状态 $x(0)$，我们可以依次计算状态变量为

$$x(1) = Ax(0) + Bu(0)$$
$$x(2) = A^2 x(0) + Bu(1) + ABu(0)$$
$$x(3) = A^3 x(0) + Bu(2) + ABu(1) + A^2 Bu(0) \tag{4.11}$$
$$\vdots$$
$$x(n) = A^n x(0) + Bu(n-1) + ABu(n-2) + \cdots + A^{n-1}Bu(0)$$

令 $U = \begin{bmatrix} u(n-1)^T & u(n-2)^T \cdots & u(0)^T \end{bmatrix}$，且 $L_c = \begin{bmatrix} B & AB & \cdots & A^{n-1}B \end{bmatrix}$。我们用矩阵形式将式 (4.11) 写为

$$x(n) = A^n x(0) + L_c U \tag{4.12}$$

相当于

$$L_c U = x(n) - A^n x(0) \tag{4.13}$$

如果只有一个输入信号且系统是可控的，那么可控性矩阵 L_c 是可逆的。对于这种情况，我们可以用式 (4.14) 求出控制序列 $u(n-1), u(n-2), \cdots, u(0)$：

$$U = L_c^{-1} \left(x(n) - A^n x(0) \right) \tag{4.14}$$

关于可控性的概念，式 (4.14) 表示如果我们选择最终状态 $x(n_f) = x(n)$，包含 $u(0), u(1), \cdots, u(n)$ 的向量将在有限的 n 步中把初始状态 $x(0)$ 转移到最终状态 $x(n_f)$。

如果系统是多输入的，且系统是可控的，L_c 的秩为 n，则 L_c 矩阵中有 n 个独立的列。有了这些独立的列，我们可以找到一个控制序列，它可以在 n 步内将任意的初始状态 $x(0)$ 移动到任意的最终状态 $x(n)$。对可控性的一个宽松定义是稳定性。

2. 可稳定性

如果一个系统的不可控状态变量（如果有的话）是稳定的，则系统是可稳定的。它的可控状态变量可以是稳定的，也可以是不稳定的。

为了检查一个系统是否可控，可以用 MATLAB 程序 ctrb.m 形成 L_c 矩阵，然后是 rank.m 程序的应用。例如，定义 A 和 B 矩阵后，我们进行下列计算：

```
Lc=ctrb(A,B);
q=rank(Lc);
```

如果参数 q 等于状态变量的个数，那么系统是稳定的。

由于离散时间特征多项式与连续时间系统具有相同的表达式（见式 (4.3)），为连续时间极点配置控制器设计编写的 MATLAB 程序，如 place.m 或者 T2place.m，可以直接用

于离散时间状态反馈控制器的设计。在离散时间状态反馈控制器设计中，期望的闭环极点选择在单位圆内。

在 1.3.2 节中详细讲解了连续时间系统的可控性，可使学习者对该主题有更多了解。

4.2.3　思考题

1. 在离散时间系统的设计中，我们选择期望的闭环极点时，是否需要考虑采样间隔 Δt？为什么？

2. 已知离散时间系统的状态空间模型为

$$x(k+1) = 0.9x(k) + 0.1u(k) \tag{4.15}$$

如果选择期望的闭环极点位于 0.6，状态反馈控制器增益矩阵 K 是什么？

3. 如果想让与式(4.15)相同的系统的控制器增益为零（$K=0$），应当选择怎样的期望闭环极点？

4. 假设离散时间系统的状态空间模型为

$$x(k+1) = 0.7x(k) + 0.3u(k) + c$$

式中，恒定干扰 c（$c \neq 0$）是未知的。我们能否求得状态反馈控制器增益矩阵 $K < \infty$，使得当 $k \to \infty$ 时，$x(k) \to 0$？

5. 离散系统由下列传递函数给出：

$$G(z) = \frac{z-0.3}{(z-0.5)(z-0.3)} \tag{4.16}$$

如果在一个状态空间模型中写下这个二阶系统，你认为它是可控的吗？如果不是，可能会是什么原因？该系统可稳定吗？

4.3　离散时间观测器的设计

4.3.1　离散时间观测器的基本概念

对于 4.2 节中介绍的状态反馈控制，状态向量 $x(k)$ 是可测量的。如果 $x(k)$ 不可测量，而输出 $y(k)$ 是可测量的，那么我们可以构建一个观测器来估计 $x(k)$ 并形成一个状态估计反馈控制系统。

我们假设状态空间模型由式(4.17)和式(4.18)得出：

$$x(k+1) = Ax(k) + Bu(k) \tag{4.17}$$

$$y(k) = Cx(k) \tag{4.18}$$

离散时间观测器的原理是用式(4.19)对状态向量 $x(k)$ 进行估计：

$$\hat{x}(k+1) = \overbrace{A\hat{x}(k) + Bu(k)}^{\text{I}} + \overbrace{K_{\text{ob}}(y(k) - C\hat{x}(k))}^{\text{II}} \qquad (4.19)$$

观测器方程的第一部分（见Ⅰ）基于原始动态模型，第二部分（见Ⅱ）用观测器增益矩阵 K_{ob} 引入误差补偿，它处于采样时刻 k 的测量输出与估计输出之间。我们用式(4.19)实现观测器，即利用测量的 $y(k)$ 来计算估计的 $\hat{x}(k+1)$。

对于观测器的设计，我们构成下列观测器误差系统，定义状态误差变量：

$$\tilde{x}(k) = x(k) - \hat{x}(k)$$

通过从式(4.17)中减去式(4.19)，得到状态误差系统的动态方程式：

$$\begin{aligned}\tilde{x}(k+1) &= A\tilde{x}(k) - K_{\text{ob}}(y(k) - C\hat{x}(k))\\ &= (A - K_{\text{ob}}C)\tilde{x}(k)\end{aligned} \qquad (4.20)$$

其中，用式(4.18)等号右边来代替 $y(k)$ 以得到式(4.20)。

在观测器的设计中，需要确保观测器误差式(4.20)是稳定的，具有期望的动态响应。这意味着误差系统矩阵 $A - K_{\text{ob}}C$ 的特征值严格地处于单位圆内理想的位置上。状态误差系统的稳定性保证状态误差变量 $\tilde{x}(k)$ 随着 $k \to \infty$ 而收敛到零，从而估计状态 $\hat{x}(k)$ 向真实状态 $x(k)$ 收敛。

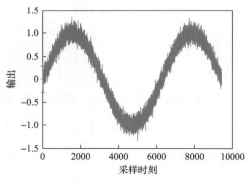

图 4.2　测量数据(例 4.3)

例 4.3　一个正弦信号的频率为 $\omega_0 = 0.1\text{rad/s}$，周期 $T_0 = 2\pi/\omega_0 = 62.8319\text{s}$。该信号用传感器测量，而传感器有测量噪声。因此，我们只能得到一个被测量噪声破坏的测量信号，见图 4.2。在本例中，我们将构造一个离散时间观测器，来估计测量数据的真实信号，其中采样间隔 $\Delta t = 0.01\text{s}$。

解　由例 3.4，一个被测量噪声 $\varepsilon(k)$ 破坏的正弦信号的离散时间状态空间模型由式(4.21)和式(4.22)得出

$$\overbrace{\begin{bmatrix} x_1(k+1) \\ x_2(k+1) \end{bmatrix}}^{x(k+1)} = \overbrace{\begin{bmatrix} \cos(\omega_0\Delta t) & \sin(\omega_0\Delta t) \\ -\sin(\omega_0\Delta t) & \cos(\omega_0\Delta t) \end{bmatrix}}^{A} \overbrace{\begin{bmatrix} x_1(k) \\ x_2(k) \end{bmatrix}}^{x(k)} \qquad (4.21)$$

$$y(k) = \overbrace{\begin{bmatrix} 1 & 0 \end{bmatrix}}^{C} x(k) + \varepsilon(k) \qquad (4.22)$$

基于式(4.21)和式(4.22)，在噪声滤波的作用下估计状态 $x_1(k)$ 和 $x_2(k)$ 的观测器形式如下：

$$\hat{x}(k+1) = A\hat{x}(k) + K_{\text{ob}}(y(k) - C\hat{x}(k)) \qquad (4.23)$$

式中，输入信号 $u(k)=0$ ；$\hat{x}(k)=\begin{bmatrix} \hat{x}_1(k) & \hat{x}_2(k) \end{bmatrix}^{\mathrm{T}}$ 。闭环误差系统为

$$\tilde{x}(k+1)=\left(A-K_{\mathrm{ob}}C\right)\tilde{x}(k)-K_{\mathrm{ob}}\varepsilon(k) \tag{4.24}$$

式中，$\tilde{x}(k)=x(k)-\hat{x}(k)$ 。注意，与式（4.20）相比，测量噪声 $\varepsilon(k)$ 对误差状态 $\hat{x}(k)$ 有影响。

假设观测器误差系统的闭环极点选为 $0\leqslant\alpha_1<1$、$0\leqslant\alpha_2<1$，选择观测器增益矩阵 K_{ob} 以使系统矩阵 $A-K_{\mathrm{ob}}C$ 的特征值等于 α_1 和 α_2。为了简化符号，在状态空间模型式（4.21）中，我们定义 $a_1=\cos(\omega_0\Delta t)$，$b_1=\sin(\omega_0\Delta t)$。令 $K_{\mathrm{ob}}=\begin{bmatrix} k_1 & k_2 \end{bmatrix}^{\mathrm{T}}$，我们可以证明有下列特征多项式成立：

$$
\begin{aligned}
\det\left(zI-(A-K_{\mathrm{ob}}C)\right) &= \det\begin{bmatrix} z-a_1+k_1 & -b_1 \\ b_1+k_2 & z-a_1 \end{bmatrix} \\
&= z^2+(-2a_1+k_1)z+a_1^2-k_1a_1+b_1^2+b_1k_2
\end{aligned} \tag{4.25}
$$

极点在 α_1 和 α_2 的期望闭环多项式为

$$k_1=-(\alpha_1+\alpha_2)+2a_1;\quad k_2=\frac{1}{b_1}\left(\alpha_1\alpha_2+a_1^2-a_1(\alpha_1+\alpha_2)-b_1^2\right) \tag{4.26}$$

令式（4.25）与式（4.26）相等，得出观测器的增益为

$$k_1=0.2;\quad k_2=9.9989$$

为了验证观测器是如何在噪声环境中工作的，我们在正弦信号中加入方差为 0.01 的正态分布噪声（图 4.2）。图 4.3（a）比较了 $\hat{x}_1(k)$ 与 $x_1(k)$（真实状态）。可以清楚地看到，$\hat{x}_1(k)$ 快速地估计了真实状态 $x_1(k)$，但是，存在与 $\hat{x}_1(k)$ 相关的估计误差。

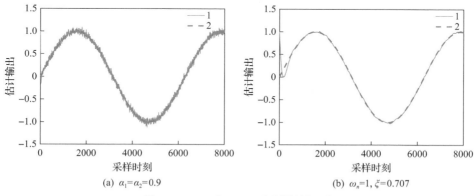

(a) $\alpha_1=\alpha_2=0.9$　　　　　　　　　　　　(b) $\omega_n=1,\xi=0.707$

图 4.3　$\hat{x}_1(k)$ 与 $x_1(k)$ 对比图（例 4.3）

线 1 代表 $\hat{x}_1(k)$；线 2 代表 $x_1(k)$

然后，我们希望通过减小观测器增益来降低 $\hat{x}_1(k)$ 的估计误差影响。在快速采样的情况下，可以利用一对连续时间中的期望极点，并将其转移到离散时间中以反映采样间隔的影响。当连续时间中阻尼系数 $\xi=0.707$、自然频率 $\omega_n=1$ 时，一对复极点变为 $p_{1,2}=$

$-\xi\omega_n \pm \mathrm{j}\xi\omega_n = -0.707 \pm \mathrm{j}0.707$，得到离散时间中的期望闭环极点为

$$\alpha_{1,2} = \mathrm{e}^{-\xi\omega_n\Delta t}\left(\cos\left(\xi\omega_n\Delta t\right) \pm \mathrm{j}\sin\left(\xi\omega_n\Delta t\right)\right) = 0.9929 \pm \mathrm{j}0.0070$$

根据误差系统的期望闭环极点，我们得到：

$$k_1 = 0.0141; \quad k_2 = 0.0980$$

显然，观测器的增益比之前 $\alpha_{1,2} = 0.9$ 的情况要小得多。图 4.3（b）比较了估计状态 $\hat{x}_1(k)$ 和真实状态 $x_1(k)$。可以看出，噪声的影响显著降低，但是估计状态收敛到真实状态 $x_1(k)$ 所需时间更长了。一般来说，较大的观测器增益会导致测量噪声放大。

4.3.2　离散时间中的可观性

可观性的概念关系到观测器的设计，定义如下。

1. 可观性

假设一个离散时间系统的状态空间模型如下：

$$x(k+1) = Ax(k) + Bu(k); \quad y(k) = Cx(k)$$

如果有一个有限的 k，在已知输入 $u(0),\ u(1),\cdots,u(k-1)$ 和输出 $y(0),\ y(1),\cdots,y(k-1)$ 的情况下，就足以确定系统的初始状态 $x(0)$，那么该系统是可观的。

该定义只提出了在有限的时间内，已知输入和输出数据时可以确定初始状态 $x(0)$，并没有说明如何确定该初始状态。

可观性矩阵定义为

$$L_o = \begin{bmatrix} C \\ CA \\ CA^2 \\ \vdots \\ CA^{n-1} \end{bmatrix}$$

式中，n 为状态向量 $x(k)$ 的维数，当且仅当矩阵 L_o 的秩为 n 时，系统才是可观的。为了对此进行说明，我们构思出下面的例子。简单起见，假设对于所有的 k，输入信号 $u(k) = 0$。从而可以将输出测量值与初始状态 $x(0)$ 的关系表示为

$$y(0) = Cx(0)$$
$$y(1) = CAx(0)$$
$$y(2) = CA^2 x(0)$$
$$\vdots$$
$$y(n-1) = CA^{n-1}x(0)$$

它用向量形式写为

$$Y = L_o x(0) \tag{4.27}$$

式中，向量 Y 包括测量序列 $y(0), y(1), \cdots, y(n-1)$。如果系统只有一个输出，那么矩阵 L_o 的维数为 $n \times n$。因此，L_o 的秩为 n 意味着 $L_o \neq 0$。对于这种情况，我们可以用下列方程来确定 $x(0)$：

$$x(0) = L_o^{-1} Y$$

如果该系统的输出不止一个，那么 L_o 的秩为 n 意味着可观性矩阵中有 n 个独立的行，可以选 n 个独立的行构成 $\overline{L}_o$ 和对应的 $\overline{Y}$。那么初始状态 $x(0)$ 可通过下式确定：

$$x(0) = \overline{L}_o^{-1} \overline{Y}$$

可观性的一个更宽松的定义是可检测性。

2. 可检测性

如果一个系统的不可观的模态（如果有的话）是稳定的，那么该系统是可检测的。它的可观测模态可能稳定，也可能不稳定。

为了判断系统是否可观，我们可以使用 MATLAB 程序 ctrb.m。如果我们用 C^T 替代矩阵 B，用 A^T 替代矩阵 A，可观性矩阵 L_o 是可控性矩阵 L_c 的转置矩阵。例如，引入矩阵 A 与 C 后，我们可以计算矩阵 L_o，并确定其秩为

```
Lo=ctrb(A',C')';
q=rank(Lo);
```

如果变量 q 等于状态的个数 n，那么系统就是可观的。

想要了解更多相关内容，可参见 1.6.3 节中关于连续时间可观性的详细示例。

注意，观测器误差系统的特征方程式为

$$\det\left(zI - (A - K_{ob}C)\right) = 0 \tag{4.28}$$

它相当于

$$\det\left(zI - \left(A^T - C^T K_{ob}^T\right)\right) = 0 \tag{4.29}$$

特征方程式式 (4.29) 与设计状态反馈控制器增益矩阵 K 所用到的特征方程式相同（见式 (4.3)），只不过在观测器设计中，我们用 A^T 替代矩阵 A，用 C^T 替代矩阵 B，并用 K_{ob}^T 替代 K。

当系统比较复杂且观测器增益的解析解很难求时，我们求助于用数值方法来求解 K_{ob}。假设系统是可观的，我们可以使用为连续时间系统编写的 MATLAB 程序 place.m

或 T2place.m。作为示范，我们假设定义了 A 和 C 矩阵，并将观测器误差系统的期望极点选择为向量 P_{ob}，我们使用以下程序计算 K_{ob}：

```
Kob=place(A',C',Pob)';
```

4.3.3　思考题

1. 已知一个信号表现为分段常数，并且被噪声破坏。设计一个观测器来滤除噪声。如果观测器误差系统的极点选为 0.8，观测器增益矩阵 K_{ob} 是多少？

2. 延续题 1，如果我们想进一步减小噪声的影响，是否应该把观测器误差系统的期望极点选在离复平面原点更近的位置，如 0.6？

3. 为观测器误差系统选择期望的极点时，测量噪声是一个需要考虑的关键因素，这种说法对吗？

4. 假设某离散系统具有一步测量延迟，该系统用差分方程描述如下：

$$x(k+1) = ax(k) + bu(k); \quad y(k) = x(k-1)$$

式中，a 和 b 为标量。应当给出什么样的状态空间模型以将测量延迟引入观测器的设计？

5. 延续题 4，如果一段时间后参数 a 发生了改变，如从 $a=0.8$ 变为 $a=0.6$，发生这种改变后，观测器还能给出正确的估计吗？

6. 某离散系统具有一步执行器延迟，该系统用差分方程描述如下：

$$x(k+1) = Ax(k) + Bu(k-1); \quad y(k) = Cx(k)$$

在观测器的设计中，我们需要考虑执行器延迟的影响吗？为什么？

4.4　离散时间线性二次型调节器

4.4.1　DLQR 的目标函数

一个离散时间系统用差分方程描述如下：

$$x(k+1) = Ax(k) + Bu(k)$$

式中，$u(k) = -Kx(k)$。离散时间线性二次型调节器通过使下列目标函数最小化求解状态反馈控制器：

$$J = \sum_{k=0}^{\infty} (x(k)^T Q x(k) + u(k)^T R u(k)) \tag{4.30}$$

式中，Q 和 R 为对称的，Q 是半正定的，R 是正定的。这里，假设 A、B 矩阵是可控的，A、Γ 矩阵是可观的，其中 $Q = \Gamma^T \Gamma$。性能指标中使用了 Q 和 R 两个矩阵，稍后将通过示例进行讨论。

最优化控制问题分两个方面：第一，通过设计状态反馈控制器增益矩阵 K 使离散时间系统稳定；第二，最优解应为将目标函数 J 最小化的结果。我们将重点关注对问题的第一个方面的讲解，对于最优性的证明，其他书籍会提供详细资料（Anderson and Moore, 1971, 1979; Bay, 1999; Goodwin et al., 2000）。

4.4.2　最优解

对于一个给定的初始条件 $x(0)$，闭环控制中状态 $x(k)$ 解析解的表达式为

$$x(k) = (A - BK)^k x(0) \tag{4.31}$$

因此，将式（4.31）代入目标函数式（4.30），得到：

$$
\begin{aligned}
J &= x(0)^{\mathrm{T}} \sum_{k=0}^{\infty} ((A-BK)^k)^{\mathrm{T}} Q (A-BK)^k x(0) \\
&\quad + x(0)^{\mathrm{T}} \sum_{k=0}^{\infty} ((A-BK)^k)^{\mathrm{T}} K^{\mathrm{T}} R K (A-BK)^k x(0) \\
&= x(0)^{\mathrm{T}} \sum_{k=0}^{\infty} ((A-BK)^k)^{\mathrm{T}} (Q + K^{\mathrm{T}} R K)(A-BK)^k x(0)
\end{aligned}
\tag{4.32}
$$

用 P 表示式（4.32）中无穷量的和，即

$$P = \sum_{k=0}^{\infty} ((A-BK)^k)^{\mathrm{T}} (Q + K^{\mathrm{T}} R K)(A-BK)^k \tag{4.33}$$

我们可以证明 P 满足下列代数方程：

$$(A-BK)^{\mathrm{T}} P (A-BK) - P = -\left(Q + K^{\mathrm{T}} R K\right) \tag{4.34}$$

式中，方程式左边的减法抵消了式（4.33）中 k 从 1 到 ∞ 的所有项，最后得到 $-\left(Q + K^{\mathrm{T}} R K\right)$。式（4.34）是离散时间的李雅普诺夫方程（Chen, 1998）。根据李雅普诺夫定理，当且仅当给定任意的正定对称矩阵 $Q + K^{\mathrm{T}} R K$，离散时间的李雅普诺夫方程（4.34）有唯一的对称解 P，且 P 是正定矩阵时，A–BK 的所有特征值的幅值小于 1。

由于在式（4.34）中矩阵 P 和 K 都是未知的，因此直接求解代数方程式不可行。要想求解，需要选择状态反馈控制器增益矩阵 K 作为 P 的下列函数：

$$K = \left(R + B^{\mathrm{T}} P B\right)^{-1} B^{\mathrm{T}} P A \tag{4.35}$$

将 K 代入代数方程式（4.34）得出：

$$A^{\mathrm{T}} \left(P - P B \left(R + B^{\mathrm{T}} P B\right)^{-1} B^{\mathrm{T}} P\right) A + Q - P = 0 \tag{4.36}$$

这就是离散时间的代数里卡蒂方程。

总之，首先是要求出唯一对称解——正定矩阵 P，然后用式(4.35)和从代数方程式(4.36)的解得出的 P 矩阵求出 K。根据李雅普诺夫定理，只要 P 是唯一的、对称的、正定的，闭环系统矩阵 $A-BK$ 的所有特征值就都会严格地在单位圆内。因此，闭环系统是稳定的。

K 的最优解使目标函数式(4.30)最小化，符合有限时域目标函数的定义：

$$J_N = x(N)^{\mathrm{T}} P_N x(N) + \sum_{k=0}^{N-1} \left(x(k)^{\mathrm{T}} Q x(k) + u(k)^{\mathrm{T}} R u(k) \right) \tag{4.37}$$

在每个时间步长 k 进行最小化得出(Bay, 1999)：

$$K_k = \left(R + B^{\mathrm{T}} P_{k+1} B \right)^{-1} B^{\mathrm{T}} P_{k+1} A \tag{4.38}$$

$$P_k = \left(A - BK_k \right)^{\mathrm{T}} P_{k+1} \left(A - BK_k \right) + Q + K_k^{\mathrm{T}} R K_k \tag{4.39}$$

稳态 $k \to \infty$ 时，$P_k = P_{k+1} = P$，$K_k = K$。则式(4.39)就等同于式(4.34)，式(4.38)等同于式(4.35)。因此，从代数里卡蒂方程式(4.36)的解得出使目标函数式(4.30)最小化的 K，这里，它的最小值为

$$J_{\min} = x(0)^{\mathrm{T}} P x(0) \tag{4.40}$$

可以用 MATLAB 程序 dlqr.m 求解代数里卡蒂方程式(4.36)并计算状态反馈控制器增益矩阵 K。选择 Q 和 R 矩阵，已知 A 和 B 矩阵，用下列 MATLAB 代码计算 K、P 和闭环特征值 E：

```
[K,P,E]=dlqr(A,B,Q,R);
```

加权矩阵 Q 和 R 的选择在连续时间系统的线性二次型调节器的介绍中用几个例子进行了说明(见 1.5.3 节)。

4.4.3　用离散时间线性二次型调节器设计观测器

DLQR 设计可用于状态估计，后面章节中介绍卡尔曼滤波器时会就该主题进行详细讨论(见第 7 章和第 8 章)。在此，我们重点介绍观测器设计的概念。在观测器的设计中，我们假设状态空间模型用下式描述：

$$x(k+1) = Ax(k) + Bu(k); \quad y(k) = Cx(k)$$

通过以下观测器方程得到估计状态 $\hat{x}(k)$：

$$\hat{x}(k+1) = A\hat{x}(k) + Bu(k) + K_{\mathrm{ob}}(y(k) - C\hat{x}(k)) \tag{4.41}$$

要想求解观测器增益矩阵 K_{ob}，我们首先求解代数里卡蒂方程：

$$A\left(P - PC^{\mathrm{T}}\left(R + CPC^{\mathrm{T}} \right)^{-1} CP \right) A^{\mathrm{T}} + Q - P = 0 \tag{4.42}$$

然后用代数里卡蒂方程的解 P 矩阵来求解观测器增益矩阵 K_{ob}：

$$K_{\mathrm{ob}} = APC^{\mathrm{T}}\left(R + CPC^{\mathrm{T}} \right)^{-1} \tag{4.43}$$

比较代数里卡蒂方程式 (4.42) 和从控制器设计得到的代数里卡蒂方程式 (4.36)，可以发现，除了矩阵 A 用 A^{T} 替代，矩阵 B 用 C^{T} 替代之外，两个方程是相同的。比较式 (4.43) 和 K（见式 (4.35)），可知观测器增益矩阵 K_{ob} 也是如此，此外二者还有转置关系。

在观测器的设计中，我们可以使用 MATLAB 控制器设计程序 dlqr.m。定义 A 和 C 矩阵，选择 Q 和 R 矩阵，我们可以用以下程序计算 K_{ob}：

```
[K1,P,E]=dlqr(A',C',Q,R);
Kob=K1';
```

4.4.4　思考题

1. 目标函数 J 的最小化为

$$J_{\min} = x(0)^{\mathrm{T}} P x(0)$$

式中，P 为代数里卡蒂方程的解；$x(0)$ 为初始状态。这种说法对吗？

2. 对于一个二阶系统，在控制器设计中，我们可以使用下列任意一个 Q 矩阵吗？为什么？

$$Q = \begin{bmatrix} 1 & 3 \\ 4 & 2 \end{bmatrix}; \quad Q = \begin{bmatrix} 1 & 0 \\ 0 & -1 \end{bmatrix}; \quad Q = \begin{bmatrix} 0 & 0 \\ 0 & 0 \end{bmatrix}$$

3. 如果系统有两个输入，应该使用以下哪个 R 矩阵？

$$R = \begin{bmatrix} 1 & 2 \\ 0 & 1 \end{bmatrix}; \quad R = \begin{bmatrix} 1 & 0 \\ 0 & 1 \end{bmatrix}; \quad R = \begin{bmatrix} 0 & 0 \\ 0 & 0 \end{bmatrix}$$

4. 假设某离散时间系统的状态空间模型如下：

$$x(k+1) = \begin{bmatrix} 0.9 & 0 \\ 0 & 0.8 \end{bmatrix} x(k) + \begin{bmatrix} 1 \\ 0 \end{bmatrix} u(k)$$

如果选择 Q 为单位矩阵，且 $R = 1$，能用 MATLAB 程序 dlqr.m 求出 K 吗？为什么？

5. 已知某系统的状态空间模型如下：

$$x(k+1) = \begin{bmatrix} 0.7 & 0 \\ 0 & 1 \end{bmatrix} x(k) + \begin{bmatrix} 1 \\ 1 \end{bmatrix} u(k); \quad y(k) = \begin{bmatrix} 1 & 0 \end{bmatrix} x(k)$$

如果选择 Q 为单位矩阵且 $R = 1$，可以用 MATLAB 程序 dlqr.m 求出 K_{ob} 吗？

6. 以上两个系统之间有哪些主要区别？

4.5　具有设定稳定度的离散时间线性二次型调节器

具有线性二次型调节器的闭环性能是由加权矩阵 Q 和 R 决定的，这项任务通常通过试错过程来完成。例如，我们可以选择初始 Q 和 R 矩阵开始状态反馈控制器的设计，然后评估闭环特征值和闭环响应。如果系统有很多状态变量和输入变量，这个过程会很耗时。

4.5.1　设定稳定度的基本概念

在 Anderson 和 Moore 于 1971 年和 1979 年提出的经典方法中，引入了对闭环特征值的约束，以使闭环特征值严格地处于复平面的 α 圆内（$\alpha < 1$）。因此，通过选择一个 α 值，我们可以有效地改变闭环特征值的位置，以达到期望的动态性能。这种方法也称为具有设定稳定度的离散时间线性二次型调节器（DLQR）。

假设某状态空间模型由式（4.44）得出：

$$x(k+1) = Ax(k) + Bu(k) \tag{4.44}$$

在具有设定稳定度的离散时间线性二次型调节器的设计中，目标函数选为

$$J = \sum_{k=0}^{\infty} (\alpha^{-2k} x(k)^{\mathrm{T}} Q x(k) + \alpha^{-2k} u(k)^{\mathrm{T}} R u(k)) \tag{4.45}$$

式中，$\alpha < 1$。由于 $\alpha < 1$，时变加权系数 α^{-2k} 随着 k 的增大而增大。离散时间线性二次型调节器的设计是要求解 K，以使式（4.45）目标函数 J 最小化。表面上看，用时变加权系数 α^{-2k} 直接求解新的最优控制并不容易。通过定义一对中间变量，对优化问题进行变换：

$$x_{\alpha}(k) = \alpha^{-k} x(k)$$

$$u_{\alpha}(k) = \alpha^{-k} u(k)$$

用 $x_{\alpha}(k)$ 和 $u_{\alpha}(k)$ 将目标函数式（4.45）重新写作：

$$J = \sum_{k=0}^{\infty} (x_{\alpha}(k)^{\mathrm{T}} Q x_{\alpha}(k) + u_{\alpha}(k)^{\mathrm{T}} R u_{\alpha}(k)) \tag{4.46}$$

原始状态空间模型式（4.44）也用中间变量进行变换，在方程两边均乘以时变加权系数 $\alpha^{-(k+1)}$：

$$\alpha^{-(k+1)} x(k+1) = \alpha^{-(k+1)} Ax(k) + \alpha^{-(k+1)} Bu(k)$$

得到：

$$x_\alpha(k+1) = A_\alpha x_\alpha(k) + B_\alpha u_\alpha(k) \tag{4.47}$$

式中，变换后的系统矩阵 A_α 和 B_α 定义为

$$A_\alpha = \frac{A}{\alpha}; \quad B_\alpha = \frac{B}{\alpha}$$

此时需要求出反馈控制信号 $u_\alpha(k) = -K x_\alpha(k)$，以最小化目标函数式(4.46)。为此，具有时变加权系数 α^{-2k} 的离散时间线性二次型调节器问题被表述为：基于状态空间模型式(4.47)将目标函数 J 最小化(见式(4.46))的问题。该表述与原来的线性二次型调节器设计相同，其中没有时变加权系数 α^{-2k}。因此，状态反馈控制器增益矩阵 K 和 P 矩阵的最优解与式(4.35)和式(4.36)给出的最优解相同，即

$$K = \left(R + B_\alpha^\mathrm{T} P B_\alpha\right)^{-1} B_\alpha^\mathrm{T} P A_\alpha \tag{4.48}$$

$$A_\alpha^\mathrm{T}\left(P - P B_\alpha \left(R + B_\alpha^\mathrm{T} P B_\alpha\right)^{-1} B_\alpha^\mathrm{T} P\right) A_\alpha + Q - P = 0 \tag{4.49}$$

为了显示式(4.48)和式(4.49)的解是如何得出设定稳定度的，基于状态空间模型式(4.47)列出了下列闭环系统：

$$x_\alpha(k+1) = \left(A_\alpha - B_\alpha K\right) x_\alpha(k) \tag{4.50}$$

当求出唯一正定矩阵 P 后，代数里卡蒂方程式(4.49)的解保证了 $A_\alpha - B_\alpha K$ 的所有闭环特征值都严格地位于单位圆内。注意，联系原始状态 $x(k)$，则有

$$x_\alpha(k+1) = \alpha^{-(k+1)} x(k+1); \quad x_\alpha(k) = \alpha^{-k} x(k)$$

鉴于初始状态 $x_\alpha(0) = x(0)$，闭环表达式式(4.50)相当于：

$$x(k+1) = \alpha\left(A_\alpha - B_\alpha K\right) x(k) \tag{4.51}$$

式(4.51)的闭环特征值为下列多项式方程的解：

$$\begin{aligned}
\rho(z) &= \det\left(zI - \alpha\left(A_\alpha - B_\alpha K\right)\right) \\
&= \alpha \det\left(\frac{z}{\alpha} I - \left(A_\alpha - B_\alpha K\right)\right) = 0
\end{aligned} \tag{4.52}$$

由于 $A_\alpha - B_\alpha K$ 的所有闭环特征值都严格地处于单位圆内，式(4.52)意味着它们都由参数 $\alpha < 1$ 缩放，其中 α 由用户选择。这一结果具有实际意义。虽然 DLQR 的解没有给出闭环特征值的位置，而且由于 Q 和 R 矩阵的选择，有些特征值可能非常接近单位圆，

但通过简单地选择 $\alpha < 1$，我们用矩阵对 A/α、B/α 设计 K，这使得闭环系统矩阵 $A - BK$ 的所有特征值都严格位于 α 圆内。

可以用 MATLAB 程序 dlqr.m 来实现设定的稳定度，而无须修改。例如，对于系统矩阵对 A 和 B，我们选择 Q、R 和 α 以保证所有闭环特征值都在 α 圆内，使用下列代码：

```
[K,P,E]=dlqr(A/alpha, B/alpha, Q, R);
```

闭环特征值计算为

```
E=alpha*E;
```

4.5.2　案例研究

以下是用线性二次型调节器来控制振动的示例。

例 4.4　某土木工程系统用连续时间状态空间模型描述如下：

$$\dot{x}(t) = A_p x(t) + B_p u(t); \quad y(t) = C_p x(t) \tag{4.53}$$

式中，系统矩阵为

$$A_p = \begin{bmatrix} -1.5 & 0.6467 & 0 & -717 & 260.4 & 0 \\ 0.6467 & -1.26 & 0.6133 & 260.4 & -493.5333 & 233.1333 \\ 0 & 0.6133 & -0.6133 & 0 & 233.1333 & -233.1333 \\ 1 & 0 & 0 & 0 & 0 & 0 \\ 0 & 1 & 0 & 0 & 0 & 0 \end{bmatrix}$$

$$B_p = \begin{bmatrix} -0.0333 & 0.0333 & 0 \\ 0 & -0.0333 & 0.0333 \\ 0 & 0 & -0.0333 \\ 0 & 0 & 0 \\ 0 & 0 & 0 \\ 0 & 0 & 0 \end{bmatrix}; \quad C_p = \begin{bmatrix} 0 & 0 & 0 & 1 & 0 & 0 \\ 0 & 0 & 0 & 0 & 1 & 0 \\ 0 & 0 & 0 & 0 & 0 & 1 \end{bmatrix}$$

如果初始状态 $x(0) \neq 0$，系统就是振荡的。控制的目标就是要通过状态反馈控制来减少振动。

解　该系统中有三个振动模式，从系统矩阵 A_p 的特征值位置可以得出，即 $-1.0622 \pm$ j30.2335、$-0.5497 \pm$ j21.5111、$-0.0748 \pm$ j8.0874。用这些特征值，可以重新构造三个特征多项式方程，以确定固有频率和阻尼系数。例如，对于第一对开环特征值，有

$$s^2 + 2\xi_1 \omega_{n1} s + \omega_{n1}^2 = (s + 1.0622 + j30.2335)(s + 1.0622 - j30.2335) = 0$$

由它得出固有频率 $\omega_{n1} = 30.2522\text{rad/s}$，阻尼系数 $\xi = 0.0351$。其余的固有频率 $\omega_{n2} = 21.5181\text{rad/s}$，$\omega_{n3} = 8.0878\text{rad/s}$；阻尼系数 $\xi_2 = 0.0255$，$\xi_3 = 0.0093$。为了捕获离散时

间中的三种振荡模式，我们选择采样间隔 $\Delta t = 0.01$，得出离散时间的三对特征值(图 4.4 中的"*")：

$$0.9446 \pm j0.2946; \quad 0.9716 \pm j0.2123; \quad 0.9960 \pm j0.0807$$

相比之下，如果我们选择 $\Delta t = 0.1$，三对特征值有两对在 s 平面左半部分移动(图 4.4 中的"○")，这表明采样间隔 $\Delta t = 0.1$ 太大了。

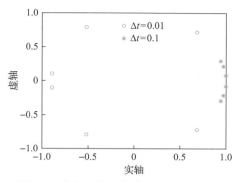

图 4.4　离散系统特征值示意图(例 4.4)

　　为了设计状态反馈控制，使系统产生足够的阻尼，引入加权矩阵 $Q = C_p^{\mathrm{T}} C_p$，它的最后三个对角线元素为 1，其余为 0，进一步减小最后三个状态变量的误差。加权矩阵 R 选为 $R = \varepsilon I$，其中 ε 可调整。显然，选出 Q 和 R 矩阵后，闭环特征值很难随 ε 的变化而改变。图 4.5 显示了 $\varepsilon = 1$、0.1、0.01 时的闭环特征值簇。例如，当 $\varepsilon = 0.01$ 时，闭环特征值分别为 $0.9446 \pm j0.2946$、$0.9959 \pm j0.0807$、$0.9716 \pm j0.2123$。与开环系统的特征值相比，它们的变化很小。这意味着，为了实现充分的振动控制，我们需要考虑 Q 和 R 矩阵中的非对角线元素。但这个过程是建立在反复试验的基础上的，非常耗时。

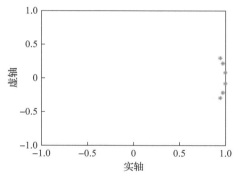

图 4.5　$\varepsilon = 1$、0.1、0.01 时闭环特征值示意图
(例 4.4)

　　假设选择 $\alpha = 0.99$，用具有设定稳定度的离散时间线性二次型调节器重新设计控制器，闭环特征值分别变为 $0.9445 \pm j0.2946$、$0.9776 \pm j0.0792$、$0.9628 \pm j0.2104$。相比之下，通过引入设定稳定度，主要改变了第二对和第三对闭环特征值。图 4.6 显示了闭环特征值相对于 α 圆的位置。

　　为了比较闭环响应，在仿真研究中，选择初始条件 $x_1(0) = x_2(0) = \cdots = x_6(0) = 1$。图 4.7(a) 显示了 $x_6(k)$ 在没有设定稳定度情况下的振荡闭环响应($\alpha = 1$)。相反，图 4.7(b) 显示重新设计的控制器在 300 个采样中大幅减小了振荡。从工程设计的角度看，需要检查在振荡控制大幅改善后控制信号会有何表现。图 4.8(a) 显示了没有设定稳定度的控制信号响应（$\alpha=1$），可以看出振幅变化范围在 ±0.5 之间。相反，具有设定稳定度的情况下，闭环响应的振荡大幅降低，图 4.8(b)控制信号（u_1）的振幅变化范围在 –1000～500。能以多快的速度减少振动取决于执行器的容量，因为更大的控制信号需要更好的性能。因此，α 值的选择需要考虑执行器的约束条件。

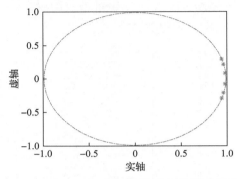

图 4.6　　$\varepsilon=0.01$、$\alpha=0.99$ 时闭环特征值示意图（例 4.4）
＊表示特征值，-- 表示 α 圆

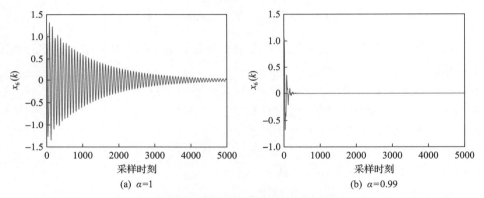

(a) $\alpha=1$　　　　　　　　　　　　(b) $\alpha=0.99$

图 4.7　　有和没有设定稳定度情况下闭环状态响应的对比图（例 4.4）

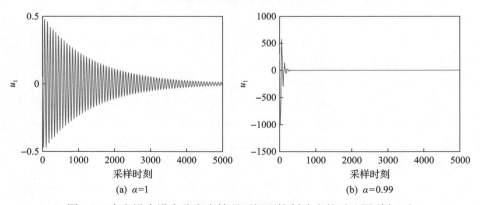

(a) $\alpha=1$　　　　　　　　　　　　(b) $\alpha=0.99$

图 4.8　　有和没有设定稳定度情况下闭环控制响应的对比图（例 4.4）

在 D_p 为零的情况下，用下列 MATLAB 程序获取连续时间模型的离散化结果。

```
[A,B,C,D]=c2dm(Ap,Bp,Cp,Dp,Deltat,'zoh');
Q=zeros(6,6);
Q(4:6,4:6)=eye(3);
R=0.01*eye(3);
alpha=0.99;
[K,P,E]=dlqr(A/alpha,B/alpha,Q,R);
E=alpha*E;
```

下面的例子介绍了如何在观测器的设计中使用设定稳定度。

例 4.5　考虑例 4.4 中给出的振荡系统，本例中，将设计一个观测器来估计状态变量 $x_1(k)$、$x_2(k)$ 和 $x_3(k)$，输出测量值 $y_1(k)$、$y_2(k)$ 和 $y_3(k)$。我们假设没有过程输入，即 $u(k) = 0$，且系统具有相同的初始状态 $x_1(0) = x_2(0) = \cdots = x_6(0) = 1$，采样间隔 $\Delta t = 0.01$。测量噪声是独立的，均值为零，方差为 0.01。设计观测器估计状态向量 $x(k)$。

解　我们选择 $R = 0.01I$，Q 为零矩阵，其中 R 的选择是基于输出噪声的方差，Q 选为零矩阵是因为假设的状态变量中没有噪声。观测器误差系统的闭环特征值为

$$0.9446 \pm j0.2946; \quad 0.9776 \pm j0.2123; \quad 0.9960 \pm j0.0807$$

图 4.9 显示了闭环特征值的位置（见"○"）。显然，初步设计的观测器误差的收敛速度是缓慢的，因为闭环特征值非常接近单位圆。为了加快误差的收敛速度，我们选择 $\alpha = 0.96$，得出一个新的 K_{ob}。闭环特征值为

$$0.8892 \pm j0.2773; \quad 0.9053 \pm j0.1978; \quad 0.9193 \pm j0.0745$$

图 4.9 显示了闭环特征值的新位置（"*"）与前面例子中的闭环特征值位置的对比（"○"）。可以看出，所有新的特征值都在 α 圆内。

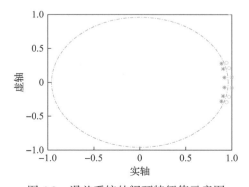

图 4.9　误差系统的闭环特征值示意图
*表示 $\alpha = 0.96$，○ 表示 $\alpha = 1$，-- 表示 α 圆

为了评估观测器的性能，我们通过求解具有指定初始条件的差分方程来生成输出数据。在输出中加入三个独立的噪声。

图 4.10(a)显示了没有设定稳定度情况下($\alpha=1$)，误差 $e_1(k)=x_1(k)-\hat{x}_1(k)$（在应用中 $x_1(k)$ 是未知的）的响应。可以看出，误差收敛到零需要 3500 个采样点，且在初始阶段误差很大，在–10～16 之间变化。

相反，图 4.10(b)显示了在设计中使用设定稳定度时新 K_{ob} 的误差 $e_1(k)$ 响应。可以看出，误差在 100 个采样点实现了收敛，但是，在估计变量 $\hat{x}_1(k)$ 中有一个噪声成分。另外，初始误差响应减小到–3～11。

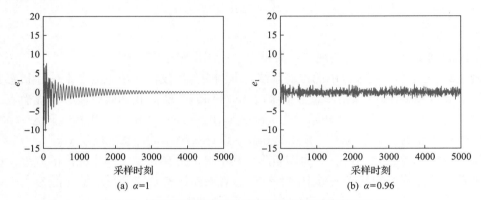

图 4.10　有和没有设定稳定度情况下误差响应的对比图

总的来说，为了平衡误差的动态响应与测量噪声衰减之间的关系，我们需要仔细选择参数 α。随着 α 的降低，测量噪声的影响增大。

已知离散时间 A 和 C 矩阵，用下列 MATLAB 程序进行设计：

```
alpha=0.96;
Q=zeros(6,6);
R=0.01*eye(3);
[K1,P,E]=dlqr(A'/alpha,C'/alpha,Q,R);
Kob=K1';
E=alpha*E;
```

4.5.3　思考题

1. 在使用设定稳定度的方法时，我们用什么目标函数来求解状态反馈控制器增益矩阵 K？当 $\alpha=1$ 时，该目标函数会怎么样？

2. 假设某离散时间系统用下列状态空间模型描述：

$$x(k+1)=\begin{bmatrix}0.8 & 0 \\ 0 & 0.9\end{bmatrix}x(k)+\begin{bmatrix}1 \\ 0\end{bmatrix}$$

若 $Q=1$、$R=1$，能用 MATLAB 程序 dlqr.m 来求解 K 吗？对于使用具有设定稳定度的方法，其中 $\alpha=0.9$，可以用该程序求解 K 吗？为什么？

3. 假设一个离散时间系统与第 2 题中相同，不过 Q 为零，$R=1$。你认为用 MATLAB 程序 dlqr.m 可以求解 K 吗（$\alpha=1$）？如果 $\alpha=0.96$ 呢？为什么？

4. 如果想让期望的闭环系统的最大时间常数为 10s，若采样间隔 $\Delta t=0.5\text{s}$，你觉得 α 值为多少才能使所有的期望闭环常数都在限制范围内？

5. 假设某离散时间系统用以下状态空间模型描述：

$$x(k+1)=\begin{bmatrix}0.8 & 0\\ 1 & 0\end{bmatrix}x(k)+\begin{bmatrix}1\\ 0\end{bmatrix}$$

若 Q 选为零矩阵，且 $R=1$，你认为用 MATLAB 程序 dlqr.m 可以求出 K 吗？若 $\alpha=0.6$ 呢？

6. 具有设定稳定度的方法能够准确地告诉我们闭环极点的位置吗？

4.6　本　章　小　结

本章讨论了离散时间状态反馈控制器和观测器的设计。假设离散时间模型给出了系统矩阵 A、B、C，控制器的设计基于 A 和 B 矩阵，而观测器的设计基于 A 和 C 矩阵。控制器的设计旨在实现闭环反馈控制系统 $A-BK$ 的稳定性和期望的动态响应速度。观测器设计的目标则是实现观测器误差系统 $A-K_{\text{ob}}C$ 的稳定性和期望的动态响应速度。比较常用的控制器和观测器设计方法是极点配置和离散时间线性二次型调节器设计法。

本章其他重要的内容概括如下。

（1）当离散时间中使用极点配置控制器设计方法时，要求期望的闭环特征值（或极点）位于复平面的单位圆内。通过将连续时间的期望特征值与采样间隔 Δt 进行转换，可以选择离散时间的期望特征值。

（2）当 $x(k)$ 未知时，可以用观测器估计状态向量 $x(k)$。用 A 和 C 矩阵设计观测器，以实现下述观测误差系统的稳定性和期望的动态响应：

$$\tilde{x}(k+1)=\left(A-K_{\text{ob}}C\right)\tilde{x}(k)$$

（3）我们可以将控制器的设计程序用于观测器的设计，其中，用矩阵 A^{T} 和 C^{T} 替代 A 和 B 矩阵，正如我们为控制器设计所做的那样。

（4）在观测器的实现中，用下列观测器方程：

$$\hat{x}(k+1)=A\hat{x}(k)+Bu(k)+K_{\text{ob}}(y(k)-C\hat{x}(k))$$

与连续时间系统相比（见 1.6 节），观测器实现不涉及数值近似，这是使用离散时间系统设计的优点之一。

（5）离散时间线性二次型调节器设计为多输入-多输出系统的控制器设计和观测器设计提供了一个有效工具。MATLAB 程序 dlqr.m 提供了控制器和观测器的最优解：在 DLQR 设计中，加权矩阵 Q 和 R 的选择决定了最优控制器和最优观测器，然后计算闭环特征值。

(6)具有设定稳定度的离散时间二次型调节器将所有闭环特征值约束在复平面的 α 圆内($\alpha < 1$)。这是通过缩放 MATLAB 程序 dlqr.m 中所用的系统矩阵来实现的,当 Q 和 R 矩阵的任务太复杂时,非常有效。

4.7 更多资料

1. 线性最优控制和滤波器相关书籍包括:Kwakernaak 和 Sivan(1972)、Anderson 和 Moore(1979)、Goodwin 和 Sin(1984)。

2. 基于多项式的离散时间控制的设计参见 Kucera(1980)。

习　　题

4.1　假设某离散时间系统用下列状态空间模型描述:

$$x(k+1) = Ax(k) + Bu(k)$$

式中,$A = \begin{bmatrix} \alpha_1 & \alpha_2 \\ 0 & 1 \end{bmatrix}$,$B = \begin{bmatrix} \beta_1 \\ \beta_2 \end{bmatrix}$。求状态反馈控制器增益矩阵 K,使闭环特征值位于 0.8 和 0.9。

4.2　用 MATLAB 函数 place.m 求解下列状态空间模型的状态反馈控制器增益矩阵 K:

$$x(k+1) = Ax(k) + Bu(k)$$

(1)期望的闭环特征值指定为 0.3、0.4 和 0.5,A 和 B 矩阵为

$$A = \begin{bmatrix} 0.5 & 0 & 0.1 \\ 0.1 & 0.7 & 1 \\ 0 & 0 & 1 \end{bmatrix}; \quad B = \begin{bmatrix} 1 \\ 1.2 \\ 1.3 \end{bmatrix}$$

(2)期望的闭环特征值指定为 0.6、0.61、0.62、0.63,A 和 B 矩阵为

$$A = \begin{bmatrix} 1 & 1.2 & 0 & 1.3 \\ 0 & 1.5 & 0.5 & -0.6 \\ -2 & 0 & 0 & 0.9 \\ 0 & 2 & 0 & 0.5 \end{bmatrix}; \quad B = \begin{bmatrix} 2 \\ 1.5 \\ 2.1 \\ 0.9 \end{bmatrix}$$

4.3　某连续时间系统用下列微分方程描述:

$$\dot{x}(t) = A_c x(t) + B_c u(t)$$

式中,矩阵 A_c 和 B_c 设为

$$A_c = \begin{bmatrix} -0.5 & 1 & 0 \\ 0 & -0.8 & 1 \\ 0 & 0 & 0 \end{bmatrix}; \quad B_c = \begin{bmatrix} 1 \\ -1 \\ 1 \end{bmatrix}$$

系统的采样间隔 Δt 选为 0.2s。

（1）用具有零阶保持器的 MATLAB 程序 c2dm.m 求解对应的离散时间系统矩阵 A 和 B，其中，C_c 和 D_c 矩阵为具有一定维数的任意值。

（2）判断该离散时间系统是否可控。

（3）用 MATLAB 程序 place.m 设计状态反馈控制器增益矩阵 K，其中，期望的闭环特征值为 0.7、0.71、0.72。

（4）用初始条件 $x_1(0) = 1$、$x_2(0) = 2$、$x_3(0) = 3$ 模拟状态反馈控制系统。

4.4　延续 4.3 题，这里不用 4.3 题中的那组离散时间期望闭环极点，改为在连续时间中选择期望的闭环极点，使我们对闭环响应时间有了一个深入的了解。

（1）假设连续时间中的所有闭环特征值都选为 -1，求离散时间的期望闭环特征值和状态反馈控制器增益矩阵 K，其中采样间隔 $\Delta t = 0.1$、0.2、0.4。

（2）讨论 K 的变化与采样间隔 Δt 的变化的关系。

4.5　判断下列状态空间模型的可控性和可观性。

$$\begin{bmatrix} x_1(k+1) \\ x_2(k+1) \\ x_3(k+1) \\ x_4(k+1) \end{bmatrix} = \begin{bmatrix} 0 & 1 & 0 & 0 \\ 3\alpha^2 & 0 & 0 & 2\alpha \\ 0 & 0 & 0 & 1 \\ 0 & -2\alpha & 0 & 0 \end{bmatrix} \begin{bmatrix} x_1(k) \\ x_2(k) \\ x_3(k) \\ x_4(k) \end{bmatrix} + \begin{bmatrix} 0 \\ 1 \\ 0 \\ 0 \end{bmatrix}$$

$$y(k) = \begin{bmatrix} 0 & 0 & 1 & 0 \end{bmatrix} \begin{bmatrix} x_1(k) \\ x_2(k) \\ x_3(k) \\ x_4(k) \end{bmatrix}$$

式中，$\alpha \neq 0$。

4.6　假设某二输入-二输出系统用下列差分方程描述：

$$\begin{bmatrix} x_1(k+1) \\ x_2(k+1) \end{bmatrix} = \begin{bmatrix} 1 + \dfrac{\beta}{a_1}\Delta t & \dfrac{\beta}{a_1}\Delta t \\ \dfrac{\beta}{a_2}\Delta t & 1 + \dfrac{\beta}{a_2}\Delta t \end{bmatrix} \begin{bmatrix} x_1(k) \\ x_2(k) \end{bmatrix} + \begin{bmatrix} \dfrac{1}{a_1}\Delta t & 0 \\ 0 & \dfrac{1}{a_2}\Delta t \end{bmatrix} \begin{bmatrix} u_1(k) \\ u_2(k) \end{bmatrix} \qquad (4.54)$$

式中，$a_1 \neq 0$、$a_2 \neq 0$。

（1）如果 $\beta = 0$，判断系统是否可控。

（2）假如只有一个输入可用于控制，如第一个输入 $u_1(k)$ 是可用的。如果 $\beta = 0$，判断系统是否仍然可控。另外，为该单输入系统设计一个极点配置控制器，并研究 $\beta = 0$ 对闭环控制系统的影响。

4.7 已知某动态系统的状态空间模型如下:

$$\begin{bmatrix} x_1(k+1) \\ x_2(k+1) \end{bmatrix} = \begin{bmatrix} 1 + \dfrac{\beta}{a_1}\Delta t & \dfrac{\beta}{a_1}\Delta t \\ \dfrac{\beta}{a_2}\Delta t & 1 + \dfrac{\beta}{a_2}\Delta t \end{bmatrix} \begin{bmatrix} x_1(k) \\ x_2(k) \end{bmatrix} + \begin{bmatrix} \dfrac{1}{a_1}\Delta t & 0 \\ 0 & \dfrac{1}{a_2}\Delta t \end{bmatrix} \begin{bmatrix} u_1(k) \\ u_2(k) \end{bmatrix}$$

$$\begin{bmatrix} y_1(k) \\ y_2(k) \end{bmatrix} = \begin{bmatrix} \lambda & 0 \\ 0 & 1 \end{bmatrix} \begin{bmatrix} x_1(k) \\ x_2(k) \end{bmatrix}$$

式中, $a_1 \neq 0$、$a_2 \neq 0$,且采样间隔 $\Delta t > 0$。

(1)假设 $\lambda \neq 0$、$\beta = 0$,判断该系统是否可观测。

(2)假设 $\lambda = 0$、$\beta \neq 0$,判断该系统是否可观测。

(3)假设 $\lambda = 0$、$\beta = 0$,判断该系统是否可观测。用极点配置法设计一个观测器,并讨论当 $\lambda = 0$、$\beta = 0$ 时会发生什么情况。

4.8 一个连续时间的正弦信号 $y_0(t)$ 被噪声严重破坏,其中 $y_0(t)$ 用下列离散时间函数表示:

$$y_0(t) = a_m \sin(\omega_0 t + \theta)$$

$$y(t) = y_0(t) + \epsilon(t)$$

式中, $y(t)$ 为连续时间的测量信号; $\epsilon(t)$ 为噪声。已知频率参数 $\omega_0 > 0$,但是 a_m 和 θ 是未知的。

(1)写出可过滤噪声的连续时间状态空间模型。

(2)已知采样间隔 Δt,设计一个离散时间观测器来估计无噪声信号 $y_0(k)$,其中所有闭环观测器极点都选为 $e^{-3\omega_0 \Delta t}$。

(3)用下列仿真研究验证你的设计。假设 $\omega_0 = 1$、$a_m = 2$、$\theta = \pi/4$、$\Delta t = 0.01$,生成无噪声正弦信号 $y_0(k)$,并增加标准差为 0.2 的白噪声 $\epsilon(k)$。用离散时间观测器计算估计信号 $\hat{y}(k)$,观测器设计时的初始状态选为 $\hat{x}_1(0) = 0$、$\hat{x}_2(0) = 0$。

4.9 离散时间中的双积分器系统用差分方程描述如下:

$$\begin{bmatrix} x_1(k+1) \\ x_2(k+1) \end{bmatrix} = \begin{bmatrix} 1 & \Delta t \\ 0 & 1 \end{bmatrix} \begin{bmatrix} x_1(k) \\ x_2(k) \end{bmatrix} + \begin{bmatrix} \dfrac{1}{2}\Delta t^2 \\ \Delta t \end{bmatrix} u(k)$$

式中, $\Delta t = 1$。用 DLQR 方法设计一个状态反馈控制器,以使初始状态 $x_1(0) = x_2(0) = 1$ 回到零点。说明 Q 和 R 矩阵的选择对闭环响应的影响。

(1)举个简单的例子,选择 $R = 1$,并假设 Q 是一个对角矩阵,离散时间线性二次型调节器中的目标函数 J 是什么?用下列三种情况对 Q 矩阵的变化进行检验。

①设 $Q(1,1) = Q(2,2) = 1$ ，求状态反馈控制器增益矩阵 K 、代数里卡蒂方程解 P 和闭环特征值 E ，并求 $J_{\min}$ 。

②设 $Q(1,1) = 100$ 、$Q(2,2) = 1$ ，求状态反馈控制器增益矩阵 K 、代数里卡蒂方程解 P 和闭环特征值 E ，并求 $J_{\min}$ 。

③设 $Q(1,1) = 1$ 、$Q(2,2) = 100$ ，求状态反馈控制器增益矩阵 K 、代数里卡蒂方程解 P 和闭环特征值 E ，并求 $J_{\min}$ 。

④对以上三种情况的闭环状态反馈控制进行仿真，其中，$x_1(0) = x_2(0) = 1$ 。比较它们的状态变量和控制信号，你有何观察发现？

（2）将 Q 选为单位矩阵（$Q(1,1) = Q(2,2) = 1$ ），针对下列三种情况对 R 的变化进行检验。

①设 $R = 0.01$ ，求状态反馈控制器增益矩阵 K 、代数里卡蒂方程解 P 和闭环特征值 E ，并求 $J_{\min}$ 。

②设 $R = 0.1$ ，求状态反馈控制器增益矩阵 K 、代数里卡蒂方程解 P 和闭环特征值 E ，并求 $J_{\min}$ 。

③设 $R = 10$ ，求状态反馈控制器增益矩阵 K 、代数里卡蒂方程解 P 和闭环特征值 E ，并求 $J_{\min}$ 。

④对以上三种情况的闭环状态反馈控制进行仿真，其中，$x_1(0) = x_2(0) = 1$ 。比较它们的状态变量和控制信号，你有何观察发现？

4.10 某三弹簧-双质量块系统的状态空间模型如下：

$$\begin{bmatrix} \dot{x}_1(t) \\ \dot{x}_2(t) \\ \dot{x}_3(t) \\ \dot{x}_4(t) \end{bmatrix} = \begin{bmatrix} 0 & 1 & 0 & 0 \\ -\dfrac{\alpha_1 + \alpha_2}{M_1} & 0 & \dfrac{\alpha_2}{M_1} & 0 \\ 0 & 0 & 0 & 1 \\ \dfrac{\alpha_2}{M_2} & 0 & -\dfrac{\alpha_1 + \alpha_2}{M_2} & 0 \end{bmatrix} \begin{bmatrix} x_1(t) \\ x_2(t) \\ x_3(t) \\ x_4(t) \end{bmatrix} + \begin{bmatrix} 0 & 0 \\ \dfrac{1}{M_1} & 0 \\ 0 & 0 \\ 0 & \dfrac{1}{M_2} \end{bmatrix} \begin{bmatrix} u_1(t) \\ u_2(t) \end{bmatrix}$$

$$\begin{bmatrix} y_1(t) \\ y_2(t) \end{bmatrix} = \begin{bmatrix} 1 & 0 & 0 & 0 \\ 0 & 0 & 1 & 0 \end{bmatrix} \begin{bmatrix} x_1(t) \\ x_2(t) \\ x_3(t) \\ x_4(t) \end{bmatrix}$$

式中，两个输入变量为施加的两个力 u_1 和 u_2 ，两个输出变量为质量块的移动距离，其中 $y_1 = x_1(t)$ 对应质量块一，$y_2 = x_3(t)$ 对应质量块二。两个状态变量 $x_2(t) = \dot{y}_1(t)$ 、$x_4(t) = \dot{y}_2(t)$ 。物理参数为 $M_1 = 3\text{kg}$ 、$M_2 = 6\text{kg}$ 、$\alpha_1 = 40\text{N/m}$ 、$\alpha_2 = 100\text{N/m}$ 。用采样间隔 $\Delta t = 0.1\text{s}$ 对连续时间系统进行离散化。

（1）求采样间隔 $\Delta t = 0.1\text{s}$ 的离散时间状态空间模型。

（2）判断该离散时间模型是否可控、是否可观。

（3）设 $R = 1$ ，设计离散时间线性二次型调节器的控制器 K ，假设 Q 矩阵有三种情况：①$Q(1,1) = Q(3,3) = 1$ ，Q 矩阵的其他元素为零；②$Q(2,2) = Q(4,4) = 1$ ，Q 矩阵的其他元素为零；③Q是一个单位矩阵。你能求出Q这三种情况下的控制器K吗？如果能，闭环特征值是什么？

(4) 设初始状态变量$x_1(0) = x_3(0) = 1$、$x_2(0) = x_4(0) = 0$，在不同 Q 情况下设计状态反馈控制增益矩阵 K，模拟该闭环状态反馈控制系统。比较Q矩阵在不同选择情况下的控制信号和状态变量。你有什么观察发现？

(5) 用 MATLAB 程序 dlqr.m 求一个观测器增益矩阵K_{ob}，其中，$Q_{ob} = I$、$R_{ob} = I$。观测器误差系统的闭环特征值是多少？

(6) 设初始状态变量$x_1(0) = x_3(0) = 1$、$x_2(0) = x_4(0) = 0$，观测器的所有初始状态均为零，模拟该闭环状态估计控制系统。针对不同 Q 矩阵，保持相同的观测器增益矩阵K_{ob}，比较控制信号和估计的状态变量。你有什么观察发现？

4.11 延续 4.10 题，利用设定稳定度的 DLQR 方法设计状态反馈控制器和观测器。

(1) 对于控制器的设计，我们希望将最大闭环时间常数限制为 20s。设 R 为单位矩阵，且 $Q(1,1) = Q(3,3) = 1$，Q 矩阵的其他元素为零，用 MATLAB 程序 dlqr.m 求状态反馈控制器增益矩阵 K。

(2) 对于观测器的设计，我们希望将观测器误差系统的最大闭环时间常数限制为 10s。设 Q_{ob} 和 R_{ob} 都是单位矩阵，用 MATLAB 程序 dlqr.m 求观测器增益矩阵 K_{ob}。

(3) 设初始状态变量$x_1(0) = x_3(0) = 1$、$x_2(0) = x_4(0) = 0$，且观测器的所有初始状态均为零，对闭环状态估计控制系统进行仿真。对离散时间 $t = 0, \Delta t, 2\Delta t, \cdots$，给出控制信号和估计状态变量。你有什么观察发现？

(4) 将控制器的最大时间常数改为 10s，观测器的最大时间常数改为 5s，求新的状态反馈控制器增益矩阵 K 和观测器增益矩阵 K_{ob}。采用新的控制器和观测器进行仿真研究。对控制信号和估计状态变量与之前情况中得到的结果进行比较，关于闭环响应时间，你有何观察发现？

第5章 基于观测器设计的干扰抑制和参考信号跟踪

5.1 概　述

从本章开始，在离散时间状态反馈控制中引入了参考信号和干扰信号。在离散时间系统设计中，参考信号和干扰信号包括阶跃信号、斜坡信号、正弦信号或它们之间的任意组合。因此，离散时间设计允许在多输入-多输出系统中对复杂信号进行干扰抑制和参考信号跟踪，它在各种控制系统中得到了比连续时间设计更为广泛的应用。

本章的目的是介绍干扰抑制和参考信号跟踪及一种基于扰动观测器的方法。本章首先大体介绍了扰动信号及其特征（见 5.2 节）。在熟悉了常用的扰动模型后，5.3 节提出了如何在状态估计中补偿扰动。5.4 节介绍了一种基于扰动观测器的状态反馈控制。5.5 节对基于扰动观测器的控制系统进行了分析。采用这种基于扰动观测器的方法，自然地为控制器的实现引入了抗饱和机制（见 5.6 节）。本章提供了 MATLAB 和 Simulink 的教程来设计和实现这种状态反馈控制器。

5.2 扰　动　模　型

一般来说，一种扰动与一个缓慢变化的变量相关，在频域上以低频为主。扰动信号通常是过程输入和输出信号的一部分，除非部署了特殊的传感器进行测量，否则不能独立测量得到。

5.2.1 常见的扰动信号

1. 恒定扰动

在确定性情况下，最常遇到的干扰是幅值变化的常数。例如，将电转矩负载建模为一个分段常数。如第 3 章所示，常数信号 $\mu(k)$ 的动态方程为

$$\mu(k+1) = \mu(k)$$

设初始条件 $\mu(0) \neq 0$ ，它还可以用前移位算子描述为

$$D(q)\mu(k) = 0$$

式中，$D(q) = q - 1$。从这里开始，多项式模型 $D(q)$ 被称为扰动模型。

对于随机情况，扰动过程有白噪声输入，$\mu(k)$ 满足以下差分方程：

$$\mu(k+1) = \mu(k) + \epsilon(k) \tag{5.1}$$

用前移位算子，则

$$D(q)\mu(k)=\epsilon(k)$$

式中，$\epsilon(k)$ 为白噪声，均值为零，方差为 σ^2。扰动 $\mu(k)$ 可以用 $D(q)$ 表示为

$$\mu(k)=\frac{\epsilon(k)}{D(q)}$$

或用后移算子表示：

$$\mu(k)=\frac{q^{-1}\epsilon(k)}{D\left(q^{-1}\right)}$$

随机情况下的信号 $\mu(k)$ 通常是指随机变化信号。在仿真研究中，我们需要产生干扰信号。为了使结果可重复，应选择随机信号发生器的种子。当 $\sigma=1$ 时，图 5.1(a) 显示了种子为 0 的随机变化信号；图 5.1(b) 显示了种子为 1 的随机变化信号。从这两个信号可以清楚地看出：当种子变化时，信号截然不同。以下程序用于生成干扰信号：

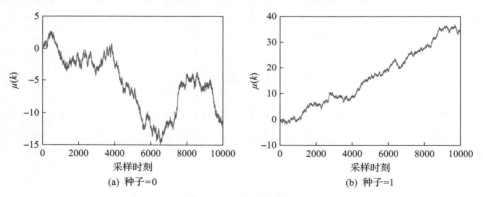

(a) 种子=0　　　　　　　　　(b) 种子=1

图 5.1　随机变化信号

```
Nsim=10000;
randn('seed',1)
noi=0.1*randn(1,Nsim);
numd=1;
dend=[1 -1];
mu=filter(numd,dend,noi);
```

5.3 节和 5.4 节将说明，在假设输入常数扰动或随机变化扰动的情况下，当设计反馈控制系统来抑制扰动时，系统将具有积分作用。

2. 谐波扰动

扰动 $\mu(k)$ 为已知离散时间频率 ω_d 的正弦扰动，在确定性情况下，满足差分方程：

$$\mu(k+2)-2\cos\omega_d\mu(k+1)+\mu(k)=0$$

或用前移位算子表示：

$$\left(q^2-2\cos\omega_d q+1\right)\mu(k)=0$$

在随机情况下，差分方程为

$$\mu(k+2)-2\cos\omega_d\mu(k+1)+\mu(k)=\epsilon(k)$$

式中，$\epsilon(k)$ 为白噪声，均值为零，方差为 σ^2。对于正弦扰动的情况，扰动模型为

$$D(q)=q^2-2\cos\omega_d q+1$$

图 5.2(a) 显示了 $\sigma=1$、频率为 $f=0.1\,\mathrm{Hz}$ 的正弦扰动，采样间隔 $\Delta t=0.01$，其中，种子为 0。图 5.2(b) 显示了种子为 1 的正弦扰动。为了生成正弦信号，离散时间频率 ω_d 被确定为 $\omega_d=2\pi f\Delta t$。

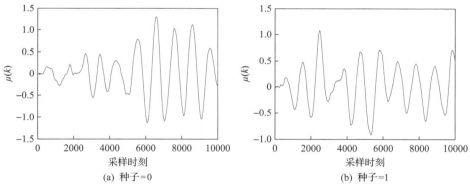

图 5.2　正弦扰动

3. 斜坡扰动

在确定性情况下，当扰动 $\mu(k)$ 是一个斜坡信号时，它满足差分方程：

$$\mu(k+2)-2\mu(k+1)+\mu(k)=0$$

在随机情况中，它的形式如下：

$$\mu(k+2)-2\mu(k+1)+\mu(k)=\epsilon(k)$$

式中，$\epsilon(k)$ 为白噪声，均值为零，方差为 σ^2。对于斜坡扰动，扰动模型为

$$D(q)=q^2-2q+1$$

且 $\mu(k)$ 可以表示为

$$\mu(k) = \frac{\epsilon(k)}{D(q)}$$

为了克服稳态时的斜坡扰动，控制系统的设计需要有双积分作用，如 5.5 节所示。

一个系统可以是以上各种扰动的组合。例如，如果扰动包含随机变化信号和正弦扰动，频率为 ω_d，那么 $\mu(k)$ 用前移位算子建模为

$$(q-1)\left(q^2 - 2\cos\omega_d q + 1\right)\mu(k) = \epsilon(k)$$

即

$$\mu(k) = \frac{\epsilon(k)}{D(q)}$$

式中，$D(q) = (q-1)(q^2 - 2\cos\omega_d q + 1)$。

在 6.5.2 节，我们将展示如何通过频率分解求得给定复周期信号的扰动模型 $D(q)$。

5.2.2　带输入扰动的状态空间模型

假设一个输入扰动为 $\mu(k)$，带输入扰动的状态空间模型为

$$x_m(k+1) = A_m x_m(k) + B_m u(k) + B_d \mu(k) \tag{5.2}$$

$$y(k) = C_m x_m(k) \tag{5.3}$$

在大多数应用中，B_d 的准确信息并不是容易获得的，从后续内容看，这种信息在控制系统的设计中也并非必需的。所以，可以简单地把它们设为过程输入和输出，这样，状态空间模型可以简化为

$$x_m(k+1) = A_m x_m(k) + B_m(u(k) + \mu(k)) \tag{5.4}$$

$$y(k) = C_m x_m(k) \tag{5.5}$$

由于输入扰动可能有多个来源，假设扰动向量的第 i 个元素用式 (5.6) 描述：

$$\mu_i(k+1) = \frac{\epsilon_i(k)}{D\left(q^{-1}\right)} \tag{5.6}$$

式中，$\epsilon_i(k)$ 为白噪声，均值为零，方差为 σ_i^2，$1 \leqslant i \leqslant m$，$m$ 为输入的维数。这里 $D(q^{-1})$ 是用后移位算子表示的，由所有来源的扰动模型的最小公因数组成。例如，假设系统有一个作用于 $\mu_1(k)$ 随机变化的扰动和一个作用于 $\mu_2(k)$ 频率为 ω_d 的正弦扰动，扰动模型 $D(q^{-1})$ 表达为

$$D\left(q^{-1}\right) = \left(1 - q^{-1}\right)\left(1 - 2\cos\omega_d q^{-1} + q^{-2}\right)$$

对 $\mu(k)$ 的每个成分运用相同的 $D(q^{-1})$。总的来说，假设 $D(q^{-1})$ 为 γ 阶，它可以用后移位算子表示为

$$D\left(q^{-1}\right) = 1 + d_1 q^{-1} + d_2 q^{-2} + d_3 q^{-3} + \cdots + d_\gamma q^{-\gamma} \tag{5.7}$$

5.2.3　思考题

1. 用后移位算子来表示随机变化信号的动态模型是什么？

2. 常数扰动的 z 转换是什么？若 $z = e^{j\omega}$，$0 \leqslant \omega \leqslant \pi$，你可以计算它在初始条件 $\mu(0) = 1$ 情况下的频率响应幅值吗？

3. 初始条件为 $\mu(0) = \mu(1) = 1$ 时正弦扰动的 z 转换是什么？除 $\omega = \pm\omega_d$ 处之外，正弦信号的频率响应幅值处处均为零，对吗？在 $\omega = \pm\omega_d$ 处它的值是多少？

4. 对于恒定信号和正弦信号的频率响应幅值，你有何看法？

5. 某离散时间系统用下列差分方程描述：

$$x(k+1) = 0.8x(k) + 0.6(u(k) + \mu(k)); \quad y(k) = x(k)$$

被控对象输入信号 $u(k)$ 和输入扰动 $\mu(k)$ 之间有什么重要区别？

5.3　估计中输入和输出扰动的补偿

本节中，状态估计的目标是，在存在输入扰动和输出扰动的情况下，正确估计状态向量 $x_m(k)$。

5.3.1　示例

为了说明扰动对状态估计的影响，我们来研究下面的例子。

例 5.1　在例 4.5 中，我们演示了具有测量噪声的振荡系统的观测器设计。现在，对于同样的系统，有一个频率为 0.1Hz 的正弦扰动作用于 $x_1(k)$。利用与例 4.5 中相同的观测器估计状态变量 $x_1(k)$、$x_2(k)$ 和 $x_3(k)$。方便起见，给出数学模型如下，采样间隔 $\Delta t = 0.01\mathrm{s}$：

$$\dot{x}(t) = A_p x(t) + B_p u(t); \quad y(t) = C_p x(t) \tag{5.8}$$

式中，系统矩阵为

$$A_p = \begin{bmatrix} -1.5 & 0.6467 & 0 & -717 & 260.4 & 0 \\ 0.6467 & -1.26 & 0.6133 & 260.4 & -493.5333 & 233.1333 \\ 0 & 0.6133 & -0.6133 & 0 & 233.1333 & -233.1333 \\ 1 & 0 & 0 & 0 & 0 & 0 \\ 0 & 1 & 0 & 0 & 0 & 0 \\ 0 & 0 & 1 & 0 & 0 & 0 \end{bmatrix}$$

$$B_p = \begin{bmatrix} -0.0333 & 0.0333 & 0 \\ 0 & -0.0333 & 0.0333 \\ 0 & 0 & -0.0333 \\ 0 & 0 & 0 \\ 0 & 0 & 0 \\ 0 & 0 & 0 \end{bmatrix}; \quad C_p = \begin{bmatrix} 0 & 0 & 0 & 1 & 0 & 0 \\ 0 & 0 & 0 & 0 & 1 & 0 \\ 0 & 0 & 0 & 0 & 0 & 1 \end{bmatrix}$$

解 我们生成一个扰动信号 $\mu(k)$：

$$\mu(k) = \frac{0.0005q^{-1}}{1 - 2\cos\omega_d q^{-1} + q^{-2}} \epsilon(k)$$

式中，$\omega_d = 2\pi f \Delta t$，其中 $f = 0.1\,\mathrm{Hz}$，$\Delta t = 0.01\mathrm{s}$。在仿真中，$\epsilon(k)$ 为白噪声，$\sigma = 0.1$。生成模拟输出数据时，在第一个状态向量 $x_1(k)$ 中加入扰动序列 $\mu(k)$。图 5.3（a）和（b）显示了两个测量的输出信号，从图中可以看出，作用于 $x_1(k)$ 的正弦扰动对 $y_1(k)$ 和 $y_2(k)$ 都有影响，对 $y_3(k)$ 也有影响（这里未显示）。

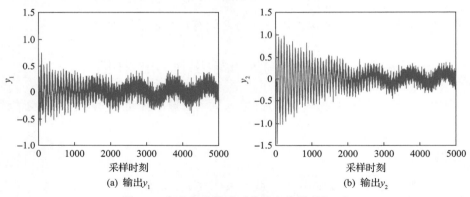

(a) 输出 y_1 (b) 输出 y_2

图 5.3 存在正弦扰动时的输出信号（例 5.1）

在与例 4.5 中相同的初始条件下，利用相同的观测器，这里，$\alpha = 0.96$，得到估计状态变量 $\hat{x}_1(k)$、$\hat{x}_2(k)$ 和 $\hat{x}_3(k)$。图 5.4（a）中显示了存在扰动时的误差信号 $\tilde{x}_1(k)$，而图 5.4（b）

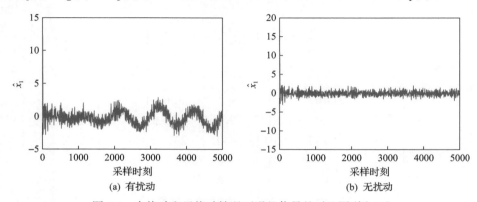

(a) 有扰动   (b) 无扰动

图 5.4 有扰动和无扰动情况下误差信号的对比图（例 5.1）

中显示了没有扰动时的误差信号。从图 5.4(a) 中可以看出，估计误差中有一个正弦分量，这意味着没有扰动的补偿，估计状态不再是正确的。$\tilde{x}_2(k)$ 和 $\tilde{x}_3(k)$ 也受到类似的影响，这里未显示。

例 5.1 激励我们通过在状态估计中对扰动建模来克服扰动的影响。

5.3.2　输入扰动观测器设计

我们假设系统有一个输入扰动 $\mu(k)$ 的状态空间模型如下：

$$x_m(k+1) = A_m x_m(k) + B_m(u(k) + \mu(k)) \tag{5.9}$$

$$y(k) = C_m x_m(k) \tag{5.10}$$

式中，$x_m(k)$ 为 $n_1 \times 1$ 的状态向量；$u(k)$ 和 $\mu(k)$ 为 $m \times 1$ 的输入向量；$y(k)$ 为 $m \times 1$ 的输出向量。

如 5.2 节中所介绍的，扰动 $\mu(k)$ 建模为

$$\mu(k+1) = \frac{\epsilon(k)}{D\left(q^{-1}\right)} \tag{5.11}$$

式中，$\epsilon(k)$ 为一个 $m \times 1$ 的向量。扰动模型 $D(q^{-1})$ 定义为

$$D\left(q^{-1}\right) = 1 + d_1 q^{-1} + d_2 q^{-2} + d_3 q^{-3} + \cdots + d_\gamma q^{-\gamma} \tag{5.12}$$

利用差分方程的形式将扰动向量 $\mu(k+1)$ 写作

$$\mu(k+1) = -d_1\mu(k) - d_2\mu(k-1) - \cdots - d_\gamma\mu(k-\gamma+1) + \epsilon(k) \tag{5.13}$$

式中，向量 $\epsilon(k)$ 的每一项都是均值为零的白噪声。

为了将差分方程式 (5.13) 转换成一个状态空间表示，首先为扰动模型定义一个向量 $p(k)$

$$p(k) = \begin{bmatrix} \mu^{\mathrm{T}}(k) & \mu^{\mathrm{T}}(k-1) & \cdots & \mu^{\mathrm{T}}(k-\gamma+1) \end{bmatrix}^{\mathrm{T}} \tag{5.14}$$

式中，$p(k)$ 维数为 $m_\gamma \times 1$。用下列状态空间模型来表示扰动成分：

$$p(k+1) = A_d p(k) + B_\epsilon \epsilon(k) \tag{5.15}$$

$$\mu(k) = C_\epsilon p(k) \tag{5.16}$$

式中，A_d 矩阵的结构如下：

$$A_d = \begin{bmatrix} -d_1 I_m & -d_2 I_m & \cdots & -d_{\gamma-1} I_m & -d_\gamma I_m \\ I_m & 0_m & 0_m & \cdots & 0_m \\ 0_m & I_m & 0_m & \cdots & 0_m \\ \vdots & \vdots & \vdots & & \vdots \\ 0_m & 0_m & \cdots & I_m & 0_m \end{bmatrix} \tag{5.17}$$

$B_\epsilon (m_\gamma \times m)$ 和 $C_\epsilon (m \times m_\gamma)$ 的前 m 列和前 m 行为单位矩阵。两个矩阵其余的列和行都是零矩阵。0_m 和 I_m 矩阵分别表示维数为 $m \times m$ 的零矩阵和单位矩阵。

重要的是，通过式(5.17)，可以得到以下关系式：

$$\det \left(q I_{m_\gamma} - A_d \right) = D(q)^m \tag{5.18}$$

式中，I_{m_γ} 为维数为 $m_\gamma \times m_\gamma$ 的单位矩阵；$D(q)$ 为前移位算子的扰动模型。这意味着 A_d 矩阵包含 m 组特征值，对应于 $D(q)$ 多项式零点。

为了补偿干扰对估计状态向量 $x_m(k)$ 的影响，我们将扰动向量 $\mu(k)$ 纳入动态模型以便对其一起进行估计。为此，我们引入增广状态向量 $x(k)$：

$$x(k) = \begin{bmatrix} x_m^\mathrm{T}(k) & p(k)^\mathrm{T} \end{bmatrix}^\mathrm{T}$$

注意，由式(5.16)，带输入扰动的原始状态空间模型式(5.9)可重新写作

$$x_m(k+1) = A_m x_m(k) + B_m C_\epsilon p(k) + B_m u(k)$$

与式(5.15)联立，包含状态变量 $x_m(k)$ 和 $p(k)$ 的增广状态空间模型表示为

$$\begin{bmatrix} x_m(k+1) \\ p(k+1) \end{bmatrix} = \overbrace{\begin{bmatrix} A_m & B_m C_\epsilon \\ 0_{m_\gamma \times n} & A_d \end{bmatrix}}^{A} \begin{bmatrix} x_m(k) \\ p(k) \end{bmatrix} + \overbrace{\begin{bmatrix} B_m \\ 0_{m_\gamma \times m} \end{bmatrix}}^{B} u(k) + \begin{bmatrix} 0_{n \times m} \\ B_\epsilon \end{bmatrix} \epsilon(k) \tag{5.19}$$

式中，$0_{p \times q}$ 为维数为 $p \times q$ 的零矩阵；A 和 B 矩阵被定义为增广模型的系统矩阵和输入矩阵。值得注意的是，增广状态空间模型式(5.19)中有输入信号 $u(k)$ 和白噪声信号 $\epsilon(k)$。状态空间模型式(5.19)的输出方程式即为

$$y(k) = \overbrace{\begin{bmatrix} C_m & 0_{m \times m_\gamma} \end{bmatrix}}^{C} \begin{bmatrix} x_m(k) \\ p(k) \end{bmatrix} \tag{5.20}$$

式中，$0_{m \times m_\gamma}$ 为维数为 $m \times m_\gamma$ 的零矩阵；C 矩阵被定义为增广系统矩阵。

观测器的设计将基于式(5.19)和式(5.20)所描述的状态空间模型，使用矩阵对 (A, C)。为了估计增广状态向量 $x(k)$，可以利用极点配置设计法或离散时间线性二次型调节器的方法选择一个观测器增益矩阵 K_{ob}，以使闭环观测器误差系统在理想的动态响应速度下保持稳定。

选出 K_{ob} 后，用式(5.21)估计增广状态向量 $x(k)$：

$$\hat{x}(k+1) = A\hat{x}(k) + Bu(k) + K_{\text{ob}}(y(k) - C\hat{x}(k)) \tag{5.21}$$

式中，A、B、C 矩阵的定义见式(5.19)和式(5.20)。

问题仍然是，在什么条件下矩阵对 (A, C) 是可观的？要回答这个问题，可以查看矩阵对 (A_m, C_m) 的可观性是否成立，如果系统没有对应于多项式 $D(q)$ 中包含的扰动态的零点，那么矩阵对 (A, C) 是可观的。关于系统的零点的条件要求，下面的例子进行了说明。

例5.2 已知某离散时间系统有如下传递函数：

$$G(z) = \frac{z^2 - 2\cos\omega_d z + 1}{(z-0.9)^2(z-0.5)}$$

式中，$\omega_d = 2\pi/40$。该传递函数对应于下列状态空间模型：

$$A_m = \begin{bmatrix} 2.3 & -1.71 & 0.405 \\ 1 & 0 & 0 \\ 0 & 1 & 0 \end{bmatrix}; \quad B_m = \begin{bmatrix} 1 \\ 0 \\ 0 \end{bmatrix}; \quad C_m = \begin{bmatrix} 1 & -1.9754 & 1 \end{bmatrix}$$

下面将证明矩阵对 (A_m, C_m) 的状态空间模型是可观的，但是，如果输入扰动 $\mu(k)$ 是一个离散时间频率 $\omega_d = 2\pi/40$ 的正弦信号，则增广系统矩阵对 (A, C) 是不可观的。

解 判断矩阵对 (A_m, C_m) 的可观性，我们可以用 MATLAB 程序 ctrb.m 和下列代码来构建可观性矩阵 L_o

```
Lo=ctrb(Am',Cm')'
```

可观性矩阵 L_o 的秩为 3。因此，矩阵对 (A_m, C_m) 是可观的。

已知正弦扰动 $\mu(k)$ 的扰动模型描述为

$$\mu(k+1) = \frac{\epsilon(k)}{1 - 2\cos\omega_d q^{-1} + q^{-2}}$$

所以，我们选择 $D(q^{-1}) = 1 - 2\cos\omega_d q^{-1} + q^{-2}$。根据式(5.19)，得到增广系统矩阵 A、B[①]：

$$A = \begin{bmatrix} 2.3 & -1.71 & 0.405 & 1 & 0 \\ 1 & 0 & 0 & 0 & 0 \\ 0 & 1 & 0 & 0 & 0 \\ 0 & 0 & 0 & 1.9754 & -1 \\ 0 & 0 & 0 & 1 & 0 \end{bmatrix}; \quad B = \begin{bmatrix} 1 \\ 0 \\ 0 \\ 0 \\ 0 \end{bmatrix}$$

---

① 可以按照教程 5.1 来构建增广系统矩阵。

根据式(5.20)，得到 C 矩阵：

$$C = \begin{bmatrix} 1 & -1.9754 & 1 & 0 & 0 \end{bmatrix}$$

利用增广系统矩阵 A 和 C，再次构成可观性矩阵并检验其秩。可观性矩阵的秩为 3，那么增广系统矩阵是不可观的，因为增广系统有 5 个状态而它的秩小于 5。

更多的情况下，输入的个数与输出的个数未必相等，则可观性的额外条件是输出的个数须大于输入的个数。如果存疑，一定要查看矩阵对 (A, C) 的可观性。

5.3.3　增广状态空间模型的 MATLAB 教程

输入扰动的估计将会用于后面章节中的控制系统设计中。正确生成增广系统矩阵 $(A$、B、$C)$ 对于观测器设计和控制设计中的干扰补偿具有重要意义。下面的教程将介绍如何构建这些系统矩阵。

教程 5.1　编写 MATLAB 函数 am4obs.m，为观测器生成具有输入扰动补偿功能的增广模型。

步骤 1，创建一个新文件，名为"am4obs.m"。

步骤 2，函数的输入变量为 A_m、B_m、C_m 和被称为"D 模型"的多项式扰动模型 $D(q^{-1})$。该函数的输出为增广系统矩阵 A、B、C。将下列程序输入文件：

```
function [A,B,C]=am4obs(Am,Bm,Cm,Dmodel)
```

步骤 3，检查输入和状态变量的个数及 D 模型的维数。继续将以下程序输入文件：

```
gamma=length(Dmodel)-1;
[n1,n_in]=size(Bm);
m1=n_in;
```

步骤 4，用零矩阵对系统矩阵进行初始化。继续将以下程序输入文件：

```
n=n1+gamma*n_in;
A=zeros(n,n);
B=zeros(n,n_in);
C=zeros(m1,n);
```

步骤 5，创建 A 中的块矩阵 A_m、B_m、C_ϵ。继续将以下程序输入文件：

```
A(1:n1,1:n1)=Am;
A(1:n1,n1+1:n1+n_in)=Bm;
```

步骤 6，创建 A 中的块矩阵 A_d。继续将以下程序输入文件：

```
nk=1;
for kk=1:gamma
A(n1+1:n1+n_in,n1+nk:n1+kk*n_in)=-Dmodel(kk+1)*eye(n_in);
```

```
nk=nk+n_in;
end
A(n1+n_in+1:n,n1+1:n-n_in)=eye((gamma-1)*n_in);
```

步骤 7，构建矩阵 B 和 C。继续将以下程序输入文件：

```
B(1:n1,:)=Bm;
C(:,1:n1)=Cm;
```

步骤 8，用下列矩阵测试函数：

```
Am=[1 -1; 2 1];
Bm=[1 2;2 1];
Cm=[1 0; 0 1];
Dmodel=[1 -2 -3];
```

步骤 9，根据下面的答案检查 A 矩阵：

$$A = \begin{bmatrix} 1 & -1 & 1 & 2 & 0 & 0 \\ 2 & 1 & 2 & 1 & 0 & 0 \\ 0 & 0 & 2 & 0 & 3 & 0 \\ 0 & 0 & 0 & 2 & 0 & 3 \\ 0 & 0 & 1 & 0 & 0 & 0 \\ 0 & 0 & 0 & 1 & 0 & 0 \end{bmatrix}$$

5.3.4　观测器误差系统

定义误差向量如下：

$$\tilde{x}(k) = x(k) - \hat{x}(k)$$

然后由式(5.19)减去式(5.21)，形成观测器误差系统：

$$\begin{bmatrix} \tilde{x}_m(k+1) \\ \tilde{p}(k+1) \end{bmatrix} = \left(A - K_{\text{ob}}C\right) \begin{bmatrix} \tilde{x}_m(k) \\ \tilde{p}(k) \end{bmatrix} + \begin{bmatrix} 0_{n \times m} \\ B_{\epsilon} \end{bmatrix} \epsilon(k) \tag{5.22}$$

在确定的情况下，噪声向量 $\epsilon(k) = 0$。则误差系统式(5.22)的稳定性确保误差状态收敛，即当 $k \to \infty$ 时，$\|\tilde{x}_m(k)\| \to 0$，$\|\tilde{p}(k)\| \to 0$。$\epsilon(k) \neq 0$ 时，检查式(5.22)的期望，即

$$\begin{bmatrix} E\left[\tilde{x}_m(k+1)\right] \\ E[\tilde{p}(k+1)] \end{bmatrix} = \left(A - K_{\text{ob}}C\right) \begin{bmatrix} E\left[\tilde{x}_m(k)\right] \\ E[\tilde{p}(k)] \end{bmatrix} + \begin{bmatrix} 0_{n \times m} \\ B_{\epsilon} \end{bmatrix} E[\epsilon(k)] \tag{5.23}$$

假设 $\epsilon(k)$ 是一个向量，其每个成分都是均值为零的白噪声，$\epsilon(k)$ 的期望是一个零矩阵。因此，观测器误差系统的期望则为

$$\begin{bmatrix} E\big[\tilde{x}_m(k+1)\big] \\ E\big[\tilde{p}(k+1)\big] \end{bmatrix} = \big(A - K_{\mathrm{ob}}C\big)\begin{bmatrix} E\big[\tilde{x}_m(k)\big] \\ E\big[\tilde{p}(k)\big] \end{bmatrix} \tag{5.24}$$

观测器增益矩阵 K_{ob} 的选择使得误差系统矩阵 $A - K_{\mathrm{ob}}C$ 是稳定的，因此误差矢量 $E\big[\tilde{x}_m(k)\big]$、$E\big[\tilde{p}(k)\big]$ 将随着 $k \to \infty$ 而收敛至零。

例 5.3　例 5.1 演示了没有补偿情况下扰动的影响，结果表明，误差信号有一个正弦分量。在本例中，使用如图 5.3 所示的同一组输出数据来估计状态变量，在本例中用到了估计状态向量 $x_m(k)$ 和扰动向量 $p(k)$。

解　对于正弦扰动，已知离散时间频率 $\omega_d = 2\pi f \Delta t$，其中 $f = 0.1\,\mathrm{Hz}$、$\Delta t = 0.01\mathrm{s}$。由于本例中有三个控制信号，我们就采用三个输入扰动，这三个输入扰动的模型都为

$$D\big(q^{-1}\big) = 1 - 2\cos\omega_d q^{-1} + q^{-2} = 1 + d_1 q^{-1} + d_2 q^{-2}$$

根据离散状态空间系统矩阵 A_m、B_m、C_m 和扰动模型 $D(q^{-1})$ 的信息，为观测器设计构建 A 和 C 矩阵如下（参考式（5.19）和式（5.20））：

$$A = \begin{bmatrix} A_m & B_m C_\epsilon \\ 0_{m_\gamma \times n} & A_d \end{bmatrix}; \quad C = \begin{bmatrix} C_m & 0_{m \times m_\gamma} \end{bmatrix}$$

A 和 C 矩阵的维数分别为 12×12 和 3×12。这里用到了教程 5.1 中的程序 am4obs.m 来求矩阵 A 和 C。

我们用 MATLAB 程序 dlqr.m 来求解观测器增益矩阵 K_{ob}。设加权矩阵 $R = 0.01I$ 以对应测量噪声的方差。对于 Q 矩阵，我们设为

$$Q = \begin{bmatrix} 0_{n \times m} \\ B_\epsilon \end{bmatrix} \begin{bmatrix} 0_{n \times m}^{\mathrm{T}} & B_\epsilon^{\mathrm{T}} \end{bmatrix}$$

大体上，$Q(7,7) = Q(8,8) = Q(9,9) = 1$，其余元素为零。卡尔曼滤波章节将显示这些选择对应于 Q 和 R 矩阵的最优选择。图 5.5(a) 和 (b) 显示了 $\tilde{x}_1(k)$ 和 $\tilde{x}_2(k)$ 的状态误差响应。结果表明，带少量噪声的误差收敛为零。

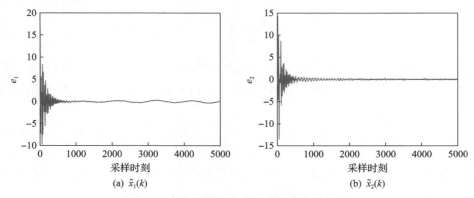

图 5.5　存在干扰时状态误差的响应（例 5.3）

5.3.5　输出扰动观测器的设计

有输出扰动时，状态空间模型描述为

$$
\begin{aligned}
x_m(k+1) &= A_m x_m(k) + B_m u(k) \\
y(k) &= C_m x_m(k) + \beta(k)
\end{aligned}
\tag{5.25}
$$

若没有更多详细信息，我们假设每个输出都有一个作用于它的输出扰动。与输入扰动的情况类似，假设扰动向量 $\beta(k)$ 的第 i 个分量描述为

$$
\beta_i(k) = \frac{\epsilon_i(k)q^{-1}}{D\left(q^{-1}\right)}
\tag{5.26}
$$

式中，$\epsilon_i(k)$ 为一个白噪声序列，均值为零，标准差为 σ_i（$1 \leqslant i \leqslant m$）。对 $\beta(k)$ 中的每个分量施加相同的 $D(q^{-1})$。由扰动模型 $D(q^{-1})$，我们将扰动向量 $\beta(k+1)$ 写作以下形式：

$$
\beta(k+1) = -d_1\beta(k) - d_2\beta(k-1) - \cdots - d_\gamma\beta(k-\gamma+1) + \epsilon(k)
\tag{5.27}
$$

式中，向量 $\epsilon(k)$ 的每一项都是零均值的白噪声。

与输入扰动的情况类似，为扰动模型定义一个向量 $p(k)$：

$$
p(k) = \begin{bmatrix} \beta^{\mathrm{T}}(k) & \beta^{\mathrm{T}}(k-1) & \cdots & \beta^{\mathrm{T}}(k-\gamma+1) \end{bmatrix}^{\mathrm{T}}
\tag{5.28}
$$

用下列状态空间模型捕获输出扰动分量：

$$
p(k+1) = A_d p(k) + B_\epsilon \epsilon(k)
\tag{5.29}
$$

$$
\beta(k) = C_\epsilon p(k)
\tag{5.30}
$$

式中，A_d、B_ϵ 和 C_ϵ 矩阵与式（5.15）和式（5.16）中相同。

为了补偿状态估计中的输出扰动，增广状态向量 $x(k)$ 选为

$$
x(k) = \begin{bmatrix} x_m^{\mathrm{T}}(k) & p(k)^{\mathrm{T}} \end{bmatrix}^{\mathrm{T}}
$$

包括两个状态变量 $x_m(k)$ 和 $p(k)$ 的增广状态空间模型设为

$$
\begin{bmatrix} x_m(k+1) \\ p(k+1) \end{bmatrix} = \overbrace{\begin{bmatrix} A_m & 0_{n \times m_\gamma} \\ 0_{m_\gamma \times n} & A_d \end{bmatrix}}^{A} \begin{bmatrix} x_m(k) \\ p(k) \end{bmatrix} + \overbrace{\begin{bmatrix} B_m \\ 0_{m_\gamma \times m} \end{bmatrix}}^{B} u(k) + \begin{bmatrix} 0_{n \times m} \\ B_\epsilon \end{bmatrix} \epsilon(k)
\tag{5.31}
$$

式中，$0_{p \times q}$ 为维数为 $p \times q$ 的零矩阵；A 和 B 矩阵被定义为增广模型的系统矩阵和输入矩

阵。状态空间模型式(5.31)的输出方程式即为

$$y(k) = \overbrace{\begin{bmatrix} C_m & C_\epsilon \end{bmatrix}}^{C} \begin{bmatrix} x_m(k) \\ p(k) \end{bmatrix} \tag{5.32}$$

如果初始系统(A_m, C_m)是可观的，则矩阵对(A, C)是可观的。基于矩阵对(A, C)选择观测器增益矩阵K_{ob}，以使观测器误差系统矩阵$A - K_{ob}C$是稳定的，它的所有特征值严格处于复平面的单位圆内。

下一步是估计状态向量$x_m(k)$和输出扰动向量$p(k)$，其中，估计状态用式(5.33)计算

$$\hat{x}(k+1) = A\hat{x}(k) + Bu(k) + K_{ob}(y(k) - C\hat{x}(k)) \tag{5.33}$$

式中，A、B和C矩阵的定义见式(5.31)和式(5.32)。

定义观测器误差向量$\tilde{x}(k) = \begin{bmatrix} \tilde{x}_m(k)^T & \tilde{p}(k)^T \end{bmatrix}^T$，根据式(5.31)~式(5.33)，可以构建观测器误差系统：

$$\begin{bmatrix} \tilde{x}_m(k+1) \\ \tilde{p}(k+1) \end{bmatrix} = (A - K_{ob}C) \begin{bmatrix} \tilde{x}_m(k) \\ \tilde{p}(k) \end{bmatrix} + \begin{bmatrix} 0_{n\times m} \\ B_\epsilon \end{bmatrix} \epsilon(k) \tag{5.34}$$

它的期望计算为

$$\begin{aligned} \begin{bmatrix} E[\tilde{x}_m(k+1)] \\ E[\tilde{p}(k+1)] \end{bmatrix} &= (A - K_{ob}C) \begin{bmatrix} E[\tilde{x}_m(k)] \\ E[\tilde{p}(k)] \end{bmatrix} + \begin{bmatrix} 0_{n\times m} \\ B_\epsilon \end{bmatrix} E[\epsilon(k)] \\ &= (A - K_{ob}C) \begin{bmatrix} E[\tilde{x}_m(k)] \\ E[\tilde{p}(k)] \end{bmatrix} \end{aligned} \tag{5.35}$$

由于$\epsilon(k)$被假设为每个分量都是零均值的白噪声的向量，因此式(5.35)中，$E[\epsilon(k)] = 0$。式(5.35)表明，如果误差系统矩阵$A - K_{ob}C$是稳定的，那么平均误差$\|E[\tilde{x}(k)]\|$将随着$k \to \infty$而收敛至零。

5.3.2节在假设输入扰动$\mu(k)$时，要求扰动模型的零点不对应被控对象传递函数的零点，以便维持增广系统的可观性。但是，如果假设扰动出现在系统的输出中，就不再需要这样的要求了。这一点可通过下面的例子来证明。

例5.4　已知某离散时间系统的传递函数为

$$G(z) = \frac{z^2 - 2\cos\omega_d z + 1}{(z-0.9)^2(z-0.5)}$$

式中，$\omega_d = 2\pi/40$。假设系统有一个正弦输出扰动，频率为ω_d，证明增广系统矩阵A和C是可观测的。

解　本系统应用了例5.2中求出的A_m、B_m和C_m。从式(5.31)，构建A和B矩阵如下：

$$A = \begin{bmatrix} 2.3 & -1.71 & 0.405 & 0 & 0 \\ 1 & 0 & 0 & 0 & 0 \\ 0 & 1 & 0 & 0 & 0 \\ 0 & 0 & 0 & 1.9754 & -1 \\ 0 & 0 & 0 & 1 & 0 \end{bmatrix}; \quad B = \begin{bmatrix} 1 \\ 0 \\ 0 \\ 0 \\ 0 \end{bmatrix}$$

由式 (5.32)，构建 C 矩阵：

$$C = \begin{bmatrix} 1 & -1.9754 & 1 & 1 & 0 \end{bmatrix}$$

用 MATLAB 程序 ctrb.m 计算可观性矩阵 L_o：

```
Lo=ctrb(A',C')';
```

矩阵 L_o 的秩为 5，所以，增广系统是可观的。

在观测器的应用中，常常得到一组包含低频干扰的输出测量数据。有时很难确定它们是输入干扰还是输出干扰。下面的例子表明，对于线性时不变系统，输入干扰的影响也可以通过对输出干扰的建模来补偿，从而正确地估计状态变量。

例 5.5   在本例中，使用例 5.1 中生成的输出测量数据集，其中的扰动是通过在 $x_1(k)$ 中添加一个正弦信号产生的。证明：通过捕获输出中扰动的影响可以实现正确的状态估计。

解   由于有三个输出信号，需要用到三个输出扰动，每个输出扰动具有相同的模型：

$$D\left(q^{-1}\right) = 1 - 2\cos\omega_d q^{-1} + q^{-2} = 1 + d_1 q^{-1} + d_2 q^{-2}$$

式中，$\omega_d = 2\pi f \Delta t$ ，$f = 0.1\,\text{Hz}$ ，$\Delta t = 0.01\text{s}$ 。

我们构建增广系统矩阵：

$$A = \begin{bmatrix} A_m & 0_{n \times m_\gamma} \\ 0_{m_\gamma \times n} & A_d \end{bmatrix}; \quad C = \begin{bmatrix} C_m & C_\epsilon \end{bmatrix}$$

式中，A_m 和 C_m 为初始系统矩阵，C_ϵ 前三列和前三行为单位矩阵，其余的列与行为零矩阵。

在观测器增益矩阵 K_{ob} 的设计中，用到了 MATLAB 程序 dlqr.m。选择加权矩阵 $R = 0.01I$ 来对应测量噪声的方差。对于 Q 矩阵，我们利用过程噪声模型的结构，选择：

$$Q = \begin{bmatrix} 0_{n \times m} \\ B_\epsilon \end{bmatrix} \begin{bmatrix} 0_{n \times m}^{\text{T}} & B_\epsilon^{\text{T}} \end{bmatrix}$$

大体上，$Q(7,7) = Q(8,8) = Q(9,9) = 1$ ，其余元素为零。鉴于 Q 和 R 矩阵的选择，误差系统包括三对特征值：

$$0.9446 \pm \text{j}0.2946; \quad 0.9716 \pm \text{j}0.2123; \quad 0.9960 \pm \text{j}0.0807$$

其余三对特征值在相同的位置：$0.0187 \pm j0.0954$。由原来的例子（见例 4.4），前三对特征值对应于 A_m 的特征值，在 Q 和 R 矩阵的这种特定组合中不能改变。图 5.6(a)显示了 $\hat{x}_2(k)$ 的误差 e_2 振荡了很久。在这一点上，可以尝试一个不同的 Q 矩阵来改变前三对特征值。但是需要谨慎选择，因为噪声效应可能会被放大。可以选择使用设定的稳定度对以前的设计略加修改，这种方法可以在不显著改变噪声影响的情况下提高观测器误差收敛的速度。在这里，使用 $\alpha = 0.99$，即强制所有特征值在 0.99 半径的圆内。在给定的稳定度下，观测器误差系统的特征值为

$$0.9628 \pm j0.2104; \quad 0.9776 \pm j0.0792; \quad 0.9446 \pm j0.2946$$

及三对位于 $0.0185 \pm j0.0944$ 的相同特征值。相反，图 5.6(b)显示 $\hat{x}_2(k)$ 的误差 e_2 得到大幅改善，但是，噪声也放大了。

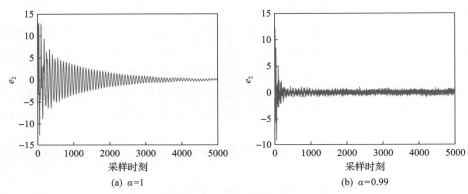

(a) $\alpha=1$ 　　　　　　　　　(b) $\alpha=0.99$

图 5.6　有和无设定稳定度情况下状态误差对比图（例 5.5）

5.3.6　思考题

1. 假设已知某一阶系统：

$$x_m(k+1) = 0.8x_m(k) + 0.1u(k) + 0.6\mu(k); \quad y(k) = x_m(k)$$

式中，$\mu(k) = \dfrac{\epsilon(k)}{1 - 0.9q^{-1}}$。

如果在观测器设计中将扰动 $\mu(k)$ 忽略不计，用下列方程式来估计：

$$\hat{x}_m(k+1) = 0.8\hat{x}_m(k) + 0.1u(k) + K_{ob}(y(k) - \hat{x}_m(k))$$

式中，选择 K_{ob} 以使闭环误差系统的极点位于 0.3，你认为误差 $E[x_m(k) - \hat{x}_m(k)]$ 会随着 $k \to 0$ 而收敛于零吗？为什么？

2. 如果你想捕获第 1 题中的扰动 $\mu(k)$ 的影响，增广模型 (A_d, C_d) 是什么？

3. 在扰动估计的公式中（式(5.13)和式(5.14)），使用了后移位算子 q^{-1}。如果改为使用前移位算子 q，状态向量 $p(k)$ 是什么？这能得到相同的 A_d 和 C_d 矩阵吗？

4. 假设某系统有两个输入、两个输出和三个状态变量。为了在观测器设计中补偿正弦信号，系统矩阵 A_d 有多少个特征值？

5. 在扰动估计的公式中（见 5.2.2 节），通过假设 $B_d = B_m$ 对问题进行了简化。如果 $B_d \neq B_m$，能得到 $x_m(k)$ 的正确估计吗？ $\mu(k)$ 呢？

6. 如果系统的输入扰动为

$$\mu(k) = \frac{q^{-1}}{1 - q^{-1}} \epsilon(k)$$

然而若它被建模为

$$\mu(k) = \frac{q^{-1}}{\left(1 - q^{-1}\right)^2} \epsilon(k)$$

你认为估计状态向量 $\tilde{x}_m(k)$ 会收敛到真实状态向量 $x_m(k)$ 吗？如果会，你认为这种方法的缺点是什么？

5.4　基于扰动观测器的状态反馈控制

5.3 节讨论了如何补偿状态估计中的干扰。从估计的角度来看，可以通过对输入变量或输出变量的扰动模型进行补偿，以消除它们对估计状态变量的影响。然而，从控制系统设计的角度来看，利用输入扰动估计导出状态反馈控制系统更为有效。

5.4.1　控制律

在状态反馈控制设计中，假设出现在输入变量的扰动的模型如下：

$$x_m(k+1) = A_m x_m(k) + B_m(u(k) + \mu(k)) \tag{5.36}$$

$$y(k) = C_m x_m(k) \tag{5.37}$$

式中，$x_m(k)$ 为 $n_1 \times 1$ 的状态向量；$u(k)$ 和 $\mu(k)$ 为 $m \times 1$ 的输入向量；$y(k)$ 为 $m \times 1$ 的输出向量。在本节中，依然假设矩阵对 (A_m, B_m) 是可控的，且矩阵对 (A_m, C_m) 是可观的，那么系统没有零点对应于多项式 $D(q)$ 中所含的扰动模态。

引入中间控制变量：

$$\tilde{u}(k) = u(k) + \mu(k)$$

将式（5.36）重新写为

$$x_m(k+1) = A_m x_m(k) + B_m \tilde{u}(k) \tag{5.38}$$

基于扰动观测器的状态反馈控制思想的核心是为中间控制变量 $\tilde{u}(k)$ 来设计状态反馈

控制器增益矩阵 K，和用估计变量 $\hat{\mu}(k)$ 对输入扰动 $\mu(k)$ 进行补偿。

如 5.3 节所示，利用扰动模型 $D(q^{-1})$ 来构建增广状态空间模型：

$$\begin{bmatrix} x_m(k+1) \\ p(k+1) \end{bmatrix} = \overbrace{\begin{bmatrix} A_m & B_m C_\epsilon \\ 0_{m_\gamma \times n} & A_d \end{bmatrix}}^{A} \begin{bmatrix} x_m(k) \\ p(k) \end{bmatrix} + \overbrace{\begin{bmatrix} B_m \\ 0_{m_\gamma \times m} \end{bmatrix}}^{B} u(k) + \begin{bmatrix} 0_{n \times m} \\ B_\epsilon \end{bmatrix} \epsilon(k)$$

$$y(k) = \overbrace{\begin{bmatrix} C_m & 0_{m \times m_\gamma} \end{bmatrix}}^{C} \begin{bmatrix} x_m(k) \\ p(k) \end{bmatrix} \tag{5.39}$$

这里通过 5.3 节中的输入扰动补偿得到状态估计，并根据增广系统模型式 (5.39) 得到了 $\hat{x}_m(k)$ 和 $\hat{u}(k)$。

设计基于扰动观测的状态反馈控制的基本步骤总结如下。

(1) 根据 A_m 和 B_m 求出 K，以使闭环控制矩阵 $A_m - B_m K$ 是稳定的，用式 (5.40) 计算中间控制信号 $\tilde{u}(k)$：

$$\tilde{u}(k) = -K\hat{x}_m(k) \tag{5.40}$$

(2) 根据式 (5.39) 中的 A 和 C 矩阵求观测器增益矩阵 K_{ob}，并用增广状态空间模型式 (5.39) 来估计输入扰动 $\mu(k)$ 和状态变量 $x_m(k)$，如 5.3 节中所示，得出 $\hat{\mu}(k)$ 和 $\hat{x}_m(k)$。

(3) 从 $\tilde{u}(k)$ 中减去 $\hat{\mu}(k)$，得到控制信号 $u(k)$：

$$u(k) = \tilde{u}(k) - \hat{\mu}(k) \tag{5.41}$$

对基于扰动观测器的控制而言，剩余的问题是参考信号 $r(k)$ 如何进入反馈控制系统。已知参考信号 $r(k)$，观测器方程式可以写为

$$\hat{x}(k+1) = A\hat{x}(k) + Bu(k) + K_{ob}(y(k) - r(k) - C\hat{x}(k)) \tag{5.42}$$

式中，A、B、C 矩阵是具有输入扰动补偿的增广系统矩阵，在 5.3 节中已经讨论。选择观测器增益矩阵 K_{ob} 以使观测器误差系统矩阵 $A - K_{ob}C$ 的所有特征值均严格地处于单位圆内。

下一个重要步骤是求基于扰动观测器的状态反馈控制系统的闭环特征值，以建立其闭环稳定性。这涉及几个步骤。

第一步，建立观测器误差系统。鉴于 $x_m(k)$ 和 $\hat{p}(k)$ 的估计直接遵循 5.3 节中提出的公式，因此，对于观测器误差系统，下列公式成立：

$$\begin{bmatrix} E[\tilde{x}_m(k+1)] \\ E[\tilde{p}(k+1)] \end{bmatrix} = (A - K_{ob}C)\begin{bmatrix} E[\tilde{x}_m(k)] \\ E[\tilde{p}(k)] \end{bmatrix} \tag{5.43}$$

第二步，建立被控的动态系统。将控制信号 $u(k) = -K\hat{x}_m(k) - \hat{\mu}(k)$ 代入原系统方程式 (5.36) 中得出：

$$x_m(k+1) = A_m x_m(k) - B_m K \hat{x}_m(k) + B_m \mu(k) - B_m \hat{\mu}(k)$$
$$= (A_m - B_m K) x_m(k) + B_m K \tilde{x}_m(k) + B_m \tilde{\mu}(k) \quad (5.44)$$

式中，$\tilde{x}_m(k) = x_m(k) - \hat{x}_m(k)$；$\tilde{\mu}(k) = \mu(k) - \hat{\mu}(k)$。如式 (5.16) 所示选择 C_ϵ，其前 m 列和行为单位矩阵，其余的列与行为零矩阵，我们写作 $\tilde{\mu}(k) = C_\epsilon \tilde{p}(k)$，得出式 (5.44) 的期望为

$$E[x_m(k+1)] = (A_m - B_m K) E[x_m(k)] + B_m K E[\tilde{x}_m(k)] + B_m C_\epsilon E[\tilde{p}(k)] \quad (5.45)$$

第三步，建立闭环系统。将式 (5.45) 与观测器误差系统式 (5.43) 联立，得出被控动态的以下描述：

$$\begin{bmatrix} E[x_m(k+1)] \\ E[\tilde{x}_m(k+1)] \\ E[\tilde{p}(k+1)] \end{bmatrix} = \begin{bmatrix} A_m - B_m K & B_m K & B_m C_\epsilon \\ 0_{n\times n} & A_m - K_{\mathrm{ob}}^m C_m & B_m C_\epsilon \\ 0_{m_\gamma \times n} & -K_{\mathrm{ob}}^d C_m & A_d \end{bmatrix} \begin{bmatrix} E[x_m(k)] \\ E[\tilde{x}_m(k)] \\ E[\tilde{p}(k)] \end{bmatrix} \quad (5.46)$$

式中，观测器增益矩阵表示为 $K_{\mathrm{ob}} = \begin{bmatrix} K_{\mathrm{ob}}^m \\ K_{\mathrm{ob}}^d \end{bmatrix}$，$K_{\mathrm{ob}}^m$ 对应于状态向量 $\hat{x}_m(k)$ 的观测器增益矩阵，K_{ob}^d 对应于扰动向量 $\hat{p}(k)$ 的观测器增益矩阵。$0_{p\times q}$ 表示维数为 $p \times q$ 的零矩阵。

由于式 (5.46) 中的系统矩阵是一个上三角矩阵，它的特征值是以下两个多项式方程解的并集：

$$\det(\lambda I - (A_m - B_m K)) = 0 \quad (5.47)$$

$$\det\left(\lambda - \begin{bmatrix} A_m - K_{\mathrm{ob}}^m C_m & B_m C_\epsilon \\ -K_{\mathrm{ob}}^d C_m & A_d \end{bmatrix}\right) = 0 \quad (5.48)$$

式 (5.47) 的解为控制系统状态矩阵的特征值，式 (5.48) 的解为闭环观测器误差系统的特征值。两组特征值都被设计为位于单位圆内，因此基于扰动观测器的控制系统是稳定的。

5.4.2　控制实现的 MATLAB 教程

基于扰动观测器的控制系统的实现非常简单。创建下面的 MATLAB 程序来演示关于干扰抑制和参考信号跟踪的闭环系统仿真是如何进行的。

教程 5.2　编写一个 MATLAB 程序，对多输入-多输出系统的基于扰动观测器的控制器进行闭环仿真。起点是我们已知离散时间系统矩阵 A_m、B_m、C_m，并已经得出了增广系统矩阵 A、B、C 以及状态反馈控制器增益矩阵 K 和观测器增益矩阵 K_{ob}。

步骤 1，创建一个新文件，名为 "simu4disc.m"。

步骤 2，函数的输入变量为被控系统矩阵：A_m、B_m、C_m 和增广系统矩阵 A、B、

C，仿真的采样个数（N_{sim}），状态反馈控制器增益矩阵 K 和观测器增益矩阵 K_{ob}，参考信号 sp 和干扰信号 dis。函数的输出变量为输出 y_1 和控制信号 u_1。sp 的维数为 $m_1 \times N_{sim}$，n_{in} 为控制变量的个数。将下列程序输入文件：

```
function [y1,u1]=simu4disc(Am,Bm,Cm,A,B,C,Nsim,K,Kob,sp,dis)
```

步骤 3，查看状态和增广状态的个数、输出和输入的个数。继续将以下程序输入文件：

```
[n1,n_in]=size(Bm);
[m1,n]=size(C);
```

步骤 4，设置仿真的初始条件。可以通过调整初始条件来适应特定的应用程序。简便起见，将初始条件选为零。继续将以下程序输入文件：

```
y=zeros(m1,1);
xm=zeros(n1,1);
xhat=zeros(n,1);
```

步骤 5，进行迭代仿真，对应一个实时控制系统。继续在文件中输入以下程序：

```
for kk=1:Nsim;
```

步骤 6，已知估计状态向量的前 n_1 个元素对应于估计状态变量，之后的 n_{in} 个元素对应于估计扰动信号，计算控制信号，由式（5.40）和式（5.41）定义的控制律的实施就变得简单了。继续将以下程序输入文件：

```
u=-K*xhat(1:n1,1)-xhat(n1+1:n1+n_in,1);
```

步骤 7，在当前采样时间计算控制信号，测量输出信号，用观测器计算后面的估计状态变量。在这个阶段，将参考信号 sp 加入计算，以计算估计的状态。继续将以下程序输入文件：

```
xhat=A*xhat+B*u+Kob*(y-sp(:,kk)-C*xhat);
```

步骤 8，以上两步实现基于扰动观测器的控制系统。保存控制信号和函数的输出信号。继续将以下程序输入文件：

```
u1(1:n_in,kk)=u;
y1(1:m1,kk)=y;
```

步骤 9，由于处于仿真环境中，将计算的控制信号发送至被控模型进行闭环仿真。在闭环仿真中，需要向系统加入输入扰动。简便起见，假设扰动矩阵与输入矩阵 B_m 相同。如果它们不同，可以调整计算来反映区别。这样就完成了一个周期的闭环仿真的计算。继续将以下程序输入文件：

```
xm=Am*xm+Bm*(u+dis(:,kk));
y=Cm*xm;
End
```

步骤 10，用例 5.6 测试该函数。

例 5.6　某离散时间系统用下列状态空间模型描述：

$$x_m(k+1) = A_m x_m(k) + B_m u(k); \quad y(k) = C_m x_m(k)$$

式中，系统矩阵为

$$A_m = \begin{bmatrix} 1.8713 & -0.8752 \\ 1 & 0 \end{bmatrix}; \quad B_m = \begin{bmatrix} 1 \\ 0 \end{bmatrix}; \quad C_m = \begin{bmatrix} 0.0016 & 0.0015 \end{bmatrix}$$

假设状态变量未被测量。系统的参考信号包括斜坡信号和常数，如图 5.7（a）所示。设计一个基于观测器的状态反馈控制系统来跟踪参考信号。

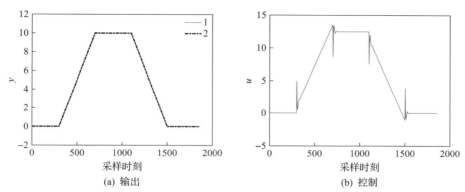

(a) 输出　　　　　　　　　　(b) 控制

图 5.7　利用扰动观测器的闭环控制系统响应（例 5.6）

线 1 表示输出信号；线 2 表示参考信号

解　为了让状态反馈控制系统跟踪斜坡信号，选择扰动模型的两个零点位于 1，从而有效地在控制器中嵌入一个双积分器。基于这种选择，我们得到 $D(q^{-1})$ 如下：

$$D\left(q^{-1}\right) = 1 - 2q^{-1} + q^{-2}$$

增广状态空间模型则为

$$A = \begin{bmatrix} 1.8713 & -0.8752 & 1 & 0 \\ 1 & 0 & 0 & 0 \\ 0 & 0 & 2 & -1 \\ 0 & 0 & 1 & 0 \end{bmatrix}; \quad B = \begin{bmatrix} 1 \\ 0 \\ 0 \\ 0 \end{bmatrix}; \quad C = \begin{bmatrix} 0.0016 & 0.0015 & 0 & 0 \end{bmatrix}$$

其中，用到了教程 5.1 中 MATLAB 函数 am4obs.m。

利用 MATLAB 函数 dlqr.m 来设计控制器和观测器。对于观测器的设计，选择 $Q(3, 3) = 1$，Q 其余元素为零，并选择 $R = 1$，得到观测器增益矩阵：

$$K_{\text{ob}} = \begin{bmatrix} 179.7962 & 143.2857 & 9.7114 & 8.9355 \end{bmatrix}^{\text{T}}$$

对于控制器的设计，选择 Q 为单位矩阵且 $R=1$，得到：

$$K=\begin{bmatrix} 1.3165 & -0.7146 \end{bmatrix}$$

用下列 MATLAB 代码生成参考信号：

```
r1=0:0.025:0.025*400;
r2=0.025*400:-0.025:0;
sp=[[zeros(1,300) r1 10*ones(1,400) r2 zeros(1,200)]];
```

将干扰信号设为等长的零序列，用教程 5.2 中生成的函数 simu4disc.m 对基于扰动观测器的闭环系统进行仿真。图 5.7(a) 对参考信号与闭环输出响应进行比较，可以看出它具有很好的跟踪性能，最大跟踪误差为 0.08。图 5.7(b) 显示了控制信号，可以看出，当参考信号变化时，控制信号会出现峰值。作为练习，如果使用扰动模型 $D(q^{-1})=1-q^{-1}$，即控制器中有一个积分器，那么斜坡参考信号会有稳态误差，且最大误差变得更大。

下一个例子将演示多变量系统中基于扰动观测器的控制。

例 5.7 图 5.8 描述了一个四联水箱，它有两个输入变量 u_1 和 u_2、两个输出变量 y_1 和 y_2（Goodwin et al., 2000; Johansson, 2002）。其线性传递函数模型的形式如下：

$$G(s)=\begin{bmatrix} \dfrac{3.7\gamma_1}{62s+1} & \dfrac{3.7(1-\gamma_2)}{(23s+1)(62s+1)} \\[3mm] \dfrac{4.7(1-\gamma_1)}{(30s+1)(90s+1)} & \dfrac{4.7\gamma_2}{90s+1} \end{bmatrix} \tag{5.49}$$

式中，$\gamma_1=\gamma_2=0.8$。设计一个基于扰动观测器的状态反馈控制系统，使两个输出都能够跟踪阶跃参考信号的变化，并抑制阶跃输入扰动，没有稳态误差。系统采样间隔 Δt 为 1s。

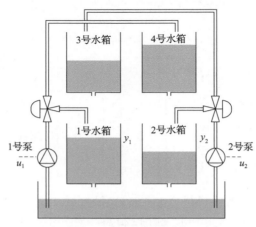

图 5.8　四联水箱系统

解　首先，输入四个传递函数，用 MATLAB 函数 tf.m 构建一个具有两个输入和两个输出的传递函数模型。然后，根据传递函数的两个输入和两个输出，用 MATLAB 函数

ss.m 得到一个状态空间模型。另采样间隔 $\Delta t = 1$，得到如下系统矩阵 A_m 和 B_m：

$$A_m = \begin{bmatrix} 0.9918 & 0.0090 & 0.0004 & -0.0005 \\ -0.0080 & 0.9524 & -0.0097 & 0.0027 \\ 0.0156 & 0.0097 & 0.9762 & -0.0053 \\ 0.0231 & -0.0083 & -0.0222 & 0.9772 \end{bmatrix}; \quad B_m = \begin{bmatrix} 0.0993 & 0.0295 \\ -0.0304 & 0.0952 \\ 0.0590 & 0.0525 \\ -0.2097 & 0.0614 \end{bmatrix}$$

及输出矩阵 C_m：

$$C_m = \begin{bmatrix} 0.0674 & -0.0187 & 0.1691 & -0.1437 \\ 0.1783 & 0.0000 & -0.0000 & 0.0836 \end{bmatrix}$$

为了让闭环系统跟踪阶跃信号，没有稳态误差地抑制阶跃扰动，在基于扰动观测器的控制系统中加入积分器，通过假设常数输入扰动可以实现这一点。由此，扰动模型选为 $D(q^{-1}) = 1 - q^{-1}$。

利用教程 5.1 中生成的 MATLAB 函数 am4obs.m，得到观测器设计的增广系统矩阵 A、B、C。设计观测器，选择 $Q(5, 5) = Q(6, 6) = 1$，其他元素均为零，且 R 为单位矩阵。对于控制器的设计，将 Q 和 R 矩阵选为具有相应维数的单位矩阵。

在仿真研究中，假设在稳态运行时，4 个单位的控制信号对应 6 个单位的输出信号。并且，选择两个阶跃参考信号，加入两个输入扰动信号。其中，用以下模型生成作用于 $u_1(k)$ 的干扰 $\mu_1(k)$：

$$\mu_1(k) = \frac{0.02\epsilon_1(k)}{1 - 0.98q^{-1}}$$

式中，$\epsilon_1(k)$ 为 $\sigma^2 = 1$ 的白噪声，作用于 $u_2(k)$ 的扰动 $\mu_2(k)$ 是幅值为 -0.5 的常数扰动。

利用教程 5.2 中生成的 MATLAB 函数 simu4disc.m，得到闭环仿真的结果。图 5.9(a) 和 (b) 显示了参考信号和扰动信号的闭环响应。由这两个图可以看出，输出成功地跟踪了阶跃参考信号，没有稳态误差，且抑制了阶跃扰动和低频扰动。注意到，两个输出的阶跃响应都有超调。从 y_1 可见噪声的影响，但从 y_2 则不那么明显。图 5.10(a) 和 (b) 显示了与参考信号和扰动信号作用下相对应的控制信号。可以看出，扰动对控制信号 u_1 的影响更大。

5.4.3　思考题

1. 某离散时间系统用差分方程描述为

$$x_m(k+1) = 0.8x_m(k) + u(k); \quad y(k) = 0.5x_m(k)$$

如果想让输出跟踪阶跃参考信号，我们该如何选择扰动模型 $D(q^{-1})$？

2. 对与第 1 题中相同的系统，如果选择控制系统的极点位于 0.7，观测器极点位于 0.6 和 0.5，那么状态反馈控制器增益矩阵 K 和观测器增益矩阵 K_{ob} 是什么？基于扰动观测器的状态反馈控制系统的闭环极点在哪里？

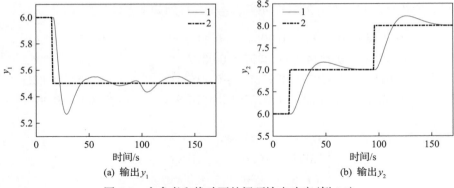

图 5.9　在参考和扰动下的闭环输出响应(例 5.7)

线 1 表示输出；线 2 表示参考

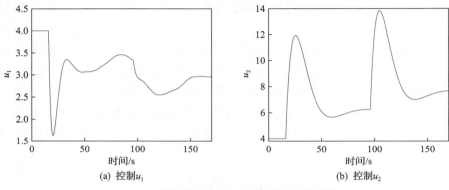

图 5.10　在参考和扰动下对应的闭环控制信号

3. 如果输出 $y(k)$ 被测量噪声严重破坏，而我们想降低控制系统中噪声的影响，那么在用 dlqr.m 设计观测器时，你会增加 R 矩阵中的对角线元素吗？

4. 在现有的文献中，有时会建议用下列方程式将参考信号 $r(k)$ 输入系统中：

$$u(k) = -K\hat{x}_m(k) - \hat{\mu}(k) + K_r r(k)$$

式中，$\hat{\mu}(k)$ 用扰动观测器进行估计；K_r 为参考信号的输入矩阵。你认为用这种方法可能会有什么问题？

5. 我们假设输入扰动 $\mu(k)$ 与控制信号 $u(k)$ 具有相同的输入矩阵，即 $B_d = B_m$。如果在应用中，$B_d \neq B_m$，差异会影响闭环控制性能吗？为什么？

6. 如果设计一个闭环控制系统来跟踪斜坡信号并抑制频率为 1Hz 的正弦扰动，其中 $\Delta t = 0.1\mathrm{s}$，你建议用什么扰动模型 $D(q^{-1})$？

5.5　基于扰动观测器的控制系统分析

5.5.1　控制器传递函数

基于扰动观测器的控制系统在概念上很简单，大体是说，如果系统中存在扰动，就应该像在 5.3 节中所做的那样在估计中对扰动进行补偿,并从状态反馈控制信号中去除扰动的影响。本节将回答三个问题。

(1)如果在观测器中已知扰动的特性并对其进行了考虑,控制系统对扰动抑制的作用是什么?

(2)闭环控制系统能否跟踪与 $D(q^{-1})$ 相同特性的参考信号而不存在稳态误差?

(3)如果扰动的频率特性和扰动模型 $D(q^{-1})$ 不匹配,会怎么样?

要找到上述问题的答案,需要检查基于扰动观测器的控制系统的频率特征。因此,第一步要推导状态反馈控制器的 z 变换函数,这表明反馈控制器的 z 变换函数矩阵的分母多项式包含扰动模型 $1/D(z)^m$ 作为一个因子,其中 m 为输入和输出的个数,因此,在 $D(z)$ 的极点处具有无限增益。

控制器传递函数:通过将观测器增益矩阵写作 $K_{\mathrm{ob}} = \begin{bmatrix} K_{\mathrm{ob}}^m \\ K_{\mathrm{ob}}^d \end{bmatrix}$,可以得到估计状态 $\hat{x}_m(k)$ 和估计的扰动向量 $\hat{p}(k)$,形式如下:

$$\hat{x}_m(k+1) = A_m \hat{x}_m(k) + B_m C_\epsilon \hat{p}(k) + B_m u(k) + K_{\mathrm{ob}}^m y(k) - K_{\mathrm{ob}}^m C_m \hat{x}_m(k) \tag{5.50}$$

$$\hat{p}(k+1) = A_d \hat{p}(k) + K_{\mathrm{ob}}^d y(k) - K_{\mathrm{ob}}^d C_m \hat{x}_m(k) \tag{5.51}$$

现在,将 $u(k) = -K\hat{x}_m(k) - \hat{\mu}(k)$ 代入式(5.50)得到:

$$\hat{x}_m(k+1) = \left(A_m - B_m K - K_{\mathrm{ob}}^m C_m \right) \hat{x}_m(k) + K_{\mathrm{ob}}^m y(k) \tag{5.52}$$

式中,利用估计的扰动 $\hat{\mu}(k) = C_\epsilon \hat{p}(k)$,消去了式(5.50)中的相同量。

将 $\hat{x}_m(k)$ 的 z 变换定义为 $\hat{X}_m(z)$,$u(k)$ 的 z 变换定义为 $U(z)$,$\hat{p}(k)$ 的 z 变换定义为 $\hat{P}(z)$,控制信号的 z 变换表示为

$$\begin{aligned} U(z) &= -K\hat{X}_m(z) - C_\epsilon \hat{P}(z) \\ &= -K\left(zI - A_m + B_m K + K_{\mathrm{ob}}^m C_m \right)^{-1} K_{\mathrm{ob}}^m Y(z) \\ &\quad - C_\epsilon \left(zI - A_d \right)^{-1} \left[K_{\mathrm{ob}}^d - K_{\mathrm{ob}}^d C_m \left(zI - A_m + B_m K + K_{\mathrm{ob}}^m C_m \right)^{-1} K_{\mathrm{ob}}^m \right] Y(z) \\ &= -C(z)Y(z) \end{aligned} \tag{5.53}$$

式中,反馈控制器 $C(z)$ 的 z 变换函数用输出写为

$$\begin{aligned} C(z) &= K\left(zI - A_m + B_m K + K_{\mathrm{ob}}^m C_m \right)^{-1} K_{\mathrm{ob}}^m \\ &\quad + C_\epsilon \left(zI - A_d \right)^{-1} \left[K_{\mathrm{ob}}^d - K_{\mathrm{ob}}^d C_m \left(zI - A_m + B_m K + K_{\mathrm{ob}}^m C_m \right)^{-1} K_{\mathrm{ob}}^m \right] \end{aligned} \tag{5.54}$$

注意，A_d 矩阵用式 (5.17) 定义，即

$$
A_d = \begin{bmatrix}
-d_1 I_m & -d_2 I_m & \cdots & -d_{\gamma-1} I_m & -d_\gamma I_m \\
I_m & 0_m & 0_m & \cdots & 0_m \\
0_m & I_m & 0_m & \cdots & 0_m \\
\vdots & \vdots & \vdots & & \vdots \\
0_m & 0_m & \cdots & I_m & 0_m
\end{bmatrix}
$$

因此，对于一个具有 m 个输入的系统，可以证明块矩阵 A_d 具有如下性质：

$$
\det(zI - A_d) = D(z)^m
$$

在式 (5.54) 中，右边第一项为不含扰动观测器的状态估计反馈系统的控制器传递函数，第二项表示来自扰动估计的控制器传递函数，其分母包含干扰模型 $D(z)^m$。因此，它在 $D(z)^m = 0$ 的解处有无穷增益。

5.5.2　扰动抑制

为了研究控制系统的扰动抑制情况，分别考虑输入扰动和输出扰动，其中参考信号假设为零。

在确定的情况下，输入扰动建模为

$$
\mu(k) = \frac{q^{-1}}{D\left(q^{-1}\right)} \delta(k)
$$

式中，$\delta(k)$ 为一个包含 m 个单位脉冲的向量。那么，扰动信号的 z 变换则为

$$
Z[\mu(k)] = \frac{z^{-1}}{D\left(z^{-1}\right)} V = \frac{z^{\gamma-1}}{D(z)} V \tag{5.55}
$$

式中，$V = [1 \ 1 \ \cdots \ 1]^{\mathrm{T}}$ 为一个由 $\delta(k)$ 的 z 变换得到的 m 个单位元素的向量。输出 $Y(z)$ 的 z 变换与输入扰动的关系表示为

$$
Y(z) = G(z)(U(z) + Z[\mu(k)]) \tag{5.56}
$$

式中，$G(z)$ 为系统的 z 变换函数；$U(z)$ 为控制信号的 z 变换。将控制信号 (见式 (5.53))

$$
U(z) = -C(z)Y(z)
$$

代入式 (5.56)，得到输入扰动作用下的输出 z 变换闭环表达式：

$$Y(z) = (I + G(z)C(z))^{-1} G(z) Z[\mu(k)]$$

$$= (I + G(z)C(z))^{-1} G(z) \frac{z^{\gamma-1}}{D(z)} V \qquad (5.57)$$

$$= S_i(z) \frac{z^{\gamma-1}}{D(z)} V$$

这里，传递函数

$$S_i(z) = (I + G(z)C(z))^{-1} G(z)$$

为输入扰动灵敏度函数，它决定输入扰动和输出之间的关系。鉴于已经假设了系统 $G(z)$ 不包含任何与扰动模型 $D(z)$ 的零点对应的零点，所以在 $G(z)C(z)$ 对中不存在零极点抵消。控制器 $C(z)$（见式（5.54））的分母多项式中所含的因子 $D(z)$ 出现在分子多项式 $(I + G(z)C(z))^{-1} G(z)$，这导致了式（5.57）中 $D(z)$ 的抵消。

假设设计控制器 $C(z)$ 以稳定系统 $G(z)$，z 变换 $(1 - z^{-1})Y(z)$ 包含所有严格处于单位圆内的极点，这是终值定理的条件。所以，应用终值定理，得到输出 $y(k)$ 对输入扰动 $\mu(k)$ 的稳态响应为

$$\lim_{k \to \infty} y(k) = \lim_{z \to 1} \left(1 - z^{-1}\right) Y(z) = 0 \qquad (5.58)$$

这意味着基于扰动观测器的控制系统将完全抑制输入扰动 $\mu(k)$。

如果扰动 $\mu(k)$ 出现在输出中，那么输出的 z 变换表示为

$$Y(z) = G(z)U(z) + Z[\mu(k)] \qquad (5.59)$$

将控制器 $U(z) = -C(z)Y(z)$ 代入，得到输出信号的闭环 z 变换：

$$Y(z) = (I + G(z)C(z))^{-1} \frac{z^{\gamma-1}}{D(z)} V$$

$$= S(z) \frac{z^{\gamma-1}}{D(z)} V \qquad (5.60)$$

式中，传递函数

$$S(z) = (I + G(z)C(z))^{-1} \qquad (5.61)$$

为灵敏度函数，它决定了输出扰动与输出之间的关系。当 $G(z)C(z)$ 对中如我们所假设的那样不存在零极点抵消时，控制器 $C(z)$ 的分母中所含的扰动模型 $D(z)$ 会出现在分子 $(I + G(z)C(z))^{-1}$ 中，使得扰动模型 $D(z)$ 被抵消。所以，当设计 $C(z)$ 来稳定系统 $G(z)$ 时，z 变换 $(1 - z^{-1})Y(z)$ 包含所有严格处于单位圆内的极点。应用终值定理，得到 $y(k)$ 对输出扰动 $\mu(k)$ 的稳态响应为

$$\lim_{k \to \infty} y(k) = \lim_{z \to 1}\left(1 - z^{-1}\right)Y(z) = 0 \tag{5.62}$$

式中，$Y(z)$ 用式 (5.60) 描述，即随着 $z \to 1$ 它是有限的。这意味着，虽然是在假设有输入扰动的情况下设计的基于观测器的状态反馈控制系统，但该控制器也能有效抑制输出扰动。

5.5.3 参考信号跟踪

为了理解基于扰动观测器的控制系统如何跟踪参考信号 $r(k)$，需要回到实现方程式 (5.42)，即

$$\hat{x}(k+1) = A\hat{x}(k) + Bu(k) + K_{ob}(y(k) - r(k) - C\hat{x}(k)) \tag{5.63}$$

式中，主要使用误差信号 $y(k) - r(k)$ 作为观测器的测量信号，这对基于扰动观测器的控制系统进行参考信号跟踪时消除稳态误差来说，是一个重要的考虑因素。

当 $r(k) \neq 0$ 时，式 (5.53) 中控制信号 $U(z)$ 的 z 变换表示为

$$
\begin{aligned}
U(z) &= -K\left(zI - A_m + B_mK + K_{ob}^m C_m\right)^{-1}K_{ob}^m(Y(z) - R(z)) \\
&\quad - C_\epsilon\left(zI - A_d\right)^{-1}\left[K_{ob}^d - K_{ob}^d C_m\left(zI - A_m + B_mK + K_{ob}^m C_m\right)^{-1}K_{ob}^m\right](Y(z) - R(z)) \\
&= -C(z)(Y(z) - R(z))
\end{aligned}
$$

式中，用 $Y(z) - R(z)$ 替代了观测器的原 $Y(z)$。

对于参考信号跟踪，考虑误差信号 $E(z) = R(z) - Y(z)$。

结合控制律，输出 $Y(z)$ 为

$$Y(z) = -G(z)C(z)(Y(z) - R(z))$$

它与 $R(z)$ 的闭环关系表示为

$$Y(z) = (I + G(z)C(z))^{-1}G(z)C(z)R(z) \tag{5.64}$$

因此，误差信号 $E(z)$ 的 z 变换为

$$
\begin{aligned}
E(z) &= R(z) - Y(z) \\
&= (I + G(z)C(z))^{-1}R(z) = S(z)R(z)
\end{aligned}
\tag{5.65}
$$

式 (5.65) 中利用了式 (5.64)。假设参考信号 $R(z)$ 具有和扰动信号相同的特性，那么扰动信号的 z 变换即为

$$R(z) = \frac{z^{\gamma-1}}{D(z)}V \tag{5.66}$$

注意，灵敏度函数 $S(z)$（见式 (5.61) 和式 (5.65)）也表示参考信号 $R(z)$ 和误差信号

$E(z)$ 之间的关系。在相同的假设条件下，即 $G(z)C(z)$ 对中没有零极点抵消，且设计 $C(z)$ 以稳定系统 $G(z)$，则 z 变换 $(1-z^{-1})E(z)$ 包含所有严格处于单位圆内的极点。然后，应用终值定理，得到误差 $e(k)$ 的稳态响应为

$$\lim_{k\to\infty} e(k) = \lim_{z\to 1}\left(1-z^{-1}\right)E(z) = 0 \tag{5.67}$$

5.5.4　案例研究

终值定理的应用只告诉了我们，当扰动信号和参考信号与 $D(p)$ 多项式具有相同的特性时基于扰动观测器的控制系统在稳态响应时的表现。而如果设计中存在不匹配，扰动抑制情况下常发生的这样的情况，终值定理并未告诉我们这时会怎么样。我们将在频率响应分析中寻求这个问题的答案。

例 5.8　某连续时间系统的传递函数为

$$G(s) = \frac{1}{(s+2)^2}$$

设计一个基于扰动观测器的状态反馈控制系统来跟踪参考信号：

$$r(t) = 3\sin\left(\frac{2\pi}{3}t - \frac{\pi}{2}\right) + 3$$

并抑制发生在输入中周期为 1.5s 的正弦扰动信号。系统的采样间隔 $\Delta t = 0.01\text{s}$。模拟参考信号跟踪和扰动抑制的闭环响应。求控制器 $C(z)$ 的频率响应和灵敏度函数 $S(z)$。

解　二阶系统的离散时间传递函数为

$$G(z) = \frac{0.4934z + 0.4868}{z^2 - 1.9604z + 0.9608}$$

得出状态空间模型：

$$x_m(k+1) = A_m x_m(k) + B_m u(k); \quad y(k) = C_m x_m(k)$$

式中，A_m、B_m、C_m 为

$$A_m = \begin{bmatrix} 1.9604 & -0.9608 \\ 1 & 0 \end{bmatrix}; \quad B_m = \begin{bmatrix} 1 \\ 0 \end{bmatrix}; \quad C_m = \begin{bmatrix} 0.4934 & 0.4868 \end{bmatrix}$$

选择 $Q=1$ 及 $R=1$，用 MATLAB 函数 dlqr.m 来设计状态反馈控制器，得到：

$$K = \begin{bmatrix} 1.3840 & -0.7925 \end{bmatrix}$$

该系统的闭环特征值为 $0.2882 \pm j0.2920$。设计观测器时，需要考虑参考信号跟踪和扰动抑制的要求。由于参考信号中有一个常数项，扰动模型中所含的第一个因子为

$1-q^{-1}$，它在控制器中产生积分作用。注意，参考正弦信号的频率为 $\omega_1 = 2\pi/3$，而扰动的频率为 $\omega_2 = 2\pi/1.5$。由于这两个频率非常接近，因此选择扰动模型中所含第二个因子的频率为 ω_2。那么，扰动模型选取为

$$D\left(q^{-1}\right) = \left(1-q^{-1}\right)\left(1-2\cos\left(\omega_2\Delta t\right)q^{-1}+q^{-2}\right)$$
$$= 1 - 2.9982q^{-1} + 2.9982q^{-2} - q^{-3}$$

离散频率为 $\omega_d = \omega_2\Delta t$。观测器的增广系统矩阵为

$$A = \begin{bmatrix} 1.9604 & -0.9608 & 1 & 0 & 0 \\ 1 & 0 & 0 & 0 & 0 \\ 0 & 0 & 2.9982 & -2.9982 & 1 \\ 0 & 0 & 1 & 0 & 0 \\ 0 & 0 & 0 & 1 & 0 \end{bmatrix}$$

$$C = \begin{bmatrix} 0.4934 & 0.4868 & 0 & 0 & 0 \end{bmatrix}$$

在观测器的设计中，选取 $Q(3,3)=1$，而所有其他成分均为零，这与前面的观测器设计的选择相似（见 5.3 节）。另有 $R=1$ 的选择以及观测器误差系统的特征值处于半径为 0.99 的圆内的限制条件，用 MATLAB 函数 dlqr.m 计算观测器增益矩阵 K_{ob}：

$$K_{ob} = 10^3 \begin{bmatrix} 5.7941 & 4.6241 & 0.2121 & 0.1942 & 0.1770 \end{bmatrix}^T$$

观测器误差系统的特征值为

$$0.9322 \pm j0.1434; \quad 0.8465; \quad 0.8683 \pm j0.0820$$

用下列观测器方程计算估计状态向量 $\hat{x}(k)$：

$$\hat{x}(k+1) = A\hat{x}(k) + Bu(k) + K_{ob}(y(k) - C\hat{x}(k))$$

而状态估计反馈控制律则为

$$u(k) = -K\hat{x}_m(k) - \hat{\mu}(k)$$

式中，$\hat{x}_m(k)$ 包含 $\hat{x}(k)$ 中的前两个元素；$\hat{\mu}(k)$ 为 $\hat{x}(k)$ 的第三个元素。

为了评价闭环控制性能，总的仿真时间取为 20s，并在仿真时间的一半处加入扰动信号 $10\sin\frac{2\pi}{1.5}t$。图 5.11（a）中的上图比较了参考信号和输出信号，图 5.11（a）中的下图显示误差信号 $r(t)-y(t)$ 处于限制值 ±0.02 之内，稳态处于极限值 ±0.0015 之内。图 5.11（b）显示了基于扰动观测器的控制系统生成的控制信号。可以看出，当扰动在 $t=10s$ 处进入系统时，控制信号对扰动信号做出了响应。

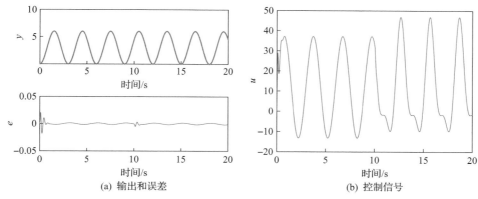

图 5.11　闭环对参考和干扰的响应(例 5.8)

本例的第二部分，我们将检查控制器的频率响应，以证明为什么基于扰动观测器的控制系统能够控制干扰和跟踪参考信号。为此，将基于式(5.54)构建控制器的 z 传递函数。控制器传递函数的第一部分为

$$K\left(zI - A_m + B_m K + K_{\text{ob}}^m C_m\right)^{-1} K_{\text{ob}}^m = \frac{4.3546z - 3.5567}{z^2 - 0.0654z + 0.2822}$$

控制器传递函数的第二部分为

$$C_\epsilon \left(zI - A_d\right)^{-1} K_{\text{ob}}^d = \frac{212.0768z^2 - 405.3603z + 194.2310}{z^3 - 2.9982z^2 + 2.9982z - 1}$$

它的分母为 $D(z)$ 。
控制器传递函数的第三部分为

$$C_m\left(zI - A_m + B_m K + K_{\text{ob}}^m C_m\right)^{-1} K_{\text{ob}}^m = \frac{0.5110z + 0.1139}{z^2 - 0.0654z + 0.2822}$$

控制器的传递函数成为

$$C(z) = \frac{4.3546z - 3.5567}{z^2 - 0.0654z + 0.2822}$$
$$+ \frac{212.0768z^2 - 405.3603z + 194.2310}{z^3 - 2.9982z^2 + 2.9982z - 1}\left(1 - \frac{0.5110z + 0.1139}{z^2 - 0.0654z + 0.2822}\right)$$

它是一个五阶控制器，有

$$C(z) = \frac{10^4\left(0.4567z^4 - 1.7140z^3 + 2.4184z^2 - 1.5199z + 0.3589\right)}{z^5 - 3.0636z^4 + 3.4766z^3 - 2.0423z^2 + 0.9116z - 0.2822}$$

的确，可以看到，控制器的分母中包含了扰动模型 $D(z)$ 。控制器的频率响应计算为

$z = e^{j\omega}$，其中 $0 \leqslant \omega \leqslant \pi$。为了清晰起见，图 5.12(a)显示了 $C(e^{j\omega})$ 在低频区域的幅值。有两个幅值尖峰对应于控制器在这两个频率上的无穷增益。第一个尖峰出现在零频率处，第二个尖峰出现在 $\omega_d = \omega_2 \Delta t = 0.0419\text{rad}$。注意，在 $\omega_1 \Delta t = 0.0209\text{rad}$ 处的控制器增益尽管不是无穷大但还是非常大的。

图 5.12(b)显示了灵敏度函数的幅值 $S(e^{j\omega}) = 1/(1 + G(e^{j\omega})C(e^{j\omega}))$。在幅值尖峰点，灵敏度函数的幅值为零（由于数字计算的局限，看上去不是零）。我们注意到灵敏度函数的幅值在 $\omega = 0.0209\text{rad}$ 处约为 4.7×10^{-4}。这意味着，由于敏感度函数的幅值极小，输出跟踪参考信号的跟踪误差虽不是零，但也很小。

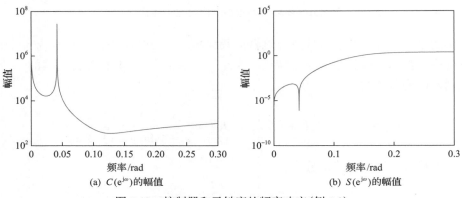

(a) $C(e^{j\omega})$ 的幅值　　　　　　　　(b) $S(e^{j\omega})$ 的幅值

图 5.12　控制器和灵敏度的频率响应(例 5.8)

表 5.1 说明了控制器类型与扰动模型 $D(q^{-1})$ 的选择之间的关系。一旦确定了参考信号或扰动信号，可根据表 5.1 选择 $D(q^{-1})$。

表 5.1　控制器作用和扰动模型的选择

参考或扰动信号	扰动模型 $D(q^{-1})$	控制器类型
阶跃或随机游走	$1 - q^{-1}$	积分器
斜坡信号	$(1 - q^{-1})^2$	双积分器
正弦信号	$1 - 2\cos\omega_d q^{-1} + q^{-2}$	谐波分量
常数+仿真信号	$(1 - q^{-1})(1 - 2\cos\omega_d q^{-1} + q^{-2})$	积分器+谐波分量
多仿真信号	$\prod\limits_{k=1}^{n_s}(1 - 2\cos\omega_d q^{-1} + q^{-2})$	多谐波分量

5.5.5　思考题

1. 对于基于扰动观测器的状态反馈控制系统，为什么求出控制器的传递函数很重要呢？

2. 基于扰动观测器的状态反馈控制系统的设计和实现相对简单，但是控制器的传递函数表达较不透明，这种说法对吗？

3. 包含因子 $D(z)^m$ 的控制器传递函数的分母是基于扰动观测器的方法的一个关键属性，你同意这种说法吗？

4. 假设某离散时间系统描述为

$$x_m(k+1) = A_m x_m(k) + B_m u(k) + B_d \mu(k); \quad y(k) = C_m x_m(k)$$

式中，$B_d \neq B_m$。只要扰动 $\mu(k)$ 与增广模型中所含 $D(q)$ 具有相同的特征，闭环控制系统就可以完全抑制扰动 $\mu(k)$，对吗？你是如何得出这一结论的？

5. 某离散时间系统用差分方程描述为

$$x_m(k+1) = 0.6 x_m(k) + u(k) + \mu(k); \quad y(k) = 0.5 x_m(k)$$

该控制系统的目的是跟踪一个恒定参考信号不存在稳态误差。控制器的传递函数的阶数是什么？

6. 假设某系统跟踪一个阶跃参考信号并抑制一个频率 $f = 10\,\mathrm{Hz}$ 的正弦扰动。你对扰动模型 $D(q)$ 的选择是什么？在 $\omega = 0$ 和 $\omega = 2\pi f \Delta t$ 处的控制器增益是什么？

5.6　控制律的抗饱和实现

5.6.1　抗饱和实现的算法

由于基于扰动观测器的控制系统可以在控制律中包含积分器、双积分器和谐波成分，因此当控制信号达到最大或最小限度时，在控制律中加入抗饱和机制是至关重要的。基于扰动观测器的控制律的抗饱和实现简单易懂，因为控制器中的不稳定模式，如积分器或谐波成分，通过估计器隐式实现，它在设计中是稳定的。因此，抗饱和机制的关键步骤是首先强化控制信号饱和，其次告知观测器控制信号饱和已达到，从而正确估计相应的状态。

假设控制信号 $u(k)$ 限制在 $u^{\min}$ 和 $u^{\max}$ 之间，其中，$u^{\min}$ 和 $u^{\max}$ 之间包含所有输入信号的饱和限制。规定了 $\hat{x}_m(0)$ 和 $\hat{\mu}(0)$ 的初始条件，设计了状态反馈控制器增益矩阵 K 和观测器增益矩阵 K_{ob}，我们将具有抗饱和机制的基于扰动观测器的控制律的计算步骤总结如下。

(1) 用式(5.68)计算中间控制信号 $\tilde{u}(k)$：

$$\tilde{u}(k) = -K\hat{x}_m(k) \tag{5.68}$$

(2) 从 $\tilde{u}(k)$ 减去 $\hat{\mu}(k)$，得到控制信号 $u(k)$：

$$u(k) = \tilde{u}(k) - \hat{\mu}(k) \tag{5.69}$$

(3) 用下列算式为控制信号施加饱和限制。

对于第 i 个控制信号，有

$$u_i(k)^{\text{act}} = \begin{cases} u_i^{\min}, & u_i(k) < u_i^{\min} \\ u_i(k), & u_i^{\min} \leqslant u_i(k) \leqslant u_i^{\max} \\ u_i^{\max}, & u_i(k) > u_i^{\max} \end{cases}$$

式中，$i = 1, 2, \cdots, m$。

（4）用真实的控制信号 $u(k)^{\text{act}}$ 计算状态向量 $\hat{x}(k+1)$：

$$\hat{x}(k+1) = A\hat{x}(k) + Bu(k)^{\text{act}} + K_{\text{ob}}(y(k) - r(k) - C\hat{x}(k)) \tag{5.70}$$

我们可以对教程 5.2 中生成的实现程序 simu4disc.m 进行更新，使其包含抗饱和机制。例如，定义控制信号的最大和最小值（$u^{\max}$、$u^{\min}$），在观测器实现之前，我们加入下述程序：

```
for i=1:n_in
if (u(i,1)>umax(i,1)); u(i,1)=umax(i,1); end
if (u(i,1)<umin(i,1)); u(i,1)=umin(i,1); end
End
```

下面的教程演示了基于离散扰动观测器的控制算法在控制信号约束的实时仿真中的实现。它将生成一个 MATLAB 嵌入式函数，可用于 Simulink 仿真和 xPC 目标实现。

教程 5.3　由于嵌入式函数要求规定变量的维数，在该教程中我们将考虑一个二阶系统模型和一个二阶扰动模型。整个 MATLAB 嵌入式函数完成控制信号的一个计算周期。对于每个采样周期，它将重复相同的计算步骤。

步骤 1，创建一个新的 Simulink 文件，名为 "dsfcD.slx"。

步骤 2，在 Simulink 的 "用户定义函数" 目录中，找到 MATLAB 嵌入式函数的图标，把它复制到 dsfcD 模型。

步骤 3，单击 MATLAB 嵌入式函数的图标，定义模型的输入、输出变量和控制器参数，以使 MATLAB 嵌入式函数具有以下形式：

```
function u=dsfcD(r,y,A,B,C,K,Kob,Umin,Umax)
```

式中，u 为采样时刻 k 处计算的控制信号；输入变量的前两个元素（r 和 y）为 k 处的参考信号和输出信号；A、B、C 为用于状态估计的增广系统矩阵；K 为状态反馈控制器增益矩阵；K_{ob} 为观测器增益矩阵，$U_{\min}$ 和 $U_{\max}$ 为施加于控制信号的最大和最小值。

步骤 4，对输入和输出数据端口进行编辑，以使 MATLAB 嵌入式函数知道哪些输入端口是实时变量，哪些是参数。用 Model Explorer 来完成这个编辑任务。

（1）单击 Scope 上的 "r"，选择 "input"，指定端口（Port）"1" 和大小（Size）"–1" 以及复杂性 "Inherited"，输入 "Inherit: Same as Simulink"。重复输出信号 "y" 的编辑步骤。

（2）编辑嵌入式函数的输出端口，单击 Scope 上的 "u"，选择 "Output"（输出），指定端口(Port)"1"和大小(Size)"−1",采样模型(Sampling Model)为基础样本(Sample based),输入"Inherit: Same as Simulink",并单击"Apply"(应用)保存修改。

步骤5,接下来,程序将在每次迭代期间声明存储在 MATLAB 嵌入式函数中的变量的维数和初始值。该控制算法将估计的状态变量存储在 MATLAB 嵌入式函数中,并需要为 MATLAB 嵌入式函数精确定义 $\hat{x}(k)$ 的维数。作为示例,考虑一个具有两个状态变量的单输入-单输出系统,以及一个二阶扰动模型,$\hat{x}$ 的维数为 4×1。继续将以下程序输入文件:

```
persistent xhat
if isempty(xhat)
xhat=zeros(4,1);
End
```

步骤6,定义了待存储的变量后,开始计算采样时刻 k 处的控制信号。$\hat{x}$ 的前两个变量对应估计状态变量,第三个变量对应扰动。继续将以下程序输入文件:

```
u=-K*xhat(1:2,1)-xhat(3,1);
```

步骤7,如果控制信号超出了它的最大或最小值,对控制信号的幅值施加约束。将以下程序输入文件:

```
if u<Umin;u=Umin;end
if u>Umax;u=Umax;end
```

步骤8,为下一个采样周期 $k+1$ 计算估计状态变量,并完成 MATLAB 嵌入式函数。继续将以下程序输入文件:

```
xhat=A*xhat+Kob*(y-r-C*xhat)+B*u;
```

步骤9,根据例5.6构建一个 Simulink 仿真程序,验证该 MATLAB 嵌入式函数,并比较仿真结果。

5.6.2　加热炉控制

燃气炉是一种使用燃气作为燃料的加热炉,通常用于冬季家庭取暖。对于这种类型的系统,加热炉的输入是燃气燃料的进给量,输出是加热器出口或室内温度。由于温度传感器在远离热源的位置,当输入进给速率变化时,测量温度有一个时间延迟。在例5.9的研究中,我们将使用 Ralhan 和 Badgwell(2000)给出的传递函数模型来描述加热炉在高燃料工况下的运行情况,该模型将演示具有控制信号约束和时滞时基于扰动观测器的控制系统。

例5.9　在 Ralhan 和 Badgwell(2000)中,家用加热炉的传递函数模型如下:

$$G_{\mathrm{H}}(s)=\frac{\mathrm{e}^{-5s}}{(5s+1)^2}\frac{{}^{\circ}\mathrm{C}}{\mathrm{m}^3\mathrm{s}^{-1}} \tag{5.71}$$

式中，时间常数和时滞单位为分钟。为该加热炉设计一个基于扰动观测器的控制系统，以维持房间温度恒定。采样间隔 Δt 为 1min，控制信号限制在 0 和 3 个单位之间，即

$$0 \leqslant u(k) \leqslant 3$$

增量参考信号达 1℃时开始模拟，50min 后升至 2℃。

解　构建具有时滞的状态空间模型。控制系统设计的第一步是求时滞系统式 (5.71) 的离散时间状态空间模型。用 MATLAB 函数 tf2ss.m 将没有时滞的传递函数转换为状态空间模型，然后通过离散化得到离散时间状态空间模型。

$$x_0(k+1) = A_0 x_0(k) + B_0 u(k); \quad y_0(k) = C_0 x_0(k)$$

式中，$x_0(k)$ 包含两个未知的状态变量；$y_0(k)$ 为加热炉的内部温度。系统矩阵为

$$A_0 = \begin{bmatrix} 0.6550 & -0.0327 \\ 0.8187 & 0.9825 \end{bmatrix}; \quad B_0 = \begin{bmatrix} 0.8187 \\ 0.4381 \end{bmatrix}; \quad C_0 = \begin{bmatrix} 0 & 0.0400 \end{bmatrix}$$

为了在状态空间模型中包含 5min 的测量延迟，我们考虑时滞样本的个数为 5，因为采样间隔 Δt 为 1min。所以，测量输出 $y(k) = y_0(k-5)$。为了得到基于扰动观测器的控制系统的状态空间模型，我们将状态变量的向量 $x_m(k)$ 定义为

$$x_m(k) = \begin{bmatrix} x_0(k)^{\mathrm{T}} & y_0(k-1) & y_0(k-2) & y_0(k-3) & y_0(k-4) & y_0(k-5) \end{bmatrix}^{\mathrm{T}}$$

得到以下状态空间模型：

$$\begin{bmatrix} x_0(k+1) \\ y_0(k) \\ y_0(k-1) \\ y_0(k-2) \\ y_0(k-3) \\ y_0(k-4) \end{bmatrix} = \overbrace{\begin{bmatrix} A_0 & 0 & 0 & 0 & 0 & 0 \\ C_0 & 0 & 0 & 0 & 0 & 0 \\ 0 & 1 & 0 & 0 & 0 & 0 \\ 0 & 0 & 1 & 0 & 0 & 0 \\ 0 & 0 & 0 & 1 & 0 & 0 \\ 0 & 0 & 0 & 0 & 1 & 0 \end{bmatrix}}^{A_m} \begin{bmatrix} x_0(k) \\ y_0(k-1) \\ y_0(k-2) \\ y_0(k-3) \\ y_0(k-4) \\ y_0(k-5) \end{bmatrix} + \overbrace{\begin{bmatrix} B_0 \\ 0 \\ 0 \\ 0 \\ 0 \\ 0 \end{bmatrix}}^{B_m} u(k) \tag{5.72}$$

测量输出 $y(k)$ 为

$$y(k) = \overbrace{\begin{bmatrix} 0 & 0 & 0 & 0 & 0 & 1 \end{bmatrix}}^{y_m} \begin{bmatrix} x_0(k) \\ y_0(k-1) \\ y_0(k-2) \\ y_0(k-3) \\ y_0(k-4) \\ y_0(k-5) \end{bmatrix} \tag{5.73}$$

将式 (5.72) 和式 (5.73) 给出的状态空间模型用于控制系统设计中。系统矩阵 A_m 具有 7 个特征值，其中，2 个来自没有时滞的系统，其他为复平面的原点。可以证明，矩阵 A_m、B_m 是可控的，A_m、C_m 是可观的。

控制器和观测器的设计。由于控制目标是维持一个恒定的房间温度，控制器需要有积分作用。为此，我们选择扰动模型 $D(q^{-1}) = 1 - q^{-1}$。基于扰动模型，用教程 5.1 中所编写的 MATLAB 函数 am4obs.m 得到增广系统矩阵 (A, B, C)。

控制器设计基于 (A_m, B_m) 矩阵。我们选择 $Q = I$ 及 $R = 1$，应用 MATLAB 函数 dlqr.m，得到状态反馈控制器增益矩阵：

$$K = \begin{bmatrix} 0.8216 & 0.4869 & -2 \times 10^{-17} & -6 \times 10^{-17} & 1 \times 10^{-16} & -5 \times 10^{-17} & 0 \end{bmatrix}$$

闭环特征值位于 $0.3757 \pm j0.2078$，其余的位于 0。

观测器设计基于增广系统矩阵对 (A, C)，其中，除 $Q(8,8) = 1$ 和 $R = 1$ 之外，Q 矩阵的其他元素均为零。应用 MATLAB 函数 dlqr.m 得到下列观测器增益矩阵：

$$K_{ob} = \begin{bmatrix} 0.8776 & 14.5318 & 0.5442 & 0.5031 & 0.4581 & 0.4093 & 0.3575 & 0.8346 \end{bmatrix}^{T}$$

观测器误差系统的闭环特征值为 $0.7983 \pm j0.2143$、0.6833，其余为 0。用最优控制器和线性二次型调节器方法设计观测器，由时滞导致的状态空间模型的特征值不变，这是采用最优控制器设计方法的一种优势。对于有参考值变化的控制系统的闭环仿真，可以基于教程 5.3 构建 Simulink 仿真器，或者使用教程 5.2 中编写的 MATLAB 函数 simu4disc.m。仿真结果如下。

（1）对控制信号没有运行约束，图 5.13（a）显示了参考值升高 1℃时的温度响应，图 5.13（b）显示燃气进给率（见两图中的实线）。显然，违反了要求 $0 \leqslant u(k) \leqslant 3$ 的运行约束。

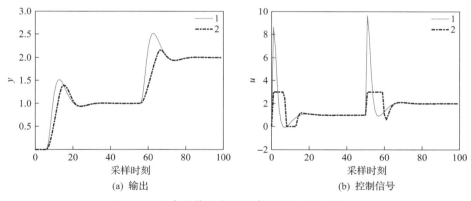

(a) 输出　　　　　　　　　　　　　(b) 控制信号

图 5.13　对参考值变化和约束的闭环响应（例 5.9）

线 1 表示没有运行约束；线 2 表示有运行约束

（2）基于扰动观测器的控制信号具有抗饱和机制时，模拟中施加了控制信号约束。存在运行约束时，图 5.13（a）对有和没有约束时的闭环响应进行了比较，图 5.13（b）比较了控制信号。可以看出，控制信号的约束条件得到了满足，并且当存在运行约束时，闭环响应具有良好的性能。

（3）值得指出的是，该加热炉的例子在 Wang（2020）中的一个 PID 控制系统中用到，其中，由于时滞较大，闭环响应非常振荡。当使用离散时间状态反馈控制时，可以准确地将时滞考虑进控制系统的设计和实现中。因此，时滞的存在不再是控制系统设计的一个挑战。

5.6.3　带限干扰示例

用下列示例演示基于扰动观测器的控制系统在多变量系统中的应用，该系统中具有抗饱和机制，并存在带限干扰。

例 5.10　某离散时间二输入-二输出系统用下列差分方程式表示：

$$\begin{bmatrix} x_1(k+1) \\ x_2(k+1) \end{bmatrix} = \begin{bmatrix} 0.9 & -0.1 \\ 0.2 & 0.8 \end{bmatrix} \begin{bmatrix} x_1(k) \\ x_2(k) \end{bmatrix} + \begin{bmatrix} 1 & 0 \\ 0 & 1 \end{bmatrix} \begin{bmatrix} u_1(k) + \mu_1(k) \\ u_2(k) + \mu_2(k) \end{bmatrix} \tag{5.74}$$

$$\begin{bmatrix} y_1(k) \\ y_2(k) \end{bmatrix} = \begin{bmatrix} 0.5 & 0.1 \\ 0.3 & 0.8 \end{bmatrix} \begin{bmatrix} x_1(k) \\ x_2(k) \end{bmatrix} \tag{5.75}$$

式中，输入扰动 $\mu_1(k)$ 为带限信号，如图 5.14(a)所示，$\mu_2(k)$ 为幅值为 –0.5 的阶跃扰动。状态变量 $x_1(k)$ 和 $x_2(k)$ 未被测量，所以需要一个观测器来对其进行估计。设计一个具有抗饱和机制的基于扰动观测器的控制系统，在下列控制信号幅值约束情况下抑制干扰：

$$-0.4 \leqslant u_1(k) \leqslant 0.4; \quad 0.3 \leqslant u_2(k) \leqslant 0.6$$

解　确定扰动模型。我们用 MATLAB 函数 fft.m 对扰动信号 $\mu_1(k)$ 进行傅里叶分析，以确定其频带。从图 5.14(b)可以看出，在中心频率为 $l = \pm 25$ 时，干扰是有带宽限制的。由于干扰的数据长度为 $L = 999$，因此傅里叶分析得到的单位频率为 $2\pi/999$。那么，峰值对应的离散频率为 $\omega_d = 25 \times 2\pi/999$。这就使得扰动模型中包含以下因子：$1 - 2\cos\omega_d q^{-1} + q^{-2}$。通过在扰动模型中加入这一因子，可以抑制带限干扰。考虑到干扰抑制的目标之一是保持稳态运行，扰动模型中包含 $1 - q^{-1}$ 的因子将达到这一目的。把这两个因子结合起来，对这种带限信号的干扰抑制的有效选择是

$$D_1\left(q^{-1}\right) = \left(1 - q^{-1}\right)\left(1 - 2\cos\omega_d q^{-1} + q^{-2}\right) \tag{5.76}$$

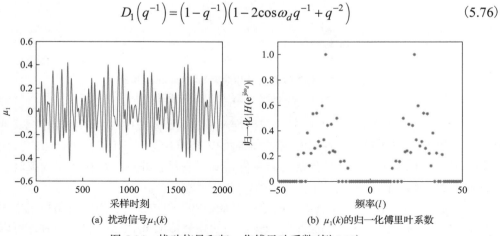

(a) 扰动信号 $\mu_1(k)$　　　　　　　(b) $\mu_1(k)$ 的归一化傅里叶系数

图 5.14　扰动信号和归一化傅里叶系数(例 5.10)

由于扰动 $\mu_2(k)$ 是一个常数，选择 $D_2(q^{-1}) = 1 - q^{-1}$。该因子也包含在 $D_1(q^{-1})$ 中。因此，该二输入-二输出系统的扰动抑制要求包含这些因子的 $D(q^{-1}) = D_1(q^{-1})$。

控制器和观测器的设计。通过使用教程 5.1 中生成的 MATLAB 函数 am4obs.m，我可以得到增广系统矩阵 A、B、C。基于状态空间模型 (A_m, B_m, C_m) 设计状态反馈控制器增益矩阵 K 时，选择使用 MATLAB 函数 dlqr.m，其中，加权矩阵 Q 和 R 取为单位矩阵，得到 K 及以下闭环特征值：$0.3472 \pm j0.0588$。设计观测器时，令 $Q(3,3) = 1$ 和 $Q(4, 4) = 1$，Q 矩阵中其他的元素为零，R 为单位矩阵。这样的 Q 和 R 矩阵组合得出观测器增益矩阵 K_{ob} 和相应的闭环特征值：

$$0.3845 \pm j0.5367; \quad 0.5201 \pm j0.4882; \quad 0.4498 \pm j0.1321; \quad 0.3892 \pm j0.1453$$

显然，观测器的动态响应速度比控制器的动态响应速度慢。所以，需要提高观测器的响应速度。为此，采用设定的稳定度来重新设计观测器，其中参数 α 选为 0.5，得出观测器增益矩阵 K_{ob} 和相应的闭环特征值：

$$0.2256 \pm j0.1963; \quad 0.2685 \pm j0.1398; \quad 0.1866 \pm j0.0414; \quad 0.1682 \pm j0.0496$$

闭环仿真结果讨论如下。

（1）为了设计控制器以实现期望的闭环性能，首先评估对扰动信号 $\mu_1(k)$ 和 $\mu_2(k)$ 的闭环响应，在仿真中加入标准偏差为 0.0001 的测量噪声。作为基准，图 5.15 显示扰动信号 $\mu_1(k)$ 和 $\mu_2(k)$ 对开环输出的响应。由于多输入-多输出系统的相互作用，可以看出输出 $y_1(k)$ 被 $\mu_2(k)$ 影响，$y_2(k)$ 被 $\mu_1(k)$ 影响。

（2）图 5.16(a) 显示了带限扰动和阶跃扰动下的 y_1 和 y_2 输出响应，此时系统在 0 点保持稳态值 0。

（3）图 5.16(b) 显示了具有约束的基于扰动观测器的控制系统的控制信号。可以看出，所有约束条件均得到了满足。可以证明，没有这些约束，u_1 的最大控制幅值为 0.5186，u_2 的最大控制幅值为 2.541。

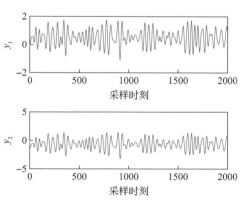

图 5.15　输入扰动对开环输出的响应（例 5.10）

5.6.4　思考题

1. 设计某离散时间系统以跟踪阶跃参考信号，该系统具有状态反馈控制器增益矩阵 K 和观测器增益矩阵 K_{ob}。假设增广系统矩阵为 A、B、C，控制器实现的关键步骤有哪些？

2. 延续第 1 题。如果控制信号被限制在 u^{min} 和 u^{max} 之间，我们如何对其施加约束？

3. 延续第 1 题。如果想对 $\Delta u(k)$ 施加限制 $\Delta u(k) = u(k) - u(k-1)$，式中：

$$\Delta u^{\min} \leqslant \Delta u(k) \leqslant \Delta u^{\max}$$

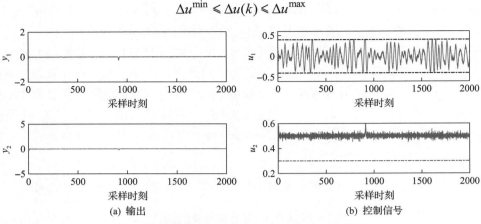

(a) 输出　　　　　　　　　　　　　(b) 控制信号

图 5.16　具有约束的闭环对扰动的响应(例 5.10)

(1)在观测器的实现中，如果对计算步骤不做修改，能使用下列方程式吗？

$$\hat{x}(k) = A\hat{x}(k-1) + Bu(k-1) + K_{ob}(y(k-1) - C\hat{x}(k-1))$$

如果不能，你提议做什么修改才能使用该观测器实现。

(2)对具有抗饱和机制的实现，关键机制是什么？

(3)你认为对于控制系统来说，只要有积分控制或控制器有谐波成分，抗饱和机制的实现就是必要的吗？

5.7　本 章 小 结

本章讨论了基于扰动观测器的控制系统的设计、仿真和实现。假设存在输入扰动，设计中的关键步骤为：①用扰动模型 $D(q^{-1})$ 捕获扰动信号的特征；②用扰动模型对被控模型 (A_m, B_m, C_m) 进行增广，得到增广状态空间模型 (A, B, C)；③用 A 和 C 矩阵设计观测器，用 A_m 和 B_m 矩阵设计控制器。

本章中的其他重要内容如下。

(1)扰动模型的选择取决于控制系统的要求。例如，如果需要闭环系统跟踪阶跃参考信号，那么扰动模型应选为 $D(q^{-1}) = 1 - q^{-1}$，以保证基于扰动观测器的控制系统具有积分作用。该控制系统将抑制阶跃扰动或低频扰动。

(2)对基于扰动观测器的控制系统进行频域分析后得出结论：基于提出的控制律，在对应于 $D(e^{-j\omega}) = 0$ （$0 \leqslant \omega \leqslant \pi$）的解的频率处实际上具有无限增益。例如，在 $D(z^{-1}) = 1 - z^{-1}$ 的情况下，这就意味着在控制器中隐含使用了积分器，因为在 $\omega = 0$ 时得到无限的控制器增益。

(3)该控制系统的实现方法，是将估计状态和扰动的观测器与去除估计扰动的状态反馈控制相结合。由于观测器提供了控制律的稳定实现，基于扰动观测器的控制系统中抗饱和机制的实现简单直接。

5.8　更多资料

（1）Li 等（2014）撰写了 *Disturbance Observer-based Control: Methods and Applications* 一书。Chen 等（2016）的论文介绍了基于扰动观测器的控制的研究，该研究团队还对基于扰动观测器控制系统的各种主题进行了研究（Li et al., 2012; Yang et al., 2012）。

（2）早期的有关基于扰动观测器的运动控制的研究包括 Komada 等（1991）。Schrijver 和 van Dijk（2002）的刚性机械系统和 Chen 等（2000）中使用了基于扰动观测器的控制。Jia（2009）提出了用具有频率估计的扰动观测器设计抑制扰动的控制器。Sariyildiz 和 Ohnishi（2015）分析了使用扰动观测器的运动控制的稳定性和鲁棒性能。

（3）Han（2009）介绍了 PID 控制和自抗扰技术。

（4）Mita 等（1998）对 H_∞ 控制与基于扰动观测器的控制方法进行了比较。

（5）She 等（2011）讨论了双级进给控制系统的抗干扰问题。

（6）最近的一项研究介绍了永磁同步电机（PMSM）驱动中利用基于扰动观测器的控制框架进行干扰估计抑制（Yang et al., 2017）。

（7）Wang 等（2017，2020）提出了基于扰动观测器的预测重复控制。

（8）McNabb 等（2017）介绍了用基于扰动观测器的控制器控制单相变压器，并用试验进行了证明。

习　　题

5.1　某连续时间系统用下列传递函数模型描述：

$$G(s) = \frac{1}{s^2 + 1}$$

采样间隔 $\Delta t = 0.1\text{s}$ 时，得到一个离散时间状态空间模型。设计一个基于扰动观测器的状态反馈控制系统，以跟踪阶跃参考信号并抑制阶跃输入扰动。

（1）确定扰动模型 $D(q^{-1})$。

（2）通过将闭环极点定位在 $e^{-\Delta t}$ 周围计算状态反馈控制器增益矩阵 K。

（3）通过将闭环极点定位在 $e^{-2\Delta t}$ 周围计算观测器增益矩阵 K_{ob}。

5.2　某离散时间系统用下列状态空间模型描述：

$$x_m(k+1) = A_m x_m(k) + B_m u(k); \quad y(k) = C_m x_m(k)$$

式中，系统矩阵为

$$A_m = \begin{bmatrix} 0.1 & 2 & 0 \\ -0.1 & 0.9 & 1 \\ 0 & 0.4 & 0.2 \end{bmatrix}; \quad B_m = \begin{bmatrix} 1 & 0 \\ 2 & 1 \\ 1 & 1 \end{bmatrix}; \quad C_m = \begin{bmatrix} 1 & 1 & 2 \\ 0 & 1 & 1 \end{bmatrix}$$

设计一个基于扰动观测器的状态反馈控制系统，使输出 $y_1(k)$ 跟踪阶跃参考信号，$y_2(k)$ 跟踪频率为 $\omega_d = 2\pi/100$ 的正弦信号。

(1) 确定扰动模型 $D(q^{-1})$。

(2) 用离散时间线性二次型调节器设计法计算状态反馈控制器增益矩阵 K，其中，加权矩阵 Q 和 R 为单位矩阵。

(3) 假设状态向量 $x_m(k)$ 未被测量，用 DLQR 设计法计算观测器增益矩阵 K_{ob}，其中，$Q_{\mathrm{ob}} = I$，$R_{\mathrm{ob}} = 0.1I$，I 是一个具有兼容维数的单位矩阵。

5.3　在 Kailath (1980) 中，描述热气球 (图 5.17) 动态的状态空间模型如下：

$$
\begin{bmatrix} \dot{T}(t) \\ \dot{v}(t) \\ \dot{h}(t) \end{bmatrix} = \begin{bmatrix} -\dfrac{1}{\tau_1} & 0 & 0 \\ \beta & -\dfrac{1}{\tau_2} & 0 \\ 0 & 1 & 0 \end{bmatrix} \begin{bmatrix} T(t) \\ v(t) \\ h(t) \end{bmatrix} + \begin{bmatrix} \alpha \\ 0 \\ 0 \end{bmatrix} u(t) + \begin{bmatrix} 0 \\ \dfrac{1}{\tau_2} \\ 0 \end{bmatrix} w(t) \tag{5.77}
$$

式中，$T(t)$ 为热气球的温度变化；$u(t)$ 为被操纵的变量，它与增加的热量成正比；$v(t)$ 为气球的垂直速度；$h(t)$ 为相对于稳态高度的高度变化；$w(t)$ 为垂直风速，它是控制问题中的扰动。模型中的归一化常数为 $\tau_1 = 1$、$\tau_2 = 10$、$\alpha = 1$、$\beta = 0.01$。由采样间隔 $\Delta t = 0.1\mathrm{s}$，得到离散时间状态空间模型。为了降低热气球控制器的成本，我们仅测量高度 $h(k)$。设计一个基于扰动观测器的控制系统，抑制风力扰动并跟踪高度的阶跃参考信号，其中，风力扰动被看作一个具有低频内容的信号。

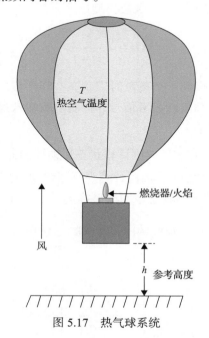

图 5.17　热气球系统

(1)确定扰动模型 $D(q^{-1})$ 。

(2)用位于 $e^{-0.1\Delta t}$ 周围的闭环极点计算状态反馈控制器增益矩阵 K 。

(3)用位于 $e^{-\Delta t}$ 周围的闭环极点计算观测器增益矩阵 K_{ob} 。

(4)用下列代码生成风力扰动，其中 N_{sim} 为采样点的数量。

```
Nsim=4000;
dis=randn(1,Nsim);
dis=filter(0.01,[1 -0.99],dis);
dis=dis+2*[zeros(1,Nsim/2) ones(1,Nsim/2)];
```

(5)用由下列代码生成的参考信号模拟闭环响应：

```
r=[ones(1,Nsim/2) zeros(1, Nsim/2)];
```

在模拟中加入风力扰动信号。给出高度和控制信号的闭环响应。你有何观察发现？

(6)研究控制律中补偿扰动 $\hat{\mu}(k)$ 的效果。为了比较，用下式计算控制信号：

$$u(k) = -K\hat{x}_m(k)$$

用相同的参考信号和扰动信号模拟闭环响应。给出高度和控制信号的闭环响应。比较两种控制系统的响应，并讨论扰动补偿的效果。

(7)可以测量速度 $v(k)$ 和温度 $T(k)$ 并构建一个观测器来测量高度 $h(k)$ 吗？为什么？

5.4 从 5.3 题继续。研究针对控制约束的抗饱和机制的实施，避免积分器饱和的核心策略是正确地告知扰动观测器控制信号已达到饱和。如果不告知扰动观测器，闭环性能将会降低。

(1)由 5.3 题确定控制幅值的最小值和最大值，分别用 u^{min} 和 u^{max} 表示。假设控制信号被约束在 $0.8u^{min}$ 与 $0.8u^{max}$ 之间。通过在被控对象的模拟中使用有约束的控制信号，而在观测器实现中使用无约束的控制信号，探索积分器的饱和现象。给出高度和控制信号的闭环响应。你有何观察发现？

(2)通过在被控对象的模拟和观测器的实现中使用约束控制信号，实施具有抗饱和机制的控制信号的约束。给出高度和控制信号的闭环响应。

(3)探讨闭环响应性能的区别，以及当控制信号达到饱和极限时抗饱和机制的作用。

5.5 某风力涡轮机驱动的模型用一个双质量系统描述(Perdana，2008)，其中，两个惯量通过一个弹簧连接在一起，代表驱动系统轴的刚度低，阻尼也被用于该双质量模型。在 2.4 节的连续时间控制系统的设计中使用了该模型(图 2.11)。

为了完成这个练习，将涡轮机和发电机的角速度分别定义为 ω_t 和 ω_r ，角位置分别为 θ_t 和 θ_r ，风力涡轮机驱动用下列差分方程式描述：

$$2H_t \frac{d\omega_t}{dt} = T_t - T_w - K_s(\theta_r - \theta_t) - D_m(\omega_r - \omega_t) \tag{5.78}$$

$$2H_g \frac{\mathrm{d}\omega_r}{\mathrm{d}t} = -T_e + T_L + K_s\left(\theta_r - \theta_t\right) + D_m\left(\omega_r - \omega_t\right) \tag{5.79}$$

$$\frac{\mathrm{d}\theta_t}{\mathrm{d}t} = \omega_t \tag{5.80}$$

$$\frac{\mathrm{d}\theta_r}{\mathrm{d}t} = \omega_r \tag{5.81}$$

式中，H_t 和 H_g 为涡轮机和发电机的惯性时间常数；K_s 为轴的刚度常数；D_m 为互阻尼系数；T_w 为风力转矩，反映风力变化产生的输入扰动；T_L 为负载转矩，反映功率输出需求的负荷扰动。对于一些研究，如 Perdana（2008），涡轮机惯性时间常数 $H_t = 2.6\mathrm{s}$，发电机惯性时间常数 $H_g = 0.22\mathrm{s}$，轴的刚度常数 $K_s = 141.0\mathrm{p.u.}$，互阻尼系数 $D_m = 3.0\mathrm{p.u.}$。

涡轮机传动的控制系统是一个大系统的一部分。操作变量为涡轮机转矩 T_t 和发电机转矩 T_e。为了优化风能发电，需要对发电机的角速度进行控制。因此，控制目标是在抑制风力扰动 T_w 和负荷扰动 T_L 的同时，实现对 ω_r 的参考跟踪。为避免对风力发电机组造成机械应力，要求涡轮机的角速度 ω_t 与发电机角速度同步，即在稳态运行时，控制目标为 $\omega_t = \omega_r$。

（1）采样间隔 $\Delta t = 0.01\mathrm{s}$，求离散时间状态空间模型：

$$x_m(k+1) = A_m x_m(k) + B_m u(k) + B_d \mu(k)$$

（2）假设 θ_t 和 θ_r 可以测量，为风力涡轮机驱动系统设计一个基于扰动观测器的状态反馈控制系统，该系统将对参考信号跟踪和扰动抑制具有积分控制。对于控制器设计和观测器设计，使用 MATLAB 函数 dlqr.m，其中 Q 和 R 为具有兼容维数的单位矩阵。K 是什么？K_{ob} 是什么？

（3）对参考信号跟踪和扰动抑制的闭环响应进行模拟仿真。简便起见，所有初始条件都选为零。θ_t 和 θ_r 的参考信号为离散时间的单位斜坡信号。风力扰动为用下式得出的随机扰动信号：

$$T_w = \frac{0.001}{1 - q^{-1}} \epsilon(k)$$

式中，$\epsilon(k)$ 为模拟研究中的白噪声，均值为零，方差 $\sigma^2 = 0.36$。负荷扰动 T_L 是在仿真时间的一半时进入系统的负阶跃扰动。给出控制信号、估计状态变量 $\hat{\omega}_r$ 和 $\hat{\omega}_t$ 及输出信号 θ_r 和 θ_t。

5.6 继续 5.5 题。由于该系统是不稳定的，它需要一个最低控制幅值来生成一个稳定的闭环系统。

（1）由 5.5 题确定控制幅值的最小值和最大值，分别用 u^{min} 和 u^{max} 表示。

（2）实现具有抗饱和机制的控制信号约束，其中，控制幅值的限制为 $0.98u^{\mathrm{min}}$ 和

$0.98u^{\max}$。闭环控制系统稳定吗？使闭环系统稳定所要求的涡轮机转矩 T_t 和发电机转矩 T_e 的最小控制信号幅值是什么？

(3) 提出一种替代方法，用它降低不稳定系统的控制信号幅值以避免其饱和。通过仿真研究验证该方法。

5.7　继续 5.5 题。假设有一个负荷转矩 T_L 的周期性扰动，即 T_L 是一个常数和一个正弦信号的组合。已知周期性扰动的频率为 50Hz。

(1) 确定基于扰动观测器的控制系统的扰动模型 $D(q^{-1})$，其中，闭环控制系统将抑制更多的周期性扰动，同时保持跟踪斜坡参考信号并抑制风力和负荷扰动，如 5.5 题中所示。

(2) 用 MATLAB 函数 dlqr.m 设计基于扰动观测器的控制系统。对于控制器设计和观测器设计，使用 MATLAB 函数 dlqr.m，其中 Q 和 R 为具有兼容维数的单位矩阵。K 是什么？ K_{ob} 是什么？

(3) 用你选择的 N_{sim} 进行闭环响应模拟，以实现参考信号跟踪和扰动抑制。简便起见，所有初始条件都选为零。θ_t 和 θ_r 的参考信号为离散时间的单位斜坡信号。风力扰动保持不变，但在仿真时间的一半时负荷扰动进入，其增加的正弦信号幅值为 0.2。给出控制信号、估计状态变量 $\hat{\omega}_r$ 和 $\hat{\omega}_t$ 及输出信号 θ_r 和 θ_t。

5.8　汽包锅炉是发电厂的一个流程。在 2.2.6 节 (图 2.3) 连续时间系统的设计中使用过该系统。汽包锅炉的控制系统有三个输入和三个输出。这三个输入信号为给水流量 u_1 (kg/s)、燃料流量 u_2 (kg/s) 及保温器喷雾流量 u_3 (kg/s)。这里，用保温器控制锅炉的蒸汽温度。三个输出为汽包水位 y_1 (m)、汽包压力 y_2 (MPa) 和蒸汽温度 y_3 (℃)。方便起见，用 Tan 等 (2002) 给出的传递函数模型：

$$G(s) = \begin{bmatrix} G_{11}(s) & G_{12}(s) & G_{13}(s) \\ G_{21}(s) & G_{22}(s) & G_{23}(s) \\ G_{31}(s) & G_{32}(s) & G_{33}(s) \end{bmatrix} \tag{5.82}$$

式中

$$G_{11}(s) = \frac{10^{-3}\left(-0.16s^2 + 0.052s + 0.0014\right)}{\left(s^2 + 0.0168s\right)(0.1s+1)}; \quad G_{12}(s) = \frac{10^{-3}(3.1s - 0.032)}{s^2 + 0.0215s}$$

$$G_{13}(s) = 0; \quad G_{21}(s) = \frac{-10^{-3} \times 0.0395}{s + 0.018}; \quad G_{22}(s) = \frac{10^{-3} \times 2.51}{s + 0.0157}$$

$$G_{23}(s) = \frac{10^{-3}\left(0.588s^2 + 0.2015s + 0.0009\right)}{\left(s^2 + 0.0352s + 0.000142\right)(0.1s+1)}; \quad G_{31}(s) = \frac{-0.00118s + 0.000139}{s^2 + 0.01852s + 0.000091}$$

$$G_{32}(s) = \frac{0.448s + 0.0011}{s^2 + 0.0127s + 0.000095}; \quad G_{33}(s) = \frac{0.582s - 0.0243}{s^2 + 0.1076s + 0.00104}$$

(1)为了将传递函数模型转换为离散时间状态空间模型，首先将用 MATLAB 函数 tf.m 生成一个三输入-三输出传递函数，然后用 MATLAB 函数 ss.m 得到一个最小状态空间。用 MATLAB 函数 ssdata.m 生成连续时间状态空间模型(A_p, B_p, C_p, D_p)。采样间隔 $\Delta t = 0.3\text{s}$，将连续时间状态空间模型转换为一个离散时间状态空间模型。

(2)总目标是保持系统的稳态运行，以保证发电厂的安全并达到期望的效率。所以，锅炉控制系统需要积分作用。用 MATLAB 函数 dlqr.m 设计一个基于扰动观测器的状态反馈控制系统，其中 Q 和 R 为具有兼容维数的单位矩阵。状态反馈控制器增益矩阵 K 是什么？观测器增益矩阵 K_{ob} 是什么？控制系统和观测器误差系统的闭环特征值是什么？

(3)证明设计的控制系统能够在无稳态误差的情况下跟踪阶跃参考信号。对所有初始条件为零的基于扰动观测器的控制系统进行仿真，简便起见，我们假设所有稳态运行条件为零。选择采样的数量为 $N_{sim} = 18000$，y_1 的参考信号 r_1 是一个单位阶跃信号，y_2 的参考信号 r_2 是在 $N_{sim}/3$ 处进入仿真的一个单位阶跃信号，y_3 的参考信号 r_3 是在 $2 \times N_{sim}/3$ 处进入仿真的一个幅值为负的单位阶跃信号。给出闭环仿真研究的控制信号和输出信号。

(4)证明设计的控制系统能够在无稳态误差的情况下抑制单位扰动。三个参考信号都选为零，在系统仿真中加入单位阶跃扰动。向 u_1 添加的扰动信号是一个单位阶跃信号；向 u_2 添加的扰动信号是一个在 $N_{sim}/3$ 处进入仿真的单位阶跃信号；向 u_3 添加的扰动信号是一个在 $2 \times N_{sim}/3$ 处进入仿真的单位阶跃信号。给出控制信号和输出信号。

(5)评估具有控制信号约束的控制系统的性能。由扰动抑制的例子，确定控制信号的最大及最小幅值，并将控制信号的幅值限制选为最大值和最小值的 80%。用与前面例子中相同的扰动和参考信号对存在控制信号约束的闭环响应进行仿真。给出控制信号和输出信号。

5.9 继续 5.8 题。在本练习中，我们将设计一个具有约束的控制器和观测器，其闭环特征值的位置根据 4.5 节介绍的具有设定稳定度的方法获得。

(1)在控制器的设计中，假设闭环系统的最大时间常数被限制在 3000s 以下，确定其在离散时间中对应的闭环特征值，其中采样间隔 $\Delta t = 0.3\text{s}$。用与 5.8 题中相同的 Q 和 R 矩阵，通过 MATLAB 程序 dlqr.m 和设定的稳定度计算状态反馈控制器增益矩阵 K。K 是什么？闭环特征值在哪里？

(2)在观测器的设计中，假设观测器误差系统的最大时间常数被限制在 2000s 以下，确定其在离散时间中对应的闭环特征值。用 MATLAB 程序 dlqr.m 和设定的稳定度计算观测器增益矩阵 K_{ob}。K_{ob} 是什么？观测器误差系统的闭环特征值在哪里？

(3)在 5.8 题的条件下，重复仿真研究，对闭环控制系统在参考信号跟踪、扰动抑制和控制信号幅值约束方面进行验证。将仿真结果与 5.8 题中得到的仿真结果进行比较。你有何观察发现？

5.10 继续 5.9 题。探索基于扰动观测器的控制系统的替代策略。对于参考信号跟踪，为了降低控制信号在初始周期的幅值，用下式计算控制信号：

$$u(k) = -K\hat{x}_m(k)$$

它是无积分作用的状态反馈控制。初始周期之后，用下式计算控制信号：

$$u(k) = -K\hat{x}_m(k) - \hat{\mu}(k)$$

它是有积分作用的状态反馈控制。研究 5.9 题中设计的基于扰动观测器的控制系统的实现策略。与原来的实现方法相比，它有哪些优点和缺点？

第6章　通过控制设计实现扰动抑制和参考信号跟踪

6.1　概　　述

基于扰动观测器的控制方法(见第 5 章)在设计和实现方面都很简单,另外当控制信号达到极限时,它还具有抗饱和机制。但是,这种方法的一个主要缺点是,它缺乏能将参考信号跟踪的性能与扰动抑制的性能分离的第二个自由度。

本章的目的是通过控制器的设计来实现状态反馈控制的抗干扰和参考信号跟踪。这是第 5 章介绍的方法的一种补充,它提供了一种控制系统实现方式,将参考信号跟踪的性能与扰动抑制的性能分离。本章首先将扰动模型嵌入到被控对象模型中,形成用于控制器设计的增广状态空间模型(参见 6.2 节)。基于此增广状态空间模型,设计了状态反馈控制器(见 6.3 节)。如果状态向量未被测量,则设计一个观测器来实现控制律。6.4 节讨论了该控制系统的三个实用方面:第一个方面是介绍了一种用于减小参考信号跟踪超调量的二自由度控制结构;第二个方面是提出一种控制器实现中的抗饱和机制;第三个方面是在已知传递函数模型时,提出不使用观测器的控制系统。6.5 节介绍了重复控制系统,作为状态反馈控制系统设计的扩展。重复控制系统具有对复杂周期外源信号的参考信号跟踪和干扰抑制能力。

本章提供了状态反馈控制的设计和实现中的 MATLAB 和 Simulink 教程。

6.2　在控制器设计中嵌入扰动模型

简便起见,在控制律推导的第一个阶段,将参考信号 $r(k)$ 假设为零,设计抑制扰动的控制系统。

6.2.1　增广状态空间模型的建立

控制系统设计的起点基于状态空间模型的假设,如第 5 章那样,具有输入扰动,假设输入扰动模型 $D(q^{-1})$ 可用于控制系统的设计。

假设被控对象有 m 个输入和 m 个输出,用状态空间模型表示如下:

$$x_m(k+1) = A_m x_m(k) + B_m u(k) + B_m \mu(k) \tag{6.1}$$

$$y(k) = C_m x_m(k) \tag{6.2}$$

式中, $x_m(k)$ 为 $n \times 1$ 维的状态向量; $u(k)$ 和 $y(k)$ 为 $m \times 1$ 维的输入和输出向量。

$\mu(k)$ 表示扰动信号的向量。扰动信号 $\mu(k)$ 为

$$\mu(k) = \frac{\epsilon(k)}{D(q^{-1})}$$

式中，$\epsilon(k)$ 包含 m 个成分，每个都是均值为零的白噪声；$D(q^{-1})$ 表示为

$$D(q^{-1}) = 1 + d_1 q^{-1} + d_2 q^{-2} + d_3 q^{-3} + \cdots + d_\gamma q^{-\gamma} \tag{6.3}$$

该方法的控制律设计不同于基于扰动观测器的方法，在控制信号计算中，不需要对扰动 $\mu(k)$ 进行估计和补偿，而是用扰动模型 $D(q^{-1})$ 对状态变量进行滤波。

对状态方程式 (6.1) 应用算子 $D(q^{-1})$，得到：

$$x_s(k+1) = A_m x_s(k) + B_m u_s(k) + B_m \epsilon(k) \tag{6.4}$$

式中，滤波状态 $x_s(k)$ 和控制 $u_s(k)$ 定义为

$$x_s(k) = D(q^{-1}) x_m(k), \quad u_s(k) = D(q^{-1}) u(k)$$

注意，对滤波状态向量 $x_s(k)$ 的输入干扰为 $\epsilon(k)$，它由 m 个白噪声成分组成。

对状态方程式 (6.1) 应用算子 $D(q^{-1})$，得到：

$$y_s(k) = C_m x_s(k) \tag{6.5}$$

式中，$y_s(k)$ 为滤波输出信号，定义为

$$y_s(k) = D(q^{-1}) y(k)$$

为了继续建立控制律，输出方程式 (6.5) 写为

$$\begin{aligned} y_s(k+1) &= C_m x_s(k+1) \\ &= C_m A_m x_s(k) + C_m B_m u_s(k) + C_m B_m \epsilon(k) \end{aligned} \tag{6.6}$$

由于 $y_s(k+1)$ 为采样时刻 $k+1$ 处的滤波输出信号（见式 (6.5)），式 (6.6) 变为

$$\begin{aligned} y(k+1) &= -d_1 y(k) - d_2 y(k-1) - \cdots - d_{\gamma-1} y(k-\gamma+2) \\ &\quad - d_\gamma y(k-\gamma+1) + C_m A_m x_s(k) + C_m B_m u_s(k) + C_m B_m \epsilon(k) \end{aligned} \tag{6.7}$$

引入增广状态向量：

$$x(k) = \left[x_s(k)^{\mathrm{T}} \ \overline{y(k)}^{\mathrm{T}} \right]^{\mathrm{T}}$$

式中，$\overline{y(k)}$ 为 $\gamma m \times 1$ 维的输出向量，定义为

$$\overline{y(k)} = \left[y(k)^{\mathrm{T}} \quad y(k-1)^{\mathrm{T}} \cdots y(k-\gamma+1)^{\mathrm{T}} \right]^{\mathrm{T}}$$

基于式(6.4)和式(6.7)，采用如式(6.8)和式(6.9)所示的 A、B、C 矩阵，形成如下增广模型：

$$\begin{bmatrix} x_s(k+1) \\ y(k+1) \end{bmatrix} = \overbrace{\begin{bmatrix} A_m & 0_{n\times\gamma m} \\ \overline{C_m A_m} & A_d \end{bmatrix}}^{A} \begin{bmatrix} x_s(k) \\ y(k) \end{bmatrix} + \overbrace{\begin{bmatrix} B_m \\ \overline{C_m B_m} \end{bmatrix}}^{B} u_s(k) + \overbrace{\begin{bmatrix} B_m \\ \overline{C_m B_m} \end{bmatrix}}^{B} \epsilon(k) \tag{6.8}$$

$$\overline{y(k)} = \overbrace{\begin{bmatrix} 0_{\gamma m\times n} & I_{\gamma m\times\gamma m} \end{bmatrix}}^{C} \begin{bmatrix} x_s(k) \\ y(k) \end{bmatrix} \tag{6.9}$$

式中，$0_{n\times\gamma m}$ 为维数为 $n\times\gamma m$ 的零矩阵；$I_{\gamma m\times\gamma m}$ 为维数为 $\gamma m\times\gamma m$ 的单位矩阵；$\overline{C_m A_m}$ 为维数为 $\gamma m\times n$ 的矩阵，它的前 m 行和 n 列等于矩阵 $C_m A_m$，其余的行与列均为零；$\overline{C_m B_m}$ 为维数为 $\gamma m\times m$ 的矩阵，它的前 m 行和 m 列等于矩阵 $C_m B_m$，其余的行与列均为零。

A_d 矩阵维数为 $\gamma m\times\gamma m$，与 5.3.2 节中相同，定义为

$$A_d = \begin{bmatrix} -d_1 I_m & -d_2 I_m & \cdots & -d_{\gamma-1} I_m & -d_\gamma I_m \\ I_m & 0_m & 0_m & \cdots & 0_m \\ 0_m & I_m & 0_m & \cdots & 0_m \\ \vdots & \vdots & \vdots & & \vdots \\ 0_m & 0_m & \cdots & I_m & 0_m \end{bmatrix}$$

需要强调的是，通过式(6.10)可求出 A_d 的特征值。

$$\det(qI - A_d) = D(q)^m \tag{6.10}$$

式中，$D(q)$ 为前移式扰动模型。这意味着 A_d 矩阵包含 m 组对应于 $D(q)$ 多项式中零点的特征值。

注意，A 矩阵是一个下三角矩阵，式(6.8)中系统矩阵 A 的特征方程式为

$$\det(zI - A_m)\det(zI - A_d) = 0 \tag{6.11}$$

因此，矩阵 A 的特征值由原被控对象模型的特征值和扰动模型 $D(z)$ 的零点组成，因为 $\det(zI - A_d) = D(z)^m$，其中 m 为输出的个数。

6.2.2　MATLAB 教程

下述 MATLAB 教程将生成式(6.8)中的增广状态空间模型。

教程 6.1　编写一个 MATLAB 函数 am4csd.m，以生成控制器设计的增广状态空间模型，其中，扰动模型直接嵌入增广状态空间模型中。

步骤 1，创建一个文件，名为"am4csd.m"。

步骤 2，函数的输入变量为被控系统矩阵 A_m、B_m、C_m 及被称为 D 模型的多项式扰动模型 $D(q^{-1})$。函数的输出变量为增广系统矩阵 A、B、C。将下列程序输入文件：

```
function [A,B,C]=am4csd(Am,Bm,Cm,Dmodel)
```

步骤 3，检查输入、输出和状态变量的个数及 D 模型的维数。继续将以下程序输入文件：

```
gamma=length(Dmodel)-1;
[n1,n_in]=size(Bm);
[m1,n1]=size(Cm);
```

步骤 4，用零矩阵对系统矩阵初始化。继续将以下程序输入文件：

```
n=n1+gamma*m1;
A=zeros(n,n);
B=zeros(n,n_in);
C=zeros(m1*gamma,n);
```

步骤 5，创建矩阵 A 中的块矩阵 A_m 和 $\overline{C_m A_m}$。继续将以下程序输入文件：

```
A(1:n1,1:n1)=Am;
A(n1+1:n1+m1,1:n1)=Cm*Am;
```

步骤 6，创建矩阵 A 中的块矩阵 A_d。继续将以下程序输入文件：

```
nk=1;
for kk=1:gamma
A(n1+1:n1+m1,n1+nk:n1+kk*m1)=-Dmodel(kk+1)*eye(m1);
nk=nk+m1;
end
A(n1+m1+1:n,n1+1:n-m1)=eye((gamma-1)*m1);
```

步骤 7，构成 B 矩阵。继续将以下程序输入文件：

```
B(1:n1,:)=Bm;
B(n1+1:n1+m1,:)=Cm*Bm;
```

步骤 8，构成对应于输出向量 $\overline{y(k)}$ 的 C 矩阵。继续将以下程序输入文件：

```
C(:,n1+1:n)=eye(m1*gamma,m1*gamma);
```

步骤 9，用下列矩阵测试函数：

```
Am=[1 -1; 2 1];
Bm=[1 2;2 1];
Cm=[1 0; 0 1];
Dmodel=[1 -2 -3];
```

步骤 10，根据下列答案检查 A 和 B 矩阵：

$$A = \begin{bmatrix} 1 & -1 & 0 & 0 & 0 & 0 \\ 2 & 1 & 0 & 0 & 0 & 0 \\ 1 & -1 & 2 & 0 & 3 & 0 \\ 2 & 1 & 0 & 2 & 0 & 3 \\ 0 & 0 & 1 & 0 & 0 & 0 \\ 0 & 0 & 0 & 1 & 0 & 0 \end{bmatrix}; \quad B = \begin{bmatrix} 1 & 2 \\ 2 & 1 \\ 1 & 2 \\ 2 & 1 \\ 0 & 0 \\ 0 & 0 \end{bmatrix}$$

步骤 11，系统矩阵的特征值为 $1 \pm j1.4142$，$D(q)$ 的根为 3、-1。增广系统矩阵 A 有六个特征值，它们是 $1 \pm j1.4142$、3、3 及 -1、-1。

6.2.3 可控性和可观性

在进行控制系统设计之前，需要考虑如果原系统是可控、可观的，增广系统矩阵对 (A, B) 在什么条件下是可控的。A、B 矩阵可控性问题的答案是，我们需要对被控对象传递函数 $G(z) = Cm(zI_m - A_m)^{-1}B_m$ 的零点进行假设，以确保 $G(z)$ 和扰动模型 $D(z)$ 之间不存在零极点抵消。

我们总结一下增广系统可控性和可观性的条件。假设原系统的传递函数表示为 $G(z) = Cm(zI_m - A_m)^{-1}B_m$，且它既是可控的，也是可观的。如果被控对象传递函数 $G(z)$ 的零点没有对应于扰动模型 $D(z)$ 的零点，那么增广系统矩阵 A、B 是可控的，A、C 是可观的，其中

$$A = \begin{bmatrix} A_m & 0_{n \times \gamma m} \\ C_m A_m & A_d \end{bmatrix}; \quad B = \begin{bmatrix} B_m \\ C_m B_m \end{bmatrix}; \quad C = \begin{bmatrix} 0_{\gamma m \times n} & I_{\gamma m \times \gamma m} \end{bmatrix}$$

证明上述陈述成立的一个方法是找到状态空间模型 A、B、C 到增广传递函数 $C(zI - A)^{-1}B$ 的最小实现。当三元组 (A, B, C) 是最小实现时，矩阵对 (A, B) 是可控的，矩阵对 (A, C) 是可观的 (Kailath, 1980; Chen, 1998; Bay, 1999)。在 Wang (2009) 中，使用增广模型的模型预测控制呈现出相似的结果。

下面的例子将证明当传递函数中存在一个零点对应于扰动模型中的零点时，可控性消失。

例 6.1 考虑离散时间系统具有下列 z 变换函数：

$$G(z) = \frac{z^2 - 2\cos\omega_d z + 1}{(z - 0.9)^2 (z - 0.5)} \tag{6.12}$$

证明：如果扰动模型 $D(z) = z^2 - 2\cos\omega_d z + 1$，这里 $\omega_d = 2\pi/40 = 0.1571$，则增广状态空间模型的矩阵对 (A, B) 是不可控的。

解 用 MATLAB 函数 tf2ss.m，将传递函数模型式 (6.12) 转换为状态空间模型：

$$x_m(k+1) = A_m x_m(k) + B_m u(k); \quad y(k) = C_m x_m(k)$$

式中，系统矩阵为

$$A_m = \begin{bmatrix} 2.3 & -1.71 & 0.4050 \\ 1 & 0 & 0 \\ 0 & 1 & 0 \end{bmatrix}; \quad B_m = \begin{bmatrix} 1 \\ 0 \\ 0 \end{bmatrix}$$

$$C_m = \begin{bmatrix} 1 & -1.9754 & 1 \end{bmatrix}$$

用教程 6.1 中创建的 MATLAB 函数 am4csd.m 得到增广状态空间模型的矩阵对(A, B)，即

$$A = \begin{bmatrix} 2.3 & -1.71 & 0.4050 & 0 & 0 \\ 1 & 0 & 0 & 0 & 0 \\ 0 & 1 & 0 & 0 & 0 \\ 0.3246 & -0.7100 & 0.4050 & 1.9754 & -1 \\ 0 & 0 & 0 & 1 & 0 \end{bmatrix}; \quad B = \begin{bmatrix} 1 \\ 0 \\ 0 \\ 1 \\ 0 \end{bmatrix}$$

用 MATLAB 函数 ctrb.m 计算可控性矩阵 L_c，即

$$L_c = \begin{bmatrix} B & AB & A^2B & A^3B & A^4B \end{bmatrix}$$

用 MATLAB 函数 cond.m 计算矩阵 L_c 的条件数，得到其为 8.0246×10^{16}，表明 L_c 的秩小于 5（等于 3），状态空间模型不可控。

如果使用极点配置设计技术，用 MATLAB 函数 place.m 在未报错的情况下未产生任何结果，说明矩阵对(A, B) 几乎是不可控的。用 MATLAB 函数 dlqr.m 可以计算状态反馈控制器增益矩阵 K，但是有一对不能被状态反馈控制器增益矩阵 K 改变的闭环极点 $0.9877 \pm j0.1564$。而且，这对极点与扰动模型 $D(z)$ 在单位圆上的零点相对应，这意味着闭环系统不会渐近稳定。

6.2.4　思考题

1. 假设已知某一阶系统如下：

$$x_m(k+1) = 0.8x_m(k) + 0.1u(k) + 0.6\mu(k); \quad y(k) = x_m(k)$$

式中，$\mu(k) = \dfrac{\epsilon(k)}{1-q^{-1}}$。增广矩阵$(A, B, C)$是什么？

2. 状态空间模型与第 1 题中相同，但是 $\mu(k) = \dfrac{\epsilon(k)}{(1-q^{-1})^2}$。增广矩阵$(A, B, C)$是什么？

3. 状态空间模型与第 1 题中相同，但是已知连续时间系统中出现了频率为 $\omega_0 = 2\text{rad/s}$

的正弦扰动。假设用采样间隔 $\Delta t = 0.01\text{s}$ 得到离散系统，增广矩阵 (A,B,C) 是什么？

4. 假设某系统有两个输入、两个输出和三个状态变量。为了克服系统中的正弦扰动，增广系统矩阵 (A,B,C) 的维数是什么？

5. 假设某离散时间系统的传递函数如下：

$$G(z) = \frac{(z-1)}{(z-0.6)(z-0.8)}$$

可以用扰动模型 $D(q^{-1}) = 1 - q^{-1}$ 来设计具有积分器的状态反馈控制器吗？为什么？

6. 对于一个复杂的系统，无法直接揭示它的零点。那么你建议用什么简便方法来检查是否存在将扰动模型嵌入控制器设计中导致的零极点抵消呢？

6.3　控制器和观测器设计

控制系统的设计将基于由教程 6.1 中创建的增广系统矩阵对 (A,B)，其状态空间模型如式 (6.8) 所示。

6.3.1　控制器设计及控制信号的计算

假设下述增广状态空间模型可控：

$$\overbrace{\left[\frac{x_s(k+1)}{y(k+1)}\right]}^{x(k+1)} = \overbrace{\left[\begin{array}{c|c} A_m & 0_{n\times\gamma m} \\ \hline C_m A_m & A_d \end{array}\right]}^{A} \overbrace{\left[\frac{x_s(k)}{y(k)}\right]}^{x(k)} + \overbrace{\left[\frac{B_m}{C_m B_m}\right]}^{B} u_s(k) + \overbrace{\left[\frac{B_m}{C_m B_m}\right]}^{B} \epsilon(k) \quad (6.13)$$

控制系统的设计遵循离散时间线性二次型调节器的设计方法。为此，选择下列目标函数：

$$J = \sum_{k=0}^{\infty}\left(x(k)^{\mathrm{T}}Qx(k) + u_s(k)^{\mathrm{T}}Ru_s(k)\right) \quad (6.14)$$

式中，Q 为半正定矩阵；R 为正定矩阵。这里，假设矩阵对 (A,B) 是可控的，矩阵对 (A,Γ) 是可观的，且有 $Q = \Gamma^{\mathrm{T}}\Gamma$。那么，状态反馈控制器增益矩阵 K 为

$$K = \left(R + B^{\mathrm{T}}PB\right)^{-1}B^{\mathrm{T}}PA \quad (6.15)$$

式中，矩阵 P 的计算利用代数里卡蒂方程：

$$A^{\mathrm{T}}\left[P - PB\left(R + B^{\mathrm{T}}PB\right)^{-1}B^{\mathrm{T}}P\right]A + Q - P = 0$$

求出 K 后，滤波控制信号 $u_s(k)$ 计算为

$$u_s(k) = -Kx(k)$$

因为滤波控制信号 $u_s(k)$ 定义为

$$u_s(k) = D\left(q^{-1}\right)u(k)$$

式中，扰动模型 $D(q^{-1})$ 定义为

$$D\left(q^{-1}\right) = 1 + d_1 q^{-1} + d_2 q^{-2} + d_3 q^{-3} + \cdots + d_\gamma q^{-\gamma} \tag{6.16}$$

所以，用扰动模型 $D(q^{-1})$、过去的控制信号状态和 $u_s(k)$ 构造控制信号 $u(k)$：

$$u(k) = u_s(k) - d_1 u(k-1) - \cdots - d_\gamma u(k-\gamma) \tag{6.17}$$

$$= -Kx(k) - d_1 u(k-1) - \cdots - d_\gamma u(k-\gamma) \tag{6.18}$$

式 (6.18) 中提出的控制信号计算用于抑制干扰，其中参考信号假定为零。
注意增广状态空间模型式 (6.13) 为

$$\overline{y(k)} = \overset{C}{\overbrace{\begin{bmatrix} 0_{\gamma m \times n} & I_{\gamma m \times \gamma m} \end{bmatrix}}} \begin{bmatrix} x_s(k) \\ y(k) \end{bmatrix} \tag{6.19}$$

Q 的一个自然选择为 $Q = C^{\mathrm{T}}C$，其中，C 为增广状态空间模型的输出矩阵。对于这种特定的选择，式 (6.19) 中的目标函数 J 则为

$$J = \sum_{k=0}^{\infty} \left(\overline{y(k)}^{\mathrm{T}} \overline{y(k)} + u_s(k)^{\mathrm{T}} R u_s(k) \right) \tag{6.20}$$

这意味着，输出信号的平方和的最小化为 K 的最优解（见式 (6.20) 第一项），同时考虑了滤波控制信号的加权（见式 (6.20) 第二项）。输出矩阵 C 用教程 6.1 中生成的程序 am4csd.m 计算。

6.3.2　增加参考信号

下一个问题是参考信号如何进入控制信号的计算中。当将控制器用于参考信号跟踪时，参考信号将通过增广输出变量进入计算中。

假设参考信号为向量 $r(k)$，它的维数与输出信号 $y(k)$ 的维数相同，构建反馈误差 $e(k)$：

$$e(k) = y(k) - r(k) \tag{6.21}$$

注意，对反馈误差的定义与传统的 $r(k) - y(k)$ 不同，这能给出与状态反馈控制一致的表达。由 $e(k)$ 的定义，状态向量 $x(k)$ 选为

$$x(k) = \left[x_s(k)^{\mathrm{T}} \ e(k)^{\mathrm{T}} \ e(k-1)^{\mathrm{T}} \cdots \ e(k-\gamma+1)^{\mathrm{T}} \right]^{\mathrm{T}}$$

$$= \left[x_s(k)^{\mathrm{T}} \quad (y(k) - r(k))^{\mathrm{T}} \quad \cdots \quad (y(k-\gamma+1) - r(k-\gamma+1))^{\mathrm{T}} \right]^{\mathrm{T}} \tag{6.22}$$

它包括滤波状态向量 $x_s(k)$、状态反馈误差 $y(k) - r(k)$, $y(k-1) - r(k-1)$, $\cdots$, $y(k-\gamma+1) - r(k-\gamma+1)$。这些误差信号将构成滤波控制信号 $u_s(k)$ 的计算中的状态向量。因此，由参考信号 $r(k)$, 控制信号的计算变为

$$u(k) = -Kx(k) - d_1 u(k-1) - \cdots - d_\gamma u(k-\gamma) \tag{6.23}$$

式中，状态向量 $x(k)$ 的定义见式 (6.22)。

只要原始系统矩阵 (A_m, B_m) 是可稳定的（可以放宽对原始系统的可控性要求），并且原始系统传递函数 $C_m(zI - A_m)^{-1} B_m$ 的零点不等于扰动模型 $D(z^{-1})$ 中的零点，则该控制系统设计适用于极点不稳定、零点不稳定和带积分环节的系统。对系统传递函数 $C_m(zI - A_m)^{-1} B_m$ 的零点的要求是避免由扰动模型增广到 A 和 B 矩阵而引起的零极点抵消。在更多的情况下，假设输出的维数小于或等于输入的维数。在任何情况下，在进行控制器设计之前，检查式 (6.13) 中增广系统矩阵 (A, B) 的可控性是一个好的做法。

6.3.3　观测器的设计和实现

如果被控对象状态向量 $x_m(k)$ 未被测量，就需要一个观测器。在观测器的设计中，利用滤波状态空间方程式 (6.4) 和滤波输出方程式 (6.5)，即

$$x_s(k+1) = A_m x_s(k) + B_m u_s(k) + B_m \epsilon(k) \tag{6.24}$$

$$y_s(k) = C_m x_s(k) \tag{6.25}$$

式中，滤波状态 $x_s(k)$、$u_s(k)$ 和输出 $y_s(k)$ 定义为

$$x_s(k) = D\left(q^{-1}\right) x_m(k); \quad u_s(k) = D\left(q^{-1}\right) u(k); \quad y_s(k) = D\left(q^{-1}\right) y(k)$$

用原系统矩阵 A_m、C_m 设计一个观测器，来估计滤波状态向量 $x_s(k)$。根据式 (6.24) 和式 (6.25)，估计的状态向量 $\hat{x}_s(k)$ 写为

$$\hat{x}_s(k+1) = A_m \hat{x}_s(k) + B_m u_s(k) + K_{\mathrm{ob}}\left(y_s(k) - C_m \hat{x}_s(k)\right) \tag{6.26}$$

用式 (6.26) 计算的估计状态不包含参考信号 $r(k)$。这意味着，观测器忽略了参考信号变化对输出响应的影响。一般来说，与扰动响应速度相比，这将导致较慢的参考信号闭环响应速度，这在许多控制应用中依然是可取的。

但是，如果希望对参考信号跟踪和扰动抑制都有相同的响应速度，则参考信号 $r(k)$ 将通过式 (6.27) 进入估计状态的计算：

$$\hat{x}_s(k+1) = A_m \hat{x}_s(k) + B_m u_s(k) + K_{\mathrm{ob}}\left(y_s(k) - r_s(k) - C_m \hat{x}_s(k)\right) \tag{6.27}$$

式中，$r_s(k)$ 为滤波参考信号，定义为

$$r_s(k) = D(q^{-1})r(k)$$

两点评论如下。

(1)需要注意的重要一点是，干扰项 $B_m \epsilon(k)$ 在观测器的设计中没有什么作用，因为 $\epsilon(k)$ 被假设为零均值的白噪声。这种假设也导致了 $x_s(k)$ 的无偏估计，并简化了观测器设计的任务。有关输入扰动对状态估计的影响的探讨，可参见 5.3 节。

(2)在利用式(6.26)计算滤波估计状态 $\hat{x}_s(k)$ 时未用到参考信号 $r(k)$。由于观测器在参考信号跟踪中的作用降低，这种实现方式导致了系统的二自由度控制。二自由度控制系统结构意味着一旦设计好控制器和观测器，在实现阶段就可以灵活调整参考信号跟踪和扰动抑制的响应速度。对于这类控制系统，可以专注于调整状态反馈控制器增益矩阵 K，以改善其对参考变化的闭环动态响应。另外，如果愿意，可利用式(6.27)在观测器中实现对滤波后参考信号 $r_s(k)$ 的跟踪，从而得到一个单自由度控制系统。

6.3.4 控制器实现的 MATLAB 教程

控制器和观测器的实现比第 5 章中介绍的基于扰动观测器的控制系统稍微复杂一些，因为需要仔细考虑如何在实时控制系统的计算中有效创建滤波信号。下列 MATLAB 程序的创建就是为了演示如何实现和模拟闭环系统的扰动抑制和参考信号跟踪。

教程 6.2 编写一个 MATLAB 函数，以实现控制器和观测器，并对一个多输入-多输出系统的参考信号跟踪和扰动抑制进行闭环仿真。我们假设有离散时间系统矩阵 A_m、B_m 和 C_m，且设计了状态反馈控制器增益矩阵 K 和观测器增益矩阵 K_{ob}。在实现中，不需要增广系统矩阵 A、B 和 C，但是在状态反馈控制器增益矩阵 K 的设计中需要它们。为了避免混淆，我们仅实现二自由度控制系统。

步骤 1，创建一个新文件，名为 "simu4csd.m"。

步骤 2，函数的输入变量有被控系统矩阵 A_m、B_m 和 C_m，扰动模型 D_{model}，仿真采样的个数(N_{sim})，状态反馈控制器增益矩阵 K，观测器增益矩阵 K_{ob}，参考信号 sp 和干扰信号 dis。函数的输出变量为被控系统输出 y_1 和控制信号 u_1。sp 的维数为 $m_1 \times N_{sim}$，dis 的维数为 $n_{in} \times N_{sim}$，其中，m_1 为输出的个数，n_{in} 为输入的个数。将下列程序输入文件：

```
function [y1,u1]=simu4csd(Am,Bm,Cm,Dmodel,Nsim,K,Kob,sp,dis)
```

步骤 3，检查状态的个数、输出的个数和输入的个数，以及扰动模型的阶数。继续将以下程序输入文件：

```
[m1,n]=size(Cm);
[n,n_in]=size(Bm);
gamma=length(Dmodel)-1;
```

步骤 4，为控制器的实现和仿真设置初始条件。简便起见，所有初始条件选为零。继续将以下程序输入文件：

```
us=zeros(n_in,1);
xs=zeros(n,1);
y=zeros(m1,1);
xm=zeros(n,1);
```

步骤 5，基于 $D(q)$ 多项式生成数据矩阵，用于滤波输出信号和控制信号的实现，其中 FM 用于计算滤波输出，FU 用于计算控制信号。继续将以下程序输入文件：

```
FM=eye(m1);
for ii=2:gamma+1
FM=[FM Dmodel(ii)*eye(m1)];
end
FU=FM(:,m1+1:end);
```

步骤 6，定义下列数据向量：

$$\mathbf{YM} = \begin{bmatrix} y(k)^{\mathrm{T}} & y(k-1)^{\mathrm{T}} & \cdots & y(k-\gamma)^{\mathrm{T}} \end{bmatrix}^{\mathrm{T}}$$

$$\mathbf{YME} = \begin{bmatrix} e(k)^{\mathrm{T}} & e(k-1)^{\mathrm{T}} & \cdots & e(k-\gamma+1)^{\mathrm{T}} \end{bmatrix}^{\mathrm{T}}$$

$$\mathbf{UM} = \begin{bmatrix} u(k-1)^{\mathrm{T}} & u(k-2)^{\mathrm{T}} & \cdots & u(k-\gamma)^{\mathrm{T}} \end{bmatrix}^{\mathrm{T}}$$

并将它们的初始条件选为零。继续将以下程序输入文件：

```
YM=zeros((gamma+1)*m1,1);
YME=zeros(gamma*m1,1);
UM=zeros(gamma*m1,1);
```

步骤 7，迭代进行仿真，对应一个实时控制系统。继续将以下程序输入文件：

```
for kk=1:Nsim;
```

步骤 8，在采样时刻 kk，用测量输出 y(kk) 和参考信号 sp(kk)，对数据向量 YM 和 YME 进行更新。继续将以下程序输入文件：

```
YM=[y;YM(1:end-m1,1)];
YME=[y-sp(:,kk);YME(1:end-m1,1)];
```

步骤 9，用估计的状态变量 $x_s(k)$，形成反馈的增广状态变量。继续将以下程序输入文件：

```
Xf=[xs;YME];
```

步骤 10，计算滤波控制信号 $u_s(k)$ 并用式（6.26）及 FU 和 UM 的定义形成控制信号。继续将以下程序输入文件：

```
us=-K*Xf;
```
```
u=us-FU*UM;
```

步骤 11，用当前的控制信号更新数据向量 UM。继续将以下程序输入文件：

```
UM=[u;UM(1:end-m1,1)];
```

步骤 12，计算滤波输出信号，为更新估计状态变量做准备。继续将以下程序输入文件：

```
ys=FM*YM;
```

步骤 13，用滤波输出信号和控制信号更新估计状态变量，为下一个采样时刻做准备。继续将以下程序输入文件：

```
xs=Am*xs+Bm*us+Kob*(ys-Cm*xs);
```

步骤 14，第 8～13 步用于控制系统的实现。保存该函数的控制信号和输出信号。继续将以下程序输入文件：

```
u1(:,kk)=u;
```
```
y1(:,kk)=y;
```

步骤 15，由于处于仿真环境中，将计算得到的控制信号发送给被控对象模型进行闭环仿真。在闭环仿真中，将输入扰动加入到系统中。这样就完成了闭环仿真中的一个周期的计算。继续将以下程序输入文件：

```
xm=Am*xm+Bm*(u+dis(:,kk));
```
```
y=Cm*xm;
```
```
End
```

步骤 16，用例 6.2 测试该函数。

注意，如果想添加输出扰动和测量噪声，应对最后一步中计算的被控对象的输出 y 进行修改以包含这些变量。

下面的例子将演示状态反馈控制器的设计、观测器的设计和控制系统的实现。我们可以用它来验证 MATLAB 仿真程序 simu4csd.m。

例 6.2 某离散系统用状态空间模型描述如下：

$$x_m(k+1) = A_m x_m(k) + B_m u(k); \quad y(k) = C_m x_m(k)$$

式中，系统矩阵为

$$A_m = \begin{bmatrix} 1.8713 & -0.8752 \\ 1 & 0 \end{bmatrix}; \quad B_m = \begin{bmatrix} 1 \\ 0 \end{bmatrix}; \quad C_m = \begin{bmatrix} 0.0016 & 0.0015 \end{bmatrix}$$

状态变量未被测量，系统的参考信号包括斜坡信号和常数。设计一个跟踪参考信号的状态反馈控制系统。

解　由于参考信号包括斜坡信号和常数，扰动模型 $D(q^{-1})$ 选为

$$D\left(q^{-1}\right)=\left(1-q^{-1}\right)^2$$

得到具有双积分器的状态反馈控制器的设计。通过教程 6.1 中编写的 MATLAB 函数 am4csd.m，得到如下增广状态空间模型：

$$A=\begin{bmatrix}1.8713 & -0.8752 & 0 & 0\\ 1 & 0 & 0 & 0\\ 0.0045 & -0.0014 & 2 & -1\\ 0 & 0 & 1 & 0\end{bmatrix};\quad B=\begin{bmatrix}1\\0\\0.0016\\0\end{bmatrix};\quad C=\begin{bmatrix}0&0&1&0\\0&0&0&1\end{bmatrix}$$

对应于 $y(k)$ 和 $y(k-1)$ 的输出矩阵 C 是选择 Q 矩阵时的一个很好的备选项，在此，选择 $Q=C^TC$。利用该选择及 $R=1$，应用 MATLAB 函数 dlqr.m 产生下列状态反馈控制器增益矩阵 K：

$$K=\begin{bmatrix}0.5423 & -0.3769 & 11.3088 & -10.2417\end{bmatrix}$$

对于观测器的设计，我们选择 Q 为单位矩阵且 $R=1$，得到：

$$K_{ob}=\begin{bmatrix}4.3728 & 4.3649\end{bmatrix}^T$$

图 6.1(a) 显示了参考信号 $r(k)$，与例 5.6 中使用的相同，其中可以找到 MATLAB 代码来生成 $r(k)$。在干扰信号等于 0 的情况下，利用教程 6.2 中生成的函数 simu4csd.m，对状态反馈控制系统进行闭环仿真。图 6.1 显示了闭环控制系统对控制器和观测器的响应，其中，系统是在二自由度下实现的。可以看出，输出信号紧密跟踪参考信号。可以证明最大跟踪误差在 ±0.12 以内，均方误差计算为 $\frac{1}{M}\sum_{k=1}^{M}e(k)^2=3.3238\times10^{-4}$，其中 M 为数据的长度。如果想改善跟踪性能，可以将控制器设计中的 R 值降至 0.01。这将会使 K 升至

$$K=\begin{bmatrix}0.9931 & -0.5815 & 50.9902 & -42.7982\end{bmatrix}$$

此时，最大跟踪误差为 ±0.075，均方误差为 6.1174×10^{-5}。显然，控制器增益为改善跟踪性能而大幅升高。如果系统有测量噪声，那么这种更高的性能要求或许是不可能的，因为控制器将明显放大噪声。

6.3.5　思考题

1. 为抑制输入扰动而设计了状态反馈控制系统，你认为该控制系统会抑制与输入扰动相同的输出扰动吗？为什么？

2. 在离散时间线性二次型调节器设计中选择了 $Q=C^TC$，其中 C 为增广状态空间模

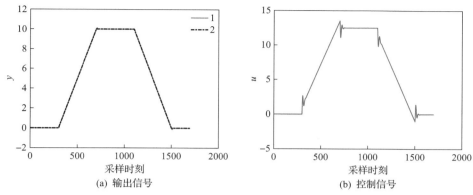

图 6.1　用状态估计反馈控制器的闭环控制系统响应 (例 6.2)

线 1 表示输出信号；线 2 表示参考信号

型的输出矩阵，关于状态、输出和控制变量，在 dlqr.m 程序中使其最小化的目标函数 J 是什么？

3. 某离散时间系统用差分方程描述为

$$x_m(k+1) = 0.6x_m(k) + u(k) + \mu(k); \quad y(k) = 0.5x_m(k)$$

如果想让输出跟踪阶跃参考信号，应如何选择扰动模型 $D(q^{-1})$？增广矩阵 (A, B, C) 是什么？

4. 继续第 3 题。在控制器的设计中，如果我们选择 $Q = C^{\mathrm{T}}C$ 且 $R = 1$，关于反馈误差 $r(k) - y(k)$ 和控制信号 $u(k)$ 的目标函数 J 是什么？

5. 继续第 3 题。假设需要用观测器来估计状态，在状态估计反馈系统中有多少个闭环极点？

6. 如果输出 $y(k)$ 被测量噪声严重破坏，若想降低噪声在控制系统中的影响，在用 dlqr.m 设计控制器时，会增加 R 矩阵的对角线元素吗？设计观测器时也是如此吗？

6.4　实践问题研究

6.4.1　减少参考信号跟踪中的超调量

在控制应用中，干扰抑制下要求的控制系统响应速度要尽可能快，因为干扰会对被控对象的运行造成扰乱。但是，参考信号跟踪的要求并不一定相同，因为快速的参考信号跟踪响应常常伴随着对参考信号的超调量。这种超调量可能会在被控对象运行中引起事故。二自由度控制系统提供了一种简单的补救措施，以较慢的动态响应参考信号的变化，同时保持对干扰信号的快速响应，其中观测器通过以下方程实现：

$$\hat{x}_s(k+1) = A_m\hat{x}_s(k) + B_m u_s(k) + K_{\mathrm{ob}}\left(y_s(k) - C_m\hat{x}_s(k)\right) \tag{6.28}$$

而单自由度控制系统则是利用滤波后的误差信号进行状态估计，即

$$\hat{x}_s(k+1) = A_m\hat{x}_s(k) + B_m u_s(k) + K_{ob}\left(y_s(k) - r_s(k) - C_m\hat{x}_s(k)\right) \tag{6.29}$$

这意味着，快速的扰动抑制也会带来较快的参考信号响应速度。

以下例子表明，二自由度控制系统降低了参考信号响应中的超调量。我们用例 5.7 中的四联水箱系统进行演示。

例 6.3   四联水箱装置（Johansson，2000；Goodwin et al.，2000）的线性化传递函数模型形式如下：

$$G(s) = \begin{bmatrix} \dfrac{3.7\gamma_1}{62s+1} & \dfrac{3.7(1-\gamma_2)}{(23s+1)(62s+1)} \\ \dfrac{4.7(1-\gamma_1)}{(30s+1)(90s+1)} & \dfrac{4.7\gamma_2}{90s+1} \end{bmatrix} \tag{6.30}$$

式中，$\gamma_1 = \gamma_2 = 0.8$。设计一个状态反馈控制系统，其输出将跟踪阶跃参考信号并抑制低频扰动，评价单自由度和二自由度控制系统中的闭环性能。

解   在例 5.7 中可以求出水箱的离散时间状态空间模型。为了使闭环输出跟踪阶跃参考信号，在控制器中使用积分器。为此，选择扰动模型为 $D(q^{-1}) = 1 - q^{-1}$。根据例 5.7 所示的离散时间状态系统矩阵 A_m、B_m、C_m 及扰动模型，用 MATLAB 函数 am4csd.m 得到增广系统矩阵 A、B、C。用 MATLAB 函数 dlqr.m 设计控制器和观测器。对于控制器的设计，选择 $Q = C^T C$ 及 $R = 0.1I$，其中 I 为单位矩阵。对于观测器的设计，加权矩阵 Q_{ob} 为单位矩阵，R_{ob} 为 $0.1I$。

在仿真研究中，选择两个阶跃参考信号，并对扰动抑制的闭环性能进行评估，其中 u_1 的扰动为 $\sigma^2 = 1$ 的白噪声，通过一个低通滤波器，传递函数为 $0.02/\left(1 - 0.98z^{-1}\right)$，$u_2$ 的扰动是一个幅值为–0.5 的常数，参考信号和扰动信号都与例 5.7 中所使用的相同。利用教程 6.2 中生成的 MATLAB 函数 simu4csd.m 得到二自由度控制系统的闭环仿真结果。通过增加一个滤波参考信号 $r_s(k)$ 对观测器进行修改，得到单自由度控制系统的仿真结果。在仿真研究中，我们假设在稳态下运行时，4 个单位的控制信号对应 6 个单位的输出信号。16s 后，闭环仿真开始。对仿真结果讨论如下。

（1）图 6.2(a)和(b)对参考信号跟踪和扰动抑制的输出响应做了比较，图 6.3(a)和(b)对参考信号跟踪和扰动抑制的控制响应做了比较。由这两种响应明显地看出，二自由度控制系统的实现克服了出现在单自由度控制系统中的超调量问题。

（2）当系统随着参考值的变化出现超调量问题时，二自由度控制系统的优势变得更加明显。此外，由于观测器动态对这种配置中参考信号变化的影响非常小，通过专注于状态反馈控制器性能的调整，简化了针对参考信号变化的动态性能调整任务。这意味着如果希望对参考点的变化有更快或更慢的闭环响应，需要保持观测器增益矩阵不变，而改变状态反馈控制器增益矩阵 K。

（3）对该特定系统，在控制器的设计中，使用相同的 $Q = C^T C$ 矩阵，但是使加权矩阵 R 增大或减小以获得更慢或更快的闭环对参考信号变化的响应速度。作为演示，图 6.4(a)

和(b)显示了与之前相同的参考信号变化的闭环响应，但是显示三种不同的性能水平，其中，线 1 对应于 $R = 0.1I$，线 2 对应于一个更快的响应速度($R = 0.01I$)，线 3 对应于一个更慢的响应速度($R = I$)。

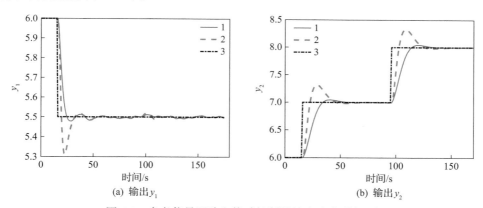

(a) 输出 y_1　　　　　　　　　　　(b) 输出 y_2

图 6.2　参考信号跟踪和扰动抑制的输出响应(例 6.3)

线 1 表示输出(二自由度控制系统)；线 2 表示输出(单自由度控制系统)；线 3 表示参考信号

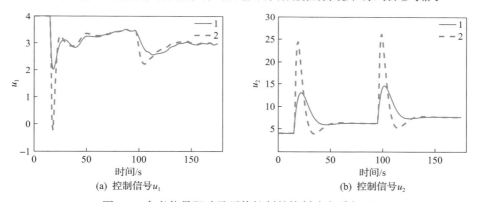

(a) 控制信号 u_1　　　　　　　　　　(b) 控制信号 u_2

图 6.3　参考信号跟踪及干扰抑制的控制响应(例 6.3)

线 1 表示控制信号(二自由度控制系统)；线 2 表示控制信号(单自由度控制系统)

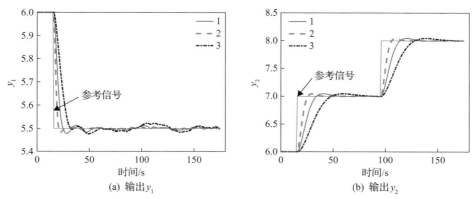

(a) 输出 y_1　　　　　　　　　　　(b) 输出 y_2

图 6.4　参考信号跟踪及干扰抑制的闭环输出响应

线 1 表示 $R = 0.1I$ 时的输出；线 2 表示 $R = 0.01I$ 时的输出；线 3 表示 $R = I$ 时的输出

综上所述，二自由度控制系统在调整闭环参考响应方面发挥着重要作用，因为观测器的动态影响较小，且比较简单。实际上，选择 $Q = C^{\mathrm{T}} C$ 是获取好的参考信号响应的一个良好起点。对于参考信号响应中不存在超调量问题的情况，单自由度控制系统可提供较小的参考信号跟踪误差，因为观测器可以比较早地检测到变化。

在抑制干扰和抑制测量噪声方面，单自由度和二自由度控制系统具有相同的表现，表明控制器和观测器都在这些任务中发挥着重要作用。降低测量噪声影响的一般规则是通过选择期望的闭环性能来降低控制器增益和观测器增益。但是，减少干扰的影响需要增大控制器增益和观测器增益。干扰抑制和测量噪声抑制是两个相互竞争的目标。

6.4.2　抗饱和的实现

多输入-多输出控制系统的抗饱和实现概述如下。假设控制信号 $u(k)$ 被约束在 $u^{\min}$ 和 $u^{\max}$ 之间，其中，$u^{\min}$ 和 $u^{\max}$ 包含所有输入信号的饱和极限。假设过去的输出信号和参考信号为零向量，即

$$y(-1) = y(-2) = \cdots = y(-\gamma + 1) = 0$$

$$r(-1) = r(-2) = \cdots = r(-\gamma + 1) = 0$$

初始状态 $\hat{x}_s(0)$ 也假设为零。已知过去的控制值 $u(-1), u(-2), \cdots, u(-\gamma)$，它们可能不是零，这取决于被控对象的运行。通过下列步骤实现抗饱和，从 $k = 0$ 开始。

(1) 用当前的测量值 $y(k)$ 和参考信号 $r(k)$ 构建状态变量：

$$x(k) = \begin{bmatrix} \hat{x}_s(k)^{\mathrm{T}} & e(k)^{\mathrm{T}} & e(k-1)^{\mathrm{T}} & \cdots & e(k-\gamma+1)^{\mathrm{T}} \end{bmatrix}^{\mathrm{T}}$$

式中，$e(k) = y(k) - r(k)$。

(2) 计算滤波控制信号：

$$u_s(k) = -Kx(k) \tag{6.31}$$

(3) 计算控制信号：

$$u(k) = u_s(k) - d_1 u(k-1) - d_2 u(k-2) - \cdots - d_\gamma u(k-\gamma)$$

(4) 用 $y(k)$ 更新 $y_s(k)$：

$$y_s(k) = y(k) + d_1 y(k-1) + d_2 y(k-1) + \cdots + d_\gamma y(k-\gamma)$$

(5) 用下列计算对控制信号施加饱和限制。

a. 对于第 i 个控制信号，施加饱和限制：

$$u_i(k)^{\mathrm{act}} = \begin{cases} u_i^{\min}, & u_i(k) < u_i^{\min} \\ u_i(k), & u_i^{\min} \leqslant u_i(k) \leqslant u_i^{\max} \\ u_i^{\max}, & u_i(k) > u_i^{\max} \end{cases}$$

式中，$i = 1, 2, \cdots, m$。

b. 用包含饱和元素的实际控制信号 $u(k)^{\text{act}}$ 更新 $u_s(k)$：

$$u_s(k)^{\text{act}} = u(k)^{\text{act}} + d_1 u(k-1) + d_2 u(k-1) + \cdots + d_\gamma u(k - \gamma)$$

（6）用包含饱和信息的 $u_s(k)^{\text{act}}$ 更新采样时间 $k+1$ 的估计状态：

$$\hat{x}_s(k+1) = A_m \hat{x}_s(k) + B_m u_s(k)^{\text{act}} + K_{\text{ob}} \left(y_s(k) - C_m \hat{x}_s(k) \right)$$

（7）当采样时间行进至 $k+1$ 时，重复（1）～（6）的计算。

下面的教程演示了离散时间状态反馈控制算法在具有控制信号约束的实时仿真中的实现。

教程 6.3　编写 Simulink 仿真及 xPC 目标实现的 MATLAB 嵌入式函数。由于 MATLAB 嵌入式函数需要指定变量的维数，在该教程中，考虑一个二阶系统模型和一个二阶扰动模型。为了保持一致，将按照教程 6.2 中的方式对所有变量进行定义。整个 MATLAB 嵌入式函数完成控制信号一个周期的计算。对于每个采样周期，它将重复相同的计算步骤。

步骤 1，创建一个新的 Simulink 文件，名为 "dsfcI.slx"。

步骤 2，在 Simulink 的用户定义函数目录中，找到 MATLAB 嵌入式函数，并将其复制到 dsfcI 模型中。

步骤 3，单击 MATLAB 嵌入式函数的图标，并定义模型的输入变量、输出变量和控制器参数，以使 MATLAB 嵌入式函数的形式如下：

```
function u=dsfcI(r,y,Am,Bm,Cm,K,Kob,Umin,Umax,FM,FU)
```

式中，u 为在采样时刻 k 的计算控制信号；输入变量的前两个元素（r 和 y）为采样时刻 k 的参考信号和输出信号；A_m、B_m、C_m 为状态估计中所使用的被控系统矩阵；K 为状态反馈控制器增益矩阵；K_{ob} 为观测器增益矩阵；$U_{\min}$ 和 $U_{\max}$ 为施加在控制信号的上限和下限。对于一个单输入-单输出系统，FM 等于扰动模型，FU 为扰动模型的第二个元素到最后一个元素（见教程 6.2）。为了节省计算时间，在 MATLAB 工作空间中计算这些参数。

步骤 4，需要对输入和输出数据端口进行编辑，以使 MATLAB 嵌入式函数知道哪些输入端口是实时变量，哪些是参数。该编辑工作用模型浏览器来完成。

（1）单击 Scope 上的 "r"，选择 "input"，指定端口（Port）"1" 和大小（Size）"–1" 以及复杂性 "Inherited"，输入 "Inherit: Same as Simulink"。重复输出信号 "y" 的编辑步骤。

（2）嵌入式函数的其他输入为计算所需的参数。单击 Scope 上的 "Am"，选择 "Parameter"（参数）并单击 "Tunable"（可调）和 "Apply"（应用），保存修改。对其他参数重复相同的编辑步骤。

（3）编辑嵌入式函数的输出端口，单击 Scope 上的 "u"，选择 "Output"（输出），指定端口（Port）"1" 和大小（Size）"–1"，采样模型（Sampling Model）为基础样本（Sample based)，输入"Inherit: Same as Simulink"，并单击"Apply"（应用）保存修改。

　　步骤 5，接下来，程序将在每次迭代期间声明存储在 MATLAB 嵌入式函数中的变量的维数和初始值。该控制算法将估计的状态变量和输入输出数据向量存储在 MATLAB 嵌入式函数中。需要精确地定义它们的维数和初始条件。作为一个例子，考虑了一个具有两个状态变量的单输入-单输出系统和一个二阶扰动模型。我们按照教程 6.2 来定义需要存储在实时实现中的变量。继续将以下程序输入文件：

```
persistent xs
if isempty(xs)
xs=zeros(2,1);
end
persistent YM
if isempty(YM)
YM=zeros(3,1);
end
persistent YME
if isempty(YME)
YME=zeros(2,1);
end
persistent UM
if isempty(UM)
UM=zeros(2,1);
End
```

　　步骤 6，定义完待存储的变量后，开始计算采样时刻 k 的控制信号。首先，我们为控制信号和滤波输出信号的计算准备数据向量。继续将以下程序输入文件：

```
YM=[y;YM(1:2,1)];
YME=[y-r;YME(1,1)];
```

　　步骤 7，计算滤波控制信号。继续将以下程序输入文件：

```
us=-K*[xs;YME];
```

　　步骤 8，计算控制信号。继续将以下程序输入文件：

```
u=us-FU*UM;
```

　　步骤 9，如果控制信号超出了最大或最小限值，对控制信号的幅值施加约束，并用受约束的控制信号更新滤波控制信号 u_s。继续将以下程序输入文件：

```
if (u<Umin) u=Umin; us=u+FU*UM; end
```

```
if (u>Umax) u=Umax; us=u+FU*UM; end
```

步骤 10，计算滤波输出信号，为状态估计做准备。继续将以下程序输入文件：

```
ys=FM*YM;
```

步骤 11，估计 $k+1$ 时刻的滤波状态变量。继续将以下程序输入文件：

```
xs=Am*xs+Bm*us+Kob*(ys-Cm*xs);
```

步骤 12，移位数据向量 UM，为下一个采样周期和完成 MATLAB 嵌入式函数做准备。继续将以下程序输入文件：

```
UM=[u;UM(1,1)];
```

步骤 13，根据例 6.2 构建 Simulink 仿真程序，对该 MATLAB 嵌入式函数进行验证，并对仿真结果进行比较。

这种状态空间公式的一个优点是，估计状态的初始条件可以赋值为零，因为它是经过滤波的状态变量。虽然控制系统设计适用于具有复平面上单位圆以外特征值的不稳定系统，但在对这些系统实施约束时必须非常小心。由于控制不稳定系统需要较小的控制幅值以保证系统稳定，因此控制幅值约束容易导致闭环系统不稳定。本节所提出的抗饱和机制对于稳定系统和有积分器的系统都是有效的。

6.4.3　用非最小状态空间实现的控制系统

当扰动模型 $D(q^{-1})$ 被嵌入控制器的设计中时，如果状态变量被测量，可以直接应用本章所介绍的设计方法，无须使用观测器。我们假设某离散时间系统的传递函数模型如下：

$$G(z) = \frac{b_1 z^{n-1} + b_2 z^{n-2} + \cdots + b_n}{z^n + a_1 z^{n-1} + a_2 z^{n-2} + \cdots + a_n} z^{-n_d} \tag{6.32}$$

式中，n_d 为时滞采样时刻个数。对应的差分方程式为

$$
\begin{aligned}
y(k+1) = &-a_1 y(k) - a_2 y(k-1) - \cdots - a_n y(k-n+1) \\
&+ b_1 u(k-n_d) + b_2 u(k-n_d-1) + \cdots + b_n u(k-n-n_d+1)
\end{aligned} \tag{6.33}
$$

通过选择下列状态向量，将差分方程式 (6.33) 转换为状态空间模型：

$$x_m(k) = \begin{bmatrix} y(k) & \cdots & y(k-n+1) & u(k-1) & u(k-2) & \cdots & u(k-n-n_d+1) \end{bmatrix}^{\mathrm{T}}$$

从而得到：

$$x_m(k+1) = A_m x_m(k) + B_m u(k) \tag{6.34}$$

$$y(k) = C_m x_m(k) \tag{6.35}$$

式中，系统矩阵 A_m、B_m、C_m 为

$$A_m = \begin{bmatrix} -a_1 & -a_2 & \cdots & b_1 & \cdots & b_n \\ 1 & 0 & 0 & 0 & 0 & 0 \\ 0 & \ddots & 0 & 0 & 0 & 0 \\ 0 & 0 & 1 & 0 & 0 & 0 \\ 0 & 0 & 0 & 0 & 0 & 0 \\ 0 & 0 & \cdots & 1 & \cdots & 0 \\ \vdots & \vdots & \ddots & \vdots & \ddots & 0 \\ 0 & 0 & \cdots & 0 & 1 & 0 \end{bmatrix}; \quad B_m = \begin{bmatrix} 0 \\ 0 \\ \vdots \\ 0 \\ 1 \\ 0 \\ \vdots \\ 0 \end{bmatrix}$$

$$C_m = \begin{bmatrix} 1 & 0 & 0 & \cdots & 0 & 0 \end{bmatrix}$$

在建立了非最小状态空间模型之后，下一步是用扰动模型 $D(z)$ 将系统模型（A_m，B_m，C_m）进行增广，得到（A,B,C），这在 6.2 节中进行了讨论。假设传递函数 $G(z)$ 的零点不等于扰动模型 $D(z)$ 的零点，这样增广系统矩阵对（A,B）是可控的。非最小状态空间模型的控制器设计遵循 6.3 节的设计方法。非最小状态空间模型的控制器实现与教程 6.2 中介绍的类似，不过要用测量的状态向量 $x_m(k)$ 取代估计的状态向量。

以下两个示例旨在突出非最小状态空间实现的控制系统的特征。为此，对具有最小状态空间实现的控制系统进行了比较研究。

例 6.4 已知离散时间系统用 z 转换函数描述如下：

$$G(z) = \frac{z^3 - 1.1z^2 + 0.31z - 0.021}{z^4 - 3.0228z^3 + 3.8630z^2 - 2.6426z + 0.8084} \tag{6.36}$$

系统是不稳定的，其四个极点位于：

$$0.5162 \pm j0.7372; \quad 0.9952 \pm j0.0877$$

不过，其有三个稳定的零点位于 0.1、0.3、0.7。

该控制系统需要跟踪一个阶跃参考信号并抑制低频扰动。设计并模拟一个具有非最小状态空间实现的控制系统。

解 非最小状态空间的实现得到 7 个状态变量，A_m、B_m、C_m 如下：

$$A_m = \begin{bmatrix} 3.0228 & -3.8630 & 2.6426 & -0.8084 & -1.10 & 0.31 & -0.021 \\ 1 & 0 & 0 & 0 & 0 & 0 & 0 \\ 0 & 1 & 0 & 0 & 0 & 0 & 0 \\ 0 & 0 & 1 & 0 & 0 & 0 & 0 \\ 0 & 0 & 0 & 0 & 0 & 0 & 0 \\ 0 & 0 & 0 & 0 & 1 & 0 & 0 \\ 0 & 0 & 0 & 0 & 0 & 1 & 0 \end{bmatrix}; \quad B_m = \begin{bmatrix} 1 \\ 0 \\ 0 \\ 0 \\ 1 \\ 0 \\ 0 \end{bmatrix}$$

$$C_m = \begin{bmatrix} 1 & 0 & 0 & 0 & 0 & 0 & 0 \end{bmatrix}$$

注意，时滞 $n_d = 0$，B_m 中第一个系数等于 1，对应传递函数分子多项式的第一个系数。

为了使输出跟踪阶跃信号并抑制低频扰动，控制系统设计中需要一个积分器。为此，我们选择扰动模型 $D(q^{-1}) = 1 - q^{-1}$，并用教程 6.1 所生成的 MATLAB 函数 am4csd.m 构建一个增广状态空间模型。

通过选择加权矩阵 $Q = C^{\mathrm{T}}C$ 和 $R = 1$，其中矩阵 C 为用 am4csd.m 构建的增广状态空间模型的输出矩阵，用 MATLAB 函数 dlqr.m 得到下列状态反馈控制器增益矩阵：

$$K = \begin{bmatrix} 2.360 & -3.544 & 2.626 & -0.845 & -1.096 & 0.320 & -0.022 & 0.199 \end{bmatrix}$$

八个闭环特征值为 $0.2898 \pm j0.5803$、0.7262、$0.6274 \pm j0.1558$、0、0、0。闭环零特征值对应三个非最小状态空间模型的三个零特征值，表明线性二次型控制器不改变它们，这是理想的情况。

图 6.5(a) 显示了对阶跃参考信号的闭环输出响应，图 6.5(b) 显示了控制信号的响应，可以看出，输出达到参考信号需要 10 个采样，控制信号达到稳态大约需要 20 个采样。为了评估对扰动抑制的闭环响应，参考信号设为零，在输入系统中引入一系列幅值为 ±1、间隔为 25 个采样的阶跃信号。图 6.6(a) 显示了对扰动的闭环输出，图 6.6(b) 显示了控制信号响应，从这两个图可以看出，控制系统对阶跃扰动响应的速度很快。

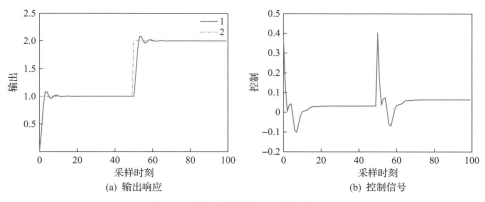

(a) 输出响应　　　　　　　　　　(b) 控制信号

图 6.5　参考信号的闭环响应(例 6.4)

线 1 表示输出；线 2 表示参考信号

本节最后进行下列比较研究。

例 6.5　继续例 6.4。在本例中，我们将设计一个用最小状态空间实现的状态反馈控制系统，这意味着控制系统需要一个观测器。将该系统的闭环响应与例 6.4 中用非最小状态空间实现的控制系统中的闭环响应进行比较。

解　由传递函数模型式(6.36)，应用 MATLAB 函数 tf2ss.m 得到状态空间模型的最小化实现，其系统矩阵如下：

$$A_m = \begin{bmatrix} 3.0228 & -3.8630 & 2.6426 & -0.8084 \\ 1 & 0 & 0 & 0 \\ 0 & 1 & 0 & 0 \\ 0 & 0 & 1 & 0 \end{bmatrix} ; \quad B_m = \begin{bmatrix} 1 \\ 0 \\ 0 \\ 0 \end{bmatrix}$$

$$C_m = \begin{bmatrix} 1.0000 & -1.1000 & 0.3100 & -0.0210 \end{bmatrix}$$

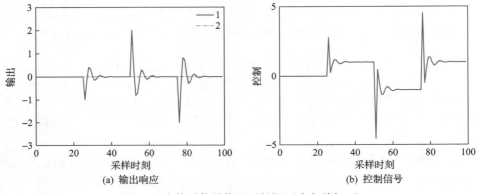

图 6.6　在扰动信号作用下的闭环响应(例 6.4)

线 1 表示输出；线 2 表示参考信号

对于最小化状态空间的实现，状态变量的个数为 4，与输入和输出的测量不对应。因此，状态反馈控制需要一个观测器。

对于控制器的设计，用扰动模型 $D(q^{-1}) = 1 - q^{-1}$ 及教程 6.1 所生成的 MATLAB 函数 am4csd.m 构建一个增广三元组矩阵 (A_m, B_m, C_m)。选择加权矩阵 $Q = C^T C$ 和 $R = 1$，用 MATLAB 函数 dlqr.m 生成状态反馈控制器增益矩阵：

$$K = \begin{bmatrix} 1.6642 & -3.1734 & 2.4328 & -0.7733 & 0.6585 \end{bmatrix}$$

闭环特征值为 $0.1044 \pm j0.5183$、$0.3953 \pm j0.1507$、0.7007。对于观测器的设计和实现，使用三元组矩阵 (A_m, B_m, C_m)。选择加权矩阵 $Q = C^T C$ 和 $R = 1$，用 MATLAB 函数 dlqr.m 生成观测器增益矩阵：

$$K_{\text{ob}} = \begin{bmatrix} 2.8535 & 0.7175 & -0.2694 & -0.0605 \end{bmatrix}^T$$

对应于闭环误差系统的特征值 $0.6290 \pm j0.0978$、$-0.1086 \pm j0.0904$。

为了评估闭环性能与参考信号变化的关系，使用与例 6.4 相同的参考信号。用教程 6.2 中编写的 MATLAB 函数 simu4csd.m，计算闭环系统的响应，如图 6.7(a) 和 (b) 所示。比较结果讨论如下。

(1) 通过对图 6.7 和使用了非最小状态空间的图 6.5 中的输出及控制信号进行比较，可以看出，两种不同的设计中的闭环输出响应几乎相同。这是因为最小状态空间的实现是一个二自由度控制系统结构，观测器在对参考信号变化的输出响应方面发挥的作用很小。

（2）为了评估闭环性能与扰动抑制的关系,使用与例 6.4 中相同的扰动信号。图 6.8(a)比较了最小状态空间实现与非最小状态空间实现中的输出响应,可以看出,用非最小状态空间实现的控制系统显著改善了扰动抑制的闭环性能。这是因为,非最小状态空间实现中直接用输入和输出信号作为反馈信号,扰动影响的检测更快,且控制器很快对其进行抑制。于是,扰动信号作用下的输出响应的幅值更小,而且控制信号的幅值也减小。

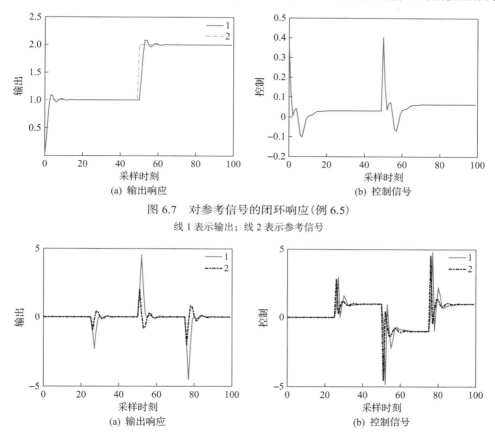

图 6.7　对参考信号的闭环响应(例 6.5)

线 1 表示输出；线 2 表示参考信号

图 6.8　对扰动信号的闭环响应(例 6.5)

线 1 表示最小状态空间实现的输出；线 2 表示非最小状态空间实现的输出

也许有人会问,观测器的闭环误差系统所有特征值是否都在复平面的原点? 我们可以验证,即使使用这种类型的观测器,由非最小状态空间实现的扰动抑制性能仍然比由最小状态空间实现的设计要好得多。我们把这个比较留作练习。

需要特别注意一点。对于复杂系统,如具有不稳定零点的不稳定系统,扰动抑制的动态响应可能非常复杂。观测器的采用为我们达到满意的控制效果提供了一种额外的手段。我们把这一话题留作练习。

6.4.4　思考题

1. 在二自由度控制系统的实现中,如果需要调整参考信号下的响应速度,你会专注于控制器的设计吗?

2. 对于一个状态估计反馈控制系统,若使用相同的控制器和观测器,你认为单自由度控制系统实现的参考信号的响应速度会比二自由度控制系统实现的参考信号的响应速度更快吗? 为什么?

3. 设计某离散时间系统跟踪阶跃参考信号,该系统有状态反馈控制器增益矩阵 K 和观测器增益矩阵 K_{ob}。假设增广系统矩阵为 A、B、C,控制器实现有哪些关键步骤?

4. 继续第 3 题,如果控制信号被约束在 u^{min} 和 u^{max},我们如何施加这些约束?

5. 某一阶系统具有时滞,它的传递函数如下:

$$G\left(z^{-1}\right) = \frac{bz^{-2}}{z-a}$$

该系统的非最小状态空间表达式是什么? 你认为基于非最小状态空间模型的控制系统可以用于时滞系统吗? 为什么?

6. 继续第 5 题。如果控制系统设计用于跟踪阶跃参考信号,对于基于非最小状态空间的控制系统,你对包含抗饱和机制的实施方案有何建议?

6.5 重 复 控 制

在本节中,我们将对本章和第 5 章的讨论结果进行扩展,介绍复杂周期外源信号的参考信号跟踪和扰动抑制。这种类型的控制系统被称为重复控制系统。

6.5.1 重复控制的基本原理

重复控制是具有周期性外源信号系统的经典控制方法。它起源于 Inoue 等(1981)、Nalano 和 Hara(1986)及 Hara 等(1988)的奠基性论文,在连续时间中,将拉普拉斯变换函数模型 $\dfrac{1}{1-e^{-Ts}}$ 嵌入控制器结构中,对周期为 T 的周期信号进行渐进跟踪。将传递函数 $\dfrac{1}{1-e^{-Ts}}$ 视作周期为 T 的周期信号的信号发生器。正如 Hara 等(1988)所指出的,这个无理数传递函数因子在虚轴 0,$\pm j\dfrac{2\pi}{T}$,$\pm j\dfrac{4\pi}{T},\cdots,$ $\pm j\dfrac{k2\pi}{T},\cdots$ 处有无穷多个等间距的极点。因此,根据内模原理(Francis and Wonham,1976),可以在稳定的闭环控制系统中实现所期望的特性,对相同周期 T 的信号进行参考信号跟踪和扰动抑制。

尽管重复控制系统是在连续时间中推导出来的,但其离散时间的版本为数字实现提供了有利的平台(Longman,2000)。一个周期信号的离散时间信号发生器为 $\dfrac{1}{1-z^{-N}}$,其中 N 为一个周期内的采样个数。对于离散时间的情况,用 z^{-N} 取代无理数传递函数 e^{-Ts},其中 $N=\dfrac{T}{\Delta t}$,Δt 为采样间隔。有意思的是,在频域中,定义基频 $\omega_d = \dfrac{2\pi}{N}$,在 $\omega=0$,

$\omega = \pm\omega_d,\ \pm2\omega_d,\cdots,\pm\dfrac{N-1}{2}\omega_d$ 时，信号发生器的幅值 $\left|\dfrac{1}{1-\mathrm{e}^{-\mathrm{j}N\omega}}\right| \to \infty$，假设 N 为奇数。

在重复控制系统中使用因子 $\dfrac{1}{1-\mathrm{e}^{-Ts}}$ 或 $\dfrac{1}{1-z^{-N}}$ 的奇妙之处在于，它们很容易通过正反馈结构实现 (Hara et al.，1988)。但是这些系数只是在理论上是理想的，在实际中，由于难以找到稳定控制器，在连续时间的 $q(s)$ 或离散时间的 $Q(z)$ 中，使用一个截止滤波器，得到修改的重复控制系统，传递函数在连续时间中表示为 $\dfrac{1}{1-q(s)\mathrm{e}^{-Ts}}$，或在离散时间中表示为 $\dfrac{1}{1-Q(z)z^{-N}}$。图 6.9 和图 6.10 显示了连续时间和离散时间重复控制系统的基本控制器结构。两种控制系统配置中，在加入信号发生器后，需要稳定控制器 $C(s)$ 或 $C(z)$ 来生成稳定的闭环系统。从历史的角度来看，在计算成本昂贵的时代，重复控制系统实现简单的特点为其广泛应用铺平了道路。

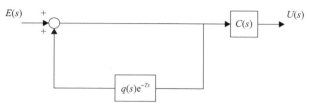

图 6.9　连续时间重复控制系统的实现

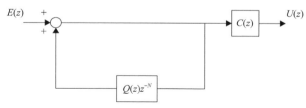

图 6.10　离散时间重复控制系统的实现

重复控制系统在三个方面有待改进，简述如下。

（1）重复控制器的阶数太高（由于嵌入信号发生器，至少为 N 阶），由于噪声和模型的不确定性，因此实现过程复杂。

（2）由于重复控制器的结构中嵌入了不稳定的极点，当控制信号饱和时，需要有抗饱和机制。为了保护设备，控制信号的幅值约束是必要的，这一点在实际应用中特别重要。

（3）基于传递函数的设计方法便于进行频响分析，但难以推广到多输入-多输出系统。

前两个问题表明，重复控制器可能对设计模型很完美，但是，当将它应用到实际对象时，有可能产生不稳定的闭环系统。第三个方面将重复控制系统的应用局限于单输入-单输出系统。

本章及第 5 章中介绍的控制系统设计方法可以自然地扩展到重复控制系统的设计和实现中吗？这种扩展能克服上面列出的经典重复控制系统的缺点吗？显然，回答这些问题的关键在于确定一个具有有限复杂性的扰动模型 $D(q^{-1})$，因为对于给定的 $D(q^{-1})$，控制系统设计将自然地跟随它。如何找到一个复杂程度有限的扰动模型 $D(q^{-1})$ 将在 6.5.2 节中介绍。

6.5.2 扰动模型 $D(z)$ 的确定

对于如何识别给定周期参考信号的频率特性，我们将在这个应用中使用傅里叶分析。

假设已知某离散周期性参考信号 $r(k)$ 在一个周期中有 N 个采样。假设基频表示为 $\omega_d = 2\pi/N$，利用傅里叶分析，一个周期内的该离散周期信号可以用离散傅里叶逆变换（IDFT）唯一表示为

$$r(k) = \frac{1}{N} \sum_{l=-\frac{N-1}{2}}^{\frac{N-1}{2}} H(e^{jl\omega_d}) e^{jl\omega_d k} \tag{6.37}$$

式中，$H(e^{jl\omega_d})$ 为周期性参考信号 $r(k)$ 的第 l 个频率成分，$l = 0, \pm 1, \pm 2, \cdots, \pm\frac{N-1}{2}$，可以用傅里叶分析计算它。为了捕获零频成分，将 N 假设为一个奇数。另外，周期性参考信号 $r(k)$ 的 z 变换定义为

$$R_m(z) = \sum_{k=0}^{N-1} r(k) z^{-k} \tag{6.38}$$

将式（6.37）代入式（6.38），并将总和互换，则如 Wang 和 Cluett（2000）研究中所示：

$$R_m(z) = \sum_{l=-\frac{N-1}{2}}^{\frac{N-1}{2}} H(e^{jl\omega_d}) \frac{1}{N} \frac{1-z^{-N}}{1-e^{jl\omega_d} z^{-1}} \tag{6.39}$$

$R_m(z)$ 为频率采样滤波器（FSF）模型（Bitmead and Anderson，1981；Wang and Cluett，2000）。注意，用该表达式，周期信号的 z 变换函数模型有 N 个极点在复平面的单位圆上，它们是 e^{j0}，$e^{\pm j\omega_d}$，$e^{\pm j2\omega_d}$，$\cdots$，$e^{\pm j\frac{N-1}{2}\omega_d}$。这些极点在单位圆上的间距相等。

频率采样滤波器模型利用周期信号的傅里叶系数给出了周期信号的参数描述。将此全阶模型转化为近似模型需要两个步骤，以便将其用于重复控制系统的设计。首先，对于绝大多数的应用，当把参考信号 $r(k)$ 转换为频域时，频率成分的幅值 $\left|H(e^{jl\omega_d})\right|$（$l = 0,1,2,\cdots,N-1$）随 l 的减小快速减小。对 $\left|H(e^{jl\omega_d})\right|$ 相对于参数 l 的幅值进行检查，可以发现给定参考信号 $r(k)$ 中包含的重要频率。通过将频率采样滤波器模型式（6.39）中无关紧要的频率系数剔除，将其设为零，从而减少了项数。其次，由于式（6.39）中 FSF 模型的极点和系数是复杂参数，需要将其转换为具有实参数的等效表达式。

假设在一个周期信号中有 $1 + \frac{n-1}{2}$ 个重要频率成分，其中 n 是奇数，考虑到模型的复

共轭性质，$R_m(z)$ 的 z 变换近似为

$$R_m(z) \approx R_a(z) = \frac{1}{N}\frac{1-z^{-N}}{1-z^{-1}}H(\mathrm{e}^{\mathrm{j}0})$$

$$+\sum_{l=1}^{\frac{n-1}{2}}\Big[\mathrm{Re}(H(\mathrm{e}^{\mathrm{j}l\omega_d}))F_R^l(z) + \mathrm{Im}(H(\mathrm{e}^{\mathrm{j}l\omega_d}))F_I^l(z)\Big] \tag{6.40}$$

式中，$\mathrm{Re}(\cdot)$ 和 $\mathrm{Im}(\cdot)$ 为复数的实部和虚部；$F_R^l(z)$ 和 $F_I^l(z)$ 为二阶滤波器，定义为

$$F_R^l(z) = \frac{1}{N}\frac{2\big(1-\cos(l\omega_d)z^{-1}\big)\big(1-z^{-N}\big)}{1-2\cos(l\omega_d)z^{-1}+z^{-2}} \tag{6.41}$$

$$F_I^l(z) = \frac{1}{N}\frac{2\sin(l\omega_d)z^{-1}\big(1-z^{-N}\big)}{1-2\cos(l\omega_d)z^{-1}+z^{-2}} \tag{6.42}$$

频率采样滤波器模型的公分母为

$$\big(1-z^{-1}\big)\prod_{l=1}^{\frac{n-1}{2}}\big(1-2\cos(l\omega_d)z^{-1}+z^{-2}\big)$$

这是扰动模型的离散时间版本。

下面的例子说明了如何确定重复控制系统所需的频率数。

例 6.6　如图 6.11 所示，机械臂利用两个关节在水平面上完成"取放"任务。它的末端执行器在抓取位置和放置位置之间的直线移动使用关节参考轨迹，使末端执行器的加速度最小。到达指定位置后，机器人返回起始位置。拟人机器人手臂的参考轨迹如图 6.12 所示。将水平面上的轨迹分解为 x 轴（图 6.13(a)）和 y 轴（图 6.13(b)）所期望的轨迹。两种参考信号完成采集和放置任务的周期均为 401 个采样间隔。设计了具有两个位置输出（x 位置变量和 y 位置变量）的重复控制系统，使其在 x 轴和 y 轴上精确地跟踪目

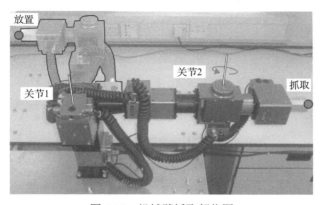

图 6.11　机械臂抓取部位图

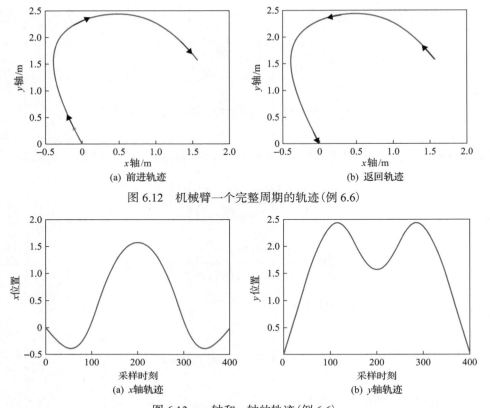

图 6.12　机械臂一个完整周期的轨迹(例 6.6)

图 6.13　x 轴和 y 轴的轨迹(例 6.6)

标轨迹。在本例中，我们将使用离散傅里叶分析找到两个参考信号的主导频率，并分析它们对参考信号重建的影响。

　　解　我们用 MATLAB 函数 fft.m 计算离散傅里叶变换，并将傅里叶系数参考其最大振幅进行缩放。

　　对于 x 轴上的参考信号 $r_1(k)$，$\left|H(\mathrm{e}^{\mathrm{j}l\omega_d})\right|$ 的最大值出现在 $l=1$ 时。因此，归一化傅里叶系数的计算公式为

$$\left|H\left(\mathrm{e}^{\mathrm{j}l\omega_d}\right)/H\left(\mathrm{e}^{\mathrm{j}\omega_d}\right)\right|$$

式中，$\omega_d = 2\pi/401$。图 6.14(a)显示了 11 个傅里叶系数的幅值，其他系数接近为零。从图 6.14(a)可以清楚地看到，在 0.2 的阈值下，选取了 5 个傅里叶系数，得到扰动模型：

$$D_1(z) = \left(1 - z^{-1}\right)\left(1 - 2\cos\omega_d z^{-1} + z^{-2}\right)\left(1 - 2\cos(2\omega_d)z^{-1} + z^{-2}\right) \tag{6.43}$$

通过将阈值降低至 0.1(图 6.14(a))，再选出两个傅里叶系数，得到扰动模型：

$$\begin{aligned}
\overline{D}_1(z) &= \left(1 - z^{-1}\right)\left(1 - 2\cos\omega_d z^{-1} + z^{-2}\right)\left(1 - 2\cos(2\omega_d)z^{-1} + z^{-2}\right) \\
&\quad \times \left(1 - 2\cos(3\omega_d)z^{-1} + z^{-2}\right)
\end{aligned} \tag{6.44}$$

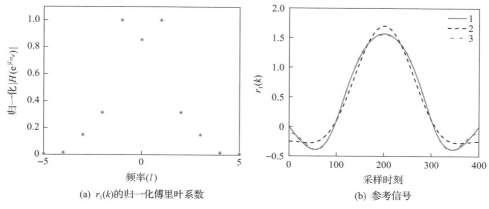

(a) $r_1(k)$的归一化傅里叶系数　　　(b) 参考信号

图 6.14　$r_1(k)$ 的重建信号（例 6.6）

线 1 表示 $r_1(k)$；线 2 表示用五个傅里叶系数重建的参考信号；线 3 表示用七个傅里叶系数重建的参考信号

　　用 MATLAB 函数 ifft.m，忽略阈值以下的傅里叶系数，重建时域信号。图 6.14(b) 中对原参考信号 $r_1(k)$ 与用五个和七个傅里叶系数重建的参考信号进行比较。可以看出，用五个傅里叶系数重建的参考信号已捕捉到原参考信号 $r_1(k)$ 的大致形状。

　　用下列 MATLAB 程序，求解傅里叶系数和重建时域信号。这里，假设参考信号 sp 是可用且预定义的，计算它的傅里叶系数，然后对其归一化。如果它们低于 0.1 的阈值，傅里叶系数取为零。

```
N=401;
Fsp=fft(sp,N);
Sca=max(abs(Fsp));
Fsp0=Fsp/Sca;
for kk=1:N
if abs(Fsp0(kk))<0.1;
Fsp(kk)=0;
end
End
```

　　通过傅里叶逆变换，我们利用下面代码中的主导频率重构一个时域信号。

```
spA=ifft(Fsp,N);
```

　　信号 spA 是采样中近似的时域信号，如图 6.14(b) 所示。

　　对于第二个参考信号 $r_2(k)$（图 6.15(b)），$\left|H(e^{jl\omega_d})\right|$ 的最大值出现在 $l=0$ 时。从图 6.15(a) 可以看出，有三个傅里叶系数在阈值 0.2 以上，五个系数在阈值 0.1 以上。那么，用三个傅里叶系数，扰动模型 $D_2(z)$ 选为

$$D_2(z)=\left(1-z^{-1}\right)\left(1-2\cos\left(2\omega_d\right)z^{-1}+z^{-2}\right) \tag{6.45}$$

用五个傅里叶系数，扰动模型选为

$$\bar{D}_2(z) = \left(1 - z^{-1}\right)\left(1 - 2\cos\omega_d z^{-1} + z^{-2}\right)\left(1 - 2\cos\left(2\omega_d\right)z^{-1} + z^{-2}\right) \tag{6.46}$$

图 6.15(b) 显示了原参考信号 $r_2(k)$ 和使用三个及五个傅里叶系数的重构信号。可以看出，使用五个傅里叶系数的重构信号已经捕获了原参考信号 $r_2(k)$ 的大致形状。

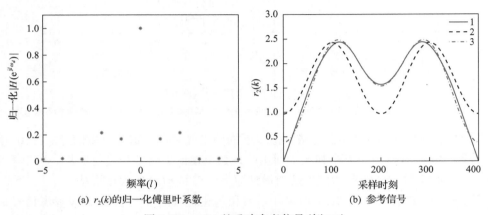

(a)　$r_2(k)$ 的归一化傅里叶系数　　　　　　　　　(b)　参考信号

图 6.15　　$r_2(k)$ 的重建参考信号 (例 6.6)

线 1 表示 $r_2(k)$；线 2 表示用三个傅里叶系数重建的参考信号；线 3 表示用五个傅里叶系数重建的参考信号

6.5.3　机械臂的控制

本案例继续研究例 6.6 中的机械臂，该机械臂以前曾用于 Wang 等 (2013) 的实验测试中。

通过将其组成部分的实验推导模型组合在一起，以传递函数矩阵描述整个系统模型：

$$\begin{bmatrix} y_1 \\ y_2 \end{bmatrix} = \begin{bmatrix} \dfrac{B_{11}(s)}{A_{11}(s)} & \dfrac{B_{12}(s)}{A_{12}(s)} \\ \dfrac{B_{21}(s)}{A_{21}(s)} & \dfrac{B_{22}(s)}{A_{22}(s)} \end{bmatrix} \begin{bmatrix} u_1 \\ u_2 \end{bmatrix} \tag{6.47}$$

其中，采样间隔为 0.05s，传递函数矩阵中的元素为

$$\begin{aligned} A_{11}(s) = {}& 52.5 - 5s^{12} + 0.01463s^{11} + 0.91s^{10} + 31.2s^9 + 714.1s^8 + 1.19\times10^4 s^7 + 1.45\times10^5 s^6 \\ & + 1.4\times10^6 s^5 + 1.01\times10^7 s^4 + 5.7\times10^7 s^3 + 2.3\times10^8 s^2 + 5.9\times10^8 s + 7.6\times10^8 \end{aligned}$$

$$\begin{aligned} B_{11}(s) = {}& 0.16s^9 + 14.51s^8 + 578.2s^7 + 1.392\times10^4 s^6 + 2.26\times10^5 s^5 + 2.58\times10^6 s^4 \\ & + 2.09\times10^7 s^3 + 1.17\times10^8 s^2 + 4.21\times10^8 s + 7.6\times10^8 \end{aligned}$$

$$\begin{aligned} A_{12}(s) = {}& 52.5 - 5s^{10} + 0.014s^9 + 0.72s^8 + 20s^7 \\ & + 363s^6 + 4645s^5 + 4.3\times10^4 s^4 + 2.9\times10^5 s^3 + 1.4\times10^6 s^2 + 4.18\times10^6 s + 6.323\times10^6 \end{aligned}$$

$$B_{12}(s) = -0.022s^7 - 3.24s^6 - 88.3s^5 - 1347s^4 - 1.06 \times 10^4 s^3 - 4.52 \times 10^4 s^2$$

$$A_{21}(s) = 52.5 - 5s^{10} + 0.014s^9 + 0.67s^8 + 17.9s^7$$
$$+ 316s^6 + 3963s^5 + 3.6 \times 10^4 s^4 + 2.42 \times 10^5 s^3 + 1.1 \times 10^6 s^2 + 3.5 \times 10^6 s + 5.3 \times 10^6$$

$$B_{21} = -0.16s^7 - 8.7s^6 - 194s^5 - 2498s^7 - 1.78 \times 10^4 s^3 - 6.64 \times 10^4 s^2$$

$$A_{22}(s) = 52.5 - 5s^{12} + 0.014s^{11} + 0.9s^{10} + 31s^9 + 714.1s^8 + 1.19 \times 10^4 s^7 + 1.48 \times 10^5 s^6$$
$$+ 1.4 \times 10^6 s^5 + 1.04 \times 10^7 s^4 + 5.7 \times 10^7 s^3 + 2.3 \times 10^8 s^2 + 5.9 \times 10^8 s + 7.6 \times 10^8$$

$$B_{22}(s) = 0.027s^9 + 4.95s^8 + 264s^7 + 7394s^6 + 1.3 \times 10^5 s^5$$
$$+ 1.69 \times 10^6 s^4 + 1.5 \times 10^7 s^3 + 9.4 \times 10^7 s^2 + 3.8 \times 10^8 s + 7.6 \times 10^8$$

在重复控制系统的设计中,用 MATLAB 函数将传递函数模型转换为连续时间状态空间模型,然后,以采样间隔 $\Delta t = 0.05s$ 对其离散化。用 MATLAB 函数 dlqr.m 设计重复控制器和观测器。对于控制器的设计, Q 矩阵中的对角线元素如果对应于状态变量 $x(k)$ 的输出元素,则选为 1。 R 矩阵选为 $R = 0.5I$,其中, I 为一个单位矩阵。 Q 矩阵中的其他所有元素均设为零。在 Q 和 R 矩阵以上选择情况下,闭环特征值的最大幅值约为 0.93,这意味着闭环重复控制系统是稳定的。对于观测器的设计, Q_{ob} 选为一个单位矩阵, $R_{ob} = 0.1I$ 。观测器误差系统的闭环特征值的最大幅值为 0.92,这表明观测器误差系统也是稳定的。整个重复控制系统的闭环特征值由闭环控制系统的特征值和观测器误差系统的特征值组成。

在仿真研究中,两种输出信号都加入了测量噪声,噪声信号的均值为零, $\sigma = 0.01$ 。因为控制信号自然满足所有约束,所以没有控制幅值的约束。

(1)在第一种情况中,将用式(6.43)给出的扰动模型,即

$$D(z) = 1 - 4.9988z^{-1} + 9.9963z^{-2} - 9.9963z^{-3} + 4.9988z^{-4} - z^{-5}$$

图 6.16(a)~(c)显示了闭环输出响应、误差信号和控制信号。参考信号和输出信号之间的均方误差计算为

$$\frac{1}{M}\sum_{k=1}^{M} e_1(k)^2 = 2.775 \times 10^{-4}; \quad \frac{1}{M}\sum_{k=1}^{M} e_2(k)^2 = 7.776 \times 10^{-4}$$

式中, $e_1(k) = r_1(k) - y_1(k)$; $e_2(k) = r_2(k) - y_2(k)$; M 为数据长度。

(2)在第二种情况中,我们将使用式(6.45)给出的扰动模型,在参考信号建模中包括三个傅里叶系数。在这种情况下,扰动模型为三阶:

$$D(z) = 1 - 2.9998z^{-1} + 2.9998z^{-2} - z^{-3}$$

图 6.17(a)~(c)显示了闭环输出响应、误差信号和控制信号。参考信号和输出信号之间的均方误差计算为

$$\frac{1}{M}\sum_{k=1}^{M}e_1(k)^2 = 0.513\times10^{-4}; \quad \frac{1}{M}\sum_{k=1}^{M}e_2(k)^2 = 1.807\times10^{-4}$$

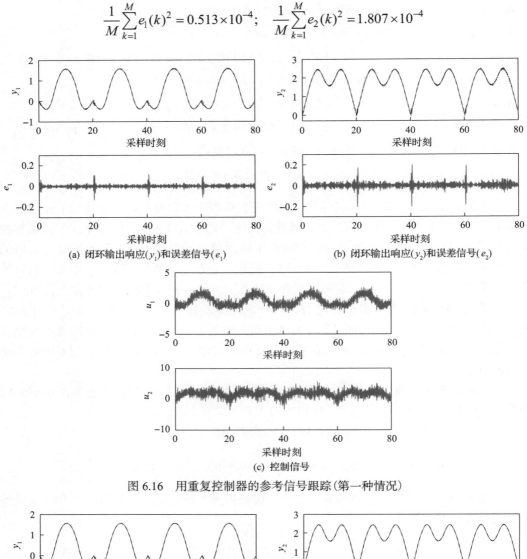

(a) 闭环输出响应(y_1)和误差信号(e_1)　　　　(b) 闭环输出响应(y_2)和误差信号(e_2)

(c) 控制信号

图 6.16　用重复控制器的参考信号跟踪(第一种情况)

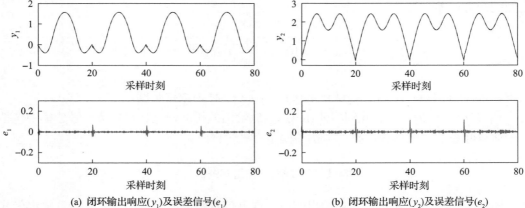

(a) 闭环输出响应(y_1)及误差信号(e_1)　　　　(b) 闭环输出响应(y_2)及误差信号(e_2)

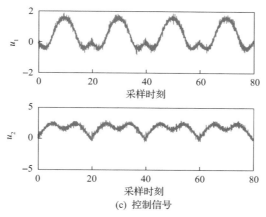

图 6.17　用重复控制器的参考信号跟踪(第二种情况)

有意思的是，从第一种情况计算出的均方误差实际上是第二种情况计算出的均方误差的 5.4 倍 ($e_1(k)$) 和 4.3 倍 ($e_2(k)$)。人们可能会想，当扰动模型选择高阶时，是什么原因导致闭环控制性能下降？这种性能下降是输出信号中存在测量噪声造成的。与经典重复控制系统 (Inoue et al.，1981；Nalano and Hara，1986；Hara et al.，1988) 的原理相同，所提出的重复控制器在对应于扰动模型 $D(z)$ 的零点的频率处具有无限的控制器增益。对于第一种情况，无限控制器增益出现在 $\omega = 0$，$\pm\omega_d$，$\pm 2\omega_d$ 时。但是，对于第二种情况，无限控制器增益只出现在 $\omega = 0$，$\pm\omega_d$ 时。所以，当像第二种情况中用高阶扰动模型式(6.43)设计重复控制器时，测量噪声的放大效果会更糟。

(3) 如果通过只包含第一项来对扰动模型 $D(z)$ 的结构进一步简化，将会发生什么？研究这个问题会很有意思，即

$$D(z) = 1 - z^{-1}$$

图 6.18(a)～(c)显示了闭环输出响应、误差信号和控制信号。从这些图中可以清楚地看出，参考信号跟踪的闭环控制性能很差，且参考信号的跟踪中存在稳态误差。对这种情况下的均方误差计算如下：

$$\frac{1}{M}\sum_{k=1}^{M}e_1(k)^2 = 0.0038; \quad \frac{1}{M}\sum_{k=1}^{M}e_2(k)^2 = 0.0097$$

计算的均方误差是第二种情况中计算的均方误差的 74 倍和 54 倍。此研究证实了使用正确的扰动模型对重复控制系统设计的重要性。

6.5.4　思考题

1. 如果参考信号是一个斜坡信号，扰动模型 $D(q^{-1})$ 是什么？

2. 如果测量噪声很严重，你会减少还是增加重复控制系统的扰动模型 $D(q^{-1})$ 中更高频率成分的数量？

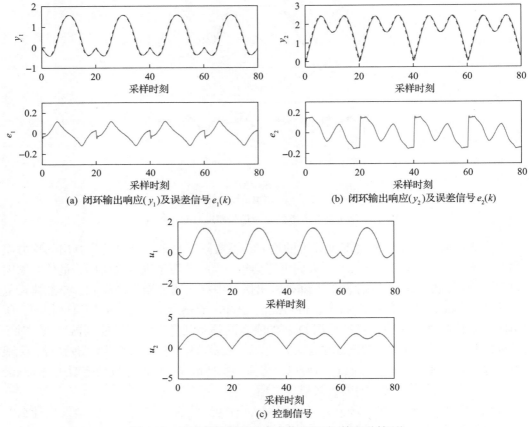

(a) 闭环输出响应(y_1)及误差信号$e_1(k)$　　　　(b) 闭环输出响应(y_2)及误差信号$e_2(k)$

图 6.18　用重复控制器的参考信号跟踪(第三种情况)

3. 如果被控模型不准确,你会减少还是增加扰动模型 $D(q^{-1})$ 中更高频率成分的数量?

6.6　本　章　小　结

本章讨论了在状态反馈控制器中嵌入扰动模型情况下,扰动抑制和参考信号跟踪的状态反馈控制的设计、仿真和实现。设计的基本步骤为:①用扰动模型捕捉扰动信号的特征;②用扰动模型增广被控模型(A_m,B_m,C_m),得到增广模型(A,B,C),其中,增广模型的输入为滤波控制信号$u_s(k)$;③用增广模型(A,B)设计状态反馈控制器;④如果状态向量$x(k)$未被测量,用被控模型(A_m,B_m)设计一个观测器来估计滤波状态向量$x_s(k)$。

本章其他重要内容总结如下。

(1)扰动模型的选择取决于参考信号跟踪和扰动抑制的控制系统的规格。常见的选择是取扰动模型 $D(q^{-1})=1-q^{-1}$,以保证状态反馈控制系统具有积分作用。具有积分作用的控制系统将跟踪参考信号并抑制阶跃扰动或低频扰动。

(2)介绍了状态反馈控制器的抗饱和机制,实现简单。

（3）介绍了如何选择用单自由度或者二自由度来实现状态反馈控制系统，这取决于参考信号是如何进入控制器的。二自由度控制系统的实现降低了输出响应对参考信号的超调量。

（4）当状态变量被测量时，将扰动模型嵌入控制器的方法特别简单，因为这时不需要观测器。特别是当离散时间系统用传递函数模型表示时，可以选择状态变量来对应被测输入和输出变量。由此，可以设计和实现无观测器的状态反馈控制系统。

（5）将本章和第 5 章中介绍的用于参考信号跟踪和扰动抑制的控制系统扩展到根据周期信号和干扰信号选择扰动模型 $D(q^{-1})$ 的重复控制系统。

6.7 更 多 资 料

（1）重复控制系统在机械臂上的应用的相关探讨，可参阅 Wang 等（2011a，2011b，2013）的研究。Wang（2016b）提供了一份教科书式的论文。

（2）当使用非最小状态空间实现时，选择与被控对象输入和输出变量相对应的状态变量，在状态空间设计的方法中不需要观测器。用非最小状态空间的控制器设计方法可参阅 Wang 和 Young（1988）、Taylor 等（2000b）、Wang 等（2009，2013）的研究。非最小状态空间的实现也被用于模型预测控制器的设计中（Wang，2009）。

（3）正弦扰动抑制方面的文献包括 Goodwin 等（1996）。

（4）关于重复控制和迭代学习控制的书籍包括 Rogers 等（2007）、Moore（2012）、Owens（2015）。

习 题

6.1 为下列状态空间模型所描述的系统设计状态反馈控制器增益矩阵 K：

$$x_m(k+1) = A_m x_m(k) + B_m u(k); \quad y(k) = C_m x_m(k)$$

假设上式中的状态变量是被测量的变量。

（1）该控制系统抑制恒定扰动并跟踪阶跃参考信号。系统矩阵为

$$A_m = \begin{bmatrix} 0.9 & 1 \\ 0 & 0.8 \end{bmatrix}; \quad B_m = \begin{bmatrix} 1 \\ 1 \end{bmatrix}; \quad C_m = \begin{bmatrix} 1 & 2 \end{bmatrix}$$

将期望的闭环特征值选为 0.7、0.71 和 0.72，用 MATLAB 程序 place.m 求状态反馈控制器增益矩阵 K。

（2）设计控制系统抑制频率 $\omega_d = 2\pi f \Delta t$ 的正弦扰动（其中，$f = 1\,\text{Hz}$，$\Delta t = 0.1\text{s}$），同时跟踪阶跃信号。系统矩阵为

$$A_m = \begin{bmatrix} 0.8 & 0 \\ -0.6 & 0.6 \end{bmatrix}; \quad B_m = \begin{bmatrix} 1 & 0 \\ 0 & 0.5 \end{bmatrix}; \quad C_m = \begin{bmatrix} 1 & 1 \\ 0 & 1 \end{bmatrix}$$

用 MATLAB 程序 place.m 求状态反馈控制器增益矩阵 K，其中 Q 和 R 为具有兼容维数的单位矩阵。

6.2　为具有执行器时滞的离散时间系统设计一个状态反馈控制器，该系统用状态空间模型描述为

$$x_m(k+1) = A_m x_m(k) + B_m u(k-n_d); \quad y(k) = C_m x_m(k)$$

式中，状态向量 $x_m(k)$ 是被测量的。

(1)时滞 n_d 为 3 个采样，系统矩阵为

$$A_m = \begin{bmatrix} 1 & 1 \\ 0 & 1 \end{bmatrix}; \quad B_m = \begin{bmatrix} 0.5 \\ 1 \end{bmatrix}; \quad C_m = \begin{bmatrix} 1 & 1 \end{bmatrix}$$

控制系统在跟踪阶跃参考信号的同时，抑制随机干扰。用 MATLAB 程序 dlqr.m 求状态反馈控制器增益矩阵 K，其中加权矩阵选为 $Q = C^T C$，$R = 0.1I$，C 为增广状态空间模型的输出矩阵。闭环特征值在哪里？

(2)时滞 n_d 为 2 个采样，系统矩阵为

$$A_m = \begin{bmatrix} 0.9 & -1 \\ 1 & 0.8 \end{bmatrix}; \quad B_m = \begin{bmatrix} 1 & 0 \\ 0 & 1 \end{bmatrix}; \quad C_m = \begin{bmatrix} 1 & 0 \\ 1 & 1 \end{bmatrix}$$

该控制系统的输出 $y_1(k)$ 跟踪频率 $\omega_d = 2\pi f \Delta t$（$\Delta t = 0.1\text{s}$，$f = 2\,\text{Hz}$）的正弦参考信号，输出 $y_2(k)$ 跟踪斜坡参考信号。用 MATLAB 程序 dlqr.m 求状态反馈控制器增益矩阵 K，其中 Q 和 R 为具有兼容维数的单位矩阵。闭环特征值在哪里？

6.3　本练习是要用将扰动模型嵌入控制器中的技术来为热气球设计一个状态反馈控制系统。可以将本研究结果与第 5 章中 5.3 题得到的设计和仿真结果进行比较。物理系统的详细描述可以在 5.3 题中找到。方便起见，描述热气球动力学的状态空间模型设为

$$\begin{bmatrix} \dot{T}(t) \\ \dot{v}(t) \\ \dot{h}(t) \end{bmatrix} = \begin{bmatrix} -\dfrac{1}{\tau_1} & 0 & 0 \\ \beta & -\dfrac{1}{\tau_2} & 0 \\ 0 & 1 & 0 \end{bmatrix} \begin{bmatrix} T(t) \\ v(t) \\ h(t) \end{bmatrix} + \begin{bmatrix} \alpha \\ 0 \\ 0 \end{bmatrix} u(t) + \begin{bmatrix} 0 \\ \dfrac{1}{\tau_2} \\ 0 \end{bmatrix} w(t) \tag{6.48}$$

式中，状态变量 $T(t)$、$v(t)$ 和 $h(t)$ 分别为热气球的空气温度变化、气球的垂直速度和相对于稳态高度的高度变化。输入变量 $u(t)$ 为被操纵的变量，$w(t)$ 为垂直风速。输出是测量的高度 $h(t)$。模型中的归一化常数为 $\tau_1 = 1$、$\tau_2 = 10$、$\alpha = 1$ 及 $\beta = 0.01$。用采样间隔 $\Delta t = 0.1\text{s}$ 对系统进行采样。设计一个状态估计反馈控制系统，以低频扰动为主对风的扰动进行抑制，并跟踪高度的阶跃参考信号。

(1)计算状态反馈控制器增益矩阵 K，闭环极点位于 $e^{-0.1\Delta t}$ 附近。

(2)计算观测器增益矩阵 K_{ob} ，闭环极点位于 $e^{-\Delta t}$ 附近。

(3)用下列代码生成风的扰动，其中 N_{sim} 为仿真中采样点的个数。

```
Nsim=4000;
dis=randn(1,Nsim);
dis=filter(0.01,[1 -0.99],dis);
dis=dis+2*[zeros(1,Nsim/2) ones(1,Nsim/2)];
```

(4)用由下列代码生成的参考信号模拟闭环响应：

```
r=[ones(1,Nsim/2) zeros(1,Nsim/2)];
```

在仿真中加入风的扰动。给出高度和控制信号的闭环响应。你有何观察发现？

(5)将仿真结果与 5.3 题中基于扰动观测器的方法得到的结果进行比较。你有何观察发现？

6.4　继续 6.3 题。我们将研究关于控制信号约束的抗饱和机制的实现。

(1)由 6.3 题确定最小与最大控制幅值，分别用 u^{min} 和 u^{max} 表示。假设控制信号被约束在 $0.8u^{min}$ 和 $0.8u^{max}$ 之间，通过在被控对象仿真中使用被约束的控制信号，研究积分器的饱和现象。不过观测器的实现要使用不被约束的控制信号。给出高度和控制信号的闭环响应。你有何观察发现？

(2)实施具有抗饱和机制的控制信号约束。给出高度和控制信号的闭环响应。

(3)将约束控制结果与 5.3 题中基于扰动观测器的方法得到的结果进行比较。你有何观察发现？

6.5　继续 6.4 题。我们将研究传感器和执行器的时滞对闭环控制性能的影响，其中高度的测量有 $2\Delta t$ 的延迟，执行器有 $5\Delta t$ 的延迟。具有时滞的状态空间模型则为

$$\begin{bmatrix} \dot{T}(t) \\ \dot{v}(t) \\ \dot{h}(t) \end{bmatrix} = \begin{bmatrix} -\dfrac{1}{\tau_1} & 0 & 0 \\ \beta & -\dfrac{1}{\tau_2} & 0 \\ 0 & 1 & 0 \end{bmatrix} \begin{bmatrix} T(t) \\ v(t) \\ h(t) \end{bmatrix} + \begin{bmatrix} \alpha \\ 0 \\ 0 \end{bmatrix} u(t-5\Delta t) + \begin{bmatrix} 0 \\ \dfrac{1}{\tau_2} \\ 0 \end{bmatrix} w(t) \tag{6.49}$$

$$y(t) = h(t-2\Delta t) \tag{6.50}$$

(1)按照教程 6.3 在 Simulink 中构建一个实时控制系统，使用与 6.4 题相同的具有抗饱和机制的控制器和观测器。对具有执行器时滞和传感器时滞的被控对象的闭环控制系统进行仿真。该闭环系统是稳定的吗？与 6.4 题中得到的仿真结果相比，你有何观察发现？

(2)在状态估计反馈控制系统设计中考虑了测量延迟和执行器延迟，通过选择更多的状态变量来捕获延迟。给出离散时间状态空间模型。

(3)用 MATLAB 程序 dlqr.m 求出状态反馈控制器增益矩阵 K ，其中，$Q = C^T C$（C 为

增广模型的输出矩阵)，$R=1$。设计观测器增益矩阵 K_{ob}，其中，Q 和 R 矩阵均为具有兼容维数的单位矩阵。

(4)在相同条件下对时滞系统进行闭环仿真研究。绘制控制信号和输出信号的闭环响应图。在控制性能改进方面，你有什么观察发现？

6.6　Ralhan 和 Badgwell(2000)中给出了一个传递函数模型描述燃气加热器在高燃料工况下的运行。由于温度传感器远离加热源，系统具有较大的时滞，在例 5.9 中，设计了一种基于扰动观测器的燃气加热器控制系统。方便起见，具有时滞的离散时间模型如下：

$$\begin{bmatrix} x_0(k+1) \\ y_0(k) \\ y_0(k-1) \\ y_0(k-2) \\ y_0(k-3) \\ y_0(k-4) \end{bmatrix} = \overbrace{\begin{bmatrix} A_0 & 0 & 0 & 0 & 0 & 0 \\ C_0 & 0 & 0 & 0 & 0 & 0 \\ 0 & 1 & 0 & 0 & 0 & 0 \\ 0 & 0 & 1 & 0 & 0 & 0 \\ 0 & 0 & 0 & 1 & 0 & 0 \\ 0 & 0 & 0 & 0 & 1 & 0 \end{bmatrix}}^{A_m} \begin{bmatrix} x_0(k) \\ y_0(k-1) \\ y_0(k-2) \\ y_0(k-3) \\ y_0(k-4) \\ y_0(k-5) \end{bmatrix} + \overbrace{\begin{bmatrix} B_0 \\ 0 \\ 0 \\ 0 \\ 0 \\ 0 \end{bmatrix}}^{B_m} u(k) \qquad (6.51)$$

测量的输出 $y(k)$ 为

$$y(k) = \overbrace{\begin{bmatrix} 0 & 0 & 0 & 0 & 0 & 1 \end{bmatrix}}^{C_m} \begin{bmatrix} x_0(k) \\ y_0(k-1) \\ y_0(k-2) \\ y_0(k-3) \\ y_0(k-4) \\ y_0(k-5) \end{bmatrix} \qquad (6.52)$$

式中，系统矩阵 A_0、B_0、C_0 为

$$A_0 = \begin{bmatrix} 0.6550 & -0.0327 \\ 0.8187 & 0.9825 \end{bmatrix}; \quad B_0 = \begin{bmatrix} 0.8187 \\ 0.4381 \end{bmatrix}; \quad C_0 = \begin{bmatrix} 0 & 0.0400 \end{bmatrix}$$

(1)设计一个状态反馈控制系统,通过在控制器中嵌入一个积分器保持恒定的室内温度。用 MATLAB 程序 dlqr.m 求状态反馈控制器增益矩阵 K，其中，$Q=C^TC$（C 为增广模型的输出矩阵)，$R=1$。求观测器增益矩阵 K_{ob}，其中，Q 和 R 矩阵均为具有兼容维数的单位矩阵。

(2)采样间隔 Δt 为 1min，增量参考信号为 1℃，开始仿真，并在 50min 后升至 2℃。所有初始条件选为零。对燃气加热器系统进行状态估计反馈控制器的闭环仿真。给出控制信号和输出信号。

(3)将控制信号约束在零与 3 个单位之间，即

$$0 \leqslant u(k) \leqslant 3$$

用该控制信号的约束对闭环控制系统进行仿真。给出控制信号和输出信号。

（4）对仿真结果与例 5.9 中得到的结果进行比较，你有何观察发现？

6.7　继续 6.6 题。在本练习中，要求对观测器和控制器的期望闭环时间常数的最大值施加约束，通过离散时间线性二次型调节器的设定稳定程度来实现该最大值约束。

（1）对于控制器的设计，期望的闭环时间常数的最大值选为 5min。采样间隔为 $\Delta t = 1\text{min}$，Q 和 R 矩阵同 6.6 题，求状态反馈控制器增益矩阵 K。

（2）对于观测器的设计，误差系统的期望时间常数的最大值选为 1min。采样间隔为 $\Delta t = 1\text{min}$，Q 和 R 矩阵同 6.6 题，求状态反馈观测器增益矩阵 K_{ob}。

（3）用 6.6 题中给出的相同仿真条件，对有和无控制信号约束的闭环控制性能进行评估，将仿真结果与 6.6 题中得到的结果相比，你有何观察发现？

6.8　考虑风力涡轮机传动系统的控制系统设计。在 2.4 节（图 2.11）中的连续时间控制系统的设计和 5.5 题中基于扰动观测器的控制系统的设计中，已经研究过该系统。

方便起见，分别将涡轮机和发电机的角速度定义为 ω_t 和 ω_r，并将角位置定义为 θ_t 和 θ_r，涡轮机传动系统用下列差分方程式描述：

$$2H_t \frac{\mathrm{d}\omega_t}{\mathrm{d}t} = T_t - T_w - K_s(\theta_r - \theta_t) - D_m(\omega_r - \omega_t) \tag{6.53}$$

$$2H_g \frac{\mathrm{d}\omega_r}{\mathrm{d}t} = -T_e + T_L + K_s(\theta_r - \theta_t) + D_m(\omega_r - \omega_t) \tag{6.54}$$

$$\frac{\mathrm{d}\theta_t}{\mathrm{d}t} = \omega_t \tag{6.55}$$

$$\frac{\mathrm{d}\theta_r}{\mathrm{d}t} = \omega_r \tag{6.56}$$

式中，H_t、H_g 为涡轮机和发电机的惯性时间常数；K_s 为轴的刚度常数；D_m 为互阻尼系数；T_w 为风力转矩，反映风力变化产生的输入扰动；T_L 为负载转矩，反映功率输出需求的负载扰动。在本题中，如 Perdana（2008）中，涡轮机惯性时间常数 $H_t = 2.6\text{s}$，发电机惯性时间常数 $H_g = 0.22\text{s}$，轴的刚度常数 $K_s = 141.0\text{p.u.}$，互阻尼系数 $D_m = 3.0\text{p.u.}$。

被操纵变量为涡轮机转矩 T_t 和发电机转矩 T_e。为了优化风力发电，需要对发电机的角速度进行控制。因此，控制目标是在抑制风力扰动 T_w 和负载扰动 T_L 的同时，实现 ω_r 的参考信号跟踪。为避免对风力涡轮机产生机械应力，要求风力涡轮机的角速度 ω_t 与发电机的角速度同步，即在稳态运行时，控制目标为 $\omega_t = \omega_r$。

（1）用采样间隔 $\Delta t = 0.01$ 将连续时间状态空间模型转换为离散时间状态空间模型。

（2）假设 θ_t 和 θ_r 被测量，通过将积分器嵌入控制器设计一个状态估计反馈控制系统。对于控制器的设计和观测器的设计，使用 MATLAB 函数 dlqr.m，其中，Q 和 R 矩阵均为具有兼容维数的单位矩阵。K 是什么？K_{ob} 是什么？

（3）用你选择的 N_{sim} 对参考信号跟踪和扰动抑制的闭环响应进行仿真。简便起见，所有初始条件选为零。参考信号 θ_t 和 θ_r 为离散时间中的单位斜坡信号。风力扰动为随机游走扰动，在仿真的全程一直存在，而负载扰动 T_L 为在仿真时间一半时进入系统的单位阶跃扰动。给出控制信号和输出信号 θ_r 及 θ_t。

6.9 某机械系统用下列 z 变换函数描述（van Donkelaar et al., 1999）：

$$G(z) = \frac{-5.7980z^3 + 19.5128z^2 - 21.6452z + 7.9547}{z^4 - 3.0228z^3 + 3.8630z^2 - 2.6426z + 0.8084} \tag{6.57}$$

系统有四个极点，位于 $0.5162 \pm j0.7372$、$0.9952 \pm j0.0877$；三个零点，位于 1.3873、$0.9891 \pm j0.1034$。

该系统在 Wang（2009）中被用于模型预测控制的设计中，系统的单位阶跃响应和频率响应如图 6.19 所示。显然，这个系统是剧烈振荡的，有一个不稳定的零点。设计一个状态估计控制系统，跟踪阶跃参考信号，以离散时间频率 $\omega_d = 0.1\text{rad/s}$ 抑制正弦干扰。

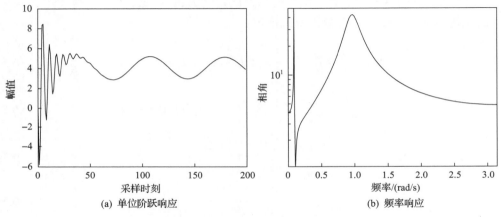

(a) 单位阶跃响应　　　　　　　　(b) 频率响应

图 6.19　机械系统的开环响应

(1)在控制器设计和观测器设计中，使用 MATLAB 函数 dlqr.m，其中，Q 和 R 矩阵均为具有兼容维数的单位矩阵。K 是什么？K_{ob} 是什么？

(2)用你选择的 N_{sim} 对参考信号跟踪和扰动抑制的闭环响应进行仿真。简便起见，所有初始条件选为零。输出的参考信号为单位阶跃信号，在输入信号中加入频率为 ω_d 的正弦扰动。给出控制信号和输出信号。

(3)由于系统具有不稳定零点且剧烈振荡，我们可以在控制器设计和观测器设计中仔细调整 Q 和 R 矩阵，或使用设定的稳定度来减小闭环控制系统的振荡。对两种方法进行探讨，并通过仿真研究对闭环控制结果进行比较。

6.10　继续 6.9 题。我们将研究关于控制信号约束的抗饱和机制的实现。

(1)确定 6.9 题中控制幅值的最小值和最大值，分别用 $u^{\min}$ 和 $u^{\max}$ 表示。假设将控制信号约束在 $0.8u^{\min}$ 和 $0.8u^{\max}$ 之间，通过在被控对象中使用有约束的控制信号，而在观测器实现中使用无约束的控制信号，研究积分器的饱和情况。给出输出和控制信号的闭环响应。你有何观察发现？

（2）用抗饱和机制实施控制信号约束。给出输出和控制信号的闭环响应。比较上一步中错误实现所得到的仿真结果，你有何观察发现？

6.11 食品挤出是一个连续的过程，用一个旋转螺杆迫使食材通过机器的筒并从狭窄的模具开口处挤出。在这个过程中，材料在高温高压下同时输送、混合、成型、拉伸和剪切。食品挤出机示意图如图 6.20 所示。Wang（2009）中设计了食品挤出机的连续时间模型预测控制，并进行了实验验证。假设 u_1、u_2、y_1 和 y_2 分别表示螺杆速度、液泵速度、特定机械能（SME）和电机转矩。通过系统识别构建食品挤出机的连续时间模型，即

$$\begin{bmatrix} y_1 \\ y_2 \end{bmatrix} = \begin{bmatrix} G_{11} & G_{12} \\ G_{21} & G_{22} \end{bmatrix} \begin{bmatrix} u_1 \\ u_2 \end{bmatrix} \tag{6.58}$$

式中

$$G_{11} = \frac{0.21048s + 0.00245}{s^3 + 0.302902s^2 + 0.066775s + 0.002186}$$

$$G_{12} = \frac{-0.001313s^2 + 0.000548s - 0.000052}{s^4 + 0.210391s^3 + 0.105228s^2 + 0.00777s + 0.000854}$$

$$G_{21} = \frac{0.000976s - 0.000226}{s^3 + 0.422036s^2 + 0.091833s + 0.003434}$$

$$G_{22} = \frac{-0.00017}{s^2 + 0.060324s + 0.006836}$$

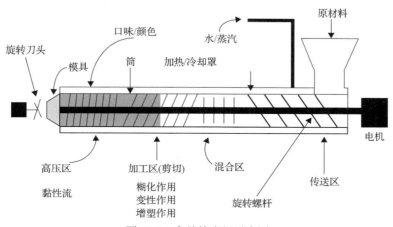

图 6.20 食品挤出机示意图

设计了一个具有积分作用的状态估计反馈控制系统，其控制目标是在低频扰动存在的情况下，保持 SME 和电机的平稳运行。

（1）选择采样间隔 $\Delta t = 3s$，得到食品挤出机的离散时间模型。

（2）用 MATLAB 程序 dlqr.m 来求出状态反馈控制器增益矩阵 K，其中，$Q = C^{\mathrm{T}}C$（C 为增广模型的输出矩阵），$R = I$。求观测器增益矩阵 K_{ob}，其中 Q 和 R 为具有兼容维数的单位矩阵。

（3）在仿真研究中，仅考虑参考信号的增量变化，这意味着所有稳态条件都假定为零。另外，方便起见，将初始条件都假设为零。对闭环控制系统进行仿真，其中，SME 用单位阶跃信号，电机转矩用零参考信号。在仿真研究中，两种控制信号中都加入随机游走扰动。给出控制信号和输出信号。你有何观察发现？

6.12　地面车辆的动力学由以下微分方程描述：

$$\dot{x}(t) = v_x(t) \tag{6.59}$$

$$\dot{v}_x(t) = a_x(t) \tag{6.60}$$

$$2\dot{a}_x(t) + a_x(t) = u_x(t) \tag{6.61}$$

$$\dot{y}(t) = v_y(t) \tag{6.62}$$

$$\dot{v}_y(t) = a_y(t) \tag{6.63}$$

$$2\dot{a}_y(t) + a_y(t) = u_y(t) \tag{6.64}$$

车辆的主要控制目标是在 x、y 两个方向的速度和加速度的操作约束下，使车辆跟踪给定的参考轨迹，如图 6.21 所示。更具体地说，约束为

$$|v_x| \leqslant 30\text{m/s} ; \quad |a_x| \leqslant 5\text{m/s}^2 ; \quad |v_y| \leqslant 30\text{m/s} ; \quad |a_y| \leqslant 5\text{m/s}^2$$

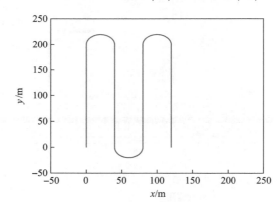

图 6.21　预定轨迹平面图

首先，将 x-y 平面内的轨迹分解为 x 轴和 y 轴的两个参考信号。显然，在前 200m，车辆沿 y 方向直线运动。因此，x 轴的轨迹是一个常数 0，y 轴的轨迹是一条直线，y 轴速度的斜率为 ω_1。x-y 平面轨迹的第二个特征是半圆，半径是 20m。该半圆可用 x 轴和 y 轴的正弦函数描述。通过轨迹的分解确定圆的角速度 ω_2。ω_1 和 ω_2 都将根据操作约束进行选择。

（1）选择期望角速度 ω_1 和 ω_2 以满足速度和加速度的限制。

（2）用 $\Delta t = 0.1\text{s}$，构建车辆在 x 轴和 y 轴上的期望轨迹。

(3)不考虑车辆的负载扰动，确定最简扰动模型 $D(z)$，使控制系统跟踪 x 轴和 y 轴上的期望轨迹。

(4)假设车辆有一个不可忽略的负载(一个未知的恒定负载)，确定扰动模型 $D(z)$，使重复控制系统在遵循期望轨迹的同时抑制负载扰动。

(5)通过将扰动模型嵌入控制器来设计控制系统。调整控制器和观测器的闭环性能，使其满足速度和加速度的约束。对扰动模型 $D(z)$ 进行设计和仿真。

(6)通过扰动估计和全状态变量估计来设计控制系统。对扰动模型 $D(z)$ 进行设计与仿真。

(7)你对这些设计方法有何看法？

第三部分　卡尔曼滤波

第 7 章　卡尔曼滤波器

7.1　概　　述

卡尔曼滤波是用于状态估计的一种实时计算算法。卡尔曼滤波器和前几章介绍的状态观测器之间的主要相似之处在于，它们都是通过测量输出变量，并结合系统状态空间模型来估计未知状态变量的。然而，观测器只能离线计算线性时不变系统的反馈增益向量。相比之下，卡尔曼滤波器实时递归地计算卡尔曼滤波增益，可以有效地估计时变系统的状态向量。当过程噪声和测量噪声为高斯分布且系统为线性时，卡尔曼滤波器可获得最优反馈增益和状态估计。

本章首先介绍了卡尔曼滤波器中使用的数学模型(参见 7.2.1 节)，然后推导了卡尔曼滤波器最优状态估计与反馈增益的求解过程(参见 7.2.2 节和 7.2.3 节)。虽然推导卡尔曼滤波器的方法有很多，但 7.2.2 节和 7.2.3 节中给出的推导遵循一种更为直观的方法。在介绍完卡尔曼滤波算法后，7.2.4 节中引入几个示例并提供了相应的 MATLAB 教程。7.2.5 节讨论了应用于传感器偏置和负载扰动补偿的卡尔曼滤波器设计过程。

在卡尔曼滤波的应用中，常见的场景包括多速率采样和测量数据缺失。这些重要问题将在 7.3 节中通过实际案例及其 MATLAB 教程予以解决。7.4 节介绍了适用于非线性系统状态估计的扩展卡尔曼滤波器，并给出了几个示例和 MATLAB 教程。7.5 节将 DLQR 设定稳定度的思想推广到卡尔曼滤波器，得到了具有衰减记忆的卡尔曼滤波器。本章最后讨论了卡尔曼滤波器和观测器之间的关系(参见 7.6 节)。

7.2　卡尔曼滤波器的算法

7.2.1　卡尔曼滤波器的状态空间模型

在第 3～6 章中，我们使用了如下状态空间模型进行控制系统设计：

$$x(k+1) = Ax(k) + Bu(k); \quad y(k) = Cx(k)$$

式中，系统矩阵 A、B 和 C 为常数矩阵，用来描述一个时不变系统。由于本章中的卡尔曼滤波器是针对线性时变系统进行最优推导的，因此假定其数学模型由以下差分方程描述：

$$x(k) = A(k-1)x(k-1) + B(k-1)u(k-1) + w(k-1) \tag{7.1}$$

$$y(k) = C(k)x(k) + v(k) \tag{7.2}$$

式中，$x(k)$ 为维数为 $n \times 1$ 的状态向量；$u(k)$ 为维数为 $p \times 1$ 的外部输入信号；$y(k)$ 为维数

为 $m \times 1$ 的测量变量向量；$w(k)$ 和 $v(k)$ 分别为过程噪声和测量噪声，假设它们是均值为零、协方差为 Q 和 R 的独立随机变量序列。在此，强调以下两个方面。

　　(1) 在数学模型（见式(7.1)和式(7.2)）中，向量 $x(k)$ 是未知的真实状态，外部输入信号 $u(k)$ 假设为已知，输出信号 $y(k)$ 为测量信号。给定时变系统矩阵 $A(k)$、$B(k)$ 和 $C(k)$，卡尔曼滤波器的目标是估计真实状态 $x(k)$。

　　(2) $w(k)$ 和 $v(k)$ 满足以下统计性质：

$$E[w(k)] = 0_{n \times 1} \tag{7.3}$$

$$E[v(k)] = 0_{m \times 1} \tag{7.4}$$

$$E\left[w(k)w(j)^{\mathrm{T}}\right] = Q(k)\delta(k-j) \tag{7.5}$$

$$E\left[v(k)v(j)^{\mathrm{T}}\right] = R(k)\delta(k-j) \tag{7.6}$$

$$E\left[v(k)w(j)^{\mathrm{T}}\right] = 0_{m \times n} \tag{7.7}$$

式中，$\delta(k-j)$ 为克罗内克函数，即当 $k=j$ 时 $\delta(k-j)=1$，当 $k \neq j$ 时 $\delta(k-j)=0$。式(7.3)和式(7.4)对应于噪声的零均值假设，式(7.5)和式(7.6)对应于噪声为独立随机变量的假设。式(7.7)意味着 $v(k)$ 和 $w(k)$ 之间不存在相关性。噪声的统计特性（见式(7.3)～式(7.7)）是卡尔曼滤波最优化条件的一部分。

　　注意，式(7.1)和式(7.2)中给出的状态空间模型在卡尔曼滤波器相关文献中也通常表示为

$$x_k = A_{k-1}x_{k-1} + B_{k-1}u_{k-1} + w_{k-1}; \quad y_k = C_k x_k + v_k$$

式中，下标 k 表示采样点数。为了保证本书中符号的一致性，在接下来卡尔曼滤波器的推导与设计过程中，我们将使用式(7.1)和式(7.2)中给出的状态空间模型。

7.2.2 直观的计算过程

　　卡尔曼滤波算法基于过程噪声 $w(k)$ 和测量噪声 $v(k)$ 的统计特性，利用系统动力学模型和测量输出 $y(k)$ 来实现状态向量 $x(k)$ 的最优估计。这个估计过程是迭代进行的。

　　我们从一个直观的计算过程开始卡尔曼滤波器的推导。

　　(1) 在采样时刻 $k=0$ 处，过程噪声 $w(0)$ 的协方差矩阵为 $Q(0) = E\left[w(0)w(0)^{\mathrm{T}}\right]$，测量噪声 $v(0)$ 的协方差矩阵为 $R(0) = E\left[v(0)v(0)^{\mathrm{T}}\right]$。我们假设初始时刻 $k=0$ 的所有输出测量值都被用于构建初始估计值 $\hat{x}(0)^{+}$，其中上标"$+$"表示测量值 $y(0)$ 已被利用。假设 $x(0)$ 为含随机变量的向量，对于这个初始估计值 $\hat{x}(0)^{+}$，存在误差 $e(0)^{+} = x(0) - \hat{x}(0)^{+}$，利用协方差矩阵对初始估计值的不确定性进行量化：

$$P(0)^{+} = E\left[\left(x(0) - \hat{x}(0)^{+}\right)\left(x(0) - \hat{x}(0)^{+}\right)^{\mathrm{T}}\right]$$

（2）在采样时刻 $k=1$ 处，在使用测量值 $y(1)$ 之前，给定最新的最优估计值 $\hat{x}(0)^+$，我们可以求出 $k=1$ 时刻的最优估计值 $\hat{x}(1)^-$，其中上标"–"表示估计过程未利用测量值 $y(1)$。利用动态模型式（7.1）计算得到最优估计值 $\hat{x}(1)^-$：

$$\begin{aligned}\hat{x}(1)^- &= E\left[A(0)\hat{x}(0)^+ + B(0)u(0) + w(0)\right]\\&= A(0)\hat{x}(0)^+ + B(0)u(0)\end{aligned} \tag{7.8}$$

式中，期望值 $E[w(0)]$ 为零（见式（7.3））。然而，过程噪声 $w(0)$ 的存在导致 $\hat{x}(1)^-$ 存在误差，即

$$e(1)^- = x(1) - \hat{x}(1)^- = A(0)\left(x(0) - \hat{x}(0)^+\right) + w(0) \tag{7.9}$$

用协方差矩阵对该误差进行量化：

$$\begin{aligned}P(1)^- &= E\left[\left(x(1) - \hat{x}(1)^-\right)\left(x(1) - \hat{x}(1)^-\right)^{\mathrm{T}}\right]\\&= A(0)E\left[\left(x(0) - \hat{x}(0)^+\right)\left(x(0) - \hat{x}(0)^+\right)^{\mathrm{T}}\right]A(0)^{\mathrm{T}} + E\left[w(0)w(0)^{\mathrm{T}}\right]\end{aligned}$$

注意，前一步 $e(0)^+$ 的协方差可表示为

$$E\left[\left(x(0) - \hat{x}(0)^+\right)\left(x(0) - \hat{x}(0)^+\right)^{\mathrm{T}}\right] = P(0)^+$$

另外，$E\left[w(0)w(0)^{\mathrm{T}}\right] = Q(0)$（见式（7.5））。因此，$e(1)^-$ 的协方差矩阵等价于：

$$P(1)^- = A(0)P(0)^+A(0)^{\mathrm{T}} + Q(0) \tag{7.10}$$

（3）当测量的 $y(1)$ 可用时，将 $y(1)$ 和 $C(1)\hat{x}(1)^-$ 之间的误差作为反馈，对估计值 $\hat{x}(1)^-$ 进行优化校正。其中，$C(1)\hat{x}(1)^-$ 的维数为 $m\times 1$，是利用估计状态向量 $\hat{x}(1)^-$ 计算得到的预测测量值。优化后的估计值计算如下：

$$\hat{x}(1)^+ = \hat{x}(1)^- + K(1)\left(y(1) - C(1)\hat{x}(1)^-\right) \tag{7.11}$$

式中，$K(1)$ 为采样时刻 $k=1$ 时的卡尔曼滤波增益，在 7.2.3 节中将详述其优化推导过程。如果 $\hat{x}(1)^-$ 足够完美以使误差 $y(1) - C(1)\hat{x}(1)^-$ 为零，那么显然 $\hat{x}(1)^+$ 等于 $\hat{x}(1)^-$。否则，需利用误差乘以卡尔曼滤波增益 $K(1)$ 对 $\hat{x}(1)^-$ 进行修正。

对于估计值 $\hat{x}(1)^+$，存在误差 $x(1) - \hat{x}(1)^+$，对应的协方差矩阵为 $P(1)^+$。为计算该协方差矩阵，我们首先有

$$x(1) - \hat{x}(1)^+ = x(1) - \hat{x}(1)^- - K(1)C(1)\left(x(1) - \hat{x}(1)^-\right) - K(1)v(1)$$

此处用到了关系式 $y(1) = C(1)x(1) + v(1)$ 。则 $x(1) - \hat{x}(1)^+$ 的协方差矩阵计算为

$$
\begin{aligned}
P(1)^+ &= E\left[\left(x(1) - \hat{x}(1)^+\right)\left(x(1) - \hat{x}(1)^+\right)^{\mathrm{T}}\right]\\
&= (I - K(1)C(1))E\left[\left(x(1) - \hat{x}(1)^-\right)\left(x(1) - \hat{x}(1)^-\right)^{\mathrm{T}}\right](I - K(1)C(1))^{\mathrm{T}}\\
&\quad + K(1)E\left[v(1)v(1)^{\mathrm{T}}\right]K(1)^{\mathrm{T}}\\
&= (I - K(1)C(1))P(1)^-(I - K(1)C(1))^{\mathrm{T}} + K(1)R(1)K(1)^{\mathrm{T}}
\end{aligned}
\tag{7.12}
$$

式中，我们利用了方程：

$$
P(1)^- = E\left[\left(x(1) - \hat{x}(1)^-\right)\left(x(1) - \hat{x}(1)^-\right)^{\mathrm{T}}\right]; \quad R(1) = E\left[v(1)v(1)^{\mathrm{T}}\right]
$$

（4）在采样时刻 $k = 2$ 处，按照从步骤（2）开始的相同步骤重复进行计算。

卡尔曼滤波算法最优估计过程大致可分为两个阶段：时间更新阶段（参见步骤（2））和测量更新阶段（参见步骤（3））。在此过程中，我们可以结合来自系统动态模型和测量信号的两个信息源，并分离两个噪声项（过程噪声 $w(k)$ 和测量噪声 $v(k)$）对估计过程的影响。上述两组估计值和协方差分别与时间更新阶段和测量更新阶段相关联。

对于时间更新阶段，在采样时刻 k ，$\hat{x}(k)^-$ 和 $P(k)^-$ 称为先验估计和先验协方差矩阵，用上标"$-$"表示。对于任意 k ，先验估计 $\hat{x}(k)^-$ 和先验协方差矩阵 $P(k)^-$ 通过式（7.8）和式（7.10）计算为

$$
\hat{x}(k)^- = A(k-1)\hat{x}(k-1)^+ + B(k-1)u(k-1)
\tag{7.13}
$$

$$
P(k)^- = A(k-1)P(k-1)^+ A(k-1)^{\mathrm{T}} + Q(k-1)
\tag{7.14}
$$

可以看出，求解先验估计时利用了系统动态过程模型以及测量值 $y(0)$，$y(1)$，$y(2)$，…，$y(k-1)$ ，而并未利用当前测量值 $y(k)$ ，因此用上标"$-$"表示。

对于测量更新阶段，分别定义 $\hat{x}(k)^+$ 和 $P(k)^+$ 为后验估计和后验协方差矩阵，用上标"$+$"表示。通过将式（7.11）和式（7.12）推广至任一时刻 k ，得到后验估计 $\hat{x}(k)^+$ 和后验协方差矩阵 $P(k)^+$ 的计算公式：

$$
\hat{x}(k)^+ = \hat{x}(k)^- + K(k)\left(y(k) - C(k)\hat{x}(k)^-\right)
\tag{7.15}
$$

$$
P(k)^+ = (I - K(k)C(k))P(k)^-(I - K(k)C(k))^{\mathrm{T}} + K(k)R(k)K(k)^{\mathrm{T}}
\tag{7.16}
$$

与先验估计相比，后验估计利用了输出测量值 $y(0)$，$y(1)$，$y(2)$，…，$y(k)$ ，其中包括当前测量值 $y(k)$ 。因此，用上标"$+$"表示。

针对式（7.15）和式（7.16）中卡尔曼滤波增益 $K(k)$ 如何求解这一问题，7.2.3 节将给出详细推导过程。

7.2.3　卡尔曼滤波增益的最优化

在采样时刻 k，后验协方差矩阵 $P(k)^+$ 对卡尔曼滤波增益 $K(k)$ 的选取起到了决定性作用。在 k 时刻，目标函数被选择为真实状态与后验估计 $\hat{x}(k)^+$ 之间误差的方差之和：

$$J(k) = \sum_{j=1}^{n} E\left[\left(x_j(k) - \hat{x}_j(k)^+\right)^2\right] = E\left[\left(x(k) - \hat{x}(k)^+\right)^T \left(x(k) - \hat{x}(k)^+\right)\right] \qquad (7.17)$$

注意，对于维数为 $n \times 1$ 的向量 η，有

$$\eta^T \eta = \text{trace}\left(\eta \eta^T\right)$$

矩阵的迹等于它所有对角线元素的和。因此，目标函数 $J(k)$ 可转化为后验协方差矩阵 $P(k)^+$ 的迹，即

$$\begin{aligned} J(k) &= \text{trace}\left\{E\left[\left(x(k) - \hat{x}(k)^+\right)\left(x(k) - \hat{x}(k)^+\right)^T\right]\right\} = \text{trace}\left\{P(k)^+\right\} \\ &= \text{trace}\left\{[I - K(k)C(k)]P(k)^-[I - K(k)C(k)]^T + K(k)R(k)K(k)^T\right\} \end{aligned} \qquad (7.18)$$

通过最小化目标函数 $J(k)$ 来找到最优卡尔曼滤波增益 $K(k)$，其推导如下。

式(7.18)可以表示为

$$J(k) = \text{trace}\left\{P(k)^- - 2K(k)C(k)P(k) - K(k)\left[C(k)P(k)^-C(k)^T + R(k)\right]K(k)^T\right\} \qquad (7.19)$$

目标函数的一阶导数为

$$\frac{\partial J(k)}{\partial K(k)} = -2P(k)^-C(k)^T + 2K(k)\left[C(k)P(k)^-C(k)^T + R(k)\right] \qquad (7.20)$$

在式(7.20)推导过程中，我们使用了下列矩阵等式：

$$\frac{\partial\left(\text{trace}\left(XYX^T\right)\right)}{\partial X} = 2XY; \quad \frac{\partial(\text{trace}(XY))}{\partial X} = Y^T$$

假设在 k 时刻矩阵 $C(k)P(k)^-C(k)^T + R(k)$ 为正定矩阵，通过求解以下代数方程，即可求得使目标函数 $J(k)$ 最小化的卡尔曼滤波增益 $K(k)$：

$$\frac{\partial J(k)}{\partial K(k)} = 0$$

解之得

$$K(k) = P(k)^-C(k)^T\left[C(k)P(k)^-C(k)^T + R(k)\right]^{-1} \qquad (7.21)$$

当矩阵 $C(k)P(k)^- C(k)^\mathrm{T} + R(k)$ 是正定矩阵时，上述解即为使目标函数 $J(k)$ 最小化的卡尔曼滤波增益。

卡尔曼滤波算法总结如下。在开始迭代计算前，我们首先需要给出后验估计的初始条件 $\hat{x}(0)^+ = E(x(0))$、后验协方差矩阵初始条件 $P(0)^+ = E\big[(x(0) - \hat{x}(0)^+)(x(0) - \hat{x}(0)^+)^\mathrm{T}\big]$，以及过程噪声协方差矩阵 Q 和测量噪声协方差矩阵 R。然后，对于每个采样时刻 k 重复以下计算过程。

(1) 计算状态的先验估计值和先验协方差矩阵：

$$\hat{x}(k)^- = A(k-1)\hat{x}(k-1)^+ + B(k-1)u(k-1) \tag{7.22}$$

$$P(k)^- = A(k-1)P(k-1)^+ A(k-1)^\mathrm{T} + Q(k-1) \tag{7.23}$$

(2) 计算卡尔曼滤波增益：

$$K(k) = P(k)^- C(k)^\mathrm{T}\Big[C(k)P(k)^- C(k)^\mathrm{T} + R(k)\Big]^{-1} \tag{7.24}$$

(3) 计算状态的后验估计值和后验协方差矩阵：

$$\hat{x}(k)^+ = \hat{x}(k)^- + K(k)\Big(y(k) - C(k)\hat{x}(k)^-\Big) \tag{7.25}$$

$$\begin{aligned} P(k)^+ &= (I - K(k)C(k))P(k)^- (I - K(k)C(k))^\mathrm{T} \\ &\quad + K(k)R(k)K(k)^\mathrm{T} \end{aligned} \tag{7.26}$$

后验协方差矩阵 $P(k)^+$ 有一个简化表达。简化推导过程如下：

$$\begin{aligned} P(k)^+ &= (I - K(k)C(k))P(k)^- (I - K(k)C(k))^\mathrm{T} \\ &\quad + K(k)R(k)K(k)^\mathrm{T} \\ &= (I - K(k)C(k))P(k)^- - P(k)^- C(k)^\mathrm{T} K(k)^\mathrm{T} \\ &\quad + K(k)C(k)P(k)^- C(k)^\mathrm{T} K(k)^\mathrm{T} + K(k)R(k)K(k)^\mathrm{T} \end{aligned} \tag{7.27}$$

式 (7.27) 最后两项的和等于：

$$\begin{aligned} &K(k)C(k)P(k)^- C(k)^\mathrm{T} K(k)^\mathrm{T} + K(k)R(k)K(k)^\mathrm{T} \\ &= K(k)\Big[C(k)P(k)^- C(k)^\mathrm{T} + R(k)\Big]K(k)^\mathrm{T} \\ &= P(k)^- C(k)^\mathrm{T}\Big[C(k)P(k)^- C(k)^\mathrm{T} + R(k)\Big]^{-1}\Big[C(k)P(k)^- C(k)^\mathrm{T} + R(k)\Big]K(k)^\mathrm{T} \\ &= P(k)^- C(k)^\mathrm{T} K(k)^\mathrm{T} \end{aligned}$$

由此，我们得到后验协方差矩阵 $P(k)^+$ 的简化表达：

$$P(k)^+ = (I - K(k)C(k))P(k)^- \tag{7.28}$$

与式(7.26)给出的后验协方差矩阵 $P(k)^+$ 相比，式(7.28)计算要求更低。然而，由于数值求解精度问题，式(7.28)可能会失去对称性。$P(k)^+$ 的简化表达式将用于第 8 章具有正交分解的卡尔曼滤波算法中，其中对称性将通过相关的计算过程来实现。

7.2.4　卡尔曼滤波器示例及 MATLAB 教程

在本节中，我们首先生成 MATLAB 函数 KF.m，以便对本节中的例子进行仿真验证。

教程 7.1　本教程的目标是编写一个 MATLAB 函数 KF.m，该函数可用于多输入-多输出系统的状态估计。函数的输入变量如下。

(1)系统矩阵 A、B、C。

(2)输入和输出数据 $u(P \times L)$、$y(m \times L)$，其中 P 和 m 分别是输入和输出的个数，L 是仿真样本的数据个数。

(3)卡尔曼滤波器的初始条件 $\hat{x}(0)^+$ 和 $P(0)^+$。

(4)噪声协方差矩阵 Q 和 R。

该函数的输出变量为 $\hat{x}(k)^+$ 和 $\hat{y}(k)$。尽管卡尔曼滤波器的目标是估计 $\hat{x}(k)^+$，但同样也能获得估计输出 $\hat{y}(k)\left(\hat{y}(k) = C\hat{x}(k)^+\right)$ 的信息。

步骤 1，创建一个文件，命名为"KF.m"。

步骤 2，输入以下程序：

```
function[xhat,yhat]=KF(A,B,C,u,y,x_plus,P_plus,Q,R)
```

步骤 3，查看数据长度、测量信号和状态变量的个数。写入以下程序：

```
L=length(y);
[m,n]=size(C);
```

步骤 4，将初始条件 $\hat{x}(0)^+$ 赋给 $\hat{x}(:,1)$，将初始条件 $C\hat{x}(0)^+$ 赋给 $\hat{y}(:,1)$。输入以下程序：

```
xhat(:,1)=x_plus;
yhat(:,1)=C*x_plus;
```

步骤 5，递归执行以下计算过程。计算状态的先验估计 $\hat{x}(1)^-$ 和协方差矩阵 $P(k)^-$。输入以下程序：

```
for k=2:L
x_minus=A*x_plus+B*u(:,k-1);
P_minus=A*P_plus*A'+Q;
```

步骤 6，计算卡尔曼滤波增益。输入以下程序：

```
K=P_minus*C'*inv(C*P_minus*C'+R);
```

步骤 7，计算状态的后验估计 $\hat{x}(1)^+$ 和协方差矩阵 $P(k)^+$。输入以下程序：

```
x_plus=x_minus+K*(y(:,k)-C*x_minus);
P_plus=(eye(n)-K*C)*P_minus*(eye(n)-K*C)'+K*R*K';
```

步骤 8，保存估计状态变量和输出变量，完成一个周期的计算。输入以下程序：

```
xhat(:,k)=x_plus;
yhat(:,k)=C*x_plus;
end
```

步骤 9，用例 7.1 测试函数。

例 7.1 已知某信号是幅值未知的分段常数。该信号被方差为 0.01 的零均值测量噪声破坏。设计一个卡尔曼滤波器，从包含噪声的测量信号中提取真实信号。这个例子将说明，卡尔曼滤波器可以在一定程度上补偿真实过程噪声与模型假设的噪声之间的差异。

解 设计卡尔曼滤波器的第一步是构建系统的动态模型。作为分段常数，我们可以假设该信号为未知常数 c，即在采样时刻 k 处，状态变量 $x(k) = c$，且 $x(k) - x(k-1) = 0$。由于参数 c 在一定时间间隔后可能会变成一个不同的常数，这种可能的变化由过程噪声 $w(k)$ 模拟。由此，我们得到分段常数的动态模型为

$$x(k) = x(k-1) + w(k-1) \tag{7.29}$$

测量模型为

$$y(k) = x(k) + v(k) \tag{7.30}$$

式中，$v(k)$ 为零均值的白噪声，方差为 0.01。

为了测试卡尔曼滤波算法，参数 c 的前 500 个采样点为 1，后 500 个采样点变为 –1。在参数 c 中加入用 MATLAB 函数 randn.m 生成的测量噪声（$v(k)$）。图 7.1 (a) 所示为被噪声破坏的信号。其中，除 $k = 500$ 时信号从 1 变成 –1 以外，过程噪声 $w(k)$ 均为零。因此，真实过程噪声 $w(k)$ 不是零均值的白噪声，真实过程噪声和模型假设的白噪声不匹配。

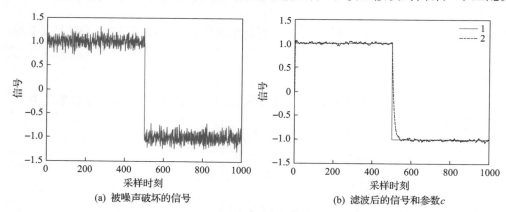

(a) 被噪声破坏的信号　　　(b) 滤波后的信号和参数 c

图 7.1　分段常数信号（例 7.1）

线 1 表示参数 c；线 2 表示滤波后的信号

在卡尔曼滤波器设计过程中，$A = 1$、$B = 0$、$C = 1$、$R = 0.01$。初始条件为 $\hat{x}(0)^+ = 0$、$P(0)^+ = 100$。引入过程噪声 $w(k)$ 来反映参数变化导致的不确定性，其方差未知，我们将 Q 作为调优参数。以 $Q = 0.0001$ 为例，图 7.1 (a) 为被噪声破坏的信号，图 7.1 (b) 为滤波后的信号和参数 c 的对比图。通过接下来的教程 7.2 我们可以验证，若 $Q = 0$，当参数 c

不变时，滤波器运行结果最优，但当 c 变化时，卡尔曼滤波器需要很长时间才能收敛到新参数。

该实例表明，使用卡尔曼滤波器时，对于过程噪声的假设具有一定程度的鲁棒性。例如，当 $w(k)$ 的假设值与真实过程噪声不匹配时，卡尔曼滤波器仍能正常工作。

由例 7.1 推导的建模框架将被用于 7.2.5 节中传感器偏置和负载扰动的补偿。

教程 7.2　本教程旨在基于例 7.1 测试 MATLAB 函数 KF.m。

创建一个新文件，命名为"test4KF.m"。

步骤 1，根据例 7.1 生成测试信号。用 MATLAB 函数 randn.m 生成方差为 0.01 的测量噪声。通过指定 seed 的编号，我们可以得到固定的噪声序列。输入以下程序：

```
y1=[ones(1,500) -ones(1,500)];
randn('seed',0);
noi=0.1*randn(1,1000);
y=y1+noi;
u=zeros(1,1000);
```

步骤 2，定义系统矩阵。输入以下程序：

```
A=1;
B=0;
C=1;
```

步骤 3，定义 Q 和 R 矩阵。输入以下程序：

```
Q=0.0001;
R=0.01;
```

步骤 4，选择初始条件。输入以下程序：

```
P_plus=100;
x_plus=0;
```

步骤 5，调用教程 7.1 中编写的 MATLAB 函数 KF.m。输入以下程序：

```
[xhat,yhat]=KF(A,B,C,u,y,x_plus,P_plus,Q,R);
```

步骤 6，将运行结果与例 7.1 中得到的结果进行比较。

下列两个例子用于说明矩阵 Q 对状态估计的影响。

例 7.2　用以下状态空间模型描述某线性时变系统：

$$\begin{bmatrix} x_1(k) \\ x_2(k) \end{bmatrix} = \begin{bmatrix} \sin\dfrac{2\pi(k-1)}{300} & 1 \\ 0 & \cos\dfrac{2\pi(k-1)}{300} \end{bmatrix} \begin{bmatrix} x_1(k-1) \\ x_2(k-1) \end{bmatrix} + \begin{bmatrix} 1 \\ 1 \end{bmatrix} u(k-1) \tag{7.31}$$

$$y(k) = \begin{bmatrix} 0 & 1 \end{bmatrix} \begin{bmatrix} x_1(k) \\ x_2(k) \end{bmatrix} + v(k) \tag{7.32}$$

式中，输入信号 $u(k)=\sin\dfrac{2\pi k}{100}$；测量噪声 $v(k)$ 为方差 $\sigma^2=1$ 的白噪声。图 7.2 显示了测量的输出数据，这组数据是以初始条件 $x_1(0)=x_2(0)=1$ 生成的。设计一个卡尔曼滤波器来实现该时变系统状态 $x_1(k)$ 和 $x_2(k)$ 的估计。

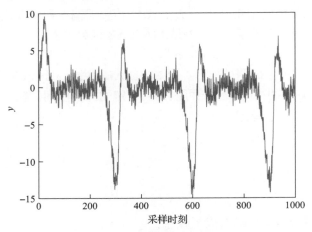

图 7.2　测量的输出数据（例 7.2）

解　由于系统中无过程噪声，我们将 Q 选为零矩阵。根据给定的测量噪声方差，选择 $R=1$。选初始条件为 $\hat{x}(0)^+=[0\ \ 0]^{\mathrm{T}}$，$P(0)^+=100I$。

为便于理解，在此处重述时间更新阶段方程：

$$\hat{x}(k)^-=A(k-1)\hat{x}(k-1)^++B(k-1)u(k-1) \tag{7.33}$$

$$P(k)^-=A(k-1)P(k-1)^+A(k-1)^{\mathrm{T}}+Q \tag{7.34}$$

式中，使用了下列时变矩阵 $A(k-1)$ 和矩阵 B：

$$A(k-1)=\begin{bmatrix}\sin\dfrac{2\pi(k-1)}{300} & 1\\[2mm] 0 & \cos\dfrac{2\pi(k-1)}{300}\end{bmatrix};\quad B=\begin{bmatrix}1\\1\end{bmatrix}$$

根据式（7.24）更新卡尔曼滤波增益，状态的后验估计值及其后验协方差矩阵遵循式（7.25）和式（7.26）进行计算。

由于是在仿真环境中生成的数据，状态变量 $x_1(k)$ 和 $x_2(k)$ 的真实值是准确可知的，我们利用状态变量真实值对卡尔曼滤波性能进行评估。图 7.3（a）上方的图中对估计的状态 $\hat{x}_1(k)^+$ 与 $x_1(k)$ 进行了比较，二者基本没有区别。在图 7.3（a）下方的图中显示的误差 $e_1=x_1(k)-\hat{x}_1(k)^+$ 在 40 个采样后收敛至一个极小的数值。对于估计状态 $\hat{x}_2(k)^+$ 和 $e_2(k)$ 也得到了相似的结果，如图 7.3（b）所示。另外，两个状态的均方误差和为 $\dfrac{1}{M}\displaystyle\sum_{k=1}^{M}\left(e_1(k)^2+e_2(k)^2\right)=0.0077$，其中 M 为数据长度。

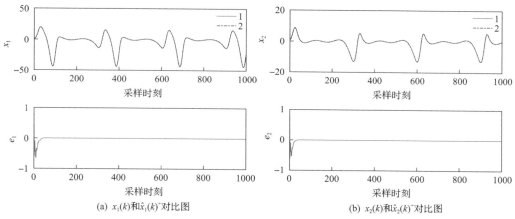

图 7.3　卡尔曼滤波器的性能评价 (例 7.2)

线 1 表示真实值；线 2 表示估计状态

　　可以参照教程 7.1 中的程序重新创建本例的 MATLAB 仿真文件，对上述模拟结果进行复现。本例需要对时间更新阶段的程序进行一点小修改，此处系统矩阵为时变矩阵。

　　接下来我们需要关注的问题是，当 Q 矩阵选为零时意味着什么？这意味着例 7.2 中的动态模型式 (7.31) 是绝对准确的，我们对它 100% 信任。同时，这也意味着测量结果对我们来说无关紧要。因此，当选择 $Q = 0$ 时，假设了一种极端的情况。然而在现实中，动态模型并不完美，选择 $Q = 0$ 是不符合实际的。下面举出一个例子来说明在动态模型不准确的情况下，可以通过 Q 的选择来改善估计性能。

　　例 7.3　在本例中，我们用如下状态空间模型来描述动态系统：

$$\begin{bmatrix} x_1(k) \\ x_2(k) \end{bmatrix} = \begin{bmatrix} \sin\dfrac{2\pi(k-1)}{300} & 1 \\ 0 & \cos\dfrac{2\pi(k-1)}{300} \end{bmatrix} \begin{bmatrix} x_1(k-1) \\ x_2(k-1) \end{bmatrix} + \begin{bmatrix} 0.8 \\ 0.8 \end{bmatrix} u(k-1) \qquad (7.35)$$

$$y(k) = \begin{bmatrix} 0 & 1 \end{bmatrix} \begin{bmatrix} x_1(k) \\ x_2(k) \end{bmatrix} + v(k) \qquad (7.36)$$

式中，输入信号 $u(k) = \sin\dfrac{2\pi k}{100}$，测量噪声 $v(k)$ 为方差 $\sigma^2 = 1$ 的白噪声。输入矩阵 B 与式 (7.31) 给出的不同，模型其余部分均相同。假设我们没有意识到 B 矩阵的这一变化，采用相同的卡尔曼滤波器对由式 (7.35) 和式 (7.36) 生成的数据进行状态估计，可以发现估计结果和真实状态之间将存在较大的误差。此外，这进一步证明了选取合适的矩阵 Q 可减小这一误差。

　　解　我们应用相同的卡尔曼滤波器，其中 B 矩阵仍为原模型式 (7.31) 给出的 $[1\ 1]^{\mathrm{T}}$。此时，实际系统和卡尔曼滤波器所用模型之间存在建模误差。当 $Q = 0$、$R = 1$ 时，分别得到两个状态的估计值与真实值之间的误差 $e_1(k) = x_1(k) - \hat{x}_1(k)^+$、$e_2(k) = x_2(k) - \hat{x}_2(k)^+$，如图 7.4 中实线所示。其均方误差和为 $\dfrac{1}{M}\sum_{k=1}^{M}\left(e_1(k)^2 + e_2(k)^2\right) = 8.2702$。与例 7.2 模型正

确时相比，均方误差和由 0.0077 增加到了 8.2702。这清晰地表明，模型准确性在卡尔曼滤波器设计中发挥着重要作用，系统模型的不匹配会影响卡尔曼滤波器的状态估计性能。

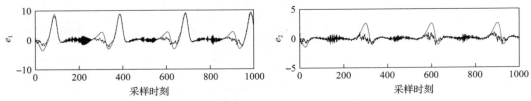

图 7.4　当 B 矩阵错误时卡尔曼滤波器的性能评价（例 7.3）

实线表示 $Q=0$，虚线表示 $Q=0.1I$

为了考虑动态模型的不确定性，这种不确定性可能是由于建模不完善，也可能来源于过程噪声的影响，此时我们选择 $Q=0.1I$ 来反映系统动态模型的不确定性。对由式（7.35）和式（7.36）产生的数据，我们应用了新的 Q 矩阵设计的卡尔曼滤波器。图 7.4 比较了不同 Q 矩阵下两种卡尔曼滤波器估计结果的误差。由图可知，当 $Q=0.1I$ 时，状态估计误差有所改善，但测量噪声的影响也反映在状态估计误差中，$Q=0.1I$ 时的均方误差和为 6.968。

以上这些示例表明，卡尔曼滤波器的最优性能使其广泛应用于各领域的状态估计过程。但是，我们需要强调，卡尔曼滤波器的最优估计结果是在时变系统模型精确已知的前提下的得到的。

7.2.5　传感器偏置和负载扰动的补偿

在工程应用中，常常遇到低频干扰影响系统动态过程（见第 5 章和第 6 章），以及传感器偏置影响测量的问题，如风力涡轮机驱动系统的电力负荷（见 2.4.1 节）等。卡尔曼滤波器中使用的数学模型（见 7.2.1 节）未包含对这些工程应用中常见信号的描述。本节将介绍如何在原数学模型的基础上进行修改，来描述系统干扰和传感器偏置。

1. 传感器偏置补偿

简单起见，我们考虑具有单输出的系统的情况。在一些工程应用中，测量信号往往包含某未知成分，该成分只有通过额外的实验才能确定，我们通常将这种成分称为传感器偏置。传感器偏置的另外一个问题是，由于温度变化或传感器电子元件的老化，它可能会随着时间缓慢变化。

对于单输入-单输出系统，包含传感器偏置的状态空间模型描述如下：

$$x(k) = A(k-1)x(k-1) + B(k-1)u(k-1) + w(k-1) \tag{7.37}$$

$$y(k) = C(k)x(k) + v_0 + v(k) \tag{7.38}$$

式中，v_0 为描述传感器偏置的未知常数（$v_0 \neq 0$）；$x(k)$ 为维数为 $n \times 1$ 的状态向量；$u(k)$ 为外部输入信号；$y(k)$ 为测量变量；$w(k)$ 和 $v(k)$ 为过程噪声和测量噪声，假设为均值为零、协方差为 Q 和 R 的独立随机变量序列。此时系统的测量误差为 $v_0 + v(k)$，不再是零均值，因此，未知常数 v_0 会对卡尔曼滤波算法产生影响，这一点将在例 7.4 中得到证明。

对于未知常数 v_0，我们用以下差分方程进行描述：

$$v_0(k) = v_0(k-1) + \epsilon(k-1)$$

式中，$\epsilon(k)$ 为一个具有小方差 σ_ϵ^2 的零均值随机噪声。该模型与例 7.1 中用于描述未知常数的模型相同。现在，我们将 $v_0(k)$ 作为状态向量的一部分，对状态空间模型式 (7.37) 和式 (7.38) 进行修改：

$$\begin{bmatrix} x(k) \\ v_0(k) \end{bmatrix} = \begin{bmatrix} A(k-1) & 0 \\ 0_{1\times n} & 1 \end{bmatrix} \begin{bmatrix} x(k-1) \\ v_0(k-1) \end{bmatrix} + \begin{bmatrix} B(k-1) \\ 0 \end{bmatrix} u(k-1) + \begin{bmatrix} w(k-1) \\ \epsilon(k-1) \end{bmatrix} \quad (7.39)$$

$$y(k) = [C(k) \; 1] \begin{bmatrix} x(k) \\ v_0(k) \end{bmatrix} + v(k) \quad (7.40)$$

可以看出，式 (7.39) 和式 (7.40) 中的过程噪声和测量噪声是均值为零的独立随机变量序列。测量噪声 $v(k)$ 的协方差仍然是 R，过程噪声协方差 Q 由于包含了 $\epsilon(k)$ 的影响，维数由 $n\times n$ 变为 $(n+1)\times(n+1)$。

我们基于例 7.2 中给出的时变系统，来具体说明式 (7.39) 和式 (7.40) 给出的包含传感器偏置补偿的状态空间模型。例 7.4 如下所示。

例 7.4　用以下状态空间模型描述时变系统：

$$\begin{bmatrix} x_1(k) \\ x_2(k) \end{bmatrix} = \begin{bmatrix} \sin\dfrac{2\pi(k-1)}{300} & 1 \\ 0 & \cos\dfrac{2\pi(k-1)}{300} \end{bmatrix} \begin{bmatrix} x_1(k-1) \\ x_2(k-1) \end{bmatrix} + \begin{bmatrix} 1 \\ 1 \end{bmatrix} u(k-1) \quad (7.41)$$

$$y(k) = \begin{bmatrix} 0 & 1 \end{bmatrix} \begin{bmatrix} x_1(k) \\ x_2(k) \end{bmatrix} + v_0 + v(k) \quad (7.42)$$

式中，输入信号 $u(k) = \sin\dfrac{2\pi k}{100}$；测量噪声 $v(k)$ 为方差为 $\sigma^2 = 1$ 的白噪声。初始条件 $x_1(0) = x_2(0) = 1$，$k = 0,1,2,\cdots,499$ 时，$v_0(k) = 1$；$k = 500,501,502,\cdots,999$ 时，$v_0(k) = -1$。生成一组仿真数据来说明传感器偏置问题，并对卡尔曼滤波器补偿效果进行评估。这一仿真实例可以说明，如果不对传感器偏置进行补偿，估计误差会显著增加，经补偿后，误差将会降低。

解　为了说明没有补偿时的情况，我们在卡尔曼滤波器设计过程中使用忽略未知常数 $v(0)$ 的状态空间模型。选择 $Q = 0.1 I_{2\times2}$ 和 $R = 1$，设置初始条件 $P(0)^+ = 100I$，$\hat{x}(0)^+$ 为零，对这组数据进行状态估计。状态变量的估计误差 $x_1(k) - \hat{x}_1(k)^+$ 和 $x_2(k) - \hat{x}_2(k)^+$ 如图 7.5(a) 和 (b) 中线 1 所示。可以清楚地看到，没有补偿传感器偏置会使卡尔曼滤波器性能退化，导致估计状态变量存在较大误差。均方误差和为

$$\frac{1}{M}\sum_{k=1}^{M}\left\{\left(x_1(k)-\hat{x}_1(k)^+\right)^2+\left(x_2(k)-\hat{x}_2(k)^+\right)^2\right\}=3.6287$$

式中，M 为数据长度。

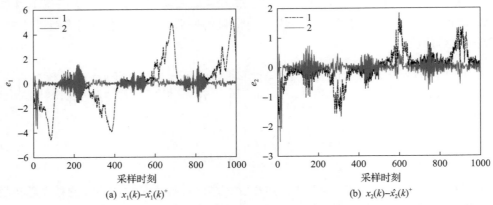

(a) $x_1(k)-\hat{x}_1(k)^+$　　　　　　　　　　　　(b) $x_2(k)-\hat{x}_2(k)^+$

图 7.5　对传感器偏置有无补偿的卡尔曼滤波器性能评估 (例 7.4)

线 1 表示没有补偿的情况；线 2 表示有补偿的情况

为了说明有传感器偏置补偿的情况，我们使用式 (7.39) 和式 (7.40) 给出的增广状态空间模型，选择 $Q=0.1I_{3\times3}$ 和 $R=1$，初始条件选为 $P(0)^+=100I_{3\times3}$ 和 $\hat{x}(0)^+=0_{3\times1}$，我们基于增广模型对相同的测试数据应用卡尔曼滤波算法。状态估计误差 $x_1(k)-\hat{x}_1(k)^+$ 和 $x_2(k)-\hat{x}_2(k)^+$ 如图 7.5 (a) 和 (b) 中线 2 所示。由图可见，在对传感器偏置进行补偿后，状态估计误差显著降低。均方误差和为

$$\frac{1}{M}\sum_{k=1}^{M}\left\{\left(x_1(k)-\hat{x}_1(k)^+\right)^2+\left(x_2(k)-\hat{x}_2(k)^+\right)^2\right\}=0.272$$

经补偿后，状态估计的均方误差和比未补偿时小得多。

由于此时偏置参数 $v_0(k)$ 也作为状态向量的一部分被估计，因此我们可以不用做实验就由卡尔曼滤波器得到这个物理参数。图 7.6 (a) 显示了 $Q=0.1I$ 时的估计偏置参数，显然，该估计很快就收敛到真实偏差值，但是，在此估计值中测量噪声被严重放大。为了减小测量噪声对偏置估计值的影响，将 Q 对角线上第三个元素减小到 0.001。从图 7.6 (b) 可以看出，测量噪声的影响有所降低，但估计值收敛过程需要更长的时间，此时均方误差之和为 0.3751，相比于选择 $Q=0.1I$ 时略有增加。

2. 负载扰动补偿

负载扰动是卡尔曼滤波器使用的状态空间模型中没有描述的一个未知因素来源。在描述负载扰动时，采用如下状态空间模型：

$$x(k)=A(k-1)x(k-1)+B(k-1)u(k-1)+B_L(k-1)T_L(k-1)+w(k-1) \tag{7.43}$$

$$y(k)=C(k)x(k)+v(k) \tag{7.44}$$

式中，$T_L(k)$ 为一个未知常数，表示电气或机械系统中的负载扰动。矩阵 $B_L(k)$ 假设为已知，如果未知，我们假设 $B_L(k) = B(k)$。

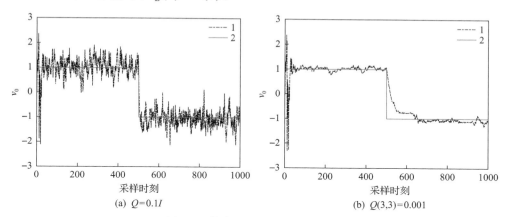

图 7.6 传感器偏置的估计（例 7.4）

线 1 表示估计的偏置参数；线 2 表示真实的偏置参数

为描述未知负载扰动 $T_L(k)$，使用下列差分方程式：

$$T_L(k) = T_L(k-1) + \epsilon(k-1)$$

式中，$\epsilon(k)$ 为一个具有小方差 σ_ϵ^2 的零均值随机噪声。对于负载扰动的补偿，采用如下状态空间模型进行描述：

$$\begin{bmatrix} x(k) \\ T_L(k) \end{bmatrix} = \begin{bmatrix} A(k-1) & B_L(k-1) \\ 0_{1\times n} & 1 \end{bmatrix} \begin{bmatrix} x(k-1) \\ T_L(k-1) \end{bmatrix}$$
$$+ \begin{bmatrix} B(k-1) \\ 0 \end{bmatrix} u(k-1) + \begin{bmatrix} w(k-1) \\ \epsilon(k-1) \end{bmatrix} \tag{7.45}$$

$$y(k) = \begin{bmatrix} C(k) & 0 \end{bmatrix} \begin{bmatrix} x(k) \\ T_L(k) \end{bmatrix} + v(k) \tag{7.46}$$

在卡尔曼滤波器设计过程中，将使用状态空间模型式（7.45）和式（7.46）来补偿负载扰动对状态估计的影响。

例 7.5 某时变系统可用以下状态空间模型进行描述：

$$\begin{bmatrix} x_1(k) \end{bmatrix} = \begin{bmatrix} \sin\dfrac{2\pi(k-1)}{300} & 1 \\ 0 & \cos\dfrac{2\pi(k-1)}{300} \end{bmatrix} \begin{bmatrix} x_1(k-1) \\ x_2(k-1) \end{bmatrix} + \begin{bmatrix} 1 \\ 1 \end{bmatrix} (u(k-1) + T_L(k-1)) \tag{7.47}$$

$$y(k) = \begin{bmatrix} 0 & 1 \end{bmatrix} \begin{bmatrix} x_1(k) \\ x_2(k) \end{bmatrix} + v(k) \tag{7.48}$$

式中，输入信号 $u(k) = \sin\dfrac{2\pi k}{100}$；测量噪声 $v(k)$ 为方差 $\sigma^2 = 1$ 的白噪声。初始条件

$x_1(0) = x_2(0) = 1$，对于前 500 个采样点，$T_L(k) = 1$；对于后 500 个采样点，$T_L(k) = 2$，生成一组仿真数据，用于说明负载扰动对卡尔曼滤波器性能的影响，并证明上述补偿方案的有效性。

解　首先说明，如果不考虑 $T_L(k)$ 的存在，卡尔曼滤波器无法正确估计状态变量。这一点我们可以通过在设计卡尔曼滤波器时忽略动态模型的 $T_L(k)$ 加以证明。选择 $Q = 0.1I_{2\times2}$ 和 $R = 1$，应用卡尔曼滤波算法，对包含负载 $T_L(k)$ 生成的测试数据进行状态估计，其中初始条件选为 $P(0)^+ = 100I$ 和 $\hat{x}(0)^+ = 0$。图 7.7(a) 和 (b) 中的虚线表示不带补偿的真实状态和估计状态之间的误差。可以看出，卡尔曼滤波器无法准确估计状态变量。此外，均方误差和为

$$\frac{1}{M}\sum_{k=1}^{M}\left\{\left(x_1(k) - \hat{x}_1(k)^+\right)^2 + \left(x_2(k) - \hat{x}_2(k)^+\right)^2\right\} = 1035.9$$

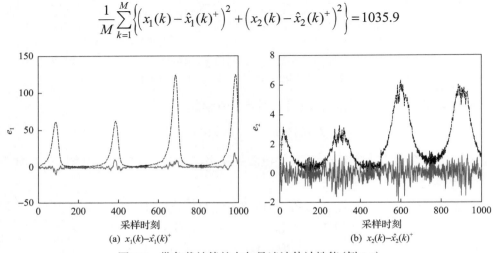

(a) $x_1(k) - \hat{x_1}(k)^+$　　　　　　　　(b) $x_2(k) - \hat{x_2}(k)^+$

图 7.7　带负载补偿的卡尔曼滤波估计性能(例 7.5)

实线表示带补偿的状态估计误差；虚线表示不带补偿的状态估计误差

接下来验证负载扰动补偿对状态估计效果的作用，将式 (7.45) 和式 (7.46) 给出的包含负载扰动的增广模型用于卡尔曼滤波器的设计。选择协方差矩阵 $Q = 0.1I_{3\times3}$ 和 $R = 1$，设置初始条件 $P(0)^+ = 100I_{3\times3}$ 和 $\hat{x}(0)^+ = 0$，利用具有负载补偿的卡尔曼滤波器估计状态变量。图 7.7(a) 和 (b) 中的实线显示了带补偿的真实状态和估计状态之间的误差，可以看出，与未经补偿时估计的结果相比，误差显著降低。此外，均方误差的和为

$$\frac{1}{M}\sum_{k=1}^{M}\left\{\left(x_1(k) - \hat{x}_1(k)^+\right)^2 + \left(x_2(k) - \hat{x}_2(k)^+\right)^2\right\} = 9.57$$

这说明当系统存在负载时，在卡尔曼滤波估计中对其进行补偿是十分必要的。

7.2.6　思考题

1. 某状态空间模型描述为

$$x(k) = 0.9x(k-1) + 0.1u(k-1) + c_0 + w(k-1); \quad y(k) = 2x(k) + v(k)$$

式中，c_0 为一已知常数。假设给定后验估计 $\hat{x}(k-1)^+$，先验估计 $\hat{x}(k)^-$ 是什么？ c_0 在这里起作用了吗？

2. 承接第 1 题，后验估计 $\hat{x}(k)^+$ 是什么？常数 c_0 对 $\hat{x}(k)^+$ 有何影响？

3. 对于与第 1 题相同的系统，但此时 c_0 为未知常数，如果我们忽略未知的常数 c_0，先验估计 $\hat{x}(k)^-$ 和后验估计 $\hat{x}(k)^+$ 各是多少？

4. 承接第 3 题，你认为忽略未知的常数 c_0 获取先验估计 $\hat{x}(k)^-$ 和后验估计 $\hat{x}(k)^+$ 的方式是否正确？如果不正确，你建议怎么做？

5. 我们用来获取卡尔曼滤波增益 K 的目标函数是什么？

6. 在卡尔曼滤波算法中，我们假设了 Q 和 R 矩阵是已知的。如果它们是未知的，你会怎么做？

7.3　多速率采样环境下的卡尔曼滤波器

7.3.1　缺失数据场景下的卡尔曼滤波算法

从 7.2.1 节可知，在匀速采样环境中，我们假定数学模型为

$$x(k) = A(k-1)x(k-1) + B(k-1)u(k-1) + w(k-1) \tag{7.49}$$

$$y(k) = C(k)x(k) + v(k) \tag{7.50}$$

假设系统有 m 个输出测量值，式 (7.50) 中的成分可表示为

$$y(k) = \begin{bmatrix} y_1(k) \\ \vdots \\ y_i(k) \\ \vdots \\ y_m(k) \end{bmatrix}; \quad C(k) = \begin{bmatrix} C_1(k) \\ \vdots \\ C_i(k) \\ \vdots \\ C_m(k) \end{bmatrix}; \quad v(k) = \begin{bmatrix} v_1(k) \\ \vdots \\ v_i(k) \\ \vdots \\ v_m(k) \end{bmatrix}$$

式中，$C_i(k)$ 为输出矩阵 $C(k)$ 的第 i 行，维数为 $1 \times n$。为了适应测量缺失或多速率采样环境下的系统，我们将对上述状态空间模型和卡尔曼滤波器进行相应修改。

1. 缺失输入数据的时间更新

我们假设状态模型式 (7.49) 的采样间隔为 Δt，在均匀采样环境下执行卡尔曼滤波器中的时间更新阶段，得到状态和协方差矩阵的先验估计：

$$\hat{x}(k)^- = A(k-1)\hat{x}(k-1)^+ + B(k-1)u(k-1) \tag{7.51}$$

$$P(k)^- = A(k-1)P(k-1)^+ A(k-1)^{\mathrm{T}} + Q(k-1) \tag{7.52}$$

然而，如果输入信号 $u(k-1)$ 不可用，那么可以将 $u(k-1)$ 替换为最近的可用样本，

如 $u(k-2)$ ，来计算 k 时刻状态的先验估计，式(7.51)中 $\hat{x}(k)^-$ 的表达式变为

$$\hat{x}(k)^- = A(k-1)\hat{x}(k-1)^+ + B(k-1)u(k-2) \tag{7.53}$$

式(7.52)中 $P(k)^-$ 的表达式不变。

2. 缺失测量数据的测量更新

在传感器融合应用中，常常出现测量数据具有不同采样速率的问题，由此产生了一个问题，如何将均匀采样环境下导出的卡尔曼滤波器应用于多速率采样环境？解决这一问题的关键是利用时变测量矩阵 $C(k)$ 获取多速率采样测量的特征。我们将考虑三种情况。

(1) 所有测量数据可用。在采样时刻 k ，当所有测量数据都可用时，可直接利用测量方程式(7.50)计算卡尔曼滤波增益及状态和协方差矩阵的后验估计(见式(7.24)~式(7.26))。此时，测量更新阶段计算过程没有变化。

(2) 部分测量数据可用。在采样时刻 k ，当部分测量数据可用时，为适应这种情况，需要对测量方程式(7.50)进行修改。作为例证，我们假设在采样时刻 k ，测量值 $y_1(k)$ 可用，但 $y_i(k)(i=2,3,\cdots,m)$ 不可用。此时测量方程可简化为

$$y(k) = C_1(k)x(k) + v_1(k) \tag{7.54}$$

式中， $C_1(k)$ 为原 $C(k)$ 矩阵的第一行。相应地， $R(k)$ 变为 $v_1(k)$ 标量方差。此时，我们基于式(7.54)和标量 $R(k)$ 计算卡尔曼滤波增益 $K(k)$ 和状态及协方差矩阵的后验估计(见式(7.24)~式(7.26))。

(3) 没有可用的测量数据。如果在 k 时刻没有可用的测量数据，则 $C(k)$ 变为 $0_{m\times n}$ 。状态和协方差矩阵的后验估计为

$$\hat{x}(k)^+ = \hat{x}(k)^-$$

$$P(k)^+ = P(k)^-$$

7.3.2　案例研究与 MATLAB 教程

下面给出的例子将详细说明卡尔曼滤波器在多速率采样环境下的应用。

例 7.6　某物体的运动通过加速度传感器和全球定位系统(GPS)进行测量。加速度测量的采样频率为 100Hz，GPS 测量的采样频率为 1Hz。此外，加速度测量数据中存在少量缺失。设计一个卡尔曼滤波器来估计该物体的位置、速度和加速度，并通过仿真研究评估该滤波器的性能。

解　我们首先建立运动物体的动力学方程。为简单起见，此处我们只考虑 x-y 平面运动，忽略旋转运动。

假设 x 轴方向上的加速度是恒定常数 a_x ，则 t 时刻沿 x 轴方向的速度为

$$v_x(t) = a_x t + v_x(0) \tag{7.55}$$

式中，$v_x(0)$ 为初始速度。由式 (7.55) 积分得到了物体的位置:

$$p_x(t) = \frac{1}{2}a_x t^2 + v_x(0)t + p_x(0) \tag{7.56}$$

式中，$p_x(0)$ 为其初始位置。

现在，让我们考虑式 (7.55) 和式 (7.56) 的增量表达式。在采样时刻 k，时间 t 均变为采样间隔 Δt，初始速度 $v_x(0)$ 为 $v_x(k-1)$，初始位置 $p_x(0)$ 为 $p_x(k-1)$，恒定加速度 a_x 为 $a_x(k-1)$。据此，式 (7.55) 和式 (7.56) 变为

$$v_x(k) = a_x(k-1)\Delta t + v_x(k-1) \tag{7.57}$$

$$p_x(k) = \frac{1}{2}a_x(k-1)\Delta t^2 + v_x(k-1)\Delta t + p_x(k-1) \tag{7.58}$$

同理，我们可以建立 y 轴的增量运动方程:

$$v_y(k) = a_y(k-1)\Delta t + v_y(k-1) \tag{7.59}$$

$$p_y(k) = \frac{1}{2}a_y(k-1)\Delta t^2 + v_y(k-1)\Delta t + p_y(k-1) \tag{7.60}$$

联立式 (7.57)~式 (7.60) 得到以下的离散时间状态空间模型:

$$\overbrace{\begin{bmatrix} p_x(k) \\ v_x(k) \\ p_y(k) \\ v_y(k) \end{bmatrix}}^{x(k)} = \overbrace{\begin{bmatrix} 1 & \Delta t & 0 & 0 \\ 0 & 1 & 0 & 0 \\ 0 & 0 & 1 & \Delta t \\ 0 & 0 & 0 & 1 \end{bmatrix}}^{A} \overbrace{\begin{bmatrix} p_x(k-1) \\ v_x(k-1) \\ p_y(k-1) \\ v_y(k-1) \end{bmatrix}}^{x(k-1)} + \overbrace{\begin{bmatrix} \frac{1}{2}\Delta t^2 & 0 \\ \Delta t & 0 \\ 0 & \frac{1}{2}\Delta t^2 \\ 0 & \Delta t \end{bmatrix}}^{B} \overbrace{\begin{bmatrix} a_x(k-1) \\ a_y(k-1) \end{bmatrix}}^{u(k-1)} \tag{7.61}$$

位置测量方程式对应于 GPS 测量值，即

$$y(k) = \begin{bmatrix} y_1(k) \\ y_2(k) \end{bmatrix} = \overbrace{\begin{bmatrix} 1 & 0 & 0 & 0 \\ 0 & 0 & 1 & 0 \end{bmatrix}}^{C(k)} \begin{bmatrix} p_x(k) \\ v_x(k) \\ p_y(k) \\ v_y(k) \end{bmatrix} + \begin{bmatrix} v_1(k) \\ v_2(k) \end{bmatrix} \tag{7.62}$$

式中，$v_1(k)$ 和 $v_2(k)$ 假设为互不相关、均值为零的测量噪声。

式 (7.61) 和式 (7.62) 给出的动态模型是基于系统均匀采样的假设，其采样间隔为 Δt。对于该应用，状态方程式 (7.61) 的输入变量是采样速率更快的加度 $a_x(k)$ 和 $a_y(k)$，其测量频率为 100Hz，即 $\Delta t = 0.01$s。对于每个采样时刻 k，当加速度测量值均可用时，我们将计算状态和协方差矩阵的先验估计:

$$\hat{x}(k)^- = A(k-1)\hat{x}(k-1)^+ + B(k-1)u(k-1) \tag{7.63}$$

$$P(k)^- = A(k-1)P(k-1)^+ A(k-1)^{\mathrm{T}} + Q(k-1) \qquad (7.64)$$

然而，当上一个采样时刻的加速度测量值无法获得时，我们将使用最近的过去输入信号（如 $u(k-2)$ ）来计算状态的先验估计：

$$\hat{x}(k)^- = A(k-1)\hat{x}(k-1)^+ + B(k-1)u(k-2) \qquad (7.65)$$

而 $P(k)^-$ 不变。

状态和协方差矩阵的后验估计有两种情况。

（1）当没有 GPS 测量值时，测量矩阵 $C(k)$ 为零。状态和协方差矩阵的后验估计为

$$\hat{x}(k)^+ = \hat{x}(k)^- \qquad (7.66)$$

$$P(k)^+ = P(k)^- \qquad (7.67)$$

（2）当在采样时刻 k 有 GPS 测量值时，测量矩阵 C 为

$$C(k) = \begin{bmatrix} 1 & 0 & 0 & 0 \\ 0 & 0 & 1 & 0 \end{bmatrix}$$

我们计算卡尔曼滤波增益：

$$K(k) = P(k)^- C(k)^{\mathrm{T}} \left[C(k)P(k)^- C(k)^{\mathrm{T}} + R(k) \right]^{-1} \qquad (7.68)$$

状态和协方差矩阵的后验估计为

$$\hat{x}(k)^+ = \hat{x}(k)^- + K(k)\Big(y(k) - C(k)\hat{x}(k)^- \Big) \qquad (7.69)$$

$$\begin{aligned} P(k)^+ &= (I - K(k)C(k))P(k)^-(I - K(k)C(k))^{\mathrm{T}} \\ &\quad + K(k)R(k)K(k)^{\mathrm{T}} \end{aligned} \qquad (7.70)$$

为了评估卡尔曼滤波器的性能，我们基于式(7.61)和式(7.62)给出的均匀采样模型生成一组仿真数据。令加速度 $a_x(k) = 0.1\sin\dfrac{2\pi k}{6000}$ 和 $a_y(k) = 0.1\cos\dfrac{2\pi k}{6000}$ ，且 $x(0)$ 为零向量，得到真实的状态向量 $x(k)$ 。为了评估卡尔曼滤波器的性能，我们在加速度 $a_x(k)$ 和 $a_y(k)$ 中加入白噪声 $w_x(k)$ 和 $w_y(k)$ ，其中 $w_x(k)$ 和 $w_y(k)$ 的均值为零，方差 $\sigma^2 = 1$ ，它可基于 MATLAB 函数 randn.m 生成，seed 序号为 2。两个测量噪声 $v_1(k)$ 和 $v_2(k)$ 为方差 $\sigma^2 = 1$ 的白噪声，其产生的 seed 序号为 1。对于加速度测量值，每六个测量值中缺失一个测量值。

作用在状态向量 $x(k)$ 的过程噪声 $w(k)$ 为

$$w(k) = B \begin{bmatrix} w_x(k) \\ w_y(k) \end{bmatrix}$$

式中，矩阵 B 基于过程模型式(7.61)得到。由于我们假设 $w_x(k)$ 和 $w_y(k)$ 的方差为 1，则

过程噪声协方差矩阵为

$$Q = E\left[w(k)w(k)^{\mathrm{T}}\right] = BE\left[\begin{bmatrix} w_x(k) \\ w_y(k) \end{bmatrix}\begin{bmatrix} w_x(k)w_y(k) \end{bmatrix}\right]B^{\mathrm{T}} = BB^{\mathrm{T}}$$

更具体地说，$Q(1,1) = Q(3,3) = 2.5\times10^{-9}$，$Q(2,2) = Q(4,4) = 10^{-4}$，$Q(2,1) = Q(1,2) = Q(4,3) = Q(3,4) = 5\times10^{-7}$，$Q$ 的其他元素为零。测量协方差矩阵 R 是一个单位矩阵。卡尔曼滤波器的初始条件选为 $P(0)^+ = I$，$\hat{x}(0) = 0$。仿真结果总结如下。

（1）没有 GPS 测量值。这部分仿真研究是为了说明 GPS 测量的重要性。图 7.8(a) 和 (b) 对比了没有 GPS 测量值时的真实状态和估计状态。可以看出，所有状态的误差都随着 k 的增加而增大。从图 7.9 可以看出，如果没有 GPS 测量值，估计轨迹无法收敛到真实轨迹。位置和速度的均方误差之和为

$$\frac{1}{M}\sum_{k=1}^{M}\left(e_1(k)^2 + e_3(k)^2\right) = 601; \quad \frac{1}{M}\sum_{k=1}^{M}\left(e_2(k)^2 + e_4(k)^2\right) = 0.9023$$

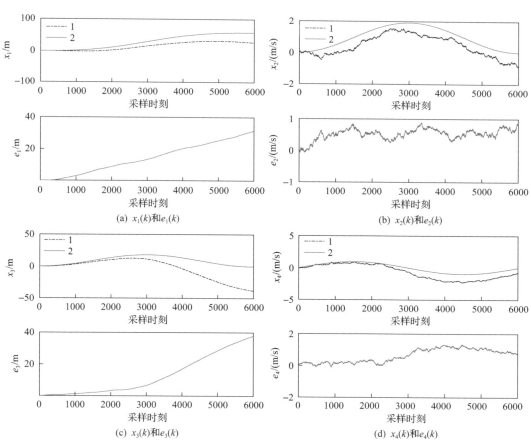

图 7.8　没有 GPS 测量值时真实状态和估计状态之间的对比（例 7.6）

线 1 表示估计的状态；线 2 表示真实的状态

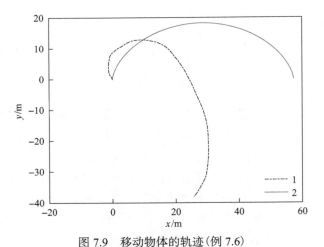

图 7.9　移动物体的轨迹(例 7.6)

线 1 表示没有 GPS 测量值时的估计轨迹；线 2 表示真实的轨迹

（2）具有 GPS 测量值。这部分仿真研究表明，GPS 测量值在估计中发挥着重要作用。在仿真研究中，卡尔曼滤波器是在多速率采样环境中实现的，其中，加速度的测量值采样频率为 100Hz，GPS 测量值的采样频率为 1Hz。这意味着，GPS 测量值在 $k=0,100,200,300,\cdots$ 时进行更新。各状态变量的真实值和估计值对比，以及其二者之间的误差如图 7.10（a）～（d）所示。位置和速度的均方误差之和为

$$\frac{1}{M}\sum_{k=1}^{M}\left(e_{1}(k)^{2}+e_{3}(k)^{2}\right)=0.9503; \quad \frac{1}{M}\sum_{k=1}^{M}\left(e_{2}(k)^{2}+e_{4}(k)^{2}\right)=0.0829$$

(a) $x_{1}(k)$ 和 $e_{1}(k)$　　　　　　　　　　　　　(b) $x_{2}(k)$ 和 $e_{2}(k)$

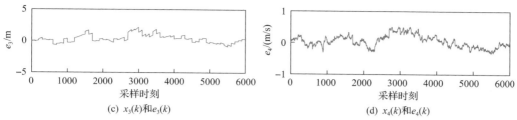

(c) $x_3(k)$和$e_3(k)$　　　　　　　　　　　(d) $x_4(k)$和$e_4(k)$

图 7.10　具有 GPS 测量值时真实状态和估计状态之间的对比(例 7.6)

线 1 表示估计状态；线 2 表示真实状态

图 7.11 对移动物体的估计轨迹和真实轨迹进行了比较。图 7.12 显示了 $P(k)^+(300 \leqslant k \leqslant 900)$ 的两个对角线元素。可以看出，当在 $k = 300,400,\cdots,800$ 处有来自 GPS 的测量值时，后验估计的误差协方差减小。但是，当没有 GPS 测量值时，误差协方差增加。

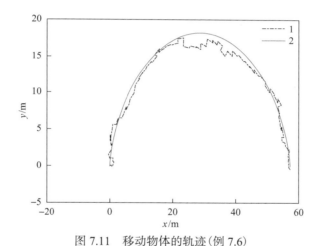

图 7.11　移动物体的轨迹(例 7.6)

线 1 表示具有 GPS 测量值时的估计轨迹；线 2 表示真实轨迹

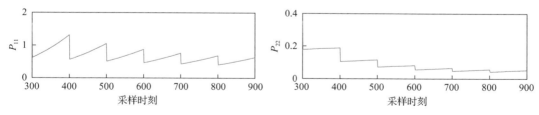

图 7.12　$P(k)^+$ 的对角线元素(例 7.6)

左图：$P_{11}(k)^+$；右图：$P_{22}(k)^+$

本节最后给出以下示例和相应的 MATLAB 教程(教程 7.3)，该教程用于在多速率采样和数据缺失环境中实现卡尔曼滤波器。

例 7.7　本例中，我们将演示如何使用两个 GPS 测量值，来提高缺失数据情况下卡尔曼滤波的状态估计精度。

解　移动物体的状态空间方程与式(7.61)相同，对应于两个 GPS 测量值的位置测量

方程改为

$$y(k) = \begin{bmatrix} y_1(k) \\ y_2(k) \\ y_3(k) \\ y_4(k) \end{bmatrix} = \begin{bmatrix} 1 & 0 & 0 & 0 \\ 0 & 0 & 1 & 0 \\ 1 & 0 & 0 & 0 \\ 0 & 0 & 1 & 0 \end{bmatrix} \begin{bmatrix} p_x(k) \\ v_x(k) \\ p_y(k) \\ v_y(k) \end{bmatrix} + \begin{bmatrix} v_1(k) \\ v_2(k) \\ v_3(k) \\ v_4(k) \end{bmatrix} \tag{7.71}$$

　　如果两个 GPS 测量值的噪声是独立的，我们期望使用第二个 GPS 测量值进行改进。在任意情况下，两个 GPS 测量值可以在其中一个 GPS 信号存在数据缺失时提供冗余。当其中一个 GPS 测量值不可用时，这就对应于部分测量值可用的情况。在这种情况下，我们将选择正确的 $C(k)$ 和 $R(k)$，来反映该 GPS 测量值的缺失。例如，如果第一个 GPS 测量值是可用的，那么输出方程式则为

$$y(k) = \begin{bmatrix} y_1(k) \\ y_2(k) \end{bmatrix} = \begin{bmatrix} 1 & 0 & 0 & 0 \\ 0 & 0 & 1 & 0 \end{bmatrix} \begin{bmatrix} p_x(k) \\ v_x(k) \\ p_y(k) \\ v_y(k) \end{bmatrix} + \begin{bmatrix} v_1(k) \\ v_2(k) \end{bmatrix} \tag{7.72}$$

且噪声协方差矩阵 $R(k)$ 的维数为 2×2。

　　为评估卡尔曼滤波器在具有缺失数据的多速率采样环境下的性能，假设第一个 GPS 质量更高，我们生成独立测量噪声 $v_1(k)$ 和 $v_2(k)$，其方差为 $\sigma_1^2 = \sigma_2^2 = 0.25$，选择测量噪声的协方差矩阵为 $R(k) = 0.25I$。其他仿真条件均与例 7.6 所给出的条件相同。

　　高质量的二次 GPS 显著提高了状态估计的精度。位置和速度的均方误差之和为

$$\frac{1}{M} \sum_{k=1}^{M} \left(e_1(k)^2 + e_3(k)^2 \right) = 0.2862; \quad \frac{1}{M} \sum_{k=1}^{M} \left(e_2(k)^2 + e_4(k)^2 \right) = 0.0576$$

　　在图 7.13(a)～(d) 中，对各状态的真实值和估计值进行了比较，并给出二者之间的误差图像。另外，图 7.14 将运动物体的估计轨迹与真实轨迹进行了比较。

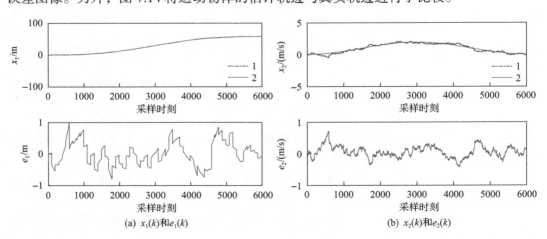

(a) $x_1(k)$ 和 $e_1(k)$　　　　　　　　　　　　(b) $x_2(k)$ 和 $e_2(k)$

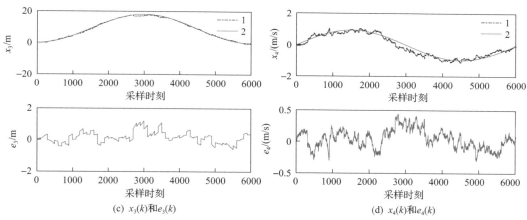

(c) $x_3(k)$ 和 $e_3(k)$　　　　　　　　　　(d) $x_4(k)$ 和 $e_4(k)$

图 7.13　具有两个 GPS 测量值的真实状态与估计状态之间的对比(例 7.7)

线 1 表示估计状态；线 2 表示真实状态

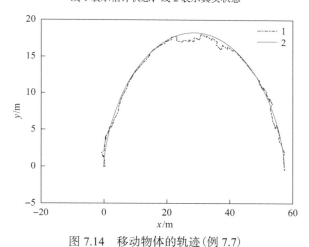

图 7.14　移动物体的轨迹(例 7.7)

线 1 表示具有两个 GPS 测量值的估计轨迹；线 2 表示真实轨迹

教程 7.3　本教程基于例 7.6 和 7.7，在缺失测量值的多速率采样环境下实现卡尔曼滤波器。

步骤 1，创建一个新文件，名为 "KFMultiRate.m"。

步骤 2，根据式(7.61)和式(7.71)在文件中输入下列系统矩阵：

```
Deltat=0.01;
A=[1 Deltat 0 0;0 1 0 0;0 0 1 Deltat;0 0 0 1];
B=[0.5*Deltat^2 0;Deltat 0;0 0.5*Deltat^2;0 Deltat];
C=[1 0 0 0;0 0 1 0;1 0 0 0;0 0 1 0];
[m,n]=size(C);
```

步骤 3，生成输入信号，即 x 轴和 y 轴的加速度 u_1 和 u_2。

```
k=1:6000;
u1=0.1*sin(2*pi*k/6000);
```

```
u2=0.1*cos(2*pi*k/6000);
u=[u1;u2];
L=length(u1);
```

步骤 4，生成仿真研究的真实状态变量和输出信号。在卡尔曼滤波器的评估中使用真实的状态变量。

```
x=[0;0;0;0];
xmodel(:,1)=x;
for kk=2:L;
x=A*x+B*u(:,kk-1);
xmodel(:,kk)=x;
y(:,kk)=C*x;
End
```

步骤 5，生成测量噪声，加入输出中。

```
randn('seed',1);
noi1=0.5*randn(1,L);
noi2=0.5*randn(1,L);
noi3=1*randn(1,L);
noi4=1*randn(1,L);
y=y+[noi1;noi2;noi3;noi4];
```

步骤 6，生成用于仿真研究的过程噪声：

```
randn('seed',2);
w1=1*randn(1,L);
w2=1*randn(1,L);
w=[w1;w2];
```

步骤 7，为卡尔曼滤波器定义 Q 和 R 矩阵。

```
Q=B*B';
R=eye(m);
R(1,1)=0.25;
R(2,2)=0.25;
```

步骤 8，为卡尔曼滤波器选择初始条件。

```
P_plus=eye(n);
x_plus=zeros(n,1);
xhat(:,1)=x_plus;
```

步骤 9，定义多速率采样数据和缺失数据的触发器，其中 nratio 为快采样速率和慢采样速率之比，"nys = 600" 对应于第二个 GPS 测量值每 600 个采样点中缺失一个采样点的情况；"nxs = 6" 对应于加速度测量值每 6 个采样点缺失一个采样点的情况。

```
nratio=100;
nys=600;
nxs=6;
```

步骤 10，激活触发信号：

```
kstar=0;
kstar1=0;
kstar2=0;
```

步骤 11，递归执行计算，同时更新触发信号。

```
for k=2:L
kstar=kstar+1;
kstar1=kstar1+1;
kstar2=kstar2+1;
```

步骤 12，用具有噪声的测量加速度信号计算状态的先验估计 $\hat{x}(k)^-$ 和协方差矩阵的先验估计 $P(k)^-$。如果加速度信号缺失，用最近的过去采样的信号替代它。

```
if kstar1==nxs;
kstar1=0;
x_minus=A*x_plus+B*(u(:,k-2)+w(:,k-2));
P_minus=A*P_plus*A'+Q;
else
x_minus=A*x_plus+B*(u(:,k-1)+w(:,k-1));
P_minus=A*P_plus*A'+Q;
end
```

步骤 13，根据较慢的采样速率，计算卡尔曼滤波增益、状态的后验估计 $\hat{x}(k)^+$ 和协方差矩阵的后验估计 $P(k)^+$。

```
if kstar==nratio;
kstar=0;
C=[1 0 0 0;0 0 1 0;1 0 0 0;0 0 1 0];
R=eye(4);
R(1,1)=0.25;
R(2,2)=0.25;
K=P_minus*C'*inv(C*P_minus*C'+R);
x_plus=x_minus+K*(y(:,k)-C*x_minus);
P_plus=(eye(n)-K*C)*P_minus*(eye(n)-K*C)'+K*R*K';
else
x_plus=x_minus;
P_plus=P_minus;
```

```
end
```

步骤 14，最后，对应于第二次 GPS 测量值不可用时的情况。将以下程序输入文件：

```
if kstar2==nys;
kstar2=0;
C=[1 0 0 0;0 0 1 0];
R=0.25*eye(2);
K=P_minus*C'*inv(C*P_minus*C'+R);
x_plus=x_minus+K*(y(1:2,k)-C*x_minus);
P_plus=(eye(n)-K*C)*P_minus*(eye(n)-K*C)'+K*R*K';
End
```

步骤 15，保存估计的状态变量和 $P(k)^+$ 的对角线元素，进行性能评估，完成一个计算周期：

```
xhat(:,k)=x_plus;
Pk(:,k)=diag(P_plus);
end
```

步骤 16，根据例 7.7 测试程序。

7.3.3　思考题

1. 你能想出一个具有多速率采样系统的应用实例吗?
2. 某状态空间模型描述为

$$x(k) = 0.6x(k-1) + 0.1u(k-1) + w(k-1); \quad y(k) = 6x(k) + v(k)$$

假设过程采样间隔为 $\Delta t = 0.01\,\mathrm{s}$，测量信号采样间隔为 $10\Delta t$，多速率采样系统卡尔曼滤波器的关键方程是什么?

7.4　扩展卡尔曼滤波器

卡尔曼滤波器是在线性时变模型的基础上进行设计的。但是，很多应用超出了线性系统的范围，其本质上是非线性的。对于这些非线性系统，扩展卡尔曼滤波器(EKF)是估计其状态的有效工具。

7.4.1　扩展卡尔曼滤波器的线性化

扩展卡尔曼滤波器的核心思想是非线性系统线性化。为了深入理解扩展卡尔曼滤波器的工作原理，我们将研究非线性函数线性化的两种情况。假设存在具有单个变量 x 的非线性函数 $f(x)$，且函数 $f(x)$ 是光滑的，其各阶导数均存在。非线性函数 $f(x)$ 可以表示为 $x = x^0$ 处的泰勒级数展开，其中 x^0 是常数，即

$$f(x) = f\left(x^0\right) + \frac{\mathrm{d}f(x)}{\mathrm{d}x}\bigg|_{x=x^0}\left(x - x^0\right) + \frac{1}{2!}\frac{\mathrm{d}^2 f(x)}{\mathrm{d}x^2}\bigg|_{x=x^0}\left(x - x^0\right)^2 + \cdots \tag{7.73}$$

计算函数在 $x = x^0$ 的各阶导数。在非线性函数 $f(x)$ 线性化的过程中，我们只取泰勒级数展开的前两项，从而得到非线性函数在特定点 x^0 处的近似表达：

$$f(x) \approx f\left(x^0\right) + \frac{\mathrm{d}f(x)}{\mathrm{d}x}\bigg|_{x=x^0}\left(x - x^0\right) \tag{7.74}$$

可以清楚地看出，一阶泰勒级数展开利用在 x^0 处计算的函数值及其在 $x = x^0$ 处的一阶导数乘以 $x - x^0$ 来逼近原始非线性函数 $f(x)$。当 $x = x^0$ 时，$f(x) = f\left(x^0\right)$。

在多变量的情况下，x 是维数为 $n \times 1$ 的向量，它包括 n 个变量，即

$$x = \begin{bmatrix} x_1 & x_2 & \cdots & x_n \end{bmatrix}^{\mathrm{T}}$$

非线性函数 $f(x)$ 也是一个维数为 $p \times 1$ 的向量，它包含 p 个非线性函数，即

$$f(x) = \begin{bmatrix} f_1(x) & f_2(x) & \cdots & f_p(x) \end{bmatrix}^{\mathrm{T}}$$

第 i 个非线性函数 $f_i(x)$ 在 x^0 附近的多变量一阶泰勒级数展开为

$$\begin{aligned} f_i(x) \approx\ & f_i\left(x^0\right) + \frac{\partial f_i(x)}{\partial x_1}\bigg|_{x=x^0}\left(x_1 - x_1^0\right) \\ & + \frac{\partial f_i(x)}{\partial x_2}\bigg|_{x=x^0}\left(x_2 - x_2^0\right) + \cdots + \frac{\partial f_i(x)}{\partial x_n}\bigg|_{x=x^0}\left(x_n - x_n^0\right) \end{aligned} \tag{7.75}$$

此处，我们假设非线性函数 $f_i(x)$ 对其所有变量的偏导数存在。且在 $x = x^0$ 时，$f_i(x) = f_i\left(x^0\right)$。

在扩展卡尔曼滤波器的设计中，我们假设离散时间非线性系统用如下非线性差分方程描述：

$$x(k) = f(x(k-1), u(k-1), w(k-1)) \tag{7.76}$$

式中，状态向量 $x(k)$、非线性函数 $f(x(k-1), u(k-1), w(k-1))$ 及过程噪声 $w(k-1)$ 的维数均为 $n \times 1$。非线性函数 $f(x(k-1), u(k-1), w(k-1))$ 的具体表达式为

$$f(x(k-1), u(k-1), w(k-1)) = \begin{bmatrix} f_1(x(k-1), u(k-1), w(k-1)) \\ f_2(x(k-1), u(k-1), w(k-1)) \\ \vdots \\ f_n(x(k-1), u(k-1), w(k-1)) \end{bmatrix}$$

另外，我们假设测量方程为

$$y(k) = h(x(k), v(k)) \tag{7.77}$$

式中，输出向量 $y(k)$ 和测量噪声 $v(k)$ 的维数为 $m \times 1$；非线性函数 $h(x(k), v(k))$ 写为

$$h(x(k),v(k)) = \begin{bmatrix} h_1(x(k),v(k)) \\ h_2(x(k),v(k)) \\ \vdots \\ h_m(x(k),v(k)) \end{bmatrix}$$

过程噪声 $w(k)$ 和测量噪声 $v(k)$ 都是零均值且独立的，其协方差矩阵分别为 $Q(k)$ 和 $R(k)$。

扩展卡尔曼滤波器的关键在于两个线性化过程。首先，在状态向量 $x(k-1)$ 和过程噪声 $w(k-1)$ 分别为 $x(k-1) = \hat{x}(k-1)^+$ 和 $w(k-1) = 0$ 处，对式 (7.76) 给出的非线性函数 $f(x(k-1),u(k-1),w(k-1))$ 进行线性化。其次，在状态向量 $x(k)$ 和测量噪声 $v(k)$ 分别为 $x(k) = \hat{x}(k)^-$ 和 $v(k) = 0$ 处，对式 (7.77) 给出的非线性函数 $h(x(k),v(k))$ 进行线性化。此处，与卡尔曼滤波算法相同，$\hat{x}(k-1)^+$ 是状态在采样时刻 $k-1$ 的后验估计，$\hat{x}(k)^-$ 是状态在采样时刻 k 的先验估计。

1. $f(x(k-1),u(k-1),w(k-1))$ 的线性化

在采样时刻 k，有后验估计 $\hat{x}(k-1)^+$，即

$$\hat{x}(k-1)^+ = \begin{bmatrix} \hat{x}_1(k-1)^+ & \hat{x}_2(k-1)^+ & \cdots & \hat{x}_n(k-1)^+ \end{bmatrix}^{\mathrm{T}}$$

第 i 个非线性函数 $f_i(x(k-1),u(k-1),w(k-1))$ 在 $x(k-1) = \hat{x}(k-1)^+$ 和 $w(k-1) = 0$ 处的一阶泰勒级数展开近似表达为

$$
\begin{aligned}
f_i(x(k-1),u(k-1),w(k-1)) \approx\ & f_i\left(\hat{x}(k-1)^+,u(k-1),0\right) \\
& + \left.\frac{\partial f_i(x(k-1),u(k-1),w(k-1))}{\partial x_1(k-1)}\right|_{(\hat{x}(k-1)^+,0)} \left(x_1(k-1) - \hat{x}_1(k-1)^+\right) \\
& + \left.\frac{\partial f_i(x(k-1),u(k-1),w(k-1))}{\partial x_2(k-1)}\right|_{(\hat{x}(k-1)^+,0)} \left(x_2(k-1) - \hat{x}_2(k-1)^+\right) + \cdots \\
& + \left.\frac{\partial f_i(x(k-1),u(k-1),w(k-1))}{\partial x_n(k-1)}\right|_{(\hat{x}(k-1)^+,0)} \left(x_n(k-1) - \hat{x}_n(k-1)^+\right) \\
& + \left.\frac{\partial f_i(x(k-1),u(k-1),w(k-1))}{\partial w_1(k-1)}\right|_{(\hat{x}(k-1)^+,0)} w_1(k-1) \\
& + \left.\frac{\partial f_i(x(k-1),u(k-1),w(k-1))}{\partial w_2(k-1)}\right|_{(\hat{x}(k-1)^+,0)} w_2(k-1) + \cdots \\
& + \left.\frac{\partial f_i(x(k-1),u(k-1),w(k-1))}{\partial w_n(k-1)}\right|_{(\hat{x}(k-1)^+,0)} w_n(k-1)
\end{aligned}
$$

$$\tag{7.78}$$

式中，$\dfrac{\partial f_i(x(k-1),u(k-1),w(k-1))}{\partial x_i(k-1)}\bigg|_{(\hat{x}(k-1)^+,0)}$ 为在 $x(k-1)=\hat{x}(k-1)^+$ 和 $w(k-1)=0$ 处的偏导

值。对所有的 $f_i(x(k-1),u(k-1),w(k-1))$ 进行一阶泰勒级数展开 ($i=1,2,\cdots,n$)，我们得
到给定状态 $\hat{x}(k-1)^+$ 处的线性状态空间模型：

$$x(k)\approx f\left(\hat{x}(k-1)^+,u(k-1),0\right)+A(k-1)\left(x(k-1)-\hat{x}(k-1)^+\right)+M_w(k-1)w(k-1) \quad (7.79)$$

式中，矩阵 $A(k-1)$ 和 $M_w(k-1)$ 的维数均为 $n\times n$，称为雅可比矩阵。式 (7.79) 中变量的
具体计算表达式为

$$A(k-1)=\overbrace{\begin{bmatrix} \dfrac{\partial f_1(x(k-1),u(k-1),w(k-1))}{\partial x_1(k-1)} & \cdots & \dfrac{\partial f_1(x(k-1),u(k-1),w(k-1))}{\partial x_n(k-1)} \\ \dfrac{\partial f_2(x(k-1),u(k-1),w(k-1))}{\partial x_1(k-1)} & \cdots & \dfrac{\partial f_2(x(k-1),u(k-1),w(k-1))}{\partial x_n(k-1)} \\ \vdots & & \vdots \\ \dfrac{\partial f_n(x(k-1),u(k-1),w(k-1))}{\partial x_1(k-1)} & \cdots & \dfrac{\partial f_n(x(k-1),u(k-1),w(k-1))}{\partial x_n(k-1)} \end{bmatrix}}^{\text{雅可比矩阵}}\Bigg|_{(\hat{x}(k-1)^+,0)}$$

$$(7.80)$$

$$M_w(k-1)=\overbrace{\begin{bmatrix} \dfrac{\partial f_1(x(k-1),u(k-1),w(k-1))}{\partial w_1(k-1)} & \cdots & \dfrac{\partial f_1(x(k-1),u(k-1),w(k-1))}{\partial w_n(k-1)} \\ \dfrac{\partial f_2(x(k-1),u(k-1),w(k-1))}{\partial w_1(k-1)} & \cdots & \dfrac{\partial f_2(x(k-1),u(k-1),w(k-1))}{\partial w_n(k-1)} \\ \vdots & & \vdots \\ \dfrac{\partial f_n(x(k-1),u(k-1),w(k-1))}{\partial w_1(k-1)} & \cdots & \dfrac{\partial f_n(x(k-1),u(k-1),w(k-1))}{\partial w_n(k-1)} \end{bmatrix}}^{\text{雅可比矩阵}}\Bigg|_{(\hat{x}(k-1)^+,0)}$$

$$(7.81)$$

同时，$f\left(\hat{x}(k-1)^+,u(k-1),0\right)$ 为

$$f\left(\hat{x}(k-1)^+,u(k-1),0\right)=\begin{bmatrix} f_1\left(\hat{x}(k-1)^+,u(k-1),0\right) \\ f_2\left(\hat{x}(k-1)^+,u(k-1),0\right) \\ \vdots \\ f_n\left(\hat{x}(k-1)^+,u(k-1),0\right) \end{bmatrix}$$

2. $h(x(k), v(k))$ 的线性化

在采样时刻 k，我们得到先验估计 $\hat{x}(k)^-$，即

$$\hat{x}(k)^- = \begin{bmatrix} \hat{x}_1(k)^- & \hat{x}_2(k)^- & \cdots & \hat{x}_n(k)^- \end{bmatrix}^{\mathrm{T}}$$

遵循相同的一阶泰勒级数展开线性化过程，在 $x(k) = \hat{x}(k)^-$ 处，对非线性测量方程式 (7.77) 进行线性化。采样时刻 k 的线性化输出方程为

$$y(k) \approx h\big(\hat{x}(k)^-, 0\big) + C(k)\big(x(k) - \hat{x}(k)^-\big) + M_v(k)v(k) \tag{7.82}$$

式中，输出测量矩阵 $C(k)$ 和矩阵 $M_v(k)$ 分别对应雅可比矩阵：

$$C(k) = \overbrace{\begin{bmatrix} \dfrac{\partial h_1(x(k), v(k))}{\partial x_1(k)} & \dfrac{\partial h_1(x(k), v(k))}{\partial x_2(k)} & \cdots & \dfrac{\partial h_1(x(k), v(k))}{\partial x_n(k)} \\[3mm] \dfrac{\partial h_2(x(k), v(k))}{\partial x_1(k)} & \dfrac{\partial h_2(x(k), v(k))}{\partial x_2(k)} & \cdots & \dfrac{\partial h_2(x(k), v(k))}{\partial x_n(k)} \\[2mm] \vdots & \vdots & & \vdots \\[2mm] \dfrac{\partial h_m(x(k), v(k))}{\partial x_1(k)} & \dfrac{\partial h_m(x(k), v(k))}{\partial x_2(k)} & \cdots & \dfrac{\partial h_m(x(k), v(k))}{\partial x_n(k)} \end{bmatrix}}^{\text{雅可比矩阵}}_{\big(\hat{x}(k)^-, 0\big)}$$

$$M_v(k) = \overbrace{\begin{bmatrix} \dfrac{\partial h_1(x(k), v(k))}{\partial v_1(k)} & \dfrac{\partial h_1(x(k), v(k))}{\partial v_2(k)} & \cdots & \dfrac{\partial h_1(x(k), v(k))}{\partial v_n(k)} \\[3mm] \dfrac{\partial h_2(x(k), v(k))}{\partial v_1(k)} & \dfrac{\partial h_2(x(k), v(k))}{\partial v_2(k)} & \cdots & \dfrac{\partial h_2(x(k), v(k))}{\partial v_n(k)} \\[2mm] \vdots & \vdots & & \vdots \\[2mm] \dfrac{\partial h_m(x(k), v(k))}{\partial v_1(k)} & \dfrac{\partial h_m(x(k), v(k))}{\partial v_2(k)} & \cdots & \dfrac{\partial h_m(x(k), v(k))}{\partial v_n(k)} \end{bmatrix}}^{\text{雅可比矩阵}}_{\big(\hat{x}(k)^-, 0\big)}$$

且 $h\big(\hat{x}(k)^-, 0\big)$ 计算为

$$h\big(\hat{x}(k)^-, 0\big) = \begin{bmatrix} h_1\big(\hat{x}(k)^-, 0\big) \\[1mm] h_2\big(\hat{x}(k)^-, 0\big) \\ \vdots \\ h_m\big(\hat{x}(k)^-, 0\big) \end{bmatrix}$$

7.4.2　扩展卡尔曼滤波算法

扩展卡尔曼滤波算法基于线性化后的状态空间模型(参见式(7.79)和式(7.82)),其计算原理遵循 7.2.1～7.2.4 节介绍的标准卡尔曼滤波。

时变系统的卡尔曼滤波器有三个关键要素,即先验估计 $\hat{x}(k)^-$ 和协方差矩阵 $P(k)^-$ 的计算、后验估计 $\hat{x}(k)^+$ 和协方差矩阵 $P(k)^+$ 的计算,以及卡尔曼滤波增益 $K(k)$。接下来,我们将展示如何基于式(7.79)和式(7.82)给出的线性化近似模型,将这几个计算过程自然地扩展到非线性情况。

1. 先验估计 $\hat{x}(k)^-$ 和协方差矩阵 $P(k)^-$

$\hat{x}(k)^-$ 的最优估计是原非线性模型的一阶泰勒级数近似式(7.79)的第一项,即

$$\hat{x}(k)^- = f\left(\hat{x}(k-1)^+, u(k-1), 0\right) \tag{7.83}$$

式(7.79)得出的 $x(k)$ 和 $\hat{x}(k)^-$ 之间的误差计算为

$$x(k) - \hat{x}(k)^- \approx A(k-1)\left(x(k-1) - \hat{x}(k-1)^+\right) + M_w(k-1)w(k-1) \tag{7.84}$$

由式(7.84),我们计算 $P(k)^-$ 为

$$\begin{aligned}
P(k)^- &= E\left[\left(x(k) - \hat{x}(k)^-\right)\left(x(k) - \hat{x}(k)^-\right)^{\mathrm{T}}\right] \\
&= A(k-1)P(k-1)^+ A(k-1)^{\mathrm{T}} + M_w(k-1)Q(k-1)M_w(k-1)^{\mathrm{T}}
\end{aligned} \tag{7.85}$$

式中,$Q(k-1) = E\left[w(k-1)w(k-1)^{\mathrm{T}}\right]$。注意,$P(k)^-$ 的推导过程遵循与标准卡尔曼滤波器相同的步骤(参见式(7.9)和式(7.10))。

2. 后验估计 $\hat{x}(k)^+$ 和协方差矩阵 $P(k)^+$

当测量值 $y(k)$ 可用时,可用它来改进 $\hat{x}(k)^-$ 生成后验估计 $\hat{x}(k)^+$。与标准卡尔曼滤波器不同,在扩展卡尔曼滤波器中,这一校正过程是通过对 $y(k)$ 和泰勒级数展开式的第一项的 $h\left(\hat{x}(k)^-, 0\right)$ (见式(7.82))之间的误差进行修正来实现的,其中 $h\left(\hat{x}(k)^-, 0\right)$ 的维数为 $m \times 1$,它是基于线性化测量模型,利用先验估计 $\hat{x}(k)^-$ 计算得到的预测测量值。则后验估计 $\hat{x}(k)^+$ 计算为

$$\hat{x}(k)^+ = \hat{x}(k)^- + K(k)\left(y(k) - h\left(\hat{x}(k)^-, 0\right)\right) \tag{7.86}$$

基于线性测量模型式(7.82),$x(k)$ 和 $\hat{x}(k)^+$ 之间的误差可变为

$$
\begin{aligned}
x(k) - \hat{x}(k)^+ \approx \ & x(k) - \hat{x}(k)^- \\
& - K(k)\Big(h\big(\hat{x}(k)^-,0\big) + C(k)\big(x(k) - \hat{x}(k)^-\big) + M_v(k)v(k) - h\big(\hat{x}(k)^-,0\big)\Big) \\
= \ & (I - K(k)C(k))\big(x(k) - \hat{x}(k)^-\big) - K(k)M_v(k)v(k)
\end{aligned} \tag{7.87}
$$

因此，我们得到后验协方差矩阵为

$$
\begin{aligned}
P(k)^+ &= E\left[\Big(x(k) - \hat{x}(k)^+\Big)\Big(x(k) - \hat{x}(k)^+\Big)^{\mathrm{T}}\right] \\
&= (I - K(k)C(k))P(k)^-(I - K(k)C(k))^{\mathrm{T}} \\
&\quad + K(k)M_v(k)R(k)M_v(k)^{\mathrm{T}}K(k)^{\mathrm{T}}
\end{aligned} \tag{7.88}
$$

3. 最优卡尔曼滤波增益 $K(k)$

通过将 $M_v(k)R(k)M_v(k)^{\mathrm{T}}$ 作为新噪声项，$P(k)^+$ 具有与标准卡尔曼滤波器相同的形式（见式(7.16)）。因此，遵循 7.2.3 节给出的相同的推导过程，扩展卡尔曼滤波增益 $K(k)$ 的优化形式如下：

$$
K(k) = P(k)^- C(k)^{\mathrm{T}}\left[C(k)P(k)^- C(k)^{\mathrm{T}} + M_v(k)R(k)M_v(k)^{\mathrm{T}}\right]^{-1} \tag{7.89}
$$

清晰起见，将扩展卡尔曼滤波算法总结如下。

开始迭代计算前，选择后验状态估计初始值 $\hat{x}(0)^+ = E[x(0)]$，误差协方差矩阵初始值 $P(0)^+ = E\left[\Big(x(0) - \hat{x}(0)^+\Big)\Big(x(0) - \hat{x}(0)^+\Big)^{\mathrm{T}}\right]$ 以及过程噪声 $w(k)$ 的协方差矩阵 Q 和测量噪声 $v(k)$ 的协方差矩阵 R。基于线性化状态空间模型（见式(7.79)和式(7.82)），对每个采样时刻 k 重复以下计算过程。

(1) 用式(7.79)中的 $f\big(\hat{x}(k-1)^+, u(k-1), 0\big)$ 计算状态的先验估计：

$$
\hat{x}(k)^- = f\big(\hat{x}(k-1)^+, u(k-1), 0\big) \tag{7.90}
$$

(2) 计算协方差矩阵的先验估计：

$$
P(k)^- = A(k-1)P(k-1)^+ A(k-1)^{\mathrm{T}} + M_w(k-1)Q(k-1)M_w(k-1)^{\mathrm{T}} \tag{7.91}
$$

(3) 计算卡尔曼滤波增益：

$$
K(k) = P(k)^- C(k)^{\mathrm{T}}\left[C(k)P(k)^- C(k)^{\mathrm{T}} + M_v(k)R(k)M_v(k)^{\mathrm{T}}\right]^{-1} \tag{7.92}
$$

(4) 计算状态的后验估计：

$$
\hat{x}(k)^+ = \hat{x}(k)^- + K(k)\Big(y(k) - h\big(\hat{x}(k)^-,0\big)\Big) \tag{7.93}
$$

（5）计算后验协方差矩阵：

$$P(k)^+ = (I - K(k)C(k))P(k)^-(I - K(k)C(k))^T \\ + K(k)M_v(k)R(k)M_v(k)^T K(k)^T \tag{7.94}$$

后验协方差矩阵也具有以下简化形式：

$$P(k)^+ = (I - K(k)C(k))P(k)^- \tag{7.95}$$

7.4.3　案例研究及 MATLAB 教程

引入以下两个案例说明使用扩展卡尔曼滤波器估计未知状态的具体过程。

例 7.8　某连续时间系统用下列差分方程式描述：

$$\begin{bmatrix} \dot{x}(t) \\ \dot{\theta}(t) \end{bmatrix} = \begin{bmatrix} x(t) + \cos\theta(t) + w_1(t) \\ -x(t) + \sin\theta(t) + w_2(t) \end{bmatrix} \tag{7.96}$$

式中，过程噪声 $w_1(t)$ 和 $w_2(t)$ 为均值为零、方差为 0.1 且互不相关的白噪声。

$x(t)$ 为被测变量，则输出方程式为

$$y(t) = \begin{bmatrix} 1 & 0 \end{bmatrix} \begin{bmatrix} x(t) \\ \theta(t) \end{bmatrix} + v(t) \tag{7.97}$$

设计一个扩展卡尔曼滤波器，获取采样间隔 $\Delta t = 0.01$ 时的估计状态 $\hat{x}(t)$ 和 $\hat{\theta}(t)$。虽然 $x(t)$ 为可测信号，但估计状态 $\hat{x}(t)$ 为滤波后的信号，同时 $\hat{\theta}(t)$ 为未知状态 $\theta(t)$ 的估计值。

解　对连续时间系统以采样间隔 Δt 进行近似离散化：

$$\dot{x}(t) \approx \frac{x(k) - x(k-1)}{\Delta t} \tag{7.98}$$

$$\dot{\theta}(t) \approx \frac{\theta(k) - \theta(k-1)}{\Delta t} \tag{7.99}$$

这里，对应的离散时间系统包含两个状态变量：$[x(k)\ \theta(k)]^T$，过程噪声为 $w(k) = \begin{bmatrix} w_1(k)w_2(k) \end{bmatrix}^T$。$y(k)$ 是一个具有测量噪声 $v(k)$ 的标量。离散化后，离散时间系统为

$$\begin{bmatrix} x(k) \\ \theta(k) \end{bmatrix} = \Delta t \begin{bmatrix} x(k-1) + \cos\theta(k-1) \\ -x(k-1) + \sin\theta(k-1) \end{bmatrix} + \begin{bmatrix} x(k-1) \\ \theta(k-1) \end{bmatrix} + \Delta t \begin{bmatrix} w_1(k-1) \\ w_2(k-1) \end{bmatrix}$$

$$= \begin{bmatrix} f_1\big(x(k-1), \theta(k-1), w_1(k-1)\big) \\ f_2\big(x(k-1), \theta(k-1), w_2(k-1)\big) \end{bmatrix}$$

利用最近一步的状态，得到测量方程如下：

$$y(k) = \begin{bmatrix} 1 & 0 \end{bmatrix} \begin{bmatrix} x(k) \\ \theta(k) \end{bmatrix} + v(k) = h(x(k), \theta(k), v(k))$$

$w(k-1)$ 和 $v(k)$ 均假定为独立的、零均值高斯分布白噪声。

系统矩阵 $A(k-1)$ 用雅可比矩阵计算为

$$A(k-1) = \begin{bmatrix} \dfrac{\partial f_1}{\partial x} & \dfrac{\partial f_1}{\partial \theta} \\ \dfrac{\partial f_2}{\partial x} & \dfrac{\partial f_2}{\partial \theta} \end{bmatrix} \tag{7.100}$$

$$= \begin{bmatrix} \Delta t + 1 & -\Delta t \sin\theta(k-1) \\ -\Delta t & \Delta t \cos\theta(k-1) + 1 \end{bmatrix}$$

输出矩阵 C 为常数矩阵：

$$C = \begin{bmatrix} \dfrac{\partial h_1}{\partial x} & \dfrac{\partial h_1}{\partial \theta} \end{bmatrix} \tag{7.101}$$

$$= \begin{bmatrix} 1 & 0 \end{bmatrix}$$

选择过程噪声 $w(k-1)\Delta t$，有协方差矩阵：

$$Q = \begin{bmatrix} 0.001 & 0 \\ 0 & 0.001 \end{bmatrix}$$

假设测量噪声 $v(k)$ 具有标量协方差，即方差 $R = 0.1$，Q 矩阵对角线元素根据相应的连续时间过程噪声乘以 Δt 进行选取。如果扩展卡尔曼滤波器中这些参数未知，我们可以对它们进行调整。图 7.15(a) 和 (b) 将估计状态和真实状态进行了比较。由图可见，该非线性系统是不稳定的，可以看到状态随时间推移不断增长，估计状态 $\hat{x}$ 和 $\hat{\theta}$ 很好地跟踪了真实状态。可以通过延长仿真时间来证明系统的不稳定性。图 7.16(a) 和 (b) 进一步证实了真实状态和估计状态之间的误差是稳定的。

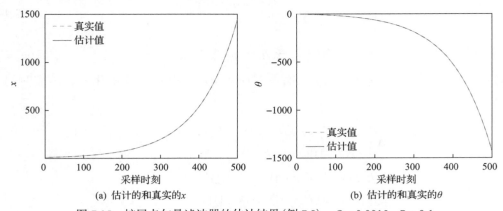

(a) 估计的和真实的 x　　　　　　　　　(b) 估计的和真实的 θ

图 7.15　扩展卡尔曼滤波器的估计结果（例 7.8），$Q = 0.001I$，$R = 0.1$

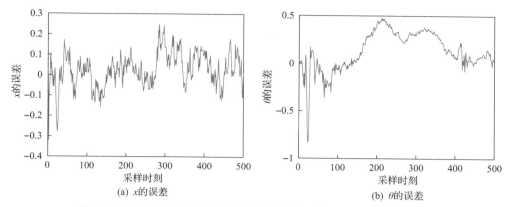

(a) x 的误差

(b) θ 的误差

图 7.16 扩展卡尔曼滤波器的估计误差(例 7.8),$Q = 0.001I$,$R = 0.1$

相对于标准卡尔曼滤波器,Q 和 R 矩阵的选择对于扩展卡尔曼滤波器性能具有更大的影响。它们的最佳选择是过程噪声和测量噪声的方差。当这些噪声参数未知时,我们将需要通过试错法来调整参数。

本节最后给出示例(例 7.9)和教程(教程 7.4)。

例 7.9 两个连通水箱的动态模型(图 7.17)由非线性微分方程表示如下:

$$\frac{\mathrm{d}L_1(t)}{\mathrm{d}t} = -\frac{a_s}{S_1}\sqrt{2g_0\left(L_1(t) - L_2(t)\right)} + \frac{1}{S_1}u_1(t) \tag{7.102}$$

$$\frac{\mathrm{d}L_2(t)}{\mathrm{d}t} = \frac{a_s}{S_2}\sqrt{2g_0\left(L_1(t) - L_2(t)\right)} - \frac{1}{S_2}u_2(t) \tag{7.103}$$

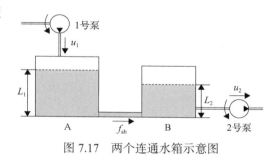

图 7.17 两个连通水箱示意图

水流入第一个水箱(A)并从第二个水箱(B)流出。一个泵控制流进第一个水箱的进水速率 $u_1(t)$ (m^3/s),另一个泵控制水从第二个水箱流出的出水速率 $u_2(t)$ (m^3/s)。变量 $L_1(t)$ 和 $L_2(t)$ 分别表示水箱 A 和 B 的液位。对于给定的系统,我们有以下物理参数:$a_s = 3.1416 \times 10^{-4}\mathrm{m}^2$,$S_1 = 3.1416\mathrm{m}^2$,$S_2 = 0.7854\mathrm{m}^2$,$g_0 = 9.81\mathrm{m}^2/\mathrm{s}$。在 Wang(2020)中,以该非线性系统为例对线性化进行了说明。

本例中,将采样间隔 Δt 选为 0.01s。输入信号为含测量噪声的进水速率和出水速率测量数据,如图 7.18(a)所示。使用低成本传感器对液位 L_1 和 L_2 进行测量,因此它们受到测量噪声的严重破坏,尤其是 L_1 测量值。图 7.18(b)显示了测量的输出信号 y_1 和 y_2。设计一个扩展卡尔曼滤波器对噪声进行滤波,并估计水箱液位。

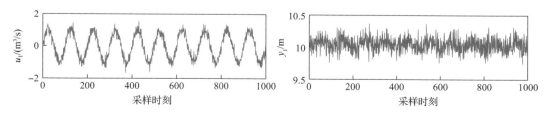

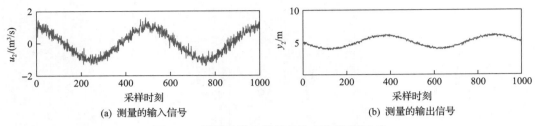

图 7.18　测量的输入信号和输出信号(例 7.9)

解　在 k 时刻，以采样间隔 Δt 对导数 $\dfrac{\mathrm{d}L_1(t)}{\mathrm{d}t}$ 和 $\dfrac{\mathrm{d}L_2(t)}{\mathrm{d}t}$ 进行近似离散化：

$$\frac{\mathrm{d}L_1(t)}{\mathrm{d}t} \approx \frac{L_1(k) - L_1(k-1)}{\Delta t} \tag{7.104}$$

$$\frac{\mathrm{d}L_2(t)}{\mathrm{d}t} \approx \frac{L_2(k) - L_2(k-1)}{\Delta t} \tag{7.105}$$

然后，根据式(7.102)和式(7.103)，得到非线性差分方程：

$$
\begin{aligned}
L_1(k) &= f_1(L(k-1), u(k-1)) \\
&= L_1(k-1) + \Delta t\left(-\frac{a_s}{S_1}\sqrt{2g_0\left(L_1(k-1) - L_2(k-1)\right)} + \frac{1}{S_1}u_1(k-1)\right)
\end{aligned} \tag{7.106}
$$

$$
\begin{aligned}
L_2(k) &= f_2(L(k-1), u(k-1)) \\
&= L_2(k-1) + \Delta t\left(\frac{a_s}{S_2}\sqrt{2g_0\left(L_1(k-1) - L_2(k-1)\right)} - \frac{1}{S_2}u_2(k-1)\right)
\end{aligned} \tag{7.107}
$$

式中，$L(k) = \left[L_1(k)\ L_2(k)\right]^{\mathrm{T}}$；$u(k) = \left[u_1(k)\ u_2(k)\right]^{\mathrm{T}}$。

根据式(7.80)计算雅可比矩阵 $A(k-1)$ 中的各元素：

$$
\begin{aligned}
a_{11}(k-1) &= \left.\frac{\partial f_1(L(k-1), u(k-1))}{\partial L_1(k-1)}\right|_{\hat{L}(k-1)^+} \\
&= 1 - 0.5\Delta t \frac{a_s}{S_1}\sqrt{2g_0}\,\frac{1}{\sqrt{\hat{L}_1(k-1)^+ - \hat{L}_2(k-1)^+}}
\end{aligned}
$$

$$
\begin{aligned}
a_{12}(k-1) &= \left.\frac{\partial f_1(L(k-1), u(k-1))}{\partial L_2(k-1)}\right|_{\hat{L}(k-1)^+} \\
&= 0.5\Delta t \frac{a_s}{S_1}\sqrt{2g_0}\,\frac{1}{\sqrt{\hat{L}_1(k-1)^+ - \hat{L}_2(k-1)^+}}
\end{aligned}
$$

$$a_{21}(k-1) = \frac{\partial f_2(L(k-1), u(k-1))}{\partial L_1(k-1)}\Bigg|_{\hat{L}(k-1)^+}$$

$$= 0.5\Delta t \frac{a_s}{S_2}\sqrt{2g_0}\frac{1}{\sqrt{\hat{L}_1(k-1)^+ - \hat{L}_2(k-1)^+}}$$

$$a_{22}(k-1) = \frac{\partial f_2(L(k-1), u(k-1))}{\partial L_2(k-1)}\Bigg|_{L(k-1)^+}$$

$$= 1 - 0.5\Delta t \frac{a_s}{S_2}\sqrt{2g_0}\frac{1}{\sqrt{\hat{L}_1(k-1)^+ - \hat{L}_2(k-1)^+}}$$

由于两个水箱的液位都使用低成本传感器进行了测量,因此输出矩阵 C 为单位矩阵。卡尔曼滤波器的作用是过滤测量噪声。

为生成用于仿真研究的数据,我们设置初始条件 $L_1(0) = 10$ 和 $L_2(0) = 5$,采样间隔 $\Delta t = 0.01$。输入信号无噪声,其中,第一个输入信号为 $\sin(2\pi k / 100)$,第二个输入信号为 $\cos(2\pi k / 500)$。但是,不能直接使用这些无噪声信号。用于扩展卡尔曼滤波器的是测量的输入信号。测量输入信号 $u_1(k) = \sin(2\pi k / 100) + \epsilon_1(k)$ 和 $u_2(k) = \sin(2\pi k / 100) + \epsilon_2(k)$ 均被噪声破坏,其中,$\epsilon_1(k)$ 和 $\epsilon_2(k)$ 是方差为 $\sigma_1^2 = \sigma_2^2 = 0.04$ 的白噪声。测量噪声 $v_1(k)$ 和 $v_2(k)$ 是方差为 0.01 的白噪声。

下一步,我们将把输入信号上的测量噪声转换为过程噪声。由式(7.106)可以看出,过程噪声 $w_1(k) = \frac{\Delta t}{S_1}\epsilon_1(k)$,$w_2(k) = \frac{\Delta t}{S_2}\epsilon_2(k)$。协方差矩阵 Q 为对角矩阵,其中,$Q(1,1) = \left(\frac{\Delta t}{S_1}\right)^2\sigma_1^2 = 4\times10^{-7}$,$Q(2,2) = \left(\frac{\Delta t}{S_2}\right)^2\sigma_2^2 = 6\times10^{-6}$。对于测量噪声,方差为 0.001,因此我们选择 $R = 0.001I$。

扩展卡尔曼滤波器的初始条件选择为 $P(0)^+ = I$,$\hat{L}_1(0)^+ = 9$,$\hat{L}_2(0)^+ = 3$。由于是在仿真环境中,可计算真实水箱液位以便进行比较。图 7.19 (a) 和 (b) 对比了水箱液位估计值和真实值,其中,误差为 $e_1(k) = L_1(k) - \hat{L}_1(k)^+$ 和 $e_2(k) = L_2(k) - \hat{L}_2(k)^+$。可以看出,扩展卡尔曼滤波器去除了绝大多数的测量噪声,并还原了真实信号。我们计算均方误差之和为

$$\frac{1}{M}\sum_{k=1}^{M}\left(\left(L_1(k) - \hat{L}_1(k)^+\right)^2 + \left(L_2(k) - \hat{L}_2(k)^+\right)^2\right) = 0.0055$$

式中,M 为数据长度。我们可以根据教程 7.4 来验证仿真结果。

教程 7.4 本教程将实现例 7.9 中得到的扩展卡尔曼滤波器。

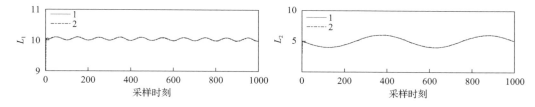

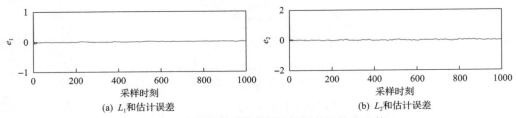

图 7.19　水箱的估计液位和真实液位之间的比较

线 1 表示真实的液位；线 2 表示估计的液位

步骤 1，创建一个新文件，名为 "Example4EKF.m"。

步骤 2，根据式(7.102)和式(7.103)定义系统的参数：

```
rs=0.01;
rTank1=1;
rTank2=0.5;
as=pi*rs^2;
S1=pi*rTank1^2;
S2=pi*rTank2^2;
g=9.81;
gamma1=as*sqrt(2*g)/S1;
gamma2=as*sqrt(2*g)/S2;
Deltat=0.01;
```

步骤 3，生成输入信号，并定义测量矩阵：

```
k=1:1000;
u1=sin(2*pi*k/100);
u2=cos(2*pi*k/500);
C=[1 0;0 1];
B=[1/S1 0;0 1/S2];
```

步骤 4，根据式(7.102)和式(7.103)生成真实状态变量和输出信号。用状态变量真实值评估卡尔曼滤波器性能。

```
u=[u1;u2];
x1=10;
x2=5;
x=[x1;x2];
y1=C*x;
L=length(u1);
xmodel(:,1)=x;
y(:,1)=y1;
for kk=2:L;
x1=x1+(-gamma1*sqrt(x1-x2)+1/S1*u1(kk-1))*Deltat;
```

```
x2=x2+(gamma2*sqrt(x1-x2)-1/S2*u2(kk-1))*Deltat;
x=[x1;x2];
xmodel(:,kk)=x;
y1=C*x;
y(:,kk)=y1;
end
```

步骤 5，生成测量噪声并加入到输出中。

```
randn('seed',1);
noi1=0.1*randn(1,L);
noi2=0.1*randn(1,L);
y=y+[noi1;noi2];
```

步骤 6，生成过程噪声：

```
[m,n]=size(C);
randn('seed',2);
w1=0.2*randn(1,L);
w2=0.2*randn(1,L);
```

步骤 7，为扩展卡尔曼滤波器定义 Q 和 R 矩阵。

```
Q=zeros(n);
Q(1,1)=(Deltat/S1)^2*0.04;
Q(2,2)=(Deltat/S2)^2*0.04;
R=0.001*eye(m);
```

步骤 8，选择卡尔曼滤波器的初始条件。

```
P_plus=1*eye(n);
x1_plus=9;
x2_plus=3;
xhat(:,1)=[x1_plus;x2_plus];
```

步骤 9，执行下面的递归计算过程。我们将计算包含噪声 $w_1(k)$ 和 $w_2(k)$ 的状态的先验估计 $\hat{x}(k)^-$。

```
for k=2:L
u1n(k-1)=u1(k-1)+w1(k-1);
u2n(k-1)=u2(k-1)+w2(k-1);
x1_minus=x1_plus+(-gamma1*sqrt(x1_plus-x2_plus)+1/S1*u1n(k-1))*Deltat;
x2_minus=x2_plus+(gamma2*sqrt(x1_plus-x2_plus)-1/S2*u2n(k-1))*Deltat;
x_minus=[x1_minus;x2_minus];
```

步骤 10，计算雅可比矩阵 $A(k-1)$ 和先验协方差矩阵 $P(k)^-$：

```
a11=-0.5*gamma1/sqrt(x1_plus-x2_plus);
```

```
a12=-a11;
a21=0.5*gamma2/sqrt(x1_plus-x2_plus);
a22=-a21;
A=eye(2)+[a11 a12;a21 a22]*Deltat;
P_minus=A*P_plus*A'+Q;
```

步骤 11，计算卡尔曼滤波增益、状态的后验估计 $\hat{x}(k)^+$ 和协方差矩阵 $P(k)^+$：

```
K=P_minus*C'*inv(C*P_minus*C'+R);
x_plus=x_minus+K*(y(:,k)-C*x_minus);
x1_plus=x_plus(1,1);
x2_plus=x_plus(2,1);
P_plus=(eye(n)-K*C)*P_minus*(eye(n)-K*C)'+K*R*K';
```

步骤 12，保存估计的状态变量和 $P(k)^+$ 的对角线元素，以用于进行性能评估，完成一个计算周期：

```
xhat(:,k)=x_plus;
Pk(:,k)=diag(P_plus);
end
```

步骤 13，根据例 7.9 测试程序。

7.4.4　思考题

1. 假设某连续时间系统用以下状态空间模型描述：

$$\dot{x}(t) = ax(t)^2 + bx(t)u(t) + \bar{w}(t); \quad y(t) = \sqrt{x(t)} + \bar{v}(t)$$

式中，a 和 b 为常数。假设采样间隔为 Δt，表达式如下的离散时间非线性状态空间模型是什么？

$$x(k) = f(x(k-1), u(k-1)) + w(k-1); \quad y(k) = h(x(k)) + v(k)$$

2. 雅可比矩阵 $A(k-1)$ 和 $C(k)$ 是什么？过程噪声 $w(k)$ 和测量噪声 $v(k)$ 是什么？
3. 对于第 1 题中给出的连续时间系统，扩展卡尔曼滤波算法的关键方程是什么？
4. 在某些应用中，扩展卡尔曼滤波估计是否可能会发散？

7.5　衰减记忆卡尔曼滤波器

线性二次型调节器中的规定稳定度的概念可以推广到卡尔曼滤波器的设计中，这种卡尔曼滤波器被称为衰减记忆卡尔曼滤波器。

7.5.1　衰减记忆卡尔曼滤波器的算法

假设卡尔曼滤波器用以下差分方程描述：

$$x(k) = A(k-1)x(k-1) + B(k-1)u(k-1) + w(k-1) \tag{7.108}$$

$$y(k) = C(k)x(k) + v(k) \tag{7.109}$$

式中，$w(k)$ 和 $v(k)$ 为正态分布的零均值噪声向量，其协方差矩阵分别为 $Q(k)$ 和 $R(k)$。

卡尔曼滤波器求出使目标函数 $E(J_N)$ 最小化的状态估计 $\hat{x}(1)^-, \hat{x}(2)^-, \cdots, \hat{x}(N)^-$，其中，$J_N$ 为

$$J_N = \sum_{k=1}^{N} \left[\left(y(k) - C(k)\hat{x}(k)^- \right)^{\mathrm{T}} R(k)^{-1} \left(y(k) - C(k)\hat{x}(k)^- \right) + \hat{w}(k)^{\mathrm{T}} Q(k)^{-1} \hat{w}(k) \right] \tag{7.110}$$

式中，$\hat{w}(k)$ 为过程噪声，估计值为 $\hat{x}(k)$。衰减记忆卡尔曼滤波器的目标函数将包含时变加权系数 α^{-2k}，J_N 变为

$$\begin{aligned}
J_N = & \sum_{k=1}^{N} \left(y(k) - C(k)\hat{x}(k)^- \right)^{\mathrm{T}} \alpha^{-2k} R(k)^{-1} \left(y(k) - C(k)\hat{x}(k)^- \right) \\
& + \sum_{k=1}^{N} \hat{w}(k)^{\mathrm{T}} \alpha^{-2(k+1)} Q(k)^{-1} \hat{w}(k)
\end{aligned} \tag{7.111}$$

当 α^{-2k} 随 k 的增加而增加时，用参数 $\alpha < 1$ 来强调最近时间残差的加权协方差（见 J_N 的第一项）。这意味着衰减记忆卡尔曼滤波器将被强制收敛到状态估计，该状态估计值忽视旧的测量值，更强调最近的测量值。如果熟悉 DLQR 和观测器设计中设定稳定度的概念，会发现这里有明显的相似性。

为了求解衰减记忆卡尔曼滤波器，我们将式（7.111）重新写为

$$\tilde{J}_N = \sum_{k=1}^{N} \left[\left(y(k) - C(k)\hat{x}(k)^- \right)^{\mathrm{T}} \tilde{R}(k)^{-1} \left(y(k) - C(k)\hat{x}(k)^- \right) + \hat{w}(k)^{\mathrm{T}} \tilde{Q}(k)^{-1} \hat{w}(k) \right] \tag{7.112}$$

式中，我们定义如下变量：

$$\tilde{R}(k)^{-1} = \alpha^{-2k} R(k)^{-1} \tag{7.113}$$

$$\tilde{Q}(k)^{-1} = \alpha^{-2(k+1)} Q(k)^{-1} \tag{7.114}$$

式（7.113）和式（7.114）意味着

$$\tilde{R}(k) = \alpha^{2k} R(k) \tag{7.115}$$

$$\tilde{Q}(k) = \alpha^{2(k+1)} Q(k) \tag{7.116}$$

现在可以看到，除了用到时变加权函数 $\tilde{R}(k)^{-1}$ 和 $\tilde{Q}(k)^{-1}$ 之外，$E(\tilde{J}_N)$ 的最小化与原目标函数 $E(J_N)$ 的最小化相同。为此，我们提出了两个包含加权矩阵 $\tilde{R}(k)$ 和 $\tilde{Q}(k)$ 的计算方程式，即卡尔曼滤波增益 $K(k)$ 和先验协方差矩阵 $P(k)^-$：

$$K(k) = P(k)^{-} C(k)^{\mathrm{T}} \left[C(k) P(k)^{-} C(k)^{\mathrm{T}} + \tilde{R}(k) \right]^{-1} \tag{7.117}$$

$$P(k)^{-} = A(k-1) P(k-1)^{+} A(k-1)^{\mathrm{T}} + \tilde{Q}(k-1) \tag{7.118}$$

但是，由于加权矩阵 $\tilde{R}(k)$ 和 $\tilde{Q}(k-1)$ 影响后验协方差矩阵 $P(k)^{+}$，因此问题比简单替换权重矩阵要复杂得多。我们需要结合衰减记忆因子来更新卡尔曼滤波增益、先验估计和后验估计。

我们将先验和后验协方差矩阵定义为

$$\tilde{P}(k)^{-} = \alpha^{-2k} P(k)^{-} \tag{7.119}$$

$$\tilde{P}(k)^{+} = \alpha^{-2k} P(k)^{+} \tag{7.120}$$

式 (7.118) 的两边同时乘以时变系数 α^{-2k}，得到：

$$\begin{aligned}
\alpha^{-2k} P(k)^{-} &= \alpha^{-2k} A(k-1) P(k-1)^{+} A(k-1)^{\mathrm{T}} + \alpha^{-2k} \tilde{Q}(k-1) \\
&= \alpha^{-2} A(k-1) \alpha^{-2(k-1)} P(k-1)^{+} A(k-1)^{\mathrm{T}} + Q(k-1)
\end{aligned} \tag{7.121}$$

式中，根据式 (7.116) 使用了 $\tilde{Q}(k-1) = \alpha^{2k} Q(k-1)$。利用变量 $\tilde{P}(k)^{-}$（见式 (7.119)）和 $\tilde{P}(k)^{+}$（见式 (7.120)）的定义式，由式 (7.121) 我们得到：

$$\tilde{P}(k)^{-} = \alpha^{-2} A(k-1) \tilde{P}(k-1)^{+} A(k-1)^{\mathrm{T}} + Q(k-1) \tag{7.122}$$

该方程更新加权先验协方差矩阵。

注意，在式 (7.28) 中，简化的后验协方差矩阵由式 (7.123) 得出：

$$P(k)^{+} = P(k)^{-} - K(k) C(k) P(k)^{-} \tag{7.123}$$

式 (7.123) 的两边同时乘以时变系数 α^{-2k}，得到：

$$\alpha^{-2k} P(k)^{+} = \alpha^{-2k} P(k)^{-} - K(k) C(k) \alpha^{-2k} P(k)^{-} \tag{7.124}$$

将式 (7.124) 用 $\tilde{P}(k)^{+}$ 和 $\tilde{P}(k)^{-}$ 表示为

$$\tilde{P}(k)^{+} = \tilde{P}(k)^{-} - K(k) C(k) \tilde{P}(k) \tag{7.125}$$

该方程用于更新加权后的后验协方差矩阵。

卡尔曼滤波增益需要用加权先验协方差矩阵 $\tilde{P}(k)^{-}$ 进行更新。根据式 (7.117) 与式 (7.119)，可将卡尔曼滤波增益 $K(k)$ 表达式写作：

$$\begin{aligned}
K(k) &= P(k)^{-} C(k)^{\mathrm{T}} \left[C(k) P(k)^{-} C(k)^{\mathrm{T}} + \alpha^{2k} R(k) \right]^{-1} \\
&= \alpha^{-2k} P(k)^{-} C(k)^{\mathrm{T}} \left[C(k) \alpha^{-2k} P(k)^{-} C(k)^{\mathrm{T}} + R(k) \right]^{-1} \\
&= \tilde{P}(k)^{-} C(k)^{\mathrm{T}} \left[C(k) \tilde{P}(k)^{-} C(k)^{\mathrm{T}} + R(k) \right]^{-1}
\end{aligned} \tag{7.126}$$

式中，$\tilde{P}(k) = \alpha^{-2k} P(k)$。

综上所述，由式(7.122)、式(7.125)和式(7.126)，我们得到具有衰减记忆的卡尔曼滤波器，它通过强调当前测量值，来实现目标函数的最小化，其中

$$K(k) = \tilde{P}(k)^{-} C(k)^{\mathrm{T}} \left[C(k) \tilde{P}(k)^{-} C(k)^{\mathrm{T}} + R(k) \right]^{-1} \tag{7.127}$$

$$\tilde{P}(k)^{-} = \alpha^{-2} A(k-1) \tilde{P}(k-1)^{+} A(k-1)^{\mathrm{T}} + Q(k-1) \tag{7.128}$$

$$\tilde{P}(k)^{+} = \tilde{P}(k)^{-} - K(k) C(k) \tilde{P}(k)^{-} \tag{7.129}$$

因为在初始条件下，当 $k = 0$ 时，$\tilde{P}(k)^{-} = P(k)^{-}$ 且 $\tilde{P}(k)^{+} = P(k)^{+}$（见式(7.119)和式(7.120)），观察式(7.127)～式(7.129)，标准卡尔曼滤波器和衰减记忆卡尔曼滤波器之间的唯一区别是在式(7.128)中包含了 α^{-2}。这意味着通过这个小的修改，可以很容易地将卡尔曼滤波算法应用到衰减记忆卡尔曼滤波器中。

以下示例将说明衰减记忆卡尔曼滤波器的应用。

例 7.10 某信号由常数信号和斜坡信号的序列组成。该信号被标准差为 0.1 的测量噪声所破坏（图 7.20(a)）。设计一个衰减记忆卡尔曼滤波器对噪声进行过滤。

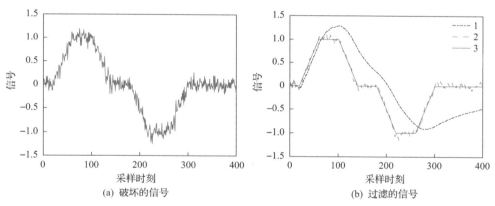

图 7.20 衰减记忆卡尔曼滤波器的应用示例（例 7.10）
线 1 表示 $\alpha = 1$；线 2 表示 $\alpha = 0.9$；线 3 表示无噪声信号

解 我们寻找一个动态模型来描述该信号。由于不清楚信号从斜坡信号转换为常数信号的时间，反之亦然，因此我们将基于斜坡信号推导动态模型。

我们选择 $x_1(k)$ 为无噪声的斜坡信号 $y_1(k)$，$x_2(k) = x_1(k) - x_1(k-1)$。那么，$x_2(k) - x_2(k-1) = 0$。利用系统知识，我们得到描述该信号的状态空间模型为

$$\begin{bmatrix} x_1(k) \\ x_2(k) \end{bmatrix} = \begin{bmatrix} 1 & 1 \\ 0 & 1 \end{bmatrix} \begin{bmatrix} x_1(k-1) \\ x_2(k-1) \end{bmatrix} \tag{7.130}$$

测量方程为

$$y(k) = \begin{bmatrix} 1 & 0 \end{bmatrix} \begin{bmatrix} x_1(k) \\ x_2(k) \end{bmatrix} + v(k) \tag{7.131}$$

　　状态空间模型式(7.130)中存在不确定性，如斜坡信号和常数信号之间的切换，可以通过在式(7.130)中添加过程噪声 $w(k)$ 来描述。我们可以通过试错法来确定协方差矩阵 Q。作为一种替代方法，我们也可通过选择参数 $\alpha < 1$ 来使用衰减记忆卡尔曼滤波器。

　　衰减记忆卡尔曼滤波器的初始条件为 $P(0)^+ = 100I$（I 为单位矩阵）和 $\hat{x}(0)^+ = [0\ \ 0]^T$。协方差矩阵 Q 为零，$R = 0.01$。图 7.20(b) 比较了 $\alpha = 1$ 和 $\alpha = 0.9$ 时的估计结果和真实无噪声信号。$\alpha = 1$ 对应于没有衰减记忆的情况，此时估计信号无法跟踪真实信号（见线 1）；而当 $\alpha = 0.9$ 时，估计信号可以很好地跟踪真实信号，由于噪声的放大，估计值与真实值之间存在少量偏差（见线 2）。当进一步减小 α 时，噪声的放大会更严重。

7.5.2　思考题

1. 对于衰减记忆卡尔曼滤波器，哪个步骤用到了参数 α？
2. 当减小参数 α 时，你认为估计状态变量的方差会增大吗？为什么？
3. 假设某离散时间系统为定常系统，状态空间模型如下：

$$x(k) = Ax(k-1) + Bu(k-1) + w(k-1); \quad y(k) = Cx(k) + v(k)$$

选择 $\alpha = 0.99$，我们能从收敛卡尔曼滤波器中得出误差系统特征值的位置吗？

4. 你认为用设定稳定度的方法设计的观测器和衰减记忆卡尔曼滤波器之间有关联吗？如果有，我们是否可以像之前那样简单地通过 α 对系统矩阵 A 和 C 进行缩放来实现与衰减记忆卡尔曼滤波器相同的结果？如果不能，为什么？

5. 通过研究衰减记忆卡尔曼滤波器，你能找到使其与标准卡尔曼滤波器等效的 $Q(k)$ 矩阵吗？

6. 有没有可能对于某些情况，当 $\alpha > 1$（如 1.1）时，衰减记忆卡尔曼滤波器仍然有效呢？如果有可能，这意味着什么？

7.6　卡尔曼滤波器和观测器之间的关系

　　采用离散时间线性二次型调节器设计的观测器(见4.3节和4.4节)与卡尔曼滤波器具有密切关系。揭示这一关系有助于我们进一步理解卡尔曼滤波器。

7.6.1　一步卡尔曼滤波算法

　　将状态的先验估计和后验估计结合起来。

　　注意，在卡尔曼滤波器中，通过以下两步得到状态估计：

$$\hat{x}(k)^- = A(k-1)\hat{x}(k-1)^+ + B(k-1)u(k-1) \tag{7.132}$$

$$\hat{x}(k)^+ = \hat{x}(k)^- + K(k)\big(y(k) - C(k)\hat{x}(k)^-\big) \tag{7.133}$$

　　为了与第 3～6 章使用的状态空间模型相匹配，我们使用一步提前更新将状态的先验估计式(7.132)重新写为

$$\hat{x}(k+1)^- = A(k)\hat{x}(k)^+ + B(k)u(k) \tag{7.134}$$

并将状态后验估计式 (7.133) 代入式 (7.134) 得到一步前向状态估计:

$$\hat{x}(k+1)^- = A(k)\hat{x}(k)^- + B(k)u(k) + A(k)K(k)\Big(y(k) - C(k)\hat{x}(k)^-\Big) \tag{7.135}$$

将先验协方差矩阵和后验协方差矩阵结合。

注意,在卡尔曼滤波器中,我们用下列三个方程计算卡尔曼滤波增益:

$$P(k)^- = A(k-1)P(k-1)^+ A(k-1)^{\mathrm{T}} + Q(k-1) \tag{7.136}$$

$$\begin{aligned} P(k)^+ &= (I - K(k)C(k))P(k)^-(I - K(k)C(k))^{\mathrm{T}} + K(k)R(k)K(k)^- \\ &= (I - K(k)C(k))P(k)^- \end{aligned} \tag{7.137}$$

$$K(k) = P(k)^- C(k)^{\mathrm{T}} \Big(C(k)P(k)^- C(k)^{\mathrm{T}} + R(k)\Big)^{-1} \tag{7.138}$$

用一步前向表达式将式 (7.136) 重新写为

$$P(k+1)^- = A(k)P(k)^+ A(k)^{\mathrm{T}} + Q(k)$$

将式 (7.137) 代入式 (7.136) 得到:

$$P(k+1)^- = A(k)(I - K(k)C(k))P(k)^- A(k)^{\mathrm{T}} + Q(k) \tag{7.139}$$

用式 (7.138) 替代式 (7.139) 中的 $K(k)$,得到离散时间动态里卡蒂方程:

$$P(k+1)^- = A(k)\Big(P(k)^- - P(k)^- C(k)^{\mathrm{T}} \Big(C(k)P(k)^- C(k)^{\mathrm{T}} + R(k)\Big)^{-1} C(k)P(k)^-\Big)A(k)^{\mathrm{T}} + Q(k) \tag{7.140}$$

如果在控制应用中使用卡尔曼滤波器,则更适合使用一步前向形式进行状态估计(式 (7.135)),因为它使用了控制信号 $u(k)$ 和测量输出信号 $y(k)$ 来预测 $k+1$ 处的状态,这两个信号在当前采样时刻 k 都是可用的。卡尔曼滤波器的这种实现方式将避免控制系统实现时的代数环问题。当然,在控制系统的应用中,我们也可以使用两步卡尔曼滤波算法。

7.6.2 卡尔曼滤波器和观测器

考虑之前 4.3 节中使用的观测器方程,其形式如下:

$$\hat{x}(k+1) = A\hat{x}(k) + Bu(k) + K_{\mathrm{ob}}(y(k) - C\hat{x}(k)) \tag{7.141}$$

通过将式 (7.141) 和一步卡尔曼滤波器更新方程式 (7.135) 进行比较,我们可以总结出，对于一个定常系统（即系统矩阵 A、B、C 为常数），当用卡尔曼滤波器中的 $A(k)K(k)$ 替代观测器增益矩阵 K_{ob} 后，观测器和卡尔曼滤波器的状态估计方程是相同的。

为了研究观测器增益矩阵 K_{ob} 和卡尔曼滤波增益 $K(k)$ 之间的关系，我们来研究式 (7.140) 给出的先验协方差矩阵的一步估计。对于一个线性定常系统，稳态下，随着 $k \to \infty$ 时，动态里卡蒂方程式 (7.140) 变为代数里卡蒂方程：

$$A\left[P - PC^T \left(R + CPC^T \right)^{-1} CP \right] A^T + Q - P = 0 \tag{7.142}$$

式中，P 为 $k \to \infty$ 时 $P(k)^-$ 的稳态解。注意，如 4.4 节所述，在求解观测器增益矩阵 K_{ob} 时应用了该代数里卡蒂方程。在稳态阶段，代数里卡蒂方程与动态里卡蒂方程相同。

一旦确定在稳态阶段代数里卡蒂方程与动态里卡蒂方程相同，我们就可以得到观测器增益矩阵 K_{ob} 和卡尔曼滤波器增益 $K(k)$ 之间的关系。观测器增益矩阵为

$$K_{ob} = APC^T \left(CPC^T + R \right)^{-1} \tag{7.143}$$

与式 (7.138) 给出的一步卡尔曼滤波增益相比，即

$$K(k) = P(k)^- C(k)^T \left(C(k)P(k)^- C(k)^T + R(k) \right)^{-1}$$

我们可以得出结论，对于一个定常系统，在稳态下，有

$$K_{ob} = AK(k) \tag{7.144}$$

式中，$K(k)$ 为在采样时刻 k 处计算的卡尔曼滤波增益。

问题是，在什么条件下，动态里卡蒂方程式 (7.140) 具有稳定的稳态解，该稳态解也是相应的代数里卡蒂方程式 (7.142) 的解：离散时间线性二次型调节器的必要和充分条件表明，当且仅当 $\left(A^T, C^T \right)$ 稳定且 $\left(A^T, \Gamma^T \right)$ 可检测时（其中 $Q = \Gamma^T \Gamma$），代数里卡蒂方程有唯一稳定的正定解 P。

对于卡尔曼滤波器和观测器之间的关系，现有几点结论。

(1) 对于一个定常系统，卡尔曼滤波器与通过求解代数里卡蒂方程设计的观测器具有高度相似性。

(2) 二者都需要求解里卡蒂方程以及计算最优增益。对于观测器，观测器增益是离线计算的，且可以用 MATLAB 程序 dlqr.m 得到。对于卡尔曼滤波器，卡尔曼滤波增益在每一个采样时刻都会通过最小化后验协方差矩阵来进行优化。

(3) 由于卡尔曼滤波增益为在线计算，卡尔曼滤波器的计算需求更高。但是，它为每个采样时刻都提供了最优性能，且适用于线性时变系统。

本节最后通过以下示例对二者进行对比研究。

例 7.11 三弹簧-双质量块系统的状态空间模型用微分方程描述如下：

$$\begin{bmatrix} \dot{x}_1(t) \\ \dot{x}_2(t) \\ \dot{x}_3(t) \\ \dot{x}_4(t) \end{bmatrix} = \begin{bmatrix} 0 & 1 & 0 & 0 \\ -\dfrac{\alpha_1+\alpha_2}{M_1} & 0 & \dfrac{\alpha_2}{M_1} & 0 \\ 0 & 0 & 0 & 1 \\ \dfrac{\alpha_2}{M_2} & 0 & -\dfrac{\alpha_1+\alpha_2}{M_2} & 0 \end{bmatrix} \begin{bmatrix} x_1(t) \\ x_2(t) \\ x_3(t) \\ x_4(t) \end{bmatrix} + \begin{bmatrix} 0 & 0 \\ \dfrac{1}{M_1} & 0 \\ 0 & 0 \\ 0 & \dfrac{1}{M_2} \end{bmatrix} \begin{bmatrix} u_1(t) \\ u_2(t) \end{bmatrix}$$

$$\begin{bmatrix} y_1(t) \\ y_2(t) \end{bmatrix} = \begin{bmatrix} 1 & 0 & 0 & 0 \\ 0 & 0 & 1 & 0 \end{bmatrix} \begin{bmatrix} x_1(t) \\ x_2(t) \\ x_3(t) \\ x_4(t) \end{bmatrix}$$

该系统有两个输入变量，为两个作用力 u_1 和 u_2；有两个输出变量，分别为质量块一的位移距离 y_1 和质量块二的位移距离 y_2（见例 1.1）。如 Tongue（2002）研究中所述，物理参数如下：$M_1 = 2\text{kg}$，$M_2 = 4\text{kg}$，$\alpha_1 = 40\text{N/m}$，$\alpha_2 = 100\text{N/m}$。我们利用该系统来说明观测器和卡尔曼滤波器在状态估计方面的区别。这里有测量噪声，但是没有过程噪声。

解　以采样间隔 $\Delta t = 0.1\text{s}$ 对系统进行采样，得到一个离散时间模型。设初始条件为 $x_1(0) = x_2(0) = x_3(0) = x_4(0) = 1$，对所有采样时刻 k 有 $u_1(k) = \sin\dfrac{2\pi k}{100}$，$u_2(k) = 1$，用离散时间状态空间模型计算状态变量。在两个输出信号中分别加入均值为零、单位方差的独立噪声序列。图 7.21 显示了两个被噪声破坏的输出信号。

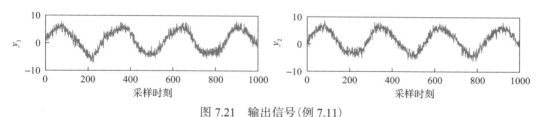

图 7.21　输出信号（例 7.11）

1. 卡尔曼滤波器的估计结果

由于系统中没有过程噪声，我们选取 Q 为零矩阵，并根据测量噪声方差选择 $R = I$。设 $P(0)^+ = 1I$，$\hat{x}(0)^+$ 为零向量，利用卡尔曼滤波器估计状态向量。图 7.22（a）和（b）对真实状态和估计状态（x_1 和 x_2）进行了比较。对于所选的 Q 和 R 矩阵，估计的状态几乎没有噪声。具有最终卡尔曼滤波增益的误差系统的闭环特征值为 $0.9977 \pm \text{j}\, 0.0499$、$0.9988 \pm \text{j}\, 0.0223$，其幅值为 0.9990，处于复平面的单位圆内。$Q$ 和 R 矩阵的选择对应于过程噪声和测量噪声特性，这是卡尔曼滤波器的一个关键特征。我们计算的均方误差的和为

$$\frac{1}{M}\sum_{k=1}^{M}\left(x(k)-\hat{x}(k)^+\right)^{\mathrm{T}}\left(x(k)-\hat{x}(k)^+\right) = 0.0333$$

式中，M 为数据长度。

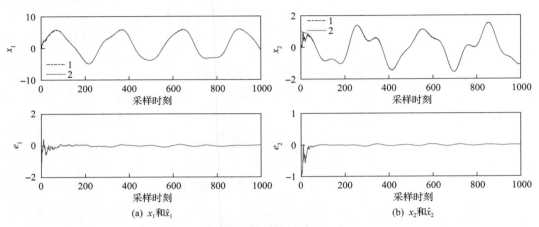

(a) x_1 和 $\hat{x}_1$ (b) x_2 和 $\hat{x}_2$

图 7.22　卡尔曼滤波器的估计结果（例 7.11），$Q=0$，$R=I$

线 1 表示真实状态；线 2 表示估计状态

由于 A 的所有四个特征值幅值都为 1，当 Q 为零矩阵时，矩阵对 $\left(A^{\mathrm{T}}, \Gamma^{\mathrm{T}}\right)$（其中，$Q = \Gamma^{\mathrm{T}} \Gamma$）是不可检测的。而矩阵对 $\left(A^{\mathrm{T}}, \Gamma^{\mathrm{T}}\right)$ 可检测是里卡蒂方程具有稳态解的必要条件。因此，为了对比卡尔曼滤波器与观测器的性能，Q 不能是零矩阵，我们将选择 $Q = 0.001I$，作为第二种情况。

对于此时 Q 和 R 矩阵的选择，卡尔曼滤波增益收敛为

$$
K = \begin{bmatrix} 0.0693 & 0.0076 \\ 0.0204 & 0.0056 \\ 0.0076 & 0.0693 \\ 0.0056 & 0.0204 \end{bmatrix}
$$

如图 7.23（a）和（b）所示，测量噪声对状态估计结果产生影响，这一点可以从图 7.23 底部的图中看出。均方误差之和计算为

$$
\frac{1}{M} \sum_{k=1}^{M} \left(x(k) - \hat{x}(k)^{+} \right)^{\mathrm{T}} \left(x(k) - \hat{x}(k)^{+} \right) = 0.1112
$$

式中，M 为数据长度。

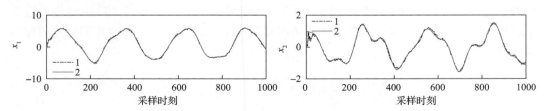

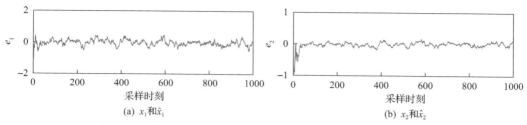

图 7.23　卡尔曼滤波器的估计结果（例 7.11），$Q = 0.001I$，$R = I$

线 1 表示真实状态；线 2 表示估计状态

2. 来自观测器的估计结果

对于观测器的设计，选择 $Q = 0$ 和 $R = I$ 不能得到里卡蒂方程的稳态解，用 MATLAB 函数 dlqr.m 可对此进行证明。因此，在观测器的设计中，我们使用 $Q = 0.001I$ 和 $R = I$，利用 MATLAB 程序 dlqr.m 得到的观测器增益矩阵如下：

$$K_{\text{ob}} = \begin{bmatrix} 0.0713 & 0.0082 \\ 0.0194 & 0.0062 \\ 0.0082 & 0.0713 \\ 0.0062 & 0.0194 \end{bmatrix}$$

闭环观测器误差系统的四个特征值为 $0.9672 \pm j\,0.0532$、$0.9600 \pm j\,0.0384$。这里，K_{ob} 等于收敛的 AK 值。图 7.24 对比了使用卡尔曼滤波器和观测器得到的四个状态误差，其中，实线代表观测器估计误差，虚线代表卡尔曼滤波器估计误差。通过目测，我们可以得出结论，在稳态下，卡尔曼滤波器和观测器都获得了相同的估计结果，但瞬态响应阶

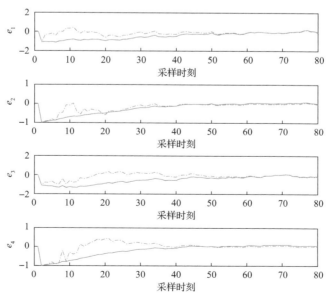

图 7.24　卡尔曼滤波器和观测器估计误差结果对比（例 7.11）

实线为观测器估计误差；虚线为卡尔曼滤波器估计误差

段的性能存在差异。对于后验协方差矩阵 $P(0)^+ = 1I$ 的初始选择，在瞬态阶段，卡尔曼滤波器的性能优于观测器。

通过计算均方误差之和可以对此进行验证：

$$\frac{1}{M}\sum_{k=1}^{M}(x(k)-\hat{x}(k))^{\mathrm{T}}(x(k)-\hat{x}(k)) = 0.1665$$

该均方误差之和相比于使用卡尔曼滤波器更大。

7.6.3　思考题

1. 假设某系统用以下状态空间模型描述：

$$x(k) = 0.8x(k-1) + 0.6u(k-1) + w(k-1); \quad y(k) = x(k) + v(k)$$

式中，$w(k)$ 和 $v(k)$ 为方差为 σ_w^2 和 σ_v^2 的独立白噪声。可用于一步卡尔曼滤波算法的方程有哪些？

2. 如果在反馈控制中使用了两步卡尔曼滤波算法来估计状态，你应该用 $\hat{x}(k)^-$ 还是用 $\hat{x}(k)^+$ 来计算控制信号 $u(k)$？还是两者都不用呢？

3. 继续第 1 题。假设过程噪声 $w(k)$ 不是白噪声，而是随机游走信号，且

$$w(k) = \frac{\epsilon(k)}{1 - q^{-1}}$$

式中，$\epsilon(k)$ 为方差是 σ_ϵ^2 的白噪声。根据从观测器研究中积累的知识，你认为卡尔曼滤波器估计 $\hat{x}(k)^+$ 会收敛到真实的 $x(k)$ 吗？如果不会，你打算怎么做？

4. 当我们不确定随机游走扰动出现在输入端还是输出端时，你认为我们是否有必要对其进行正确建模？

5. 第 4 题的答案是否取决于系统是时变系统还是时不变系统呢？

6. 你是否认为可以通过检查卡尔曼滤波器闭环误差系统的特征值获取卡尔曼滤波器的收敛信息？

7.7　本 章 小 结

本章讨论了卡尔曼滤波器的相关话题，并提供了 MATLAB 教程。本章的重要内容具体总结如下。

（1）基于过程噪声 $w(k)$ 和 $v(k)$ 的统计特性，利用过程动力学知识和测量的输出 $y(k)$，卡尔曼滤波器对未知的真实状态向量 $x(k)$ 进行最优估计。该估计过程迭代进行，以产生后验估计 $\hat{x}(k)^+$。

（2）通过在采样时刻 k 最小化目标函数 $J(k)$（见式（7.17））得到卡尔曼滤波增益 $K(k)$，

其中，$J(k)$ 被选择为 $x(k)$ 和 $\hat{x}(k)^+$ 之间误差的方差之和。

(3) 传感器偏置和负载扰动的问题可以通过增广状态空间模型来解决，将这些未知变量作为状态向量的一部分。

(4) 通过一些小的修改，卡尔曼滤波算法能够解决数据缺失问题，并能在多速率采样环境中工作。

(5) 扩展卡尔曼滤波器是用于非线性系统状态估计的有效工具。

(6) 衰减记忆卡尔曼滤波器为调节滤波器性能提供了更多途径。

7.8 更 多 资 料

(1) 卡尔曼的原创论文有 Kalman (1960)、Kalman 和 Bucy (1961)。

(2) 最优滤波器相关书籍包括：Anderson 和 Moore (1979)、Kailath (1981)、Goodwin 和 Sin (1984)、Simon (2006)、Brown 和 Huang (2012)、Grimble 和 Johnson (1988a)、Catlin (2012)。

(3) 关于卡尔曼滤波器的指导论文包括：Rhodes (1971)、Higgins (1975)、Orderud (2005)、Young (2011)、Faragher (2012)、Humpherys 等 (2012)、Rhudy 等 (2017)。

(4) 卡尔曼滤波在自动驾驶车辆的导航定位中有着广泛的应用。该领域的书籍包括：Bekir (2007)、Noureldin 等 (2013)、Groves (2013)。Guan (2019) 发表了一篇关于定位的博士学位论文。

(5) Driessen 等 (2018) 研究中给出了一个带有低成本传感器的扩展卡尔曼滤波器的例子。Feng 等 (2014) 研究中提出了递归协方差估计卡尔曼滤波器。

习 题

7.1 假设某连续时间信号被测量噪声破坏，其中无噪声信号 $y_0(t)$ 可以描述为

$$y_0(t) = at + b$$

式中，参数 a 和 b 为未知常数。该连续时间信号的采样间隔为 Δt。

(1) 选择 $x_1(t) = y_0(t)$ 和 $x_2(t) = \dot{y}_0(t)$，写出与离散时间卡尔曼滤波器相关的方程式，该滤波器为 k 时刻的无噪声信号 $y_0(t)$ 和参数 a 提供最优估计。

(2) 如果我们想为未知参数 a 和 b 提供最优估计，写出与离散时间卡尔曼滤波器相关的方程式，以实现这一目标。

(3) 当 $a = 0.2$、$b = 0.6$、$\Delta t = 0.1$ 时，生成一组测试数据，其中，测量噪声均值为零，方差为 0.6。

(4) 用相同的测试数据对两个卡尔曼滤波器进行验证，根据误差信号 $y(k) - \hat{y}(k)$ 和 $a(k) - \hat{a}(k)$ 比较两个滤波器的性能。你有何发现？

7.2 续 7.1 题。在本练习中，我们将测试当参数 a 和 b 为分段常数时的卡尔曼滤波器。

(1)使用相同的 Δt 和噪声方差,对 7.1 题中的仿真时间进行加倍,生成一组测试数据,但是,在仿真时间的 1/3 处,将参数 a 从 0.2 改为–0.2,在仿真时间的 2/3 处,将参数 b 从 0.6 改为–0.6。

(2)研究 Q 矩阵对两个滤波器的性能的影响。简单起见,我们选择 $Q = q_0 I$,其中 I 为单位矩阵,根据误差平方和 $\sum_k |y(k) - \hat{y}(k)|^2$ 对参数 q_0 进行优化。根据误差信号 $y(k) - \hat{y}(k)$ 和 $a(k) - \hat{a}(k)$ 比较两个滤波器的性能。你有何发现?

7.3　用 7.2 题生成的同组测试数据,在本练习中,我们将在时变系统中应用衰减记忆卡尔曼滤波器。

(1)选择加权矩阵 Q 为零,求衰减记忆卡尔曼滤波器的最佳 α 值,以最小化误差平方和 $\sum_k |y(k) - \hat{y}(k)|^2$,对 7.1 题中设计的两个滤波器都运行该步骤。根据误差信号 $y(k) - \hat{y}(k)$ 和 $a(k) - \hat{a}(k)$ 比较两个滤波器的性能。你有何发现?

(2)与 7.2 题得到的结果相比,你更喜欢哪种方法?两种方法的优点和缺点各是什么?

7.4　某连续时间的测量信号 $y(t)$ 被噪声 $\epsilon(t)$ 严重破坏。测量信号 $y(t) = y_0(t) + \epsilon(t)$,式中, $y_0(t)$ 用以下连续时间函数描述:

$$y_0(t) = a_m \sin(\omega_0 t + \theta) + d$$

式中,频率 ω_0 已知,但幅值 a_m 和相角 θ 未知; $d \neq 0$,它是一个未知常数。

(1)写出描述连续时间函数 $y_0(t)$ 的连续时间状态空间模型。

(2)生成一个无噪声信号 $y_0(t)$,其中参数为 $a_m = 1$, $\omega_0 = 1$, $\theta = 0$, $d = 1$,采样间隔 $\Delta t = 0.05\text{s}$,加入一个由 MATLAB 程序生成的噪声信号:

```
epsilon=0.2*randn(1,Nsim);
```

式中,采样点个数 $N_{\text{sim}} = 600$。

(3)使用卡尔曼滤波器估计正弦信号和常数信号,并选择初始条件、Q 和 R 矩阵。给出估计的状态,并将其与真实状态进行比较。

(4)假设频率 $\omega_0 = 0.2\cos(0.1t)\text{rad/s}$,用卡尔曼滤波器估计状态并对噪声进行滤波。给出估计的状态,并将其与真实状态进行比较。

7.5　某离散时间系统用差分方程式描述如下:

$$x(k) = 1.1x(k-1) - 2\gamma(k-1) + w(k-1)$$

$$\gamma(k) = \gamma_0 1.1^k$$

式中, γ_0 为一个未知常数; $w(k-1)$ 为一个零均值的白噪声,方差为 σ_w^2。已知测量信号 $y(k)$ 与变量 $x(k)$ 和 $\gamma(k)$ 的关系如下:

$$y(k) = 2x(k) + \gamma(k) + v(k)$$

测量 $v(k)$ 是一个零均值的白噪声,方差为 σ_v^2。

(1) 写出卡尔曼滤波器方程式，对状态变量 $x(k)$ 和 $\gamma(k)$ 进行迭代估计。

(2) 选择 $x(0) = 0$、$\gamma_0 = 0.2$、$\sigma_w = 0.6$ 和 $\sigma_v = 0.9$ 生成一组测试数据。

(3) 用测试数据验证卡尔曼滤波器性能。绘制误差 $y(k) - \hat{y}(k)$、$x(k) - \hat{x}(k)$ 和 $\gamma(k) - \hat{\gamma}(k)$，并计算均方误差。你有何发现？

7.6　同时具有执行器延迟和传感器延迟的二阶系统由以下状态空间模型描述：

$$x(k) = Ax(k-1) + Bu(k-3) + w(k-1)$$

$$y(k) = Cx(k-4) + v(k)$$

式中，系统矩阵为

$$A = \begin{bmatrix} 0.7 & 0.9 \\ 0 & 1 \end{bmatrix}; \quad B = \begin{bmatrix} 1 \\ 1 \end{bmatrix}; \quad C = \begin{bmatrix} 2 & 1 \end{bmatrix}$$

(1) 写出与卡尔曼滤波器相关的方程，对状态 $x(k)$ 进行递归估计。

(2) 选择 $x(0)$ 的初始条件为 $[1 \ 1]^T$，$u(k) = \cos\dfrac{2\pi}{100}$，$w(k)$ 和 $v(k)$ 是标准差分别为 0.1 和 0.3 的零均值白噪声，生成一组仿真数据。

(3) 用仿真数据评价滤波器性能。绘制误差 $y(k) - \hat{y}(k)$、$x_1(k) - \hat{x}_1(k)$ 和 $x_2(k) - \hat{x}_2(k)$，并计算均方误差。

(4) 研究失配时延对卡尔曼滤波器性能的影响。在用于卡尔曼滤波的模型中，将输出延迟减少到 1 个采样点，输入延迟减少到 0。使用同一组仿真数据评估滤波器的性能。绘制误差 $y(k) - \hat{y}(k)$、$x_1(k) - \hat{x}_1(k)$ 和 $x_2(k) - \hat{x}_2(k)$，并计算均方误差。与之前模型中使用正确的时延信息得到的结果相比，你有何发现？

7.7　永磁同步电机的动力学模型表示为

$$\frac{\mathrm{d}i_d(t)}{\mathrm{d}t} = \frac{1}{L_d}\left(v_d(t) - R_s i_d(t) + \omega_e(t)L_q i_q(t)\right)$$

$$\frac{\mathrm{d}i_q(t)}{\mathrm{d}t} = \frac{1}{L_q}\left(v_q(t) - R_s i_q(t) - \omega_e(t)L_d i_d(t) - \omega_e(t)\varphi_{\mathrm{mg}}\right)$$

$$\frac{\mathrm{d}\omega_e(t)}{\mathrm{d}t} = \frac{Z_p}{J_m}\left(\frac{3}{2}Z_p\varphi_{\mathrm{mg}}i_q(t) - \frac{B_v}{Z_p}\omega_e(t) - T_L\right)$$

式中，L_d 和 L_q 为电感；R_s 为电阻；φ_{mg} 为磁通；Z_p 为极对数；J_m 为电机的惯量；B_v 为黏性摩擦系数。所有这些物理参数都是已知的。但是，负载转矩 T_L 是未知的，在应用中假设其为一个常数。

(1) 假设给定输入信号 $v_d(t)$ 和 $v_q(t)$，测量信号为 $\omega_e(t)$，采样间隔为 Δt。写出与扩展卡尔曼滤波算法相关的方程，对电流 i_d、i_q 和负载转矩 T_L 进行递归估计。

(2) 讨论在滤波器的设计中加入 T_L 的意义。

7.8　在例 7.9 中，我们考虑了两个水箱液位都被测量的情况。本练习中，我们将延续例 7.9，但是这里考虑只有一个水位的测量。

(1) 假设用低成本传感器测量水位 L_1，但是不测量水位 L_2。设计一个扩展卡尔曼滤波器，估计两个水箱的液位。

(2) 假设用低成本传感器测量水位 L_2，但不测量水位 L_1。设计一个扩展卡尔曼滤波器，估计两个水箱的液位。

(3) 比较两种情况的估计结果，研究 Q 和 R 矩阵对估计结果的影响。

第8章 解决卡尔曼滤波器中的计算问题

8.1 概　　述

在实际应用中使用卡尔曼滤波器时，相关的一些计算问题十分重要。有时所设计的卡尔曼滤波器在理论上和仿真研究中都没有问题，但在真实系统中却并不起作用。造成这类问题的主要原因之一是微控制器或其他低成本计算设备的算法精度有限。

本章的目的是解决卡尔曼滤波器的实时计算问题，讨论了两个主题。第一个主题是关于卡尔曼滤波增益的实时计算。由于卡尔曼滤波增益计算需要进行矩阵求逆，在没有函数库的情况下，用微控制器实现矩阵求逆本身就是一个挑战。为了解决实时应用的这些潜在问题，8.2 节介绍了序贯卡尔曼滤波器，以避免在计算卡尔曼滤波增益时的矩阵求逆。第二个主题是提高卡尔曼滤波器计算精度。在数字处理器中，运算精度有限，这意味着只有一定数量的数位可用来表示卡尔曼滤波方程中的数字。8.3 节讨论了使用 UDU^{T} 分解的卡尔曼滤波器，在实际应用中，它或许能将算法精度提高一倍，并且对于实现实时运算具有重要作用。本章将给出 MATLAB 教程来演示这两种卡尔曼滤波器的实时实现过程。

8.2　序贯卡尔曼滤波器

8.2.1　序贯卡尔曼滤波器的基本概念

序贯卡尔曼滤波器的目的在于避免计算卡尔曼滤波增益过程中的矩阵求逆运算。由式 (7.24) 可见，在卡尔曼滤波增益的计算中需要对矩阵 $C(k)P(k)^{-}C(k)^{\mathrm{T}} + R(k)$ 求逆。但是，如果实际问题中只有一个输出测量值（$C(k)$ 是行向量，$R(k)$ 是标量），那么该矩阵就会变为标量，此时就不需要进行矩阵求逆运算。基于这一发现，序贯卡尔曼滤波算法的本质就是一步输入一个测量输出值，逐列顺序计算卡尔曼滤波增益 $K(k)$。实现这一过程的关键假设是协方差矩阵 $R(k)$ 必须是对角矩阵，即每个输出的测量噪声是独立的。如果 $R(k)$ 不是对角矩阵，可以使用线性变换对其进行对角化。

我们假设数学模型为

$$x(k) = A(k-1)x(k-1) + B(k-1)u(k-1) + w(k-1) \tag{8.1}$$

$$y(k) = C(k)x(k) + v(k) \tag{8.2}$$

假设系统有 m 个输出量，我们将式 (8.2) 中的各成分表示为

$$y(k) = \begin{bmatrix} y_1(k) \\ \vdots \\ y_i(k) \\ \vdots \\ y_m(k) \end{bmatrix}; \quad v(k) = \begin{bmatrix} v_1(k) \\ \vdots \\ v_i(k) \\ \vdots \\ v_m(k) \end{bmatrix}; \quad C(k) = \begin{bmatrix} C_1(k) \\ \vdots \\ C_i(k) \\ \vdots \\ C_m(k) \end{bmatrix}$$

式中，$C_i(k)$ 为输出矩阵 $C(k)$ 的第 $i(i = 1, 2, \cdots, m)$ 行。相应地，我们将卡尔曼滤波增益 $K(k)$ 表示为 $K(k) = \begin{bmatrix} K_1(k) & K_2(k) & \cdots & K_m(k) \end{bmatrix}$，其中，$K_i(k)$ 为卡尔曼滤波增益 $K(k)$ 的第 i 列。我们假设测量噪声 $v(k)$ 的协方差矩阵为 R，且 R 为对角矩阵，对角线元素为 $r_{11}, r_{22}, \cdots, r_{mm}$。

现在，我们将仔细研究如何用单个测量问题来解决多个测量问题。由于矩阵求逆发生在后验估计阶段，因此先验估计和协方差矩阵没有变化。我们将逐一输入输出测量值，避免矩阵求逆。

对于后验估计和协方差矩阵，在采样时刻 k，我们选择

$$\hat{x}(k)_0^+ = \hat{x}(k)^- \tag{8.3}$$

$$P(k)_0^+ = P(k)^- \tag{8.4}$$

式中，下标 0 表示后验估计和协方差矩阵的初始条件。

基于初始条件式 (8.3) 和式 (8.4)，用第一个输出值 $y_1(k)$ 更新后验估计：

$$\hat{x}(k)_1^+ = \hat{x}(k)_0^+ + K_1(k)\left(y_1(k) - C_1(k)\hat{x}(k)_0^+\right) \tag{8.5}$$

此时，后验协方差矩阵表示为

$$E\left[\left(x(k) - \hat{x}(k)_1^+\right)\left(x(k) - \hat{x}(k)_1^+\right)^{\mathrm{T}}\right] = P(k)_1^+ \tag{8.6}$$

$$= \left(I - K_1(k)C_1(k)\right)P(k)^-\left(I - K_1(k)C_1(k)\right)^{\mathrm{T}} + r_{11}K_1(k)K_1(k)^{\mathrm{T}} \tag{8.7}$$

根据式 (8.7)，对以下目标函数进行最小化：

$$J_1(k) = \mathrm{trace}\left\{E\left[\left(x(k) - \hat{x}(k)_1^+\right)\left(x(k) - \hat{x}(k)_1^+\right)^{\mathrm{T}}\right]\right\}$$

得到 $K_1(k)$ 的最优解为

$$K_1(k) = P(k)^- C_1(k)^{\mathrm{T}} \big/ \left(C_1(k)P(k)^- C_1(k)^{\mathrm{T}} + r_{11}\right) \tag{8.8}$$

然后根据式 (8.7)，用最优卡尔曼滤波增益 $K_1(k)$ 更新后验协方差矩阵 $P(k)_1^+$。

随后，利用第二个输出 $y_2(k)$ 更新后验估计，状态后验估计写为

$$\hat{x}(k)_2^+ = \hat{x}(k)_1^+ + K_2(k)\left(y_2(k) - C_2(k)\hat{x}(k)_1^+\right) \tag{8.9}$$

式中，$\hat{x}(k)_1^+$ 为利用第一个测量值 $y_1(k)$ 更新获得的后验估计值（见式(8.5)）。后验协方差矩阵计算为

$$E\left[\left(x(k) - \hat{x}(k)_2^+\right)\left(x(k) - \hat{x}(k)_2^+\right)^{\mathrm{T}}\right] = P(k)_2^+ \tag{8.10}$$

$$= \left(I - K_2(k)C_2(k)\right)P(k)_1^+\left(I - K_2(k)C_2(k)\right)^{\mathrm{T}} + r_{22}K_2(k)K_2(k)^{\mathrm{T}} \tag{8.11}$$

基于式(8.11)，对目标函数 $J_2(k)$ 进行最小化：

$$J_2(k) = \mathrm{trace}\left\{E\left[\left(x(k) - \hat{x}(k)_2^+\right)\left(x(k) - \hat{x}(k)_2^+\right)^{\mathrm{T}}\right]\right\}$$

得到卡尔曼滤波增益的最优解：

$$K_2(k) = P(k)_1^+ C_2(k)^{\mathrm{T}}\Big/\left(C_2(k)P(k)_1^+ C_2(k)^{\mathrm{T}} + r_{22}\right) \tag{8.12}$$

然后用卡尔曼滤波增益 $K_2(k)$ 和式(8.11)更新后验协方差矩阵 $P(k)_2^+$。

我们依次使用所有输出值对后验估计进行更新。最后一个输出（第 m 个）的更新方程为

$$K_m(k) = P(k)_{m-1}^+ C_m(k)^{\mathrm{T}}\Big/\left(C_m(k)P(k)_{m-1}^+ C_m(k)^{\mathrm{T}} + r_{mm}\right)$$

$$\hat{x}(k)_m^+ = \hat{x}(k)_{m-1}^+ + K_m(k)\left(y_m(k) - C_m(k)\hat{x}(k)_{m-1}^+\right)$$

$$P(k)_m^+ = \left(I - K_m(k)C_m(k)\right)P(k)_{m-1}^+\left(I - K_m(k)C_m(k)\right)^{\mathrm{T}} + r_{mm}K_m(k)K_m(k)^{\mathrm{T}}$$

在依次完成所有输出量的测量更新后，后验估计从第 m 个输出（进入计算的最终输出）得到计算结果，由下式得出：

$$\hat{x}(k)^+ = \hat{x}(k)_m^+$$

$$P(k)^+ = P(k)_m^+$$

对于序贯卡尔曼滤波算法，$K_m(k)$ 等于原卡尔曼滤波增益的最后一列，但其余的增益向量与用矩阵求逆求解的卡尔曼滤波增益并不对应。

为了证明这种依次测量更新的方法会产生相同的后验估计和协方差，我们给出一个简单的算例，如下所示。

例 8.1 考虑一个系统具有两个状态变量和两个测量值，该系统的输出矩阵为 $C = \begin{bmatrix} 1 & 2 \\ 2 & 3 \end{bmatrix}$。另外，我们假设在采样时刻 k，测量值 $y(k) = [1 \ 2]^{\mathrm{T}}$，先验估计值

$\hat{x}(k)^- = [1\ \ 2]^T$，先验协方差矩阵 $P(k)^- = \begin{bmatrix} 3 & 0.1 \\ 0.1 & 2 \end{bmatrix}$。

若 $R = \begin{bmatrix} r_{11} & 0 \\ 0 & r_{22} \end{bmatrix}$（其中，$r_{11} = 1$，$r_{22} = 2$），证明用矩阵求逆得到的后验协方差矩阵

$P(k)^+ = (I - K(k)C(k))P(k)^-(I - K(k)C(k))^T + K(k)R(k)K(k)^T$ 与序贯计算的后验协方差

矩阵 $P(k)_2^+ = (I - K_2(k)C_2(k))P(k)_1^+(I - K_2(k)C_2(k))^T + r_{22}K_2(k)K_2(k)^T$ 相同。式中，

$$K_1(k) = P(k)^- C_1(k)^T / \left(C_1(k)P(k)^- C_1(k)^T + r_{11} \right)$$

$$K_2(k) = P(k)_1^+ C_2(k)^T / \left(C_2(k)P(k)_1^+ C_2(k)^T + r_{22} \right)$$

$$P(k)_1^+ = (I - K_1(k)C_1(k))P(k)^-(I - K_1(k)C_1(k))^T + r_{11}K_1(k)K_1(k)^T$$

另外，证明 K_1 与 K 的第一列不相等，但是，K_2 与 K 的第二列相等。

解　我们首先用矩阵求逆求出卡尔曼滤波增益和后验协方差矩阵 $P(k)^+$：

$$K(k) = \begin{bmatrix} -0.1866 & 0.2949 \\ 0.3255 & 0.0034 \end{bmatrix}$$

$$P(k)^+ = \begin{bmatrix} 1.7395 & -0.9631 \\ -0.9631 & 0.6443 \end{bmatrix}$$

然后，我们检验序贯卡尔曼滤波器方法，求出 $K_1(k)$、$P(k)_1^+$、$K_2(k)$、$P(k)_2^+$，即

$$K_1(k) = \begin{bmatrix} 0.2581 \\ 0.3306 \end{bmatrix}; \quad P(k)_1^+ = \begin{bmatrix} 2.1742 & -0.9581 \\ -0.9581 & 0.6444 \end{bmatrix}; \quad K_2(k) = \begin{bmatrix} 0.2949 \\ 0.0034 \end{bmatrix}$$

$$P(k)_2^+ = \begin{bmatrix} 1.7395 & -0.9631 \\ -0.9631 & 0.6443 \end{bmatrix}$$

此外，当假设在采样时刻 k，测量值为 $y(k) = [1\ \ 2]^T$，先验估计值 $\hat{x}(k)^- = [1\ \ 2]^T$ 时，我们可以验证状态的序贯卡尔曼滤波器估计获得的 $\hat{x}(k)_2^+ = [1.5114\ \ -0.3388]^T$ 与矩阵求逆得到的估计值相等。

序贯卡尔曼滤波算法总结如下，其中，假设 R 为对角矩阵，第 i 个对角线元素为 r_{ii}。

（1）计算状态和协方差矩阵的先验估计：

$$\hat{x}(k)^- = A(k-1)\hat{x}(k-1)^+ + B(k-1)u(k-1) \tag{8.13}$$

$$P(k)^- = A(k-1)P(k-1)^+ A(k-1)^T + Q(k-1) \tag{8.14}$$

（2）用下列步骤序贯计算卡尔曼滤波增益。

①选择初始后验估计：

$$\hat{x}(k)_0^+ = \hat{x}(k)^-$$

$$P(k)_0^+ = P(k)^-$$

②在 $1 \leqslant i \leqslant m$ 时，针对每个输出进行序贯计算：

$$K_i(k) = P(k)_{i-1}^+ C_i(k)^{\mathrm{T}} \big/ \left(C_i(k) P(k)_{i-1}^+ C_i(k)^{\mathrm{T}} + r_{ii} \right)$$

$$\hat{x}(k)_i^+ = \hat{x}(k)_{i-1}^+ + K_i(k) \left(y_i(k) - C_i(k) \hat{x}(k)_{i-1}^+ \right)$$

$$P(k)_i^+ = \left(I - K_i(k) C_i(k) \right) P(k)_{i-1}^+ \left(I - K_i(k) C_i(k) \right)^{\mathrm{T}} + r_{ii} K_i(k) K_i(k)^{\mathrm{T}}$$

（3）更新状态和协方差矩阵的后验估计：

$$\hat{x}(k)^+ = \hat{x}(k)_m^+$$

$$P(k)^+ = P(k)_m^+$$

在序贯更新的步骤中，我们可以选择用更简单的方程：

$$P(k)_i^+ = \left(I - K_i(k) C_i(k) \right) P(k)_{i-1}^+$$

但是，如果选择用这种更简单的形式，后验协方差矩阵可能会失去对称性。

8.2.2　非对角 R

序贯卡尔曼滤波算法的关键假设是 R 矩阵具有对角结构。对于 R 不是对角矩阵的情况，我们可将其进行奇异值分解为

$$R = VDV^{\mathrm{T}} \tag{8.15}$$

式中，D 为一个对角矩阵，其所有元素均为正数；$V^{-1} = V^{\mathrm{T}}$。

我们定义一个新的变量 $\overline{y}(k)$ 为

$$\begin{aligned} \overline{y}(k) &= V^{\mathrm{T}} y(k) = V^{\mathrm{T}} C x(k) + V^{\mathrm{T}} v(k) \\ &= \overline{C} x(k) + \xi(k) \end{aligned} \tag{8.16}$$

式中，$\overline{C} = V^{\mathrm{T}} C$；$\xi(k) = V^{\mathrm{T}} v(k)$。$\xi(k)$ 的协方差矩阵为

$$\begin{aligned} E\left[\xi(k)\xi(k)^{\mathrm{T}} \right] &= V^{\mathrm{T}} E\left[v(k)v(k)^{\mathrm{T}} \right] V \\ &= V^{\mathrm{T}} V D V^{\mathrm{T}} V = D = \overline{R} \end{aligned} \tag{8.17}$$

这里我们使用了奇异值变换的性质：$V^T V$ 是一个单位矩阵。显然，$\overline{R}$ 是一个对角矩阵。在该变换后，使用变换后的测量信号 $\overline{y}(k)$ 进行测量更新，其中，使用 $\overline{C}$ 替代 C，$\overline{R}$ 替代序贯卡尔曼滤波算法中的 R。

注意，如果 R 是一个常数矩阵，那么它的奇异值分解可以使用 MATLAB 函数 svd.m 完成。但是，如果 R 在每个采样时刻都是变化的，那么序贯卡尔曼滤波算法就会失去它的计算优势。

用以下示例对上述转换过程进行说明。

例 8.2　作为示例，我们将使用例 8.1 所描述的系统，将 R 换成一个非对角阵，$R = \begin{bmatrix} 1 & 1 \\ 1 & 2 \end{bmatrix}$。可以证明：当 R 不是对角矩阵时，除非对其进行线性变换，否则序贯卡尔曼滤波器的后验估计和协方差矩阵与用矩阵求逆得到的解不同。

解　当使用矩阵求逆时，在采样时刻 k，$P(k)^-$ 和 $x(k)^-$ 同例 8.1，我们得到后验估计：

$$x(k)^+ = \begin{bmatrix} 1.4027 \\ -0.3095 \end{bmatrix} \tag{8.18}$$

协方差矩阵：

$$P(k)^+ = \begin{bmatrix} 1.3968 & -0.7575 \\ -0.7575 & 0.5926 \end{bmatrix} \tag{8.19}$$

在没有对 R 矩阵进行奇异值分解的情况下，序贯卡尔曼滤波器的结果为

$$x(k)_2^+ = \begin{bmatrix} 1.5114 \\ -0.3388 \end{bmatrix}; \quad P(k)_2^+ = \begin{bmatrix} 1.7395 & -0.9631 \\ -0.9631 & 0.6443 \end{bmatrix}$$

与使用矩阵求逆得到的后验估计式 (8.18) 和协方差矩阵式 (8.19) 不同。

下一步是证明通过奇异值变换，序贯卡尔曼滤波器可以正常工作。利用 MATLAB 函数 svd.m，我们将 R 矩阵分解为

$$R = \begin{bmatrix} 1 & 1 \\ 1 & 2 \end{bmatrix} = \begin{bmatrix} -0.5257 & -0.8507 \\ -0.8507 & 0.5257 \end{bmatrix} \begin{bmatrix} 2.6180 & 0 \\ 0 & 0.3820 \end{bmatrix} \begin{bmatrix} -0.5257 & -0.8507 \\ -0.8507 & 0.5257 \end{bmatrix}$$

用 V^T 矩阵，我们得到下列转换的输出矩阵和测量噪声的协方差矩阵：

$$\overline{C} = V^T C = \begin{bmatrix} -0.5257 & -0.8507 \\ -0.8507 & 0.5257 \end{bmatrix} \begin{bmatrix} 1 & 2 \\ 2 & 3 \end{bmatrix} = \begin{bmatrix} -2.2270 & -3.603 \\ 0.2008 & -0.124 \\ 0 & 0.3820 \end{bmatrix}$$

$$\overline{R} = \begin{bmatrix} 2.6180 & 0 \\ 0 & 0.3820 \end{bmatrix}$$

以及转换的测量值：

$$\bar{y} = V^{\mathrm{T}} y = \begin{bmatrix} -2.2270 \\ 0.2008 \end{bmatrix}$$

利用转换后的变量，我们使用序贯卡尔曼滤波器计算后验估计，得到：

$$\hat{x}(k)_2^+ = \begin{bmatrix} 1.4027 \\ -0.3095 \end{bmatrix}; \quad P(k)_2^+ = \begin{bmatrix} 1.3968 & -0.7575 \\ -0.7575 & 0.5926 \end{bmatrix}$$

其与用矩阵求逆（见式(8.18)和式(8.19)）得到的结果相同。

8.2.3　序贯卡尔曼滤波器的 MATLAB 教程

本节中，我们将给出一个示例及其 MATLAB 教程。

例 8.3　某系统的状态空间模型描述如下：

$$x(k) = Ax(k-1) + Bu(k-1); \quad y(k) = Cx(k) + v(k) \tag{8.20}$$

式中，系统矩阵为

$$A = \begin{bmatrix} 0.9 & -0.1 & 0 \\ -0.1 & 0.1 & 0.1 \\ 0 & 0.3 & 0.9 \end{bmatrix}; \quad B = \begin{bmatrix} 1 & 0 \\ 0.1 & 0 \\ 0 & 0.1 \end{bmatrix}; \quad C = \begin{bmatrix} 1 & 0 & 1 \\ 1 & 1 & 1 \end{bmatrix}$$

初始状态 $x(0) = [1\ 1\ 1]^{\mathrm{T}}$，$u_1(k) = \sin\dfrac{2\pi k}{100}$，$u_2(k) = 1$。输出测量噪声序列 $v_1(k)$ 和 $v_2(k)$ 是标准差为 1 的正态分布白噪声。利用序贯卡尔曼滤波器估计其状态变量。

解　我们使用 1000 个采样输入数据和式(8.20)生成输出数据。由于过程噪声 $w(k)$ 为零，我们将 Q 选为零矩阵，将 R 选为单位矩阵。虽然在仿真中初始状态 $x(0)$ 是已知的，但是在大多数应用中，它是未知的。因此，我们将 $\hat{x}(0)^+$ 选为零，将 $P(0)^+$ 选为 $100I$。

图 8.1 对估计状态变量和真实状态变量进行了比较。从图中可以看出，估计状态变量在大约 30 个样本之后紧密跟踪了真实状态变量。均方误差之和计算如下：

$$\frac{1}{M}\sum_{k=1}^{M}\left(x(k) - \hat{x}(k)^+\right)^{\mathrm{T}}\left(x(k) - \hat{x}(k)^+\right) = 0.0732$$

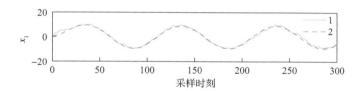

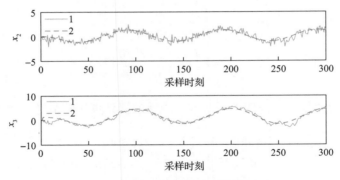

图 8.1　$x(k)$ 与 $\hat{x}(k)^+$ 的对比图（例 8.3）

线 1 表示 $\hat{x}(k)^+$；线 2 表示 $x(k)$

下面通过两个教程说明例 8.3 中序贯卡尔曼滤波器的计算过程。

教程 8.1　本教程的目标是编写 MATLAB 函数 KFSQ.m，以便在不进行矩阵求逆运算的前提下为多输入-多输出系统生成估计状态和输出。函数的输入变量如下。

(1) 系统矩阵 A、B、C。

(2) 输入和输出数据 $u(p \times L)$、$y(m \times L)$，其中，p 和 m 分别为输入和输出的个数，L 为数据长度。

(3) 卡尔曼滤波器的初始条件 $\hat{x}(0)^+$ 和 $P(0)^+$。

(4) 加权矩阵 Q 和 R，其中 R 为对角矩阵。

该函数的输出变量为 $\hat{x}(k)^+$ 和 $\hat{y}(k)$。

步骤 1，创建一个新文件，名为 "KFSQ.m"。

步骤 2，将下列程序输入文件：

```
function[xhat,yhat]=KFSQ(A,B,C,u,y,x_plus,P_plus,Q,R)
```

步骤 3，检查数据长度和测量值及状态的个数。

```
L=length(y);
[m,n]=size(C);
```

步骤 4，将第一个估计 $\hat{x}(0)$ 和 $\hat{y}(0)$ 选为初始条件 $\hat{x}(0)^+$ 和 $C\hat{x}(0)^+$。

```
xhat(:,1)=x_plus;
yhat(:,1)=C*x_plus;
```

步骤 5，执行递归计算。计算状态 $\hat{x}(0)^-$ 和协方差 $P(k)^-$ 的先验估计。

```
for k=2:L
x_minus=A*x_plus+B*u(:,k-1);
P_minus=A*P_plus*A'+Q;
```

步骤 6，序贯进行测量更新计算，这与标准卡尔曼滤波器的测量更新不同。

```
for jj=1:m
K=P_minus*C(jj,:)'/(C(jj,:)*P_minus*C(jj,:)'+R(jj,jj));
```

```
x_plus=x_minus+K*(y(jj,k)-C(jj,:)*x_minus);
P_plus=(eye(n)-K*C(jj,:))*P_minus;
```

步骤 7，准备下一个输出信号的更新。

```
P_minus=P_plus;
x_minus=x_plus;
end
```

步骤 8，保存估计的状态和输出变量，完成一个周期的计算。

```
xhat(:,k)=x_plus;
yhat(:,k)=C*x_plus;
end
```

步骤 9，用例 8.3 测试此函数。

教程 8.2　本教程将利用例 8.3 对 MATLAB 函数 KFSQ.m 进行验证。

步骤 1，创建一个新文件，名为 "Ex4SKF.m"。

步骤 2，根据例 8.3 生成输出信号，保存状态变量以供后续比较。将以下程序输入文件：

```
A=[0.9 -0.1 0;-0.1 0.1 0.1;0 0.3 0.9];
B=[1 0;0.1 0; 0 0.1];
C=[1 0 1;1 1 1];
[m,n]=size(C);
kt=1:1000;
u1=sin(2*pi*kt/100);
u2=ones(1,1000);
u=[u1;u2];
x=[1;1;1];
y1=C*x;
L=length(u);
xmodel(:,1)=x;
for kk=2:L;
x=A*x+B*u(:,kk-1);
xmodel(:,kk)=x;
y1=C*x;
y(:,kk)=y1;
end
```

步骤 3，将测量噪声加入输出数据。用 MATLAB 函数 randn.m 生成标准差为 1 的测量噪声。通过指定 seed 编号，可以准确地知道在仿真中使用的噪声序列。

```
randn('seed',0);
```

```
noi1=1*randn(1,L);
randn('seed',1);
noi2=1*randn(1,L);
y=y+[noi1;noi2];
```

步骤 4，指定 Q 和 R 矩阵。

```
Q=zeros(n);
R=eye(m);
```

步骤 5，指定卡尔曼滤波算法的初始条件。

```
P_plus=100*eye(n);
x_plus=zeros(n,1);
```

步骤 6，调用教程 8.1 中编写的 MATLAB 函数 KFSQ.m。

```
[xhat,yhat]=KFSQ(A,B,C,u,y,x_plus,P_plus,Q,R);
```

步骤 7，通过比较估计的状态变量向量 xhat 和真实的状态变量 xmodel 测试该程序。计算误差信号。

```
E=xmodel-xhat;
S=E*E'/L;
trace(S)
```

步骤 8，得到 trace(S) 的答案是 0.0732。

8.2.4　思考题

1. 在序贯卡尔曼滤波算法中，R 矩阵的关键假设是什么？

2. 我们是否对先验估计 $\hat{x}(k)^-$ 和 $P(k)^-$ 做改变？

3. 如果 R 矩阵的一个对角线元素为零，你认为序贯卡尔曼滤波算法会有什么问题吗？

4. 对序贯卡尔曼滤波算法，我们能否将先验估计和后验估计组合成一步卡尔曼滤波器？

5. 如何修改序列卡尔曼滤波算法，使其也具有衰减记忆功能？

6. 我们如何利用序贯更新估计的思想编写扩展卡尔曼滤波算法？

8.3　使用 UDU^{T} 分解的卡尔曼滤波器

卡尔曼滤波器在微控制器中实现时，经常会遇到精度下降的问题。文献中提出了几种方法，如平方根卡尔曼滤波和 UDU^{T} 分解卡尔曼滤波。这些方法的精度通常是原始方法的两倍，但是需要更大的计算量。本节针对 UDU^{T} 滤波方法进行介绍，这种方法一旦理解后，实现起来相对简单。虽然 UDU^{T} 滤波方法是基于单个测量信号推导出来的，但使用序贯卡尔曼滤波算法，该方法可以很容易地推广到多个测量信号。因此，在本节中，我们假设系统只有一个输出变量。

8.3.1 格拉姆-施密特正交化过程

我们将使用格拉姆-施密特正交化过程进行矩阵分解：不熟悉矩阵计算的读者可以参阅该领域的相关书籍，包括 Demmel(1997)、Trefethen 和 Bau Ⅲ(1997)、Moon 和 Stirling(2000)、Watkins(2004)、Lax(2007)、Horn 和 Johnson(2012)。

假设矩阵 M 写为 $M = W\Omega W^{\mathrm{T}}$。分解的目标是求出 U 和 V 以满足：

$$W\Omega W^{\mathrm{T}} = UV\Omega V^{\mathrm{T}} U^{\mathrm{T}}$$

式中

$$V\Omega V^{\mathrm{T}} = D$$

其中，D 为一个对角矩阵。

在格拉姆-施密特正交化过程中，用 W 矩阵的行生成 V 矩阵的行向量，该行向量与 Ω 的内积正交。该算法总结如下。

注意，W 矩阵的维数为 $n \times q$。V 矩阵的第 n 个行向量 v_n 被选为 W 的第 n 行。那么

$$v_{n-1} = w_{n-1} - \frac{w_{n-1}\Omega v_n^{\mathrm{T}}}{v_n\Omega v_n^{\mathrm{T}}} v_n$$

$$v_{n-2} = w_{n-2} - \frac{w_{n-2}\Omega v_{n-1}^{\mathrm{T}}}{v_{n-1}\Omega v_{n-1}^{\mathrm{T}}} v_{n-1} - \frac{w_{n-2}\Omega v_n^{\mathrm{T}}}{v_n\Omega v_n^{\mathrm{T}}} v_n$$

对 V 中第 k 个行向量，我们有

$$v_k = w_k - \sum_{j=k+1}^{n} \frac{w_k\Omega v_j^{\mathrm{T}}}{v_j\Omega v_j^{\mathrm{T}}} v_j$$

由行向量 v_k，我们可以求出对角矩阵 D 为

$$D = V\Omega V^{\mathrm{T}}$$

式中，第 k 个对角线元素为

$$d_k = v_k\Omega v_k^{\mathrm{T}}$$

则 U 中第 k 行、第 j 列的元素为

$$U(k,j) = \frac{w_k\Omega v_j^{\mathrm{T}}}{v_j\Omega v_j^{\mathrm{T}}}$$

式中，$j,k = 1,2,\cdots,n$。

关于格拉姆-施密特正交分解的函数，编写教程如下。

教程 8.3　该教程将演示如何利用格拉姆-施密特正交分解算法对由 $W\Omega W^{\mathrm{T}}$ 给出的矩阵进行 UDU^{T} 分解。我们将使用该函数来实现序贯卡尔曼滤波器。

步骤 1，创建一个新文件，命名为 "GSDecomp.m"。函数的输入变量为 W 和 Ω 矩阵，输出变量为 U 和 D 矩阵。将以下程序输入文件：

```
function [U,D]=GSDecomp(W,Omega)
```

步骤 2，检查 W 矩阵的维数。继续将以下程序输入文件：

```
[n,q]=size(W);
```

步骤 3，对 U 和 D 矩阵进行初始化。继续将以下程序输入文件：

```
D=zeros(n);
U=eye(n);
```

步骤 4，计算 V 矩阵的最后一行和 D 矩阵的最后一个对角线元素。继续将以下程序输入文件：

```
v(n,:)=W(n,:);
D(n,n)=v(n,:)*Omega*v(n,:)';
```

步骤 5，计算 V 矩阵的其余行、D 矩阵的其余对角线元素及 U 矩阵的元素。继续将以下程序输入文件：

```
for kk=n-1:-1:1;
S=W(kk,:);
for jj=kk+1:n;
U(kk,jj)=W(kk,:)*Omega*v(jj,:)'/D(jj,jj);
S=S-U(kk,jj)*v(jj,:);
end
v(kk,:)=S;
D(kk,kk)=v(kk,:)*Omega*v(kk,:)';
end
```

步骤 6，用下列矩阵测试该函数：

$$W=\begin{bmatrix}1 & 2 & 3\\4 & 5 & 6\end{bmatrix};\quad \Omega=\begin{bmatrix}100 & 1 & 2\\1 & 200 & 3\\2 & 3 & 100\end{bmatrix}$$

得到下列 U 和 D 矩阵：

$$U=\begin{bmatrix}1 & 0.4118\\0 & 1\end{bmatrix};\quad D=10^4\begin{bmatrix}0.0069 & 0\\0 & 1.0516\end{bmatrix}$$

我们可以证明，$W\Omega W^{\mathrm{T}}=UDU^{\mathrm{T}}$。

8.3.2　基本思想

我们首先用 U^-、D^- 和 U^+、D^+ 表示协方差矩阵 $P(k)^-$ 和 $P(k)^+$。为了符号的一致性，我们将先验协方差矩阵表示为

$$P(k)^- = U(k)^- D(k)^- \left(U(k)^-\right)^{\mathrm{T}}$$

将后验协方差矩阵表示为

$$P(k)^+ = U(k)^+ D(k)^+ \left(U(k)^+\right)^{\mathrm{T}}$$

在卡尔曼滤波器中使用 UDU^{T} 分解的核心思想是要避免缩放不良的矩阵直接相乘。我们传播上三角矩阵 U^-、U^+ 和对角矩阵 D^-、D^+，而不是传播 $P(k)^-$ 和 $P(k)^+$ 矩阵。

回想一下，对于单输出系统，在采样时刻 k，卡尔曼滤波器计算过程中的关键方程为以下三个：

$$P(k)^- = A(k-1)P(k-1)^+ A(k-1)^{\mathrm{T}} + Q(k-1) \tag{8.21}$$

$$K(k) = \frac{P(k)^- C(k)^{\mathrm{T}}}{C(k)P(k)^- C(k)^{\mathrm{T}} + R(k)} \tag{8.22}$$

$$P(k)^+ = (I - K(k)C(k))P(k)^- \tag{8.23}$$

将卡尔曼滤波增益式 (8.22) 代入式 (8.23) 得到以下后验协方差矩阵：

$$P(k)^+ = P(k)^- - \frac{P(k)^- C(k)^{\mathrm{T}} C(k)P(k)^-}{C(k)P(k)^- C(k)^{\mathrm{T}} + R(k)} \tag{8.24}$$

为了提高算法的计算值精度，卡尔曼滤波算法必须避免 $P(k)^-$ 和 $P(k)^+$ 的直接操作，相反，所有计算都将基于 $U(k)^-$、$D(k)^-$、$U(k)^+$ 和 $D(k)^+$ 进行。

（1）卡尔曼滤波增益 $K(k)$ 的表达式为

$$\begin{aligned} K(k) &= \frac{P(k)^- C(k)^{\mathrm{T}}}{C(k)P(k)^- C(k)^{\mathrm{T}} + R(k)} \\ &= \beta(k)U(k)^- D(k)^- \left(C(k)U(k)^-\right)^{\mathrm{T}} \end{aligned} \tag{8.25}$$

式中，标量 $\beta(k)$ 的计算使用式 (8.26)：

$$\beta(k) = \frac{1}{C(k)U(k)^- D(k)^- \left(C(k)U(k)^-\right)^{\mathrm{T}} + R(k)} \tag{8.26}$$

(2) 先验协方差矩阵 $P(k)^-$ 的表达式。假设在采样时刻 $k-1$，将后验协方差矩阵分解为 $U(k-1)^+$ 和 $D(k-1)^+$，使得

$$P(k-1)^+ = U(k-1)^+ D(k-1)^+ \left(U(k-1)^+\right)^{\mathrm{T}}$$

在采样时刻 k，先验协方差矩阵 $P(k)^-$ 表示为

$$\begin{aligned} P(k)^- &= A(k-1)U(k-1)^+ D(k-1)^+ (U(k-1)^+)^{\mathrm{T}} A(k-1)^{\mathrm{T}} + Q(k-1) \\ &= W_1(k-1)\Omega_1(k-1)W_1(k-1)^{\mathrm{T}} \end{aligned} \tag{8.27}$$

式中，$W_1(k-1)$ 计算如下：

$$W_1(k-1) = \left[A(k-1)U(k-1)^+ \quad I_{n\times n} \right]$$

而 $\Omega_1(k-1)$ 计算如下：

$$\Omega_1(k-1) = \begin{bmatrix} D(k-1)^+ & 0_{n\times n} \\ 0_{n\times n} & Q(k-1) \end{bmatrix}$$

式中，$0_{n\times n}$ 为维数为 $n\times n$ 的零矩阵；n 为状态变量的个数。式 (8.27) 中 $P(k)^-$ 的表达式避免了使用后验协方差矩阵 $P(k-1)^+$，而是使用 $W_1(k-1)$ 和 $\Omega_1(k-1)$，$W_1(k-1)$ 和 $\Omega_1(k-1)$ 将用于求解 $U(k)^-$ 和 $D(k)^-$。

(3) 后验协方差矩阵 $P(k)^+$ 的表达式。由式 (8.26) 中 $\beta(k)$ 的表达式，以及上一步求出的 $U(k)^-$ 和 $D(k)^-$，后验协方差矩阵写为

$$\begin{aligned} P(k)^+ &= P(k)^- - \beta(k)P(k)^- C(k)^{\mathrm{T}} C(k)P(k)^- \\ &= U(k)^- \left(D(k)^- - \beta(k)D(k)^- \left(U(k)^-\right)^{\mathrm{T}} C(k)^{\mathrm{T}} C(k)U(k)^- D(k)^- \right) \left(U(k)^-\right)^{\mathrm{T}} \\ &= U(k)^- \overline{P(k)}^+ \left(U(k)^-\right)^{\mathrm{T}} \end{aligned} \tag{8.28}$$

式中，变量 $\overline{P(k)}^+$ 定义为

$$\overline{P(k)}^+ = D(k)^- - \beta(k)D(k)^- \left(U(k)^-\right)^{\mathrm{T}} C(k)^{\mathrm{T}} C(k)U(k)^- D(k)^- \tag{8.29}$$

引入 $\overline{P(k)}^+$ 后，可将求解 $P(k)^+$ 分解式的问题变成求解式 (8.29) 中定义的 $\overline{P(k)}^+$ 的分解式 $\overline{U(k)}^+$ 和 $D(k)^+$。

为此，式 (8.29) 中的 $\overline{P(k)}^+$ 重新写为

$$\overline{P(k)}^+ = W_2(k)\Omega_2(k)W_2(k)^{\mathrm{T}} \tag{8.30}$$

式中，$W_2(k)$ 定义为

$$W_2(k) = \left[I_{n \times n} \quad \left(C(k)U(k)^- D(k)^- \right)^{\mathrm{T}} \right]$$

其中，$I_{n \times n}$ 为维数为 $n \times n$ 的单位矩阵。

而 $\Omega_2(k)$ 定义为

$$\Omega_2(k) = \begin{bmatrix} D(k)^- & 0_{n \times 1} \\ 0_{1 \times n} & -\beta(k) \end{bmatrix}$$

式中，$0_{1 \times n}$ 和 $0_{n \times 1}$ 分别为维数为 $1 \times n$ 和 $n \times 1$ 的零向量。

注意，由式 (8.27) 表示的 $W_1(k-1)$ 和 $\Omega_1(k-1)$ 中的变量结构与 $W_2(k)$ 和 $\Omega_2(k)$ 中的变量结构相似 (见式 (8.30))。8.3.1 节中介绍的格拉姆-施密特正交化过程是进行 $P(k)^-$ 和 $\overline{P(k)}^+$ 正交分解的合适备选方法。为此，在教程 8.3 中编写的 MATLAB 函数 GSDecomp.m 将求解 $U(k)^-$、$D(k)^-$、$U(k)^+$ 和 $D(k)^+$。

值得强调的是，$U(k)^-$ 和 $U(k)^+$ 是对角线元素为 1 的三角矩阵，$D(k)^-$ 和 $D(k)^+$ 是对角矩阵。在卡尔曼滤波算法的每次迭代和传递中，这些变量都要存储在计算设备中。

8.3.3　用 UDU^{T} 分解的序贯卡尔曼滤波器

使用格拉姆-施密特分解的序贯卡尔曼滤波算法总结如下，其中假设 R 为对角矩阵，其第 i 个元素为 r_{ii}。对初始协方差矩阵 $P(0)^+$ 进行分解，以求出 $U(0)^+$ 和 $D(0)^+$ 矩阵。

(1) 计算状态的先验估计：

$$\hat{x}(k)^- = A(k-1)\hat{x}(k-1)^+ + B(k-1)u(k-1) \tag{8.31}$$

(2) 基于式 (8.27)，构造 $W_1(k-1)$ 和 $\Omega_1(k-1)$ 矩阵：

$$W_1(k-1) = \left[A(k-1)U(k-1)^+ \quad I_{n \times n} \right]$$

$$\Omega_1(k-1) = \begin{bmatrix} D(k-1)^+ & 0_{n \times n} \\ 0_{n \times n} & Q(k-1) \end{bmatrix}$$

(3) 用格拉姆-施密特正交化过程求解 $U(k)^-$ 和 $D(k)^-$ 矩阵。

(4) 用格拉姆-施密特正交化过程依次计算卡尔曼滤波增益，步骤如下。

a. 选择初始先验估计：

$$\hat{x}(k)_0^+ = \hat{x}(k)^-$$

$$U(k)_0^+ = U(k)^-; \quad D(k)_0^+ = D(k)^-$$

b. 对于 $1 \leqslant i \leqslant m$，依次计算每个输出的后验估计。当不引起混淆的时候，我们去掉索引 i。构成：

$$\Gamma(k)_1 = C(k)U(k)^-$$

$$\beta(k) = \frac{1}{\Gamma(k)_1 D(k)^- \Gamma(k)_1^{\mathrm{T}} + r_{ii}}$$

c. 计算卡尔曼滤波增益，并用第 i 个输出更新估计值：

$$K_i(k) = \beta(k)U(k)^- D(k)^- \Gamma(k)_1^{\mathrm{T}}$$

$$\hat{x}(k)_i^+ = \hat{x}(k)_{i-1}^+ + K_i(k)\left(y_i(k) - C_i(k)\hat{x}(k)_{i-1}^+\right)$$

d. 根据式 (8.30)，构造 $W_2(k)$ 和 $\Omega_2(k)$：

$$W_2(k) = \left[I_{n\times n} \quad \left(C(k)U(k)^- D(k)^-\right)^{\mathrm{T}} \right]$$

$$\Omega_2(k) = \begin{bmatrix} D(k)^- & 0_{n\times 1} \\ 0_{1\times n} & -\beta(k) \end{bmatrix}$$

e. 用格拉姆-施密特正交化过程求 $\overline{U(k)}^+$ 和 $D(k)^+$ 矩阵。

f. 通过计算下式，更新 $U(k)^+$：

$$U(k)^+ = U(k)^- \overline{U(k)}^+$$

g. 更新：

$$U(k)^- = U(k)^+$$

$$D(k)^- = D(k)^+$$

(5) 用第 m 个输出计算的值更新状态的后验估计和矩阵 $U(k)^+$、$D(k)^+$。

$$\hat{x}(k)^+ = \hat{x}(k)_m^+$$

$$U(k)^+ = U(k)_m^+$$

$$D(k)^+ = D(k)_m^+$$

下面的例子说明了上述算法的应用过程。

例 8.4　在例 8.3 中，我们演示了序贯卡尔曼滤波算法。可以发现，序贯卡尔曼滤波算法的最后一步给出了 $P(1000)^-$ 和 $P(1000)^+$：

$$P(1000)^- = 10^{-47} \begin{bmatrix} 0.0877 & -0.0414 & -0.2631 \\ -0.0414 & 0.0196 & 0.1242 \\ -0.2631 & 0.1242 & 0.7894 \end{bmatrix}$$

$$P(1000)^+ = 10^{-47} \begin{bmatrix} 0.0877 & -0.0414 & -0.2631 \\ -0.0414 & 0.0196 & 0.1242 \\ -0.2631 & 0.1242 & 0.7894 \end{bmatrix}$$

对于这个例子，当序贯卡尔曼滤波算法收敛时，所求得的矩阵是相同的。使用微控制器时，通过有限记忆的迭代对这些矩阵进行传递是很困难的。在与例 8.3 中相同的条件下，求格拉姆-施密特正交分解算法最后一步的 U^-、D^-、U^+、D^+ 矩阵。

解　对初始条件 $P(0)^+$ 进行分解，得到：

$$U(0)^+ = \begin{bmatrix} 1 & 0 & 0 \\ 0 & 1 & 0 \\ 0 & 0 & 1 \end{bmatrix}; \quad D(0)^+ = \begin{bmatrix} 100 & 0 & 0 \\ 0 & 100 & 0 \\ 0 & 0 & 100 \end{bmatrix}$$

对于第三次迭代，得到：

$$U(3)^- = \begin{bmatrix} 1 & -7.3366 & -1.0469 \\ 0 & 1 & 0.2405 \\ 0 & 0 & 1 \end{bmatrix}; \quad D(3)^- = \begin{bmatrix} 0.0386 & 0 & 0 \\ 0 & 0.0074 & 0 \\ 0 & 0 & 17.1315 \end{bmatrix}$$

$$U(3)^+ = \begin{bmatrix} 1 & -6.8463 & -1.0772 \\ 0 & 1 & 0.2442 \\ 0 & 0 & 1 \end{bmatrix}; \quad D(3)^+ = \begin{bmatrix} 0.0359 & 0 & 0 \\ 0 & 0.0045 & 0 \\ 0 & 0 & 10.6008 \end{bmatrix}$$

最后一次迭代，得到：

$$U(1000)^- = U(1000)^+ = \begin{bmatrix} 1 & -8.8227 & -0.3333 \\ 0 & 1 & 0.1574 \\ 0 & 0 & 1 \end{bmatrix}$$

$$D(1000)^- = D(1000)^+ = \begin{bmatrix} d_{11} & 0 & 0 \\ 0 & d_{22} & 0 \\ 0 & 0 & d_{33} \end{bmatrix}$$

式中，$d_{11} = 6.8501 \times 10^{-64}$；$d_{22} = 8.7247 \times 10^{-66}$；$d_{33} = 7.8943 \times 10^{-48}$。

有趣的是，在迭代过程中 U^- 和 U^+ 都是缩放良好的上三角矩阵。只有对角矩阵 $D(k)^-$ 和 $D(k)^+$ 的对角线元素不断向零逼近。

8.3.4　MATLAB 教程

用 UDU^T 生成卡尔曼滤波器的教程如下。

教程 8.4　本教程的目标是编写一个 MATLAB 函数 KFUDU.m，该函数将用正交分解方法对多输入-多输出系统的状态和输出进行估计。函数的输入变量如下。

(1) 系统矩阵 A、B、C。

(2) 输入和输出数据 $u(p \times L)$、$y(m \times L)$，其中，p 和 m 分别为输入和输出的个数，L 为数据长度。

(3) 卡尔曼滤波器的初始条件 $\hat{x}(0)^+$ 和 $P(0)^+$。

(4) 加权矩阵 Q 和 R，其中 R 为对角矩阵。

函数的输出变量为 $\hat{x}(k)^+$ 和 $\hat{y}(k)$。

步骤 1，创建一个新文件，命名为 "KFUDU.m"。

步骤 2，将以下程序输入文件：

```
function[xhat,yhat]=KFUDU(A,B,C,u,y,x_plus,P_plus,Q,R)
```

步骤 3，检查数据长度和测量值及状态的个数。继续将以下程序输入文件：

```
L=length(y);
[m,n]=size(C);
```

步骤 4，将第一个估计 $\hat{x}(0)$ 和 $\hat{y}(0)$ 选为初始条件 $\hat{x}(0)^+$ 和 $C\hat{x}(0)^+$。继续将以下程序输入文件：

```
xhat(:,1)=x_plus;
yhat(:,1)=C*x_plus;
```

步骤 5，根据 $P(0)^+$ 选择 $D(0)^+$ 和 $U(0)^+$ 的初始值，其中 $P(0)^+$ 假设为一个对角矩阵。继续将以下程序输入文件：

```
U_plus=eye(n);
D_plus=P_plus;
```

步骤 6，计算将递归执行。计算状态的先验估计。继续将以下程序输入文件：

```
for k=2:L
x_minus=A*x_plus+B*u(:,k-1);
```

步骤 7，构建 $W_1(k-1)$ 和 $\Omega_1(k-1)$ 矩阵。继续将以下程序输入文件：

```
W1=[A*U_plus eye(n)];
Omega1=zeros(2*n,2*n);
Omega1(1:n,1:n)=D_plus;
Omega1(n+1:2*n,n+1:2*n)=Q;
```

步骤 8，用格拉姆-施密特正交分解算法计算 $U(k)^-$ 和 $D(k)^-$。继续将以下程序输入文件：

```
[U_minus,D_minus]=GSDecomp(W1,Omega1);
```

步骤 9，按顺序执行测量更新。继续将以下程序输入文件：

```
for jj=1:m
Gamma1=C(jj,:)*U_minus;
beta=1/(Gamma1*D_minus*Gamma1'+R(jj,jj));
K=U_minus*D_minus*Gamma1'*beta;
x_plus=x_minus+K*(y(jj,k)-C(jj,:)*x_minus);
```

步骤 10，构建 $W_2(k)$ 和 $\Omega_2(k)$ 矩阵。继续将以下程序输入文件：

```
Gamma2=Gamma1*D_minus;
W2=[eye(n) Gamma2'];
Omega2=zeros(n+1,n+1);
Omega2(1:n,1:n)=D_minus;
Omega2(n+1:n+1,n+1:n+1)=-beta;
```

步骤 11，用格拉姆-施密特正交分解算法计算 $U(k)^+$ 和 $D(k)^+$。继续将以下程序输入文件：

```
[Ut,D_plus]=GSDecomp(W2,Omega2);
U_plus=U_minus*Ut;
```

步骤 12，为下一个输出信号的更新做准备。继续将以下程序输入文件：

```
U_minus=U_plus;
D_minus=D_plus;
x_minus=x_plus;
end
```

步骤 13，保存估计的状态变量，完成一个周期的计算。继续将以下程序输入文件：

```
xhat(:,k)=x_plus;
yhat(:,k)=C*x_plus;
end
```

用教程 8.2 生成的系统数据可以对 MATLAB 程序 KFUDU.m 进行测试。由教程 8.2 的数据，应用 KFUDU.m 会得到以下误差：

```
E=xmodel-xhat;
S=E*E'/L;
trace(S)
```

得到 trace(S) 的结果是 0.0732，与教程 8.2 所得到的结果相同

8.3.5　思考题

1. 某矩阵由 $W\Omega W^{\mathrm{T}}$ 给出，其中，W 的维数为 $n \times q$，Ω 的维数为 $q \times q$。基于格拉姆-施密特正交分解，所得到的 V 矩阵的维数是多少？

2. 某矩阵由 $W\Omega W^{\mathrm{T}}$ 给出，其中

$$W = \begin{bmatrix} 1 & 2 & 3 \\ 4 & 2 & 1 \end{bmatrix}; \quad \Omega = \begin{bmatrix} 2 & 1 \\ 1 & 2 \end{bmatrix}$$

基于格拉姆-施密特正交分解，所得到的 V 矩阵、D 矩阵和 U 矩阵分别是什么？

3. 用正交分解算法导出的卡尔曼滤波器是针对单测量系统的，但是如果 R 矩阵是具有时变元素的常数或对角矩阵，那么它可以应用在多测量系统，这种说法对吗？

4. 基于 $U(k-1)^+$、$D(k-1)^+$、$U(k)^-$ 和 $D(k)^-$，构建 $P(k)^-$ 和 $P(k)^+$ 所用的关键方程式是什么？

5. 我们如何调整具有正交分解的卡尔曼滤波器，使其包含衰减记忆因子？

6. 为了用正交分解得到扩展卡尔曼滤波算法，我们需要修改哪些关键步骤？

8.4　本　章　小　结

本章讨论了在使用微控制器或其他低成本计算设备的嵌入式系统中实现卡尔曼滤波器的一些实时计算问题。关键内容总结如下。

(1) 提出了序贯卡尔曼滤波算法，来计算状态后验估计 $\hat{x}(k)^+$、后验协方差矩阵 $P(k)^+$ 和卡尔曼滤波增益 $K(k)$。利用序贯卡尔曼滤波算法，可以通过单个输出测量值的方式处理多测量的系统，同时避免了卡尔曼滤波器中的矩阵求逆计算。因此，序贯卡尔曼滤波器消除了在嵌入式系统开发中无法使用软件库进行矩阵求逆的复杂问题。当多个测量值有多个采样速率或遇到缺失测量数据的问题时，这种方法特别有用。

(2) 为了提高卡尔曼滤波的数值计算精度，使其能够在具有低成本计算设备的嵌入式系统中实现，提出了一种带有 UDU^{T} 分解的卡尔曼滤波器。该算法可以通过避免病态矩阵的乘法运算，将其精度提高一倍。

(3) 序贯卡尔曼滤波器和带有 UDU^{T} 分解的卡尔曼滤波器都基于测量噪声的协方差矩阵 R 是对角矩阵的假设。如果 R 不是对角矩阵，只要它是常数矩阵，那就可以对 R 进行奇异值分解，将其转变为对角形式，从而成功实现卡尔曼滤波算法。

8.5　更　多　资　料

(1) Simon(2006)中广泛讨论了卡尔曼滤波中的计算问题。

(2) Bucy 和 Joseph (1968) 及 Brown 和 Hwang(1992) 中介绍了序贯卡尔曼滤波器。

(3) Willner 等(1976)、Kettner 和 Paolone(2017)、Dong 等(2020)中讨论并应用了序贯卡尔曼滤波器。

(4) Bierman(1976)、Thornton 和 Bierman(1978)、Bierman 和 Thornton(1997)中介绍了带有 UDU^{T} 分解的卡尔曼滤波器。

(5) 线性代数和矩阵计算方面的书籍包括 Watkins(2004)、Demmel(1997)、Trefethen

和 Bau Ⅲ（1997）、Lax（2007）、Horn 和 Johnson（2012）、Moon 和 Stirling（2000）。

习　题

8.1　某离散时间系统用以下状态空间模型描述：

$$x(k) = Ax(k-1) + w(k-1)$$

$$y(k) = Cx(k) + v(k)$$

式中，系统矩阵为

$$A = \begin{bmatrix} 0.1 & 2 & 0 \\ 0 & 1 & 3 \\ 0 & 1 & 0.6 \end{bmatrix}; \quad C = \begin{bmatrix} 1 & 2 & 0 \\ 0 & 1 & 1 \end{bmatrix}$$

过程噪声的协方差为 $E\left[w(k)w(k)^{\mathrm{T}}\right] = Q$，测量噪声的协方差为 $E\left[v(k)v(k)\right]^{\mathrm{T}} = R$。

（1）假设：

$$R = \begin{bmatrix} 0.6 & 0 \\ 0 & 1 \end{bmatrix}$$

写出与序贯卡尔曼滤波器相关的方程，该滤波器将递归估计状态 $x(k)$，且不需要对矩阵求逆。

（2）假设：

$$R = \begin{bmatrix} 0.6 & 0.2 \\ 0.2 & 1 \end{bmatrix}$$

写出序贯卡尔曼滤波器需要的方程。

（3）假设 R 是一个时变对角矩阵，描述为

$$R = \begin{bmatrix} r_{11}(k) & 0 \\ 0 & r_{22}(k) \end{bmatrix}$$

对序贯卡尔曼滤波器进行修改以适应 R 矩阵的时变元素。

8.2　假设某离散时间系统描述为

$$\begin{bmatrix} x_1(k) \\ x_2(k) \end{bmatrix} = \begin{bmatrix} 0.3 & 1 \\ -0.1 & 0.6 \end{bmatrix} \begin{bmatrix} x_1(k-1) \\ x_2(k-1) \end{bmatrix} + \begin{bmatrix} 1 \\ 2 \end{bmatrix} u(k-1) + \begin{bmatrix} 2 \\ 1 \end{bmatrix} w(k-1)$$

$$y(k) = \begin{bmatrix} 1 & 2 \end{bmatrix} \begin{bmatrix} x_1(k) \\ x_2(k) \end{bmatrix} + v(k)$$

式中，$w(k)$ 和 $v(k)$ 为零均值白噪声，方差为 σ_w^2 和 σ_v^2。写出使用 UDU^{T} 分解的卡尔曼滤波器方程式。

8.3 三弹簧-双质量块系统的状态空间模型用如下微分方程描述:

$$
\begin{bmatrix} \dot{x}_1(t) \\ \dot{x}_2(t) \\ \dot{x}_3(t) \\ \dot{x}_4(t) \end{bmatrix} = \begin{bmatrix} 0 & 1 & 0 & 0 \\ -\dfrac{\alpha_1+\alpha_2}{M_1} & 0 & \dfrac{\alpha_2}{M_1} & 0 \\ 0 & 0 & 0 & 1 \\ \dfrac{\alpha_2}{M_2} & 0 & \dfrac{\alpha_1+\alpha_2}{M_2} & 0 \end{bmatrix} \begin{bmatrix} x_1(t) \\ x_2(t) \\ x_3(t) \\ x_4(t) \end{bmatrix} + \begin{bmatrix} 0 & 0 \\ \dfrac{1}{M_1} & 0 \\ 0 & 0 \\ 0 & \dfrac{1}{M_2} \end{bmatrix} \begin{bmatrix} u_1(t) \\ u_2(t) \end{bmatrix} \tag{8.32}
$$

$$
\begin{bmatrix} y_1(t) \\ y_2(t) \end{bmatrix} = \begin{bmatrix} 1 & 0 & 0 & 0 \\ 0 & 0 & 1 & 0 \end{bmatrix} \begin{bmatrix} x_1(t) \\ x_2(t) \\ x_3(t) \\ x_4(t) \end{bmatrix} \tag{8.33}
$$

如 Tongue (2002) 中所述,物理参数为 $M_1 = 2$kg, $M_2 = 4$kg, $\alpha_1 = 40$N/m, $\alpha_2 = 100$N/m。

在例 7.11 中用该系统对卡尔曼滤波器和观测器进行了对比研究。本练习中,我们将用该系统来实现具有多速率采样测量数据的序贯卡尔曼滤波器。

我们假设没有过程噪声,那么 $Q = 0$,而测量噪声描述为

$$
R = E\left(v(k)v(k)^{\mathrm{T}}\right) = \begin{bmatrix} 0.8 & 0 \\ 0 & 1 \end{bmatrix}
$$

(1) 假设动态模型式 (8.32) 以 $\Delta t = 0.01$s 进行采样,测量模型式 (8.33) 以 $\Delta t = 0.1$s 进行采样,写出序贯卡尔曼滤波器方程,该滤波器将用于估计采样速率更快的状态 $x(k)$。一种方法是用时变测量矩阵 C 对采样速率较慢的测量数据进行建模。

(2) 以采样间隔 $\Delta t = 0.01$s 生成一组仿真数据,初始条件 $x(0) = [1\,0\,1\,0]^{\mathrm{T}}$,输入信号为

$$
u(k) = \left[\cos\frac{2\pi}{100}k \quad \sin\frac{2\pi}{50}k\right]^{\mathrm{T}}
$$

y_1 和 y_2 的测量噪声均值为零,方差分别为 0.8 和 1。

(3) 用仿真数据验证序贯卡尔曼滤波算法。给出误差信号 $x_i(k) - \hat{x}_i(k)$,其中,$i = 1,2,3,4$,k 对应更快的测量数据。

(4) 将估计结果与使用矩阵求逆时由标准卡尔曼滤波算法得到的结果相比较。你有何发现?

8.4 继续 8.3 题。在本题中,我们将针对每个传感器都有不同的采样速率的情况设计一个序贯卡尔曼滤波器。

(1) 假设 $y_1(t)$ 的采样间隔为 0.1s,$y_2(t)$ 的采样间隔为 0.5s,写出与序贯卡尔曼滤波器相关的方程,该滤波器将递归地估计状态 $x(k)$,而不需要进行矩阵求逆。

(2) 用 8.3 题中生成的相同测试数据,验证序贯卡尔曼滤波算法。

(3) 与 8.3 题中得到的结果相比,你有何发现?